ED-2947을 이용한

CDMA 모바일시스템

남상엽 · 강민구 · 고일한 · 류범석 · 홍인표 공저

도서출판 상학당

21세기는 초고속급 모바일 기술을 바탕으로 고성능 핸드폰과 초고속 네트워크 간의 컨버전스(convergence) 기술 분야로 지향하고 있으며 전 광통신 기술(All-Optical Networking)을 기반으로 무선 및 모바일 통신망 등을 언제, 어디서나 연결할 수 있는 하이브리드(Hybrid) 통신기술, 수십억 개의 임베디드(Embedded)화된 센서를 연결하기 위한 네트워크 기술, 그리고 신뢰성과 안전성을 제고하기 위한 각종 기술개발 등을 추진하고 있다.

유비쿼터스는 궁극적으로 '어디에서나 컴퓨팅(Computing Everywhere)'이라는 구성을 가지고 차세대 컴퓨팅을 구현하고자 시작하였지만 이는 모든 정보통신기기에 내장(Embedded)하여 사용하는 임베디드의 기본 시스템이 모바일 시스템이다.

이 모바일 시스템의 궁극적 목표는 안전하고, 편리하고, 잘 동작하고, 인간관계를 향상시켜 주고 모든 사용자에게 편리한 생활과 시공간을 공유하는데 목표로 추진되고 있다.

가전, 방송, 통신, 컴퓨터가 서로 결합하는 디지털 컨버전스(digital convergence) 추세가 빠르게 확산되면서 모바일 시스템과 융합화하여 언제, 어디서나 IT 기술을 활용하는 모바일 시스템의 생활화(Mobile everywhere)가 급진전되어 경제, 사회 전반에 걸쳐 모바일 기술을 응용한 새로운 산업이 지속적으로 창출되고 있다.

모바일 시스템의 통신방식은 아날로그 방식에는 현재 AMPS(Advanced Mobile Phone System)라는 이름으로 서비스되고 있는 주파수분할 다중접속 방식(FDMA : Frequency Division Multiple Access)이 있고, 디지털 방식에는 시분할 다중접속 방식(TDMA : Time Division Multiple Access), 부호분할 다중접속 방식(CDMA : Code Division Multiple Access) 등이 대표적이다.

CDMA은 미국 퀄컴사가 주파수 대역확산 기술을 응용하여 개발한 부호분할 다중접속 방식의 디지털 셀룰러 시스템으로 여러 사용자가 시간과 주파수를 공유하면서 신호를 송수신할 수 있는 시스템이다. CDMA 방식의 디지털 이동전화 시스템의 상용화 기술은 최근에 나온 기술이지만 CDMA 이론은 1950년대에 이미 정립되었고 1960년대부터는 군 통신에서 사용하고 있다. 군 통신은 무엇보다도 도청 방지가 중요한데 CDMA 방식의 기술적 근간이 되는 대역확산(Spread Spectrum) 기술이 군 통신의 도청 방지에 적용되었던 것이다.

CDMA 방식의 가장 큰 특징으로는 시스템의 채널용량이 물리적인 채널수가 아니라 간섭량에 의해서 채널용량이 결정되기 때문에 간섭을 잘 제어하면, 채널용량을 획기적으로 증가시킬 수 있다는 점이다. CDMA 이동통신 시스템은 전송하고자 하는 정보를 고속의 2진 데이터열을 이용하여 대역확산시키는 방식으로서 모든 사용자들은 동일한 광대역

주파수 채널을 공유한다.

이 교재에서 실습하는 CDMA 모바일 통신 시스템인 CDMA 2000 1X EV-DO 핸드폰 시스템은 무선 송수신부, EV-DO 핵심 디바이스인 MSM6500 중심의 로직 회로부와 사용자 인터페이스로 구성되어 있고 이 시스템의 CDMA 2000 핸드폰 운영체제는 REX (Real Time Executive)로써 임베디드 시스템을 위해 제작된 단순하고, 능률적이며, 멀티 태스킹이 가능한 실시간 운영체제이다.

CDMA 핸드폰 시스템인 ED-2947의 경우는 이와 같은 상용 응용을 개발하는 것이 아니라 단말의 UI 응용을 개발하는 것에 초점이 맞춰져 있다. 따라서 응용 인증, 다운로드 서버에 등록, 사용자 다운로드 과정은 생략된다.

이러한 여러 기술요소들이 컨버전스된 시스템이 모바일 시스템이므로 이에 대해 이해를 돕고자 《ED-2947을 이용한 CDMA 핸드폰 시스템》을 발간하게 되었다.

이 교재는 컴퓨터, 전기, 전자, 제어, 통신 분야의 관련 학생 및 초보개발자를 대상으로 모방일 통신에 대한 기본이론 및 CDMA 핸드폰 시스템에 대한 기본적인 개념에서 응용 프로그램까지 개괄적인 이해를 단기간에 소화할 수 있도록 준비된 교재로, 처음 기초 전자, 전기, 통신, 컴퓨터, 제어 및 응용을 접하는 학생에게 쉽고 빠르게 접근할 수 있도록 초점을 맞추었으므로 기초 이론 및 응용실습에 대한 이해와 전반적인 핸드폰 시스템 H/W 및 SW을 이해하는 감각을 키우는 데 부족함이 없을 것이라 생각된다. 좀 더 깊이 있고 보다 전문적인 내용은 이 교재를 통하여 개념을 이해하고 추가적인 참고서적을 통하여 학습하는 것이 효과적일 것이다.

이 교재의 주요 구성은 다음과 같다.

제I부는 CDMA 2000 모바일 시스템의 이해로써 1장은 셀롤러 모바일 통신의 이해로써 모바일 통신방식, 셀룰러의 개념, 주파수 재사용 계수, 셀의 확장, FDMA 방식의 이해, TDMA의 이해에 대하여 서술하였고, 2장은 CDMA의 이해로써 코드분할 다중접속 방식, 대역확산 통신방식, 확산이득, 확산코드, CDMA 방식의 기본 특성, CDMA 시스템의 일반특성, IS-95 방식의 채널 구조, 월쉬 코드와 PN 코드, 전력제어, IS-95의 핸드오버, CDMA 방식의 채널용량, 로밍, 보코더, 3장은 CDMA 2000 1X EV-DO 핸드폰 시스템의 하드웨어, 펌웨어 구성에 대하여 서술하였다. 4장은 CDMA 2000 모바일 시스템의 운영 체제, 5장은 핸드폰 SW의 구조인 DMSS 및 유저 인터페이스 태스크의 구조 및 기능에 대하여 서술하였고, 6장은 무선 단말기 플랫폼의 프로그래밍인 BREW의 구조, 프로그래밍, API에 대하여 서술하였다.

제II부에서는 CDMA 2000 핸드폰 시스템의 응용 프로그램으로 7장은 CDMA 2000 핸드폰 시스템의 실습환경 구축, 8장은 대기화면 이미지설정 응용 프로그램, 9장은 대기화면에서 Annuncicator 설정/날짜표시 응용 프로그램, 10장은 대기화면에서 시간·달력·다이얼링 폰트 표시 응용 프로그램, 11장은 다이얼링 폰트 표시 응용 프로그램, 12장은 메인/서브 메뉴 추가 응용 프로그램, 13장은 폰북 아이템 추가/검색 응용 프로그램, 14장은 카메라의 프리뷰/촬영/저장/앨범보기 응용 프로그램, 15장은 Media Player 응용 프로그램으로 구성되어 있다.

끝으로 이 책을 집필하는 데 많은 도움을 주신 (주)ED의 박용후 사장님, 그리고 기술연구소의 김석중 본부장님, 마케팅의 양영규 상무님, 홍준석 이사님, 이관희 부장님, 곽석민 과장님 등 관계자 여러분, 도서출판 상학당의 임직원 여러분과 학생들에게도 감사의 마음을 전한다.

어떤 일이든 첫발을 내딛고 개척하는 것이 가장 힘든 일일 것이나 그 어려움을 극복하고 얻는 것이 무엇보다 값진 결실이 될 것이다. 아직은 열악하고 힘든 개발환경이지만 이 책이 보다 많은 모바일 핸드폰 시스템 관련 인력 양성에 힘이 되어주길 바란다.

저 자 씀

Contents

제 I 부 CDMA 2000 모바일 시스템의 이해

2장 CDMA의 이해 37

Contents

Contents

Contents

Contents

I부

CDMA 2000 모바일 시스템의 이해

1장 셀룰러 모바일 통신의 이해

1.1 모바일 통신 방식

모바일 통신 방식은 크게 아날로그와 디지털 방식으로 구분할 수 있다.

아날로그 방식에는 현재 AMPS(Advanced Mobile Phone System)라는 이름으로 서비스되고 있는 주파수분할 다중접속 방식(FDMA : Frequency Division Multiple Access)이 있고, 디지털 방식에는 시분할 다중접속 방식(TDMA : Time Division Multiple Access), 부호분할 다중접속 방식(CDMA : Code Division Multiple Access) 등이 대표적이다.

1 주파수분할 다중접속(FDMA : Frequency Division Multiple Access)

주파수 대역을 분할하여 할당하는 방식(분할된 주파수 대역을 채널이라 함)이다.

이야기방의 공간을 분할하여 사용한다.

아날로그 시스템인 주파수분할 다중접속 방식(FDMA : Frequency Division Mulitple Access)은 사용하는 주파수를 여러 채널로 나누어 통화채널을 구별하는 방식이다.

좁은 방에서 (A, A′), (B, B′)두 쌍의 사람이 대화를 하고 있는 상황을 상상해 보자. 사람의 목소리는 거의 같은 주파수로 전송되기 때문에 A′와 B′가 각각 A와 B의 목소리를 구별하여 듣는 것이 쉽지 않을 것이다.

목소리를 구별하여 듣는 방법의 하나는 한사람은 높은 음만으로만 말하고, 다른 한사람은 낮은 음으로만 말하게 하여 듣는 사람은 각각 높은음, 낮은음을 구별하여 상대방의 말을 식별하여 듣는 것이다.

이때 듣는 사람은 주파수의 차이로 신호를 분리하여 듣는 셈이 된다.

아날로그 방식은 이동전화 주파수가 한정되어 있으므로 이동전화 가입자가 증가함에 따라 통화적체가 발생하게 되고, 주파수 재사용으로 인한 통화품질의 낙후라는 문제점이 발생한다.

2 시분할 다중접속(TDMA : Time Division Multiple Access)

하나의 채널을 시분할 타임 슬롯으로 나누어 여러 가입자가 각각의 타임 슬롯을 이용하여 전송하는 방식이다. 분할된 이야기방을 시간을 분할해서 여러 명이 교대로 사용, 하나의 무선채널을 다수의 가입자가 시간적으로 분할하여 번갈아 사용하는 방식을 TDMA (Time Division Multiple Access)라고 한다.

A와 B가 동시에 말하면서도 듣는 사람이 혼동됨이 없게 하는 방법으로 A와 B가 말하는 시간대를 서로 구분하게 하여도 될 것이다.

A가 1분 말하고 B가 1분 말하고 또 A, B가 번갈아 말하는 방식이다. 가입자 용량은 FDMA의 3배이다.

3 부호분할 다중접속(CDMA : Division Multiple Access)

대역확산 통신방식을 이용하여 사용자마다 특정된 코드를 부여하여 음성 신호를 디지털로 변조한 뒤 송신하여 수신시 약속된 코드를 사용하여 원래의 음성 신호로 복조하는 방식이다. 큰 방을 같이 쓰되 서로 다른 언어를 사용하는 방법이다. 즉 CDMA(코드분할 다중접속) 방식은 사무실내의 두 사람이 동시에 말하면서 한 사람은 한국어로 말하고, 한 사람은 영어로 말하여 듣는 사람이 자기언어를 식별하여 듣는 방법인 셈이다.

CDMA 방식은 아날로그 방식에 비해 10~20배의 용량증대 효과가 있어 통화적체가 없는 고품질의 통신서비스가 가능하다.

CDMA는 우선 주파수 사용효율이 높고 가변 보코더를 사용하므로 용량을 아날로그보다 10배 이상 높일 수 있으며, 아날로그 시스템에서는 기지국과 이동국간의 거리가 멀어질수록 수신신호의 전력이 떨어지고 통화품질도 저하되지만 CDMA 방식에서는 디지털 정보를 주고 받음으로써 일정전력 이상이면 거의 균일한 음성 품질을 제공할 수 있다. 또한 CDMA 방식은 VLSI칩을 사용하여 휴대폰을 소형, 경량화할 수 있고 멀티미디어 서비스까지 가능하게 한다.

[표 1-1] 접속방식별 비교표

방식구분	아날로그 방식	디지털 방식	
접속방식별 구분	AMPS(FDMA)	TDMA	CDMA
용량증가	1배	3배 – 12배	10배 – 20배
핸드오프	HARD	HARD	SOFT
음성/서비스 품질	잡음에 취약	보통	우수
시스템 가격	–	–	저렴
주파수 이용효율	낮음	보통	높음
단말기 송신출력	높음	–	최소
사용국	–	유럽, 일본	한국, 미국

1.2 셀룰러 모바일 통신의 이해

모바일 통신 기술이라는 것이 가입자가 자유롭게 이동하면서 통신을 할 수 있도록 하는 것이라면, 이러한 욕구를 달성시키기 위한 전송수단으로는 통신을 하고자 하는 두 지점을 물리적으로 연결할 필요가 없는 전자파를 사용해야 할 것이다.

1 전자파의 개요

전자파란 넓은 의미의 전자파를 말하는 것으로 낮게는 수 kHz 정도의 낮은 주파수에서부터 높게는 적외선 레이저나 가시광선 레이저를 포함한 매우 높은 주파수의 전자파를 망라한 것이다.

전자파의 중요한 특징으로는 공기나 진공인 공간을 다른 매질이 없어도 전파할 수 있다는 것이다. 이러한 특징 때문에 정해지지 않은 곳으로 원하는 정보를 전송하기 위해서 사용할 수 있다. 라디오나 텔레비전 같은 이미 우리 일상 생활에 깊숙히 파고 들어와 있는 방송 형태의 통신부터 디지털 휴대전화와 같은 최첨단 양방향 통신기기 등이 모두 전자파를 사용하고 있다.

방송과 같은 단방향 통신은 보내고자 하는 정보를 일방적으로 전자파를 통해서 보내고자 하는 전 지역에 방송하고 수신하고자 하는 가입자는 수신 가능 지역내에서는 아무 곳에서나 단말기(라디오나 텔레비전)를 설치하면 보내는 정보를 수신할 수 있다. 이러한 단방향 통신은 가입자수라는 개념을 전혀 고려할 필요가 없다.

그러나 휴대전화와 같은 양방향 통신은 이보다도 훨씬 복잡할 뿐더러 어떤 한 지역에서 통신을 할 수 있는 가입자수가 여러 가지 요인에 의해서 제약을 받는다.

대개 양방향 통신에서 가장 중요한 것은 통신의 상호 독립성이다. 즉 통신하고 있는 당사자 외에 다른 사람이 동일한 통신 내용을 수신할 수 없어야 한다. 이러한 요구 조건을 만족시키기 위해서 모든 양방향 통신 시스템에서는 통화채널이라는 개념을 이용하여 각각의 가입자가 서로 다른 통화채널을 이용하여 통신을 할 수 있도록 한다. 즉, 모든 통신 시스템은 각각의 방법으로 통신채널을 확보하여, 각각의 가입자에게 통신채널을 할당하게 된다.

모바일 통신에서는 전송수단으로 전자파를 이용하기 때문에 전자파의 특성에 의해서 채널수가 제한된다.

채널수와 관련된 전자파의 특징은 다음과 같다.

첫째로, 전자파는 공기 중에 전파되면서 크기가 작아져서 어느 이상 거리가 멀어지면 신호의 크기가 너무 작아져서 수신이 불가능해진다.

둘째로 동일한 주파수를 동일한 장소에서 서로 다른 사용자가 동시에 사용할 수 없다. 즉, 동일한 주파수를 사용한다는 것은 서로 같은 채널을 사용하는 것과 같다.

물론 이러한 개념은 CDMA 방식에서는 조금 다르게 적용되지만 서로 강한 간섭을 준다는 것은 마찬가지이다.

2 주파수의 이용효율 기술

정해진 주파수 대역폭으로 가급적 많은 채널을 확보하기 위해 여러 가지의 기술이 적용되고 있다.

이러한 채널을 확보하기 위한 방법으로 주어진 주파수 대역폭을 통신에 꼭 필요한 대역으로 잘게 나누어서, 각각의 가입자가 각각 쪼개진 작은 대역폭만 사용하는 주파수분할 방식, 적당히 쪼개진 주파수 채널을 각 가입자가 일정시간만 사용하게 하는 방법이다.

즉 기존 전화망에서 PCM과 같은 방법으로 시간을 나누어서 사용하는 시분할 방식이 지금까지 많이 사용되어 왔으며, 최근에는 동일한 주파수 대역을 사용하지만 전송하고자 하는 정보에 암호를 곱해주어 이 암호를 가지고 채널을 구분하는 부호분할 방식이 개발되어 있다.

이 모든 방법을 같은 주파수 대역폭으로 가능하면 더 많은 정보를 전송하기 위해 개발된 기술로, 즉, 주파수 이용효율을 높이기 위한 기술로 크게 변복조 기술과 다중접속 기술로 나눌 수 있으며, 위에서 언급한 방법은 주로 다중접속 기술에 의해서 분류한 것이다.

3 서비스 지역의 제한과 가입자 수용용량의 한계

모바일 통신 환경에서 매우 많은 가입자가 언제 어디서나 통화를 할 수 있도록 하기 위해서는 이렇게 주어진 주파수 대역의 사용 효율을 높이는 방법만으로는 필요한 가입자를 수용하는데 한계가 있다.

첫째로 전자파가 도달되는 거리에 한계가 있기 때문이고,

둘째로는 많은 가입자를 수용하기 위한 채널수가 충분하지 않기 때문이다.

특히 모바일 통신 환경은 다른 무선통신 환경과는 달리, 가입자가 계속 이동하기 때문에 원천적으로 전자파 전파 환경이 통신 시스템에서 제어가 불가능하여 고효율의 변복조 방법을 사용하는데 한계가 있다.

이와 같이 서비스 지역의 제한과 가입자수용용량의 한계를 극복하기 위해서 제안된 개념이 '셀룰러'라는 것이다.

4 셀룰러의 개념

'셀룰러'란 서비스 지역을 여러 개의 작은 구역 즉, '셀'로 나누어서 서로 충분히 멀리 떨어진 두 셀에서 동일한 주파수 대역을 사용함으로써 공간적으로 주파수를 재사용할 수 있도록 함으로써 공간적으로 분포하는 채널수를 증가시켜 충분한 가입자수용용량을 확보할 수 있도록 하는 모바일 통신 방식을 말한다.

주어진 구역을 셀로 나누면 어떻게 수용 가능한 가입자수가 증가할 수 있는지를 살펴보자.

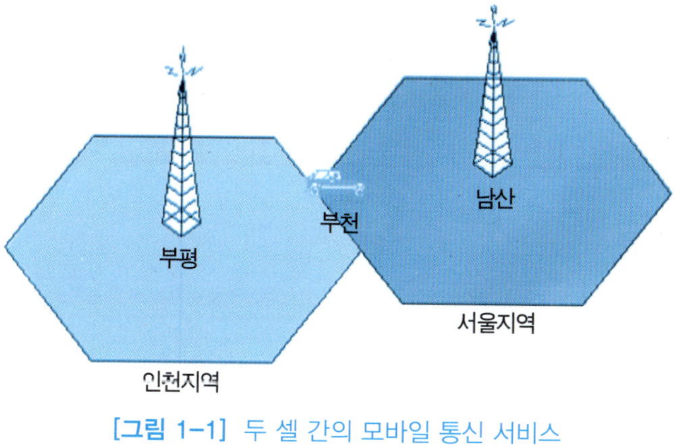

[그림 1-1] 두 셀 간의 모바일 통신 서비스

이해를 돕기 위하여 간단한 주파수분할 방식(FDMA)을 가정하여 설명하도록 한다.

주어진 총 주파수 대역폭이 15MHz이고, 각 통화채널에 할당해야 하는 대역폭이 30kHz 이라면 총 주파수 대역에서 얻을 수 있는 통화채널수는 15000/30 = 500개가 된다. 이 500 개의 채널을 이용하여 서울지역과 인천지역에 모바일 통신 서비스를 한다고 생각해 보자.

[그림 1-1]과 같이 서울 지역을 서비스하기 위해서 남산에 기지국 하나, 인천지역을 서비스하기 위해서 부평 근처에 기지국을 하나 세우고, 두 지역에 모바일 통신 서비스를 제공한다고 하자.

만일 사용 가능한 총 500개의 채널을 모두 남산에서도 사용하고 인천지역인 부평에서도 사용한다고 하면, 중간지역인 부천에서는 같은 채널의 신호가 인천쪽에서도 오고, 서울쪽에서도 도달하기 때문에 혼선이 발생하여 통화를 할 수 없을 것이다.

이런 혼선이 발생하는 문제점을 극복하려면 인천쪽인 부평 기지국에 채널 반(250채널)을 할당하고, 서울쪽인 남산 기지국에 나머지 반을 할당하여, 서울과 인천 지역에서 각각 서로 다른 채널을 사용하면 부천에서 발생하는 혼선이 사라지게 된다.

즉, 서울/인천지역에서 총 500개의 채널을 사용할 수 있는 것이다.

그러나 만일 [그림 1-2]와 같이 서울지역을 7개의 작은 구역인 셀로 나누고 인천지역도 7개의 셀로 나눈 다음, 주어진 총 통화채널을 7개로 나누어서 각각의 셀에 500/7 ≒ 71개의 채널을 할당하고, 인천지역도 같은 방법으로 셀을 나누어서 각 셀에 71개의 통화채널을 할당하면 [그림 1-2]와 같이 같은 채널을 사용하는 구역이 각 셀의 반경에 비해서 서로 멀리 떨어져 있으므로(A와 A′ 사이), 서로의 간섭이 무시할 수 있을 정도로 작게 만들어 혼신의 염려가 없도록 한다.

즉, [그림 1-2]의 경우 서울, 인천지역에서 사용하는 총 채널수는 1000개가 되어 [그림 1-1]의 경우와 비교해 보면 사용할 수 있는 채널이 두 배로 증가했음을 알 수 있다. 이렇게 서비스 구역을 잘게 나누면 수용용량이 증가함을 알 수 있다.

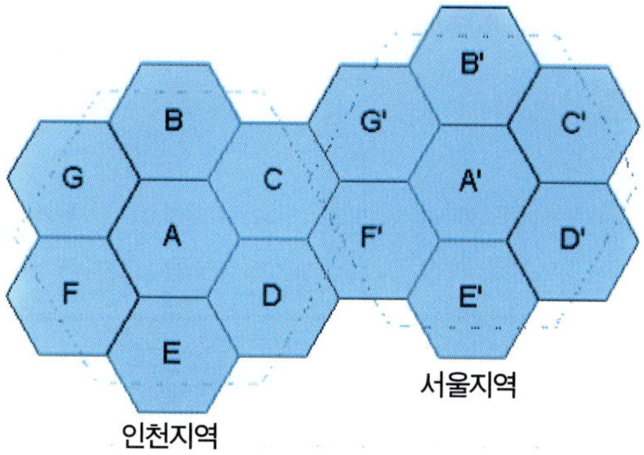

[그림 1-2] 셀 분할에 따라 수용량 증가

여기서 만일 셀 반경을 반으로 줄이면 셀 수는 4배로 증가하게 되고, 셀에 주파수를 할당하는 방법을 그대로 적용하면 각 셀 당 71개의 통화채널을 그대로 각 셀에 할당할 수 있으므로, 전체 서비스 지역의 통화채널수도 역시 4배로 증가하게 된다.

이와 같이 셀 반경을 조절하여 통화채널 용량을 조절할 수 있으므로, 수요에 따라 셀 반경을 설정하여 가입자가 많아도 이를 수용할 수 있게 된다.

물론 무조건 셀 반경을 줄일 수 있는 것은 아니다. 시스템의 특성, 전파 환경 등에 의해서 줄일 수 있는 한계가 있다. 이에 대해서는 다음에 살펴보게 된다.

셀룰러 개념을 도입한 모바일 전화 서비스가 지금의 한국 모바일 통신과 신세기에서 서비스하는 셀룰러 전화이고, 셀 반경을 줄일 수 있는 기술을 적용하여 수용용량을 더욱 증가시킨 서비스 개념인 PCS도 이 셀룰러 전화의 일종이라고 생각하면 된다.

5 셀의 구조

셀룰러에서 서비스 지역을 작은 셀로 나누고 셀 경계를 정하기 위해서 셀의 모양을 정의해야 한다. 실제 서비스 지역이 완전한 평면이라면 셀의 모양은 원형에 가깝다.

그러나 쉽게 생각할 수 있는 원형의 셀은 평면적으로 배치할 수 없으므로 사용하기가 곤란하므로, 평면적으로 배치할 있는 다각형 형태를 사용하여야 한다.

평면으로 배치할 수 있는 다각형으로는 [그림 1-3]에서 보여주는 바와 같이 삼각형과 사각형 그리고 육각형이 있다. 셀의 모양으로 삼각형과 사각형 그리고 육각형 형태의 셀을 비교해 보면 육각형 형태의 셀이 중첩되는 영역이 가장 적으므로 가장 경제적인 셀배치를 할 수 있다.

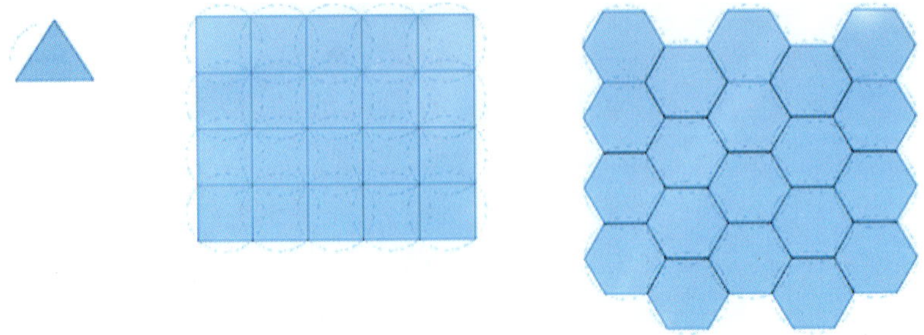

(a) 삼각형 구조　　(b) 사각형 구조　　(c) 육각형 구조

[그림 1-3] 셀의 형태

1.3 주파수 재사용 계수

1 주파수 재사용 계수의 개념

셀룰러 시스템에서 단위 면적당 채널수를 증가시키는 방법으로 셀 반경을 줄이는 것 외에 주파수 재사용 계수를 조절하는 방법이 있다.

'주파수 재사용 계수'란 셀룰러 시스템에서 주파수 효율이 얼마인지는 나타내는 데 사용하는 파라미터로, 전체 주파수 대역을 몇 개의 셀에 나누어 주는가를 나타내는 것으로 셀수를 말한다.

위의 예를 기준으로 설명하면 주어진 총 채널수를 7개로 나누고, 이 7개의 나누어진 통화채널수를 7개의 셀에 나누어 주었으므로 이 경우 주파수 재사용 계수는 7이다. 이때 서울지역 7개 셀 묶음이나 인천지역 7개 셀 묶음을 셀 클러스터라 한다. 따라서 주파수 재사용 계수를 이 셀 클러스터에 포함된 셀 수를 말한다고 할 수 있다.

여러 가지 경우의 주파수 재사용 계수를 갖는 셀 클러스터 모양을 [그림 1-4]에서 보여주고 있다.

1) 전방향 셀(Omni-directional Cell)

셀 모양을 정육각형으로 가정하여 셀 클러스터의 셀 수 즉, 주파수 재사용 계수가 3, 4, 7인 경우에 대해서 전방향 셀(Omni-directional Cell)의 셀 배치 모양을 보여주고 있다. [그림 1-4]의 (a), (b), (c)는 전방향 셀에 대한 셀 배치 모양이다. 전방향 셀이란 기지국이 셀의 가운데 위치하여 수평방향으로 360도 전방향으로 전자파를 송신하는 안테나를 사용하여 서비스하는 셀을 말한다.

2) 섹터 셀(Sectored Cell)

주파수 재사용 계수가 3섹터 셀(Sectored Cell)인 경우에 대해서 셀 클러스터의 셀 배치 모양을 보여주고 있다.

[그림 1-4]의 (d), (e), (f)는 섹터셀인 경우의 셀 배치를 나타낸 것이다.

섹터 셀이란 기지국이 어떤 특정 방향으로 전자파를 송신하는 안테나를 사용하여 셀을 여러 개의 섹터로 분할하여 각각의 섹터마다 서로 다른 안테나와 RF 장비를 사용하는 기지국으로 전방향 셀에 비하여 간섭을 제어하기가 쉽고, 안테나 이득이 커서 하나의 기지국으로 서비스할 수 있는 면적이 전방향 셀에 비해서 넓어 여러 가지 이점이 있는 셀을 말한다.

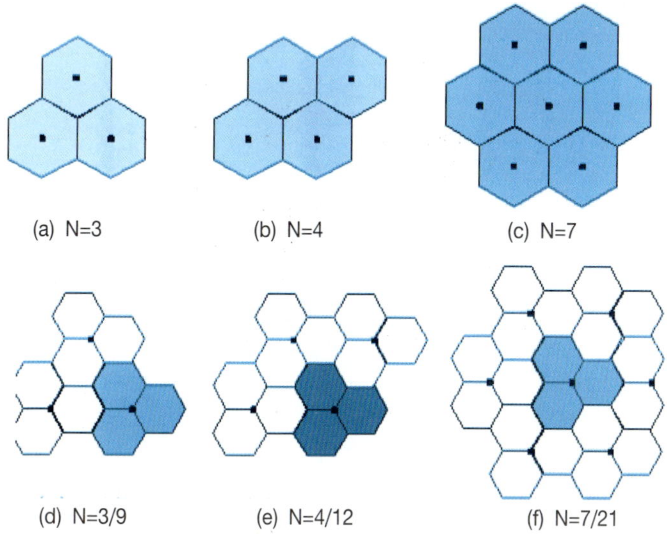

[그림 1-4] 주파수 재사용에 따른 셀의 패턴(셀 클러스터)

각각의 주파수 재사용 계수에 대해서 [그림 1-2]에서 적용한 500개 통화채널을 가지고 셀당 할당할 수 있는 통화채널수를 계산해 보자.

① 재사용 계수가 3인 경우

N = 3인 경우는 500/3= 166개

② 재사용 계수가 4인 경우

N = 4인 경우는 500/4 =125개

③ 재사용 계수가 7인 경우

N=7인 경우 71개

④ 재사용 계수가 12인 경우
N = 12인 경우는 42개

주파수 재사용 계수가 작아질수록 각 셀에 배정할 수 있는 통화채널수가 많아진다는 것을 알 수 있다. 즉 가능하면 주파수 재사용 계수를 작게 하면 셀당 할당할 수 있는 통화 채널수가 증가하여 단위면적당 채널수가 증가한다는 것을 알 수 있다.

이 셀 구조 중에 주파수 재사용 계수가 7인 경우를 예로 [그림 1-5]에 같은 주파수를 재사용하는 셀을 빗금으로 표시하고 있다.

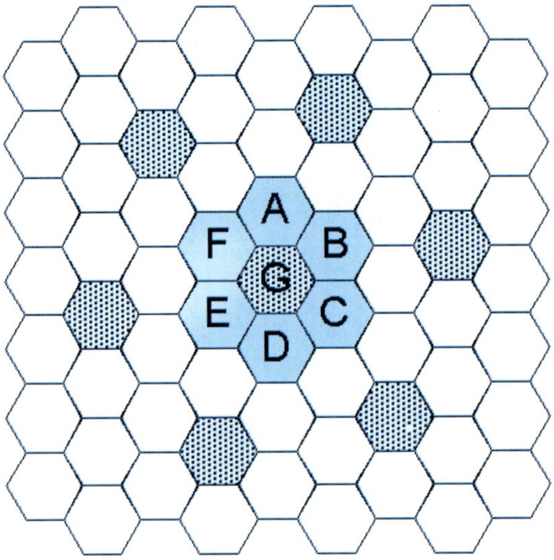

[그림 1-5] 동일 주파수를 재사용하는 셀

그러나 주파수 재사용 계수가 작아지면 [그림 1-4, 5]에서 보여주는 것처럼 같은 주파수를 사용하는 셀이 가까워지기 때문에 서로의 간섭량이 증가하므로 무조건 주파수 재사용 계수를 줄일 수가 없다.

이 주파수 재사용 계수는 주변의 전파환경에도 영향을 받지만, 가장 큰 결정 요인은 모바일 통신 시스템이 요구하는 최소 신호 대 간섭비(C/I)이다.

2 신호 대 간섭비(C/I)

모바일 통신 시스템이 요구하는 최소 신호 대 간섭비(C/I)가 크면 같은 주파수 채널을 사용하는 셀을 멀리 떨어지게 하여 서로의 간섭을 줄여야 하고, 최소 신호 대 간섭비(C/I)가 작으면 간섭이 어느 정도 증가하여도 되므로, 주파수 재사용 계수를 줄여서 같은 주파수를 사용하는 셀이 조금 가까워져도 신호를 복구할 수 있게 된다.

주파수 재사용 계수에 따른 간섭량의 변화를 살펴보자.

먼저 육각형 형태의 전방향 셀을 가정하면 셀 반경과 같은 주파수를 사용하는 셀사이의 거리는 주파수 재사용 계수의 함수임을 알 수 있다.

이를 수식으로 표현하면 다음과 같다.

$$\frac{D}{R} = \sqrt{3N}$$

이는 셀 반경이 2km인 셀의 주파수 재사용 계수가 7인 경우 같은 주파수를 사용하는 셀과의 간격이 9.2km이라는 것이다.

또한 가장 흔하게 사용하는 3섹터셀을 기준으로 주파수 재사용 계수에 따른 셀사이의 간격을 예로 살펴보자. 이때 셀사이의 간격은 셀반경에 비해서 몇 배인가로 나타내는 것이 좋다. 이에 대한 이유는 다음 장의 전파전파 특성을 살펴보면 전자파의 크기가 작아지는 가장 큰 원인이 거리이기 때문이다.

[그림 1-6]과 같이 3섹터 셀이 분포하고 있을 때 같은 주파수를 사용하는 셀사이의 거리를 계산해 보자.

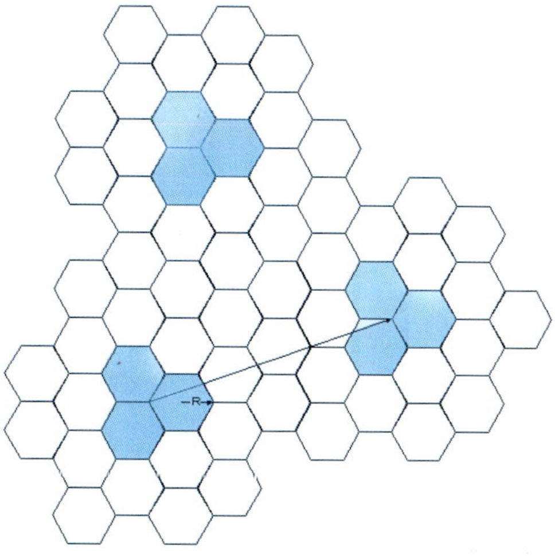

[그림 1-6] 주파수 재사용계수에 따른 셀 간의 거리

각 주파수 재사용 계수에 따라 3섹터 셀의 셀반경에 대한 셀간 거리는 위의 수식을 적용하면 다음과 같다.

$$7/21 \quad \frac{D}{R} = \sqrt{63} \simeq 7.9$$

$$4/12 \quad \frac{D}{R} = 6$$

$$3/9 \quad \frac{D}{R} = 3 \times \sqrt{5} \simeq 5.2$$

R : 셀반경

모바일 통신 시스템에서 신호복구에 필요한 시스템(기지국, 단말기)의 신호 대 잡음비(C/I 또는 Eb/No)를 작게 설계하여, 주파수 재사용 계수를 줄이는 것이 채널 용량 증가에 크게 기여할 수 있음을 알 수가 있다.

3 주파수 방식별 통화채널수

실제 예를 들어 설명해 보면 대개 디지털 방식의 셀룰러가 아날로그 방식 셀룰러보다 용량이 크다고 하는데, 주어진 주파수 대역으로 제공할 수 있는 통화채널수만 비교해 보자.

앞에서 예를 다시 적용해 보면 15MHz 주파수 대역폭인 경우 아날로그인 AMPS 시스템의 경우 통화채널수가 500개이고, 디지털 방식인 GSM은 600개로, 총 통화채널수만 비교하면 용량 차이가 1.2배이다.

그러나 AMPS 시스템의 경우는 S/N 비가 18dB이어서 주파수 재사용 계수를 7을 적용하고 있고, GSM의 경우는 S/N 비가 6dB로 주파수 재사용 계수를 4를 적용할 수 있다. 따라서 GSM 방식이 AMPS 방식에 비해서 용량이 2배 이상임을 알 수 있다.

특히 새로운 무선접속 방식인 CDMA의 경우 이론적인 주파수 재사용 계수는 1이고, 실제의 경우에도 1/0.6 정도이므로 다른 무선접속 방식(아날로그인 AMPS, TDMA 디지털 방식인 GSM)에 비하여 각각 이론적으로는 주파수 재사용 계수에서만 아날로그에 비해서 4배, TDMA 방식에 비해서 2~2.4배 차이가 난다.

즉 CDMA 방식이 다른 무선접속 방식에 비해서 채널 용량이 큰 가장 큰 이유가 CDMA의 주파수 재사용 계수에 있음을 알 수 있다.

1.4 셀의 확장

초기에 서비스 지역에 셀을 설계한 후에 가입자가 증가하게 되면 증가한 가입자를 수용하기 위해서 추가로 셀을 늘려야 할 필요가 있다.

이를 [그림 1-7]에서 트래픽 밀집 지역이 넓어지는 경우에 대해서 보여 주고 있다. 이 경우 인접 지역의 셀이 존재하면, 이를 [그림 1-7]에서 보여주는 것처럼 셀을 분할하며 영역을 확장한다.

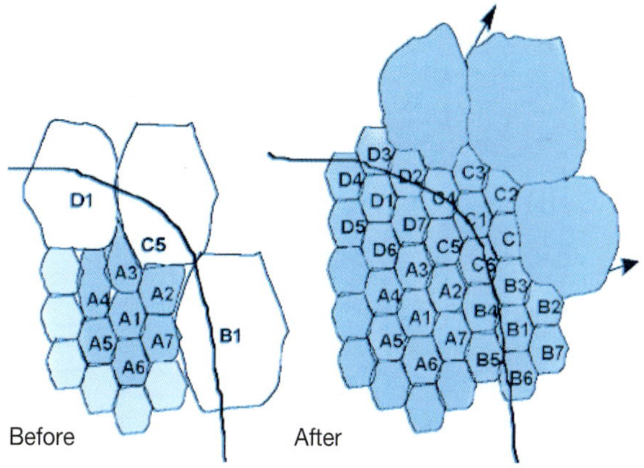

[그림 1-7] 서비스 지역의 확장으로 인한 셀 확장

또한 이미 서비스가 제공되고 있는 지역에서 트래픽이 증가하여 셀의 밀도를 높이는 경우에 대해서는 [그림 1-8]에서 보여주고 있다.

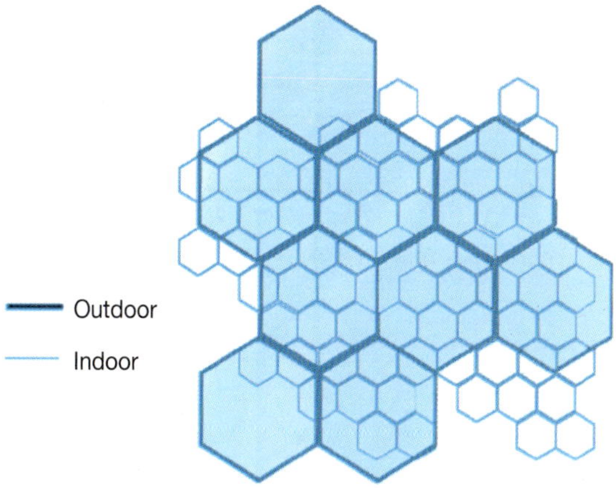

[그림 1-8] 트래픽이 증가한 경우의 셀 확장

이 경우 기존의 셀로는 발생하는 트래픽을 감당할 수 없으므로 셀을 추가하므로, 기존의 셀에 비해서 셀 반경이 작아진다. 셀 반경이 작아지면 이 지역에서 수용 가능한 트래픽이 증가할 뿐 아니라, 커버리지 기준도 옥외 커버리지에서 옥내 커버리지 영역이 증가하는 효과도 가져온다.

어떤 경우나 추가된 셀은 인접 셀에 영향을 미치기 때문에 이를 고려하여 주변 셀의 커버리지와 새로 추가한 셀의 커버리지를 조정하고, 상호 셀간 간섭을 고려하여 추가한 셀을 포함하여 주변 셀의 안테나 방향, 다운틸트, 송신전력 등 기지국 파라미터를 조정해야 한다.

셀 분류는 딱 정해진 기준이 있는 것은 아니며 대개 다음과 같은 분류 기준으로 사용하고 있다.

1) 매크로셀(Macro Cell)

각 셀은 셀의 크기에 따라서 보통 지금의 모바일 전화에서는 셀반경이 5km~30km로 이를 매크로셀(Macro Cell)이라 한다.

2) 마이크로셀(Micro Cell)

개인 통신 개념이 나타나면서 가입자수용용량을 증가시키기 위해서 셀 반경을 줄여 셀 반경이 500m~1km 내외의 셀을 마이크로셀(Micro Cell)이라 하고, 마이크로셀과 매크로셀 사이의 크기를 가지는 셀을 미니셀(Mini Cell)이라 하기도 한다.

3) 피코셀(Pico Cell)

셀 반경이 더 작아져서 200m 이내가 되면 이를 피코셀(Pico Cell)이라 부른다.

4) 메가셀(Mega Cell)

저궤도 인공위성을 이용한 모바일 전화 서비스에서는 셀 반경이 100km 이상 되는 셀이 사용되는데 이를 메가셀(Mega Cell)이라 한다.

1.5 FDMA 방식의 이해

통신망을 통해 전달되는 데이터 중 가장 많은 양을 차지하는 것이 음성일 것이다. 사람의 음성을 전달하는데 필요한 최소한의 주파수 대역폭은 300~3400Hz로 알려져 있다. 이러한 음성 신호를 전기적인 신호로 변환하여, 통신망을 통해서 다른 곳으로 전달하기 위해서는 음성 신호를 전송하기에 적합한 전기적인 신호로 바꾸어 주고, 수신하는 쪽에서 이를 다시 음성 신호로 역변환을 하게 된다.

통신망에서 사용하는 전송 시스템의 특성을 다음과 같다.

• 전송 가능한 주파수 대역이 음성 대역폭보다는 월등히 크다.
• 훨씬 높은 주파수까지도 전송할 수 있다.

이런 전송로는 단 한 사람의 통신을 위해서만 사용하는 것은 경제적으로나 시설 운용면에서 매우 좋지 않다.

따라서 현재 대개의 통신망에서는 하나의 전송로를 이용하여 동시에 여러 사람의 데이터를 보내기 위한 기술이 적용되어 있으며 이를 다중화 방법이라 한다.

1 주파수분할 다중화 방법

다중화 방법 중에 가장 쉽게 생각할 수 있는 방법이 전송로가 가지는 주파수 대역폭을 전송신호 대역폭 단위, 즉 채널로 분할하고 각 신호를 서로 다른 채널로 전송하는 방법을 주파수분할 다중화라 한다.

만일 전송 신호가 디지털 신호이면, 각 채널을 사용하는 시간을 나누어서 다중화하는 시분할 다중화 방법을 사용할 수 있다.

이를 모바일 통신 환경에 적용하여 보면 각 가입자는 전자파를 이용하여 기지국과 연결되므로, 공기 중을 전파하는 전자파가 전송로이고 이 전송로 중에 사용 가능한 주파수 대역폭이 있으므로, 이 제한된 주파수를 사용하여 가급적 많은 사람이 동시에 통화할 수 있도록 하는 것이므로, 기지국과 가입자의 접속 방법인 무선접속 방식은 다중화 방법과 동일한 개념이라는 것을 알 수 있다.

주파수분할 무선접속 방식(FDMA)은 주파수분할 다중화 방법을 모바일 통신망의 기지국과 단말기 사이에 적용한 것으로, 사업자에 할당된 주파수를 통신에 필요한 최소한의 주파수 대역으로 잘게 나눈 뒤에 이를 각 가입자에게 할당하는 방식이다.

2 FM 변조

현재 FDMA 방식에서 사용하는 통화채널의 대역폭은 20kHz~30kHz정도이다. 이는 실제 음성 대역폭 4kHz보다는 훨씬 큰 대역폭임을 알 수 있다.

이는 음성 신호를 그대로 사용하면, 무선 구간에서 음성 품질이 너무 떨어지기 때문에 음성 품질을 어느 정도 유지하기 위하여 음성 신호를 먼저 잡음에 강한 FM 변조를 한 후에 FM 변조된 신호로 기지국과 단말기 사이의 통신을 한다.

이론적으로 FM 변조는 광대역으로 변조할수록 잡음에 강한 특성을 보인다. 그러나 음성 품질을 높이기 위해서 FM 변조 대역폭을 넓게 하면, 통화채널이 줄어들기 때문에 음성 품질과 통화채널수를 적절히 조정하여 FM 변조 대역폭을 결정하여야 한다.

또한 모바일 전화 환경은 통화채널이 받는 간섭 및 잡음이 주로 인근에서 사용하는 동일 채널에서부터 오는 간섭이 대부분을 차지하는 간섭에 의해 통화품질이 제한되는 환경이다.

따라서 통신 시스템에서 신호를 복구하는데 장애가 되는 가장 큰 원인은 인접 셀에서 사용하는 동일 채널 간섭이기 때문에 이를 적절히 제어하기 위해서는 동일 채널을 사용하는 셀 사이의 거리를 적당히 멀게 유지해야 한다.

이는 주파수 재사용 계수를 의미하는 것으로 간섭에 약한 시스템은 주파수 재사용 계수를 크게 하여 셀 간 상호 간섭을 줄여야 하고, 간섭에 강한 시스템은 셀 간 사이를 줄일 수 있어, 주파수 재사용 계수를 줄일 수 있다.

즉 간섭에 강한 시스템이 주파수 재사용 계수를 줄임으로서 더 많은 단위면적당 통화채널을 확보할 수 있는 것이다. 즉, 적정한 통화품질을 얻기 위한 적정 신호 대 잡음비는 모바일 전화 환경에서는 셀 간 최대 간섭량, 즉 주파수 재사용 계수를 결정하는 파라미터임을 알 수 있다.

현재 아날로그 방식의 모바일 전화에 사용하는 FM 변조 방식은 적정한 통화품질을 유지하기 위한 신호 대 잡음비가 약 18dB 이상 되어야 하기 때문에 주파수 재사용 계수 7을 가장 보편적으로 사용하고 있다.

이 경우 신호 대 간섭비를 계산해 보자.

먼저 거리에 따른 전자파 감쇠율를 거리에 4승에 반비례한다고 가정하고 주파수 재사용 계수가 7인 경우에 인접에 있는 셀에서만 간섭이 온다고 하면, 인접 셀이 주파수 재사용 계수가 7이므로 가장 가까운 거리에 있는 6개의 동일 채널을 사용하는 셀을 고려하여 신호 대 간섭비를 계산하면 다음과 같다.

$$\frac{C}{I}=\frac{C}{6I}=\frac{R^{-4}}{6D^{-4}}$$

이를 다시 쓰면

$$\frac{C}{I}=\frac{1}{6}(3N)^2=1.5N^2$$

와 같다.

여기에 주파수 재사용 계수 7을 대입하면 C < 73 또는 18dB가 되어 아날로그 방식에서 주파수 재사용 계수가 7이 타당함을 알 수 있다.

신호 대 잡음비는 주파수 재사용 계수뿐만 아니라 셀의 소형화에도 한계 요인으로 작용한다.

특정지역에서 통화가 많은 경우 이 지역을 주어진 주파수 대역으로 충분한 통화채널을 확보하기 위해서는 셀의 반경을 줄여야 하는데, 셀의 반경이 줄어들면 주변의 지형지물에 의한 영향이 커져서 셀의 모양이 매우 불규칙해져 아메바와 같은 셀 형태를 가지게 된다. 이렇게 셀 형태가 불규칙하기 때문에 셀 상호간의 간섭을 주파수 재사용 계수로 제어하는 것이 불가능해진다. 따라서 셀 반경을 무작정 줄일 수 없어 아날로그 방식인 경우 마이크로셀을 구성하는데 많은 문제가 있다.

즉 개인통신(PCS) 서비스를 위해서 아날로그 방식의 모바일 전화 기술을 사용하는 것은 거의 불가능 하다는 이야기 이다.

3 아날로그 휴대폰 방식의 서비스 비교

FDMA 방식을 사용한 아날로그 휴대전화는 미국에서 서비스를 시작하여 우리나라에서도 서비스를 한 AMPS(Advanced Mobile Phone System) 방식과 북유럽을 중심으로 서비스를 하고 있는 NMT(Nordic Mobile Telephone), 영국 등지의 TACS(Total Access Communication System) 그리고 일본에서 서비스한 JTACS(Japanese Total Access Communication System) 등이 있다. 각 방식별로 사용주파수 대역과 변조방식, 채널 대역폭 등을 비교하여 [표 1-2]에 나타내었다.

[표 1-2] 아날로그 휴대폰 방식의 비교

방식	주파수 대역		변조방법	채널 대역폭	클러스터 크기	핸드오버
	(하향)	(상향)				
AMPS	869-894	824-849	FM ±12kHz	30kHz	7.12	C/N at BS
NMT	935-960	890-915	FM ±4.7kHz	25kHz	7	C/N at BS
TACS	935-950	890-905	FM ±9.5kHz	25kHz	7.12	C/N at BS
JTACS	925-940	870-885	FM ±5kHz	25kHz	14	C/I

1.6 TDMA의 이해

1 디지털화

디지털 신호란 신호의 크기가 연속적인 값을 가지지 않고 '0'과 '1'만 가지는 신호를 말한다. 이러한 디지털 신호는 '0'과 '1'만 구별하면 되므로 신호전송에 있어서 잡음에 강한 특성을 보인다.

아날로그 신호는 샘플링과 양자화 과정을 거치면 디지털 신호로 변환할 수 있는데 음성 신호를 디지털 신호로 변환한 대표적인 예가 PCM(Pulse Code Modulation)이다.

PCM은 음성 신호를 1초에 8000번 샘플링을 하여 각 샘플링한 값을 8bit의 디지털 신호로 변환, 64kbps 디지털 신호로 만든 것이다.

아날로그 신호를 디지털화하기 위해서는 일정한 간격으로 샘플링을 해야 한다. 이러한 샘플링 간격은 아날로그 신호의 대역폭에 따라 결정된다.

아날로그 신호의 대역폭과 샘플링 속도와의 관계를 나이퀴스트(Nyquist) 샘플링 주파수라 하여 아날로그 신호 주파수 대역폭의 두 배가 되는 주파수로, 이 주파수보다 더 높은 속도로 샘플링을 해야 원래의 아날로그 신호를 복구할 수 있다.

음성 신호의 경우 신호 대역이 300~3400Hz이므로, 이를 4000Hz까지로 보고 4000Hz의 두 배인 8000Hz로 샘플링하면 원래 아날로그 신호정보를 잃어버리지 않고 샘플링할 수 있는 것이다.

샘플링된 신호를 양자화 과정을 거친 후 디지털 신호로 만들면 원래의 신호보다 훨씬 넓은 대역폭을 가지는 디지털 신호가 된다.

(예를 들어 음성 신호 대역폭은 300~3400Hz이지만 PCM 신호인 디지털화된 음성 신호

는 최소 64kHz 이상의 대역폭을 가진다.)

이와 같이 디지털 신호는 주파수 대역만 살펴보면 효율이 떨어지지만 전송이나 보관 시 데이터가 잡음에 강하고 디지털 신호를 처리하는 기술(데이터 압축, 필터링 등)이 발달함에 따라서 점점 더 적은 비트수를 가지고 음성 신호를 재생할 수 있다.

음성 신호의 경우 PCM은 64kbps이지만 이를 압축하면 8kbps 이하로도 데이터양을 줄일 수 있다.

이와 같은 기술을 이용하여 모바일 통신에서 무선구간 전송에 디지털 방식을 사용하는 것이다. 이러한 데이터 압축 기술이 없었다면 PCM 신호인 64kbps의 속도를 가진 신호를 무선접속 방식에 적용하기는 주파수 효율이 너무 낮아서 매우 곤란했을 것이다.

2 TDMA 방식의 기본개념

디지털 신호 여러 개를 동시에 전송하는 방법으로 시분할 다중방식(TDM : Time Division Multiplex) 방식이 사용되고 있다. 시분할 다중방식과 같은 개념을 적용한 것이 TDMA(Time Division Multiple Access)기술이다. 이는 정해진 주파수 대역(대개 FDMA 방식의 채널 대역보다 훨씬 넓다.)을 주기적으로 일정한 시간간격으로 나누어서 각 사용자가 차례대로 자기에게 할당된 시간동안 자기신호를 전송하는 것이다.

수신하는 쪽에서는 역시 자기시간에 해당하는 동안만 수신정보를 수집하는 방식이다. 이러한 시간 간격을 타임 슬롯(time slot)이라 하며 자기 정보를 수신하기 위하여 타임 게이트(Time Gate)를 사용한다.

즉 어떤 전송채널에 보낼 수 있는 총 데이터 속도가 100kbps라면 음성 신호의 경우 대개 20kbps 내외의 전송속도가 필요하므로 이 100kbps 신호 속도에 20kbps 신호 5개를 실어서 보낼 수 있다.

이때 100kbps 신호에 20kbps 신호를 차례로 5개 보내고 다시 다음에 5개를 보내는 것이다. 각 사용자 입장에서 보면 이것은 자기가 통화하는데 필요한 20kbps 신호만을 송수신하는 것이지만 무선 채널을 사용할 때는 100kbps 채널을 총 5개의 타임 슬롯으로 나누어서 각 사용자는 각각 하나의 타임 슬롯을 점유하여 데이터를 전송하는 것이다.

TDMA(Time Division Multiple Access) 방식에서 각 음성채널은 바로 이 타임 슬롯이다. 음성채널수를 늘리기 위해서는 이 타임 슬롯을 늘려야 하는데 타임 슬롯을 늘리면 각 전송채널도 역시 넓어져야 하므로 RF 전송채널 대역폭과 타임 슬롯수를 적절하게 결정해야 한다.

현재 디지털 방식 모바일 전화의 대표적인 GSM 방식은 전송채널 대역폭이 200kHz로 타임슬롯 수는 8개이다.

이를 디지털 방식과 비교해 보면 디지털 방식은 요구되는 신호 대 잡음비가 약 6dB-7dB이고, 이로 인하여 주파수 재사용 계수를 4 또는 3 정도까지 줄일 수 있어 이미 여기서 가입자수용용량이 약 2배 가량 증가한다.

3 시분할 방식 서비스의 비교

[표 1-3] 시분할 방식의 서비스 비교

파라케타	PACS	IS-54	DCS	DECT
접속방법	TDMA	TDMA	TDMA	TDMA
듀플렉스 방법	FDD	FDD	FDD	TDD
RF대역폭	300kHz	30kHz	200kHz	1728kHz
전송속도	32kbps	7kbps	13kbps	32kbps
음성채널/RF	8	3	8	
AMPS와 비교	1.0	3	2-3	0.2
변조방법	π/4dQPSK	GMSK	GFSK	OQPSK
에러정정방법	None	FEC	FEC	None
음성지연	9ms	110ms	90ms	28ms
보코더	ADPCM	VSELP	RPE-LTP	ADPCM

2장 CDMA의 이해

2.1 코드분할 다중접속 방식

1 CDMA의 개념

코드분할 다중접속 방식(CDMA : Code Division Multiple Access)을 FDMA나 TDMA와 비교해 보면 어떤 모임 장소에서 여러 사람이 모여서 이야기를 한다고 가정하면, FDMA 방식은 모든 사람이 같은 언어를 사용하고 모임 장소를 이야기를 할 수 있도록 작은 구역으로 나누어 놓은 각각의 대화실에 차례를 기다렸다가 들어가서 이야기하는 것이라면, TDMA 방식은 역시 같은 언어를 사용하지만 FDMA 방식과는 다르게 모든 사람이 같은 장소에 모여서 이야기를 한다.

그러나 모든 사람이 동시에 이야기를 하는 것이 아니라 각각 이야기하는 시간을 정해서 자기에게 할당된 시간 동안에만 이야기를 한다고 생각하면 된다.

물론 이야기를 하는 시간이 단절되어 대화에 지장이 있을 것 같지만, 실제로는 전혀 대화하는데 지장이 없다.

여기에 비해서 CDMA 방식은 다른 두 방식과 비교해 보면 여러 사람이 같은 장소에 모여서 동시에 이야기를 하는 것과 같다. 다만 서로 다른 언어를 사용하기 때문에 자기가 알 수 있는 언어로 이야기하는 내용만 알아들을 뿐이고, 다른 사람이 이야기하는 것은 단지 잡음으로만 느끼는 것과 같다.

CDMA 기술은 기본적으로 오래전부터 사용해왔던 **대역확산 통신기술**(Spread-Spectrum Technology)을 이용한 것으로, 대역확산 기술이 가지고 있는 모든 장점에 주파수 이용 효율을 크게 증가시킨 것이다.

CDMA를 기술적으로 표현하면 다음과 같다.

① 모든 서비스 영역에서 같은 주파수 대역을 사용할 수 있기 때문에 셀룰러 개념에서 보면 주파수 재사용 계수가 1이 되어 있다.

② 주파수 이용 효율이 다른 방식에 비해서 월등히 높다.

③ 모든 서비스 영역에서 같은 주파수 대역을 사용할 수 있기 때문에 소프트 핸드오버가 가능하다.

④ 서로 다른 코드를 사용하여 통신을 하기 때문에 무선 구간의 통신 비밀 보호 특성이 매우 우수하다는 장점이 있다.

이외에 여러 가지 장단점에 대해서는 앞으로 자세히 살펴보도록 한다.

2 CDMA 시스템

CDMA 시스템은 [그림 2-1]처럼 이동국(MS : Mobile Station), 기지국(BTS : Base Station Transciever Subsystem), 제어국(BSC : Base Station Controller), 교환국(MSC : Mobile Switching Center) 그리고 홈 위치 등록기(HLR : Home Location Register)로 이루어진다.

이동국(MS : Mobile Station)은 가입자가 모바일 통신망을 이용하여 통신할 수 있도록 하는 단말장치이고, 기지국은 이동국과 무선구간으로 연결되어 이동국을 제어하고 통화 채널을 연결시켜주는 시스템이다.

기지국 제어장치(BSC : Base Station Controller)는 무선링크 및 유선링크를 제어하고 타통신망과 접속을 수행한다. 모바일 통신 시스템의 전체적인 구조는 어떤 셀룰러 방식이나 비슷하지만 CDMA와 AMPS를 구분짓는 것은 이동국과 기지국을 연결시켜주는 인터페이스 CAI(Common air interface) 부분이다.

이 인터페이스 부분에서 AMPS는 주파수를 분할하여 채널을 구분하고 CDMA는 IS-95에 따라 부호를 분할하여 통화채널을 구분해 준다.

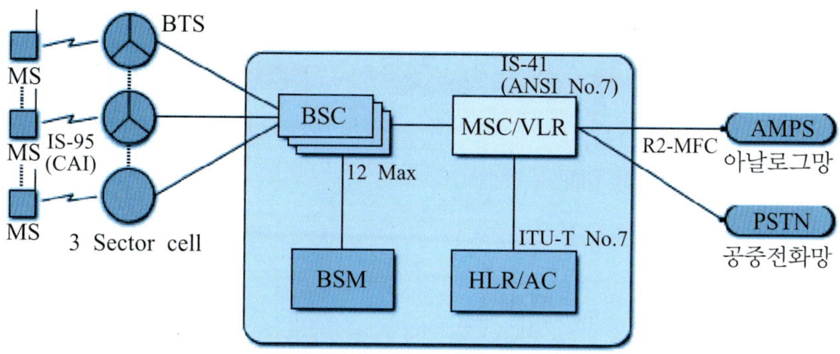

[그림 2-1] CDMA 시스템

- MS(Mobile Station) : 이동국
- AC(Authentication Center) : 인증센터
- VLR(Visitor Location Register) : 방문자 위치 등록기
- BTS(Base Station Transciever Subsystem) : 기지국
- HLR(Home Location Register) : 홈 위치 등록기
- BSC(Base Station Controller) : 기지국 제어장치
- MSC(Mobile Switching Center) : 교환기
- BSM(Base Station Manager) : 기지국 관리 장치

CDMA 2000 네트워크는 [그림 2-2]에서 보이는 것처럼 여러 개의 BS(Base Station)가 하나의 RNC(Radio network controller)에 T1/T3라인으로 연결되어 있다. 또한 각 RNC는 PDSN(Packet Data Serving Node)와 PCF(Packet Control Function)를 통해 연결되어 있다.

PCF의 목적은 BS와 PDSN사이의 패킷 전송을 제어하는 것이다. MS(Mobile Station)와 RNC사이에는 RLP(Radio Link Protocol)이 정의되어 있다. 이 RLP는 MS와 RNC사이의 데이터 전달을 제어하는 데 사용된다.

반면에 PPP(Point-to-Point Protocol)는 MS와 PDSN사이에 사용된다. RNC는 MS들과 RNC사이의 여러 개의 RLP 세션들이 (3G-1X cellular network에서) 144kbps carrier throughput을 공유하도록 제어한다. 만약 MS가 하나의 RNC로부터 다른 RNC로 이동한 경우 기존의 RLP세션은 끊어지고 새로운 RNC에 새 RLP세션이 이루어진다. PDSN은 인터넷과 연결되어 있다. MIP(Mobile IP)의 FA (Foreign Agent)기능이 PDSN 내부에 구현되어 있어 PDSN간 이동성(Mobility)을 지원한다.

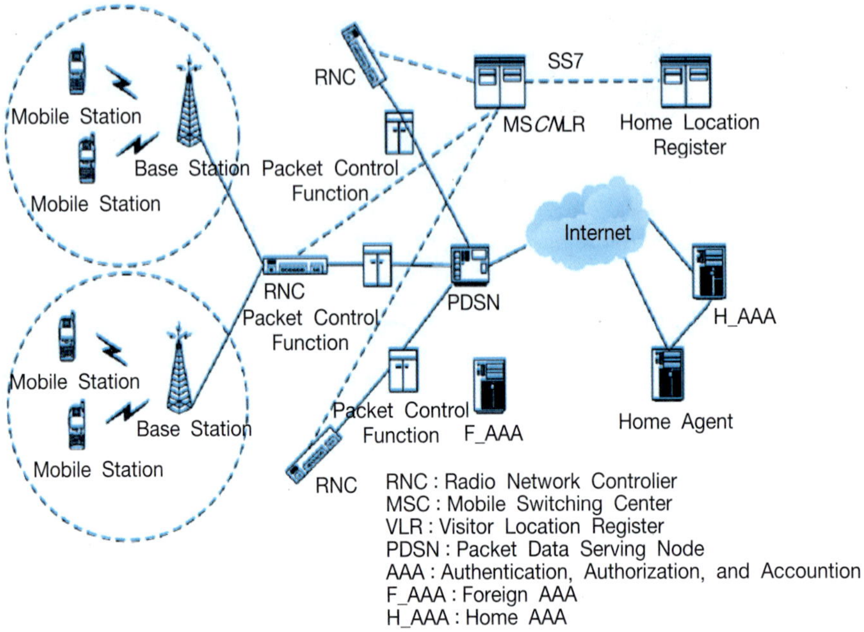

[그림 2-2] CDMA 2000 네트워크 구성도

3 CDMA의 장점

① 아날로그에 비해 더 많은 용량을 가짐으로 출퇴근 시간과 같은 통화량이 많은 시간에도 통화적체 없이 통화할 수 있다.

② FDMA, TDMA에 비하여 낮은 송신출력을 사용함에 따라 배터리 사용시간이 3배 정도 오래가며, 경비절감, 필요기지국수 감소, 통화권과 보급률 확대에 유리하다.

③ 핸드오프가 우수하다.
아날로그 방식에서는 기지국에서 다른 기지국으로 이동시에 순간적인 통화단절현상이 발생하지만, CDMA 방식에서는 소프트 핸드오프라고 하여 통화단절 없이 핸드오프가 일어난다.

④ 통화품질이 우수하다.
음성 신호를 그대로 전달하는 아날로그 방식에서는 전파가 여러 경로를 통해 들어오는 페이딩 현상으로 통화품질이 저하될 수 있지만 CDMA 방식에서는 페이딩의 영향이 거의 없다. 또한 방해 신호에 대한 저항성이 매우 크다.

⑤ 통신비밀의 보장이 된다. 음성 신호를 그대로 전달하는 아날로그와 달리 특정한 부호를 사용한 디지털 신호로 전송이 이뤄지므로 도청이 불가능하다.

⑥ 고품질의 다양한 서비스의 제공이 가능하다.

⑦ 모바일 단말기의 정확한 위치파악이 가능해 이를 이용한 다양한 서비스의 제공이 가능하다.

⑧ 통화 용량의 증가로 동일한 주파수를 많은 셀에서 사용할 수 있으며, 타 방식보다 간섭이 적고 통화자가 침묵하고 있는 시간 동안 전송을 중지함으로써 아날로그 방식보다 수용 용량을 10배 이상 높일 수 있다.

⑨ 고품질의 통화 서비스 제공 아날로그 방식에서는 다중 경로로 들어오는 신호들이 통화에 상당히 나쁜 영향을 미치나, CDMA에서는 이러한 다중 경로 신호를 각각 분리하여 양호한 신호를 선택 사용하므로 아날로그 방식보다 품질이 우수하고 핸드오프시 통화의 단절이 없는 소프트 핸드오프 방식을 사용하므로 통신의 품질이 양호하다.

⑩ 뛰어난 보안성 사용자마다 고유 PN(Pseudo Noise) 코드를 사용하여 암호화하므로 통화 비밀을 유지할 수 있다.

⑪ 모바일 전화의 소비전력 적고, 소형 경량화 가능 소비전력이 아날로그에 비해 1/3수준이며, 모바일 전화기가 ASIC칩으로 이루어져 소형 경량화가 가능하다.

⑫ 첨단 부가서비스 제공 음성인식 다이얼 서비스, 소리샘 서비스, 단문 메시지 기능 등 다양한 부가서비스가 제공되어 모바일 전화 사용을 더욱 편리하게 한다.

⑬ 멀티미디어 서비스 구현 광대역 CDMA 개발로 미래에는 팩스, 데이터 파일, 동영상까지 전송할 수 있게 되어 어느 곳에서나 첨단 멀티미디어 서비스를 받을 수 있게 된다.

4 CDMA 기술의 발전

CDMA를 기반 기술로 하여 [그림 2-3] 같이 IS-95A, IS-95B, CDMA 2000, IMT-2000 순으로 연속적인 진화과정을 거쳐 발전하고 있다.

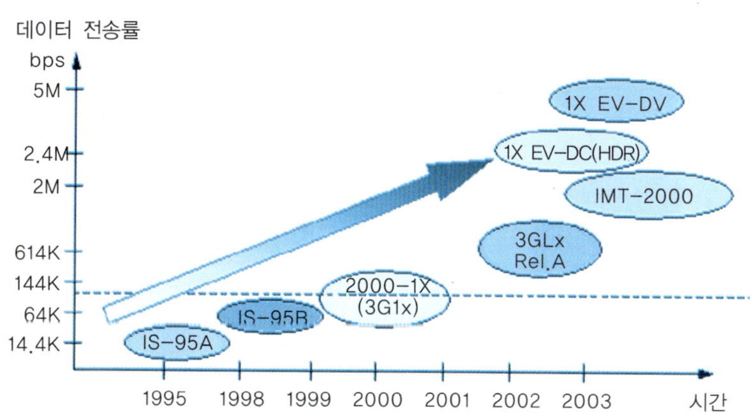

[그림 2-3] CDMA의 기술발전

1996년부터 인기를 끌었던 2세대 CDMA(Code Division Multiple Access : 코드분할다중접속) 방식 모바일 통신인 IS-95 A · B보다 진화된 3세대 동기식 무선접속 기술표준이다.

CDMA는 하나의 채널로 한 번에 한 통화밖에 하지 못하는 한계가 있는 아날로그 방식의 문제점을 해결하기 위해 개발된 디지털 방식의 휴대폰의 한 방식이다. 아날로그 형태인 음성을 디지털 신호로 전환한 후 여기에 난수를 부가, 여러 개의 디지털 코드로 변환해 통신을 하는 것으로 휴대폰이 통화자의 채널에 고유하게 부여된 코드만을 인식, 통화품질이 좋고 통신비밀이 보장된다는 장점이 있다.

CDMA 2000은 북미표준 IS-95로부터 진화된 3GPP2 솔루션이다.

CDMA 2000의 첫 번째 단계는 CDMA 2000 1X라는 것으로 144kbps의 데이터 전송속도를 가지며 기존의 IS-95와 같은 스펙트럼 대역폭을 사용한다.

두번째 단계는 CDMA 2000 1X EV(Evolution)으로 2Mbps 데이터 전송속도를 지원한다. 한국의 SK텔레콤이 최초로 2000년 10월에 CDMA 2000사용 서비스를 시작했으며, 현재는 CDMA200 1X가 아시아, 북미, 남미, 그리고 유럽에 퍼져있다.

SK텔레콤과 KTF가 2002년에 CDMA 2000 1X EV-DO(Data only) 서비스를 시작하였다. Verizon 또한 미국 주요 도시에서 데이터 서비스를 제공하는데 EV-DO 네트워크를 사용하고 있다.

1) CDMA 2000

CDMA 2000은 ITU에 의해 3G로 승인된 표준 기술의 하나이며, 캐리어로 사용하는 FA(Frequency Assignment)의 개수에 따라 1X와 3X로 구분된다. 또한, 진화 내용에 따라 CDMA 2000 1X EV-DO, 1X EV-DV 등의 다양한 기술 방식이 존재한다.

이와 같이 CDMA 2000은 여러 기술 방식을 포괄하는 패밀리 개념이다. 현재 상용화 서비스가 제공되고 있는 것은 CDMA 2000-1X와 1X EV-DO이며, CDMA 기술을 채택한 이동망 사업자들의 주된 전이경로(migration path)는 CDMA 2000-1X에서 1X EV-DO를 거쳐 1X EV-DV순으로 진화할 것으로 예측되고 있다.

2000년 유무선 통합 차세대통신 서비스인 IMT-2000의 기술표준으로 채택되었다. CDMA 2000 1X와 CDMA 2000 1X EV/DO(Evolution Data Optimized) 두 종류가 있다. 둘 다 휴대폰 · 무선호출 등을 포함한 차세대 모바일 통신 시스템이다.

CDMA 2000은 제 3세대 동기식 모바일 통신 기술방식의 하나이며, CDMA 2000 1X,

3X 등이 있다. 제 3세대 모바일 통신은 ITU 규정에 따라 CDMA 2000 1X, 3X, EV-DO, WCDMA 등이 제3세대 모바일 통신으로 인정받았다.

기존의 2세대 모바일 통신보다 훨씬 빠른 데이터 전송속도를 가지고 있기 때문에 화상통신, 무선인터넷 등에 적합하다.

한동안 CDMA 2000 1X는 2.5세대로 불리었다. 2.5세대는 3세대 IMT-2000과 2세대 CDMA의 중간이라는 뜻이다. 이는 IMT-2000이라고 보기엔 미흡한 면이 많고 마케팅전략으로도 활용할 수 있기 때문에 2.5세대를 고수하려 한 것이다.

그러나 2001년 7월 스웨덴 스톡홀름에서 개최된 국제전기통신엽합(ITU) 라디오통신연구그룹 5차 회의를 통해 CDG(CDMA 개발그룹)측은 정보문서양식을 빌어 "CDMA 2000 1X가 2G 모바일 통신(cdmaOne)에서 진화한데다 기존 주파수 대역을 그대로 사용하기 때문에 2.5G인지, 3G인지 구분이 모호해 혼선을 빚었다"며 "CDMA 2000 1X가 ITU의 IMT2000 요구사항을 충족하고 호환성을 갖춘 3G 시스템인 것을 명확히 한다"고 발표했다.

이로써 우리나라는 세계 최초로 3G 모바일 통신(IMT2000)을 상용화한 국가로 인정받게 됐다. CDG측도 "한국이 CDMA 2000 1X를 기반으로 한 3G 네트워크를 최초로 상용화한 국가"라고 언급했다.

아직도 국내에서는 CDMA 2000 1X를 2.5세대로 많이 부르고 있으나 3세대로 이미 인정을 받았기 때문에 3세대 모바일 통신으로 표현하는 것이 옳다.

2) IMT-2000

90년대에 들어서면서 새롭고 다양한 모바일 통신 서비스의 대거 출현으로 언제, 어디서나, 누구나 이용할 수 있는 서비스의 대중화와 아울러 선택의 시대가 본격적으로 열리게 되었다. 다가오는 21세기 고도정보화 사회를 맞이하여 그 역할이 더욱 커지게 될 모바일 통신이다.

- 그러나 다양하게 개발된 현재의 모바일 통신 서비스는 각각의 서비스마다 구현하는 기술방식이 다르고, 같은 기술방식이라 하더라도 국가나 지역마다 사용하는 주파수 대역이 달라 무선통신 고유의 장점인 이동성을 완벽하게 실현하는데 근본적인 한계를 지니고 있다. 또한 무선이라는 전송매체를 사용해야 하는 기술적인 제약으로 인해 멀티미디어 서비스와 같은 이용자의 증대된 욕구를 만족시키기에는 근본적인 어려움이 있다.
- 이러한 기존 모바일 통신 서비스의 한계를 극복하고자 등장한 것이 바로 IMT

(International Mobile Telecommunication)-2000이다. IMT-2000은 궁극적으로 유선, 무선 및 위성환경에서 단말 또는 사용자 접속카드로 음성, 데이터, 영상 등을 포함하는 멀티미디어 서비스와 이를 전 세계적으로 제공할 수 있는 글로벌 로밍을 주된 특징으로 하는 글로벌 멀티미디어 서비스라고 정의할 수 있다.

일반사용자 측면에서는 기존의 음성위주의 서비스를 탈피하여 고속데이터와 영상서비스까지도 가능한 무선 멀티미디어 서비스를 제공하고 사용자가 세계 어디서나 서비스 접속을 간편하게 할 수 있도록 사용자카드를 통한 서비스 접속 기능을 제공함으로써 고도화된 이동성을 제공해 준다.

현재의 모바일 통신 서비스인 셀룰러폰, PCS, GSM(유럽방식 모바일 전화) 등은 각각 서비스를 실현하는 기술방식이 다르고 국가나 지역마다 사용하는 주파수 대역이 달라 이동성을 완벽하게 실현하는데 근본적인 한계를 가지고 있다.

또한 데이터 전송률이 낮아 고속 데이터의 전송이 불가능해 멀티미디어 서비스를 제공할 수 없다. 이런 결점을 보완하기 위하여 이전과 구분되는 제3세대 모바일 통신인 IMT-2000이 대두되었으며 초고속데이터 전송이 가능하고 주파수 대역과 단말기를 포함한 네트워크 장비에 대한 표준화를 꾀하고 통신위성을 이용하여 세계 어디에서나 같은 단말기로 서비스를 받을 수 있는 차세대 모바일 통신 서비스로 각광받고 있다.

또한 IMT-2000은 IMT-2000이란 용어가 통용되기 시작한 것은 1996년부터며 이전에는 국제전기통신연합 (ITU : International Telecommunication Union)이 지난 78년 향후 모바일 통신의 단일 표준화를 연구과제로 삼으면서 프로젝트 코드로 정했던 FPLMTS(Future Public land Mobile Telecommunication System, 프림스)란 용어가 사용됐다.

그러나 FPLMTS는 발음하기가 어렵고 기억하기 쉽지 않아 새로운 용어의 필요성이 계속 제기돼 IMT-2000으로 이름을 바꿔 사용하고 있다.

IMT-2000에서 요구되는 중요한 조건의 하나는 기존 시스템과의 호환성, 즉 Backward compatibity가 근본적으로 제공되어야 한다는 것이다.

Backward compatibity란 3세대의 IMT-2000 가입자가 2세대 통신망에서 서비스를 제공받을 수 있는 경우를 의미하는데 이는 방대한 규모의 기존 2세대 인프라를 활용하기 위해서다.

3세대 IMT-2000 서비스는 기존 2세대 모바일 전화에서 제공되는 음성 및 저속 데이터뿐만 아니라 영상 등 멀티미디어 서비스까지 제공하는 모바일 통신 서비스라고 볼 수 있다. IMT-2000과 기존 시스템을 비교해보면 우선 사용 주파수 대역에서 IMT-2000은 범세계적 로밍을 위해 ITU에서 배정한 전 세계 공통의 주파수 대역인 2GHz대를 사용한다는 차이점을 발견할 수 있다.

데이터 전송속도를 결정짓는 채널당 대역폭은 우리나라의 경우 동일한 기술방식을 사용하는 디지털 모바일 전화와 PCS가 1.23MHz인데 반해 IMT-2000에서는 멀티미디어 서비스 제공을 위해 5MHz에서 20MHz까지의 광대역을 채택하고 있다.

따라서 IMT-2000에서는 최고 2Mbps로서 음성, 데이터는 물론 동화상까지 전송이 가능하다.

차세대 모바일 통신의 두 방식인 동기식(CDMA 2000)과 비동기식(W-CDMA)은 신호 접속 및 처리 방법에서 근본적 차이가 있다.

동기식은 모든 기지국에서 위성으로부터 시각정보를 수신해 시각을 동일하게 맞춤으로써 사용자 위치에 관계없이 실시간 통화가 되도록 하는 방식이다.

반면 비동기식은 위성을 사용하지 않고 별도 칩장비로 실시간 통화를 유도한다. 유럽과 일본이 주도하고 있는 비동기방식은 현재 세계 모바일 전화 시장의 70% 이상을 차지하고 있는 유럽방식(GSM)을 바탕으로 하고 있어 국제로밍에 유리하고 커버리지, 통신용량, 전송속도면에서도 미국방식인 동기방식을 조금씩 앞서 있다.

5 CDMA 2000의 기술방식별 서비스 비교

CDMA 2000 1X EV(Evolution)-D0(Data Only)는 기존의 CDMA 2000 무선 프로토콜과는 완전히 다른 패킷 데이터 전송을 위한 전용 프로토콜로서 최대 전송속도가 순방향(Forward Link)인 경우 2.4Mbps까지 가능한 방식이다. 이것은 CDMA 2000기지국에서 채널카드 부분만을 변경하여 기존의 시스템을 최대한 활용할 수 있는 장점이 있다.

CDMA 2000 1X EV-DO는 크게 1X EV-DO(Data Only)와 1X EV-DV(Data and Voice)가 있다. CDMA 2000 1X EV-DO는 패킷 데이터 전용의 프로토콜로서 기존의 CDMA 2000 1X EV를 의미한다. 반면에 1X EV-DV는 규격이 완료되었으며 고속 패킷 데이터와 음성을 동시에 사용 가능하다.

CDMA 2000의 각 기술방식별 주요 특징을 비교하면 [표 2-1]과 같다.

[표 2-1] CDMA 2000의 각 기술 방식별 주요 특징

구분	CDMA 2000-1X	1X EV-DO	1X DV-DV
최대 데이터 전송용량	153.6kbps	2.4Mbps	5.2Mbps
제공 트래픽	음성+데이터	데이터 only	음성+데이터
Backward compatibity	IS-95A?B	불가	IS-95A/B CDMA 2000-1x
상용화 일정	2000년 10월	2002년 1월	2003년

1) CDMA 2000 1X

CDMA 2000 1X 서비스는 기존의 IS-95A, IS-95B망에서 진화한 IS-95C망을 이용하여 기존 IS-95 A/B 망에서 지원하였던 속도인 14.4kbps나 56kbps보다 훨씬 빠른 최고 144kbps로 무선인터넷이 가능한 서비스이다.

CDMA 2000 1X는 가입자에게 음성 및 데이터 서비스를 제공한다. 음성서비스의 경우 기존의 IS-95A/B 시스템과 비교하여 약 2배의 가입자를 수용 가능하며 무선망 품질도 개선된다. 데이터 서비스의 전송속도는 153.6kbps급으로 기존의 IS-95B와 비교하여 약 2.3배로 개선되며, 이로 인하여 동화상을 제외한 대부분의 응용의 수용이 가능하다. 고속 패킷 데이터 서비스와 모바일 IP 서비스 지원이 가능하고, 수용용량이 크며, 단말기 대기 시간이 IS-95 A·B의 2배이다.

또 시스템 집적도 증가로 장비 설치공간이 줄어들고, 무선 데이터 시장 활성화에 따른 단계적 투자가 가능한 것도 장점이다.

활용 분야는 실시간 동영상 서비스, 동영상 음악, 화상 클립, 화상 대화, 화상 이메일 등 멀티미디어 서비스 지원과 다양한 무선 데이터 서비스 분야 등이다. SK텔레콤(주)이 2000년 10월 세계 최초로 서비스를 시작하였다.

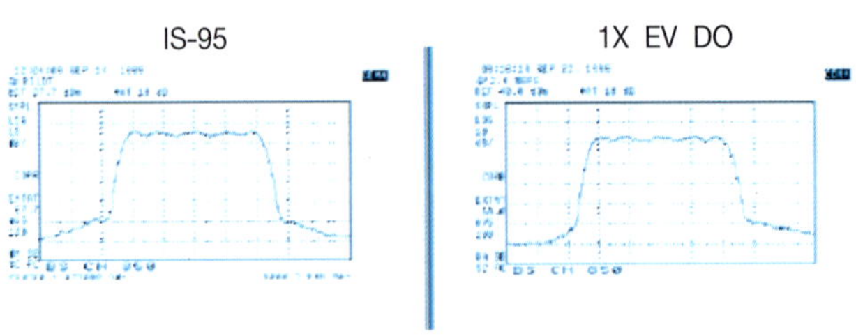

[그림 2-4] IS-95/1X와 CDMA 2000.1X EV-DO 스펙트럼 비교

2) CDMA 2000 1X EV-DO

CDMA 2000 1X EV-DO는 데이터 서비스만을 제공한다. 가입자 용량측면에서도 CDMA 2000 1X에 비해 5배 이상 개선되고 망 구조 및 RF 부문에서 CDMA 2000 1X와 호환성을 유지하므로 적은 투자비로 보다 많은 가입자에게 고속 데이터 서비스를 제공할 수 있다.

CDMA 2000 1X EV-DO의 데이터속도는 다이나믹 데이터속도로 간섭레벨(C/I)에 따라서 달라진다. 역방향 속도는 9.6kbps, 19.2kbps, 38.4kbps, 76.8kbps, 153.6kbps로 최대 153.6kbps이다. 그리고 순방향 속도는 38.4kbps, 76.8kbps, 153.6kbps, 307.2kbps, 614.4kbps, 921.6kbps, 1228.8kbps, 1843.2kbps, 2457.6kbps로 최대 2457.6kbps의 속도를 가진다. 실제로 어떤 가입자에게 주어지는 실질적인 데이터 속도는 전체가입자수와 간섭레벨(C/I)에 의해 결정이 된다.

CDMA 2000 1X EV-DO 주요 특징은 다음과 같다.

- 기존 환경(Infrastructure)을 이용한 고속, 고용량 데이터 전송에 최적화된 무선접속 기술 표준
- CDMA 2000 1X에서 진화된 기술
- CDMA 기술에 TDM의 장점을 이용하여 사용자에게 데이터 전송
- 채널환경에 따른 가변적인 데이터 비율(data rate) 할당 : 38.4kbps~2.4Mbps
- 단일 캐리어(Single Carrier) 방식으로 1X EV-DV로의 진화 가능
- 인터넷 트래픽 특성에 적합한 비대칭 링크 구조
- 고속의 실시간 멀티미디어 서비스 제공
- CDMA 2000 1X와 1X EV-DO간 핸드오버 지원
- 이중모드 단말기로 음성 및 고속 패킷 데이터 서비스 제공

이러한 성능으로 인해 무선인터넷 접속, 실시간 교통정보, 무선 생방송, 텔레비전, 영화, 뮤직비디오, 인터넷게임, M-커머스 따위의 분야에서 멀티미디어 콘텐츠 제공이 가능하다.

1999년 미국의 퀄컴이 시험통화에 성공하였고, 한국에서는 2001년 2월부터 서비스를 시작하였다. 꿈의 모바일 통신을 실현할 3세대형 모바일 통신으로 불린다.

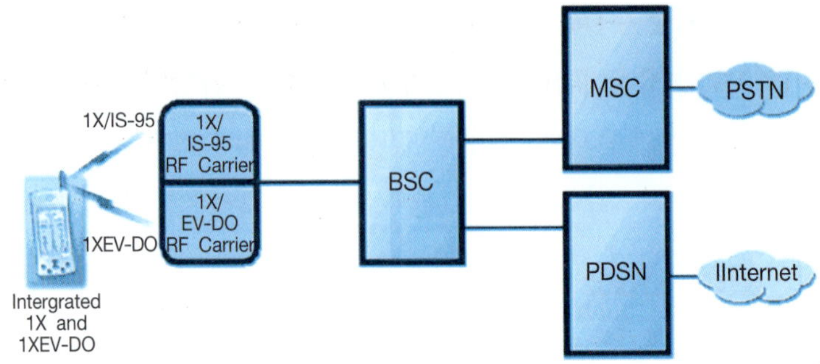

[그림 2-5] CDMA 2000 1X EV-DO 개념도

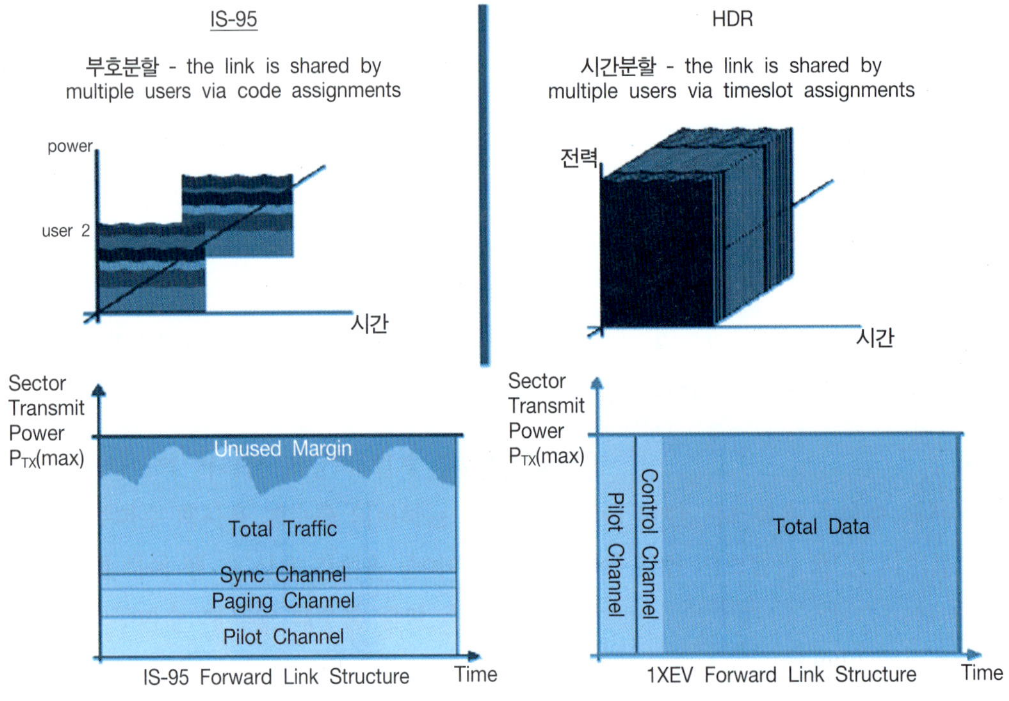

[그림 2-6] CDMA 2000 1X EV-DO와 IS-95/1X 순방향 링크 구조비교

3) CDMA 2000 1X EV-DV

2003년 도입된 1X EV-DV는 하나의 캐리어에 음성과 데이터를 모두 지원 가능하며 데이터 전송속도도 최대 5.2Mbps로 1X EV-DO에 비해 2배 이상 개선된다.

4) IS-95/CDMA 2000 1X 네트워크와 양립성

CDMA 2000 1X EV-DO 는 셀룰러 또는 PCS 밴드에서 동작하게 설계되어 있으며 주파수 할당도 현존하는 CDMA 2000 1X 시스템과 같다. 또한 칩 비율(chip rate), 링크 버짓(Link Budget), 송신 전력 요구 규격(Power requirement), 채널 대역폭 그리고 할당 지역 범위(Coverege)도 CDMA 2000 1X와 같다. 즉 현재 운용되고 있는 기지국, 안테나, 중계기 등을 변경할 필요 없이 사용 가능하다. CDMA 2000 1X EV-DO 사이트는 CDMA 2000 1X 지역 내에 설치되며 그 형태는 혼합형, 피코셀(pico cell), 스텐드 얼론 타입으로 설치된다.

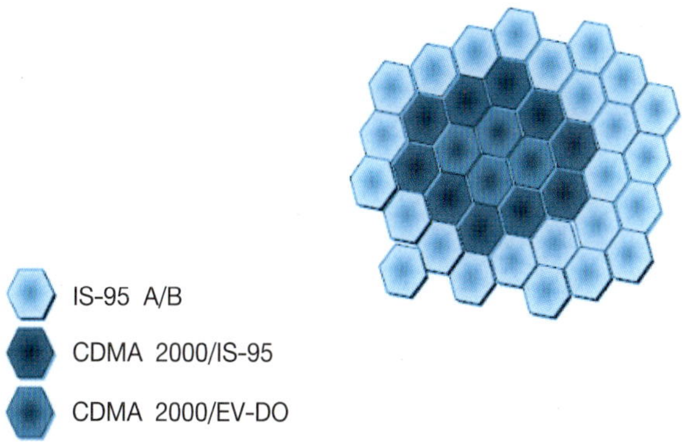

[그림 2-7] CDMA 2000 IX EV-DO와 IS-95/1X 중첩도

2.2 대역확산 통신방식

CDMA 방식은 1960년대부터 군사용으로 주로 사용되어 온 주파수 대역확산 통신기술(Spread-Spectrum Technology)을 이용한 것이다.

대역확산 통신방식이 발달한 원인에는 군사용으로 사용한 전자파를 이용한 무선통신에서 적에게 도청이 되지 않고, 적의 방해전파에도 강한 통신방식을 구현하고자 하는 요구 때문이었다.

전자파는 공중에 사방으로 퍼져 나가므로 전자파 자체는 쉽게 다른 사람에 의해 적정한 안테나를 사용하여 수신될 수 있다. 이렇게 수신된 신호는 변조방법을 알면 쉽게 그 통화내용을 도청할 수 있는 것이다.

대개 보통 사용하는 변조방법은 쉽게 복조가 가능하므로 전자파를 이용한 무선통신이 쉽게 도청되는 것은 당연하기도 한다.

1 확산코드에 의한 통신

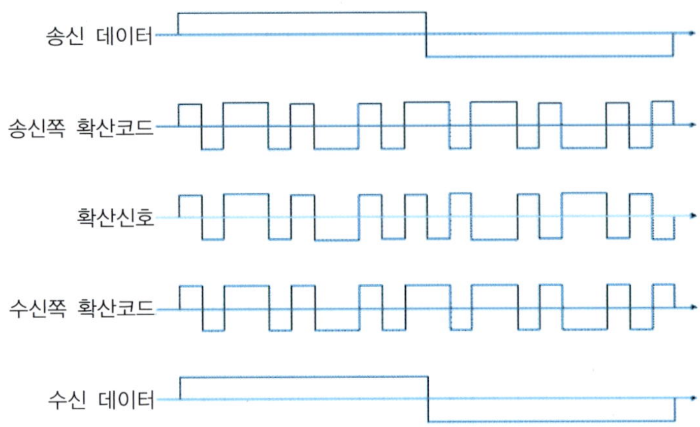

[그림 2-8] 확산코드에 의한 통신의 예제

[그림 2-8]에 확산코드에 의한 통신의 예를 보여주고 있다.

① 먼저 송신 데이터에 [그림 2-8]에서 보여주는 것과 같은 확산코드 10110100101을 곱해준다.

② 확산코드는 원래의 데이터보다 훨씬 높은 비트 속도를 가지고 있으므로 하나의 송신 데이터에 여러 개로 [그림 2-8]에서는 11비트를 곱해준다.

③ 이렇게 곱해진 원래의 송신 데이터는 [그림 2-8]에서 보여주는 것과 같이 훨씬 속도가 높은 확산코드와 같은 속도의 확산신호와 같이 된다.

④ 이 확산신호를 전자파에 실어서 송신을 하고, 수신쪽에서는 이 확산신호에 다시 송신쪽에서 사용한 동일한 확산코드를 곱해주면, 원래 송신하고자 했던 데이터와 동일한 수신 데이터를 얻을 수 있다.

2 다른 확산코드를 곱한 경우

수신된 확산신호에 다른 확산코드 01101001010를 곱해 주면 수신 데이터가 [그림 2-9]와 같이 되어서, 원래의 데이터를 복구할 수 없다.

물론 이때 확산코드를 곱해주는 시간이 맞지 않으면 마치도 다른 확산코드를 곱해주는 것과 같으므로, 확산코드가 시작하는 시간까지 맞아야 한다.

따라서 사전에 미리 확산코드와 시작 시간을 모르는 사람은 데이터를 복구할 수 없고,

확산코드 신호와 시작 시간을 알고 있는 사람만 데이터를 복구할 수 있기 때문에 자연히 높은 비화 특성을 가지게 된다.

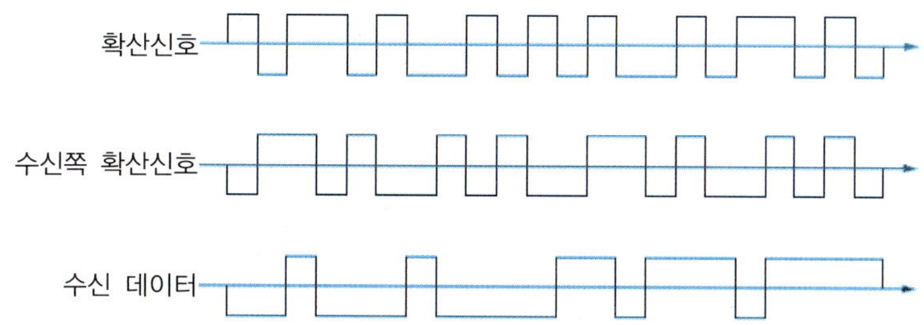

[그림 2-9] 다른 확산코드를 곱한 경우

3 대역확산(Spread-Spectrum)기술

확산코드는 송신 데이터와 아무런 관계도 없으며 확산코드를 추정하기 곤란하게 거의 잡음과 같은 (디지털 신호인 경우 랜덤 시퀀스(Random Sequence)) 신호를 곱해주며, 이 코드는 거의 무한히 만들 수 있기 때문에 임의의 확산코드를 쉽게 재생할 수 없다. CDMA 방식에서는 코드 갯수에 의해서 채널수가 결정되는 것이 아니라 주변의 간섭량에 의해서 채널수가 결정된다. 이는 내가 아무리 우리말로 대화를 해도 주변에 영어로 이야기하는 소리가 너무 크면 말을 알아듣기 곤란한 것과 같은 이치이다.

이론적으로 설명해보면 먼저 송신 데이터가 [그림 2-10]에서 보여주는 것처럼 어떤 대역폭을 가지는 신호라 하자.

이 신호에 송신 데이터보다 훨씬 높은 비트 속도를 가지는 [그림 2-10]의 예를 보면 11배나 높은 속도를 가지는 확산코드의 대역폭을 표시해 보면 송신 데이터의 대역폭에 비해서 11배가 넓다는 것을 알 수 있다.

송신 데이터 신호에 확산코드 신호를 곱해주면 이론적으로 확산신호의 비트 속도가 확산코드 속도와 같게 되므로 확산신호와 확산코드의 대역폭은 거의 비슷하다는 것을 알 수 있다.

이는 원래의 송신 데이터의 대역폭이 확산코드에 의해서 확산신호의 대역폭만큼 넓어진 것으로 이해할 수 있다. 이 과정을 **확산(Spreading)**이라 한다.

이때 송신 데이터가 가지고 있는 에너지는 일정하므로 데이터에 해당하는 크기는 넓어진 대역폭만큼 반비례하여 작아진다. 이렇게 신호를 전송할 때 대역폭이 넓어졌다고 해서 이러한 기술을 **대역확산(Spread-Spectrum)기술**이라 한다.

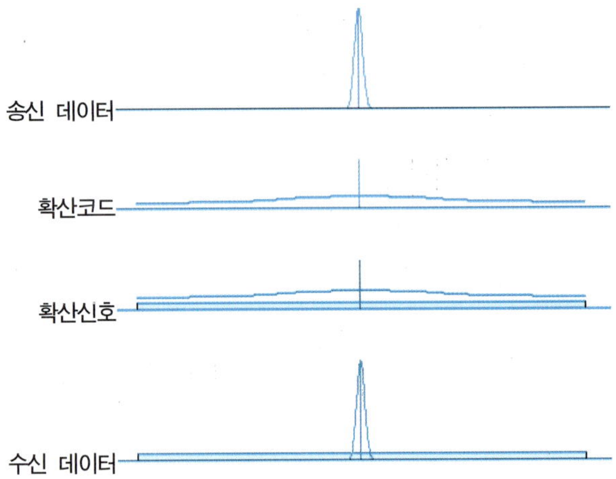

[그림 2-10] 각 신호 대역폭 비교

이 확산신호에 다시 동일한 확산코드를 곱해주면 [그림 2-8]에서 보는 바와 같이 원래의 데이터를 복구할 수 있다는 것을 알 수 있다. 즉, 이를 주파수 영역에서 보면 확산신호의 대역폭이 다시 원래 데이터 신호의 대역폭으로 줄어든 것으로 이해할 수 있다. 이를 역확산(Despreading)이라 한다. 물론 여기서도 데이터가 가지고 있는 에너지가 일정하기 때문에 신호의 크기도 줄어든 대역폭만큼 다시 커져서, 다른 신호로부터 분리하여 데이터를 복구할 수 있다.

만일 여기에서 신호의 전송 도중에 확산신호에 강한 협대역 간섭신호가 수신되었다고 하자. 이 두 신호가 수신기쪽에서 역확산 과정을 거치게 되면, 원래 송신했던 신호는 역확산이 되지만 간섭신호는 여기에서 확산 과정이 일어나서 그 크기가 확산된 대역폭에 반비례하여 줄어들게 된다.

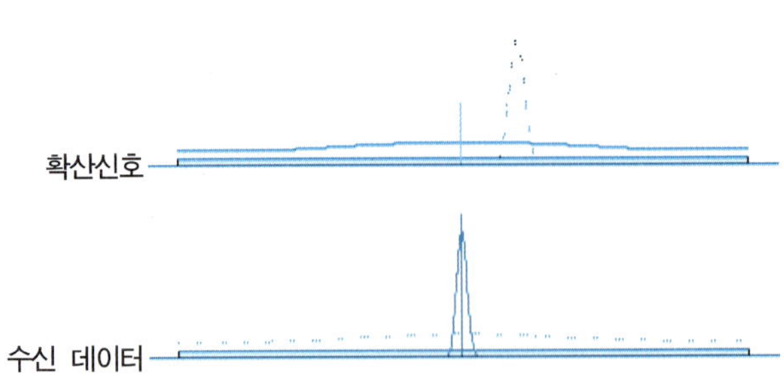

[그림 2-11] 강한 간섭신호가 있을 경우

이를 [그림 2-11]에 그림으로 설명하고 있다.

점선으로 된 간섭신호가 포함되어도 역확산 과정에서 [그림 2-11]에서 보여주는 것처럼 확산이 되어 그 크기가 줄어들어 간섭신호의 크기는 줄이고, 자기 신호는 크기를 키우므로서 외부의 간섭에 매우 강한 특성을 가지게 된다.

또한 대역확산 방식은 페이딩에도 강한 특성을 보인다.

대역확산방식에서 확산된 신호의 주파수 대역폭이 수 MHz에 이른다.

예로 IS-95 방식 CDMA의 경우 1.25MHz이고 W-CDMA의 경우는 5MHz, 10MHz에 이른다. 무선구간으로 전송되는 신호의 대역폭이 이렇게 넓기 때문에 페이딩에 강한 특성을 보인다.

모바일 통신 환경에서 많이 나타나는 페이딩 원인은 다중경로에 의한 레일리 페이딩으로 페이딩이 일어나는 대역폭이 200kHz 내외로 좁은 대역에서 일어난다.

CDMA의 확산된 신호의 경우 대역폭이 1.25MHz은 페이딩이 발생하더라도 신호의 크기가 전체적으로 줄지 않고 일부만 페이딩이 되어 마치 주파수 다이버시티를 적용한 것처럼 되기 때문이다.

특히 다중경로에 의한 전파지연이 발생한 경우에는 레이크 수신기를 이용하여 다중경로 다이버시티 효과까지 얻을 수 있기 때문에 페이딩에 강하다는 특징을 보여준다.

4 대역확산 방식의 특징 및 방식

대역확산 방식의 특징을 요약하면 다음과 같다.

① 확산코드를 이용해서 대역확산을 하므로 비화 특성이 매우 우수하다는 것이다.

② 확산과 역확산 과정을 거치기 때문에 외부의 협대역 간섭에 매우 강한다는 것이다.

③ 주파수 대역이 넓어서 마치 주파수 다이버시티 효과를 얻을 수 있어서 페이딩에 강하다는 것이다.

대역확산을 하는 방식은 직접확산 방식(Direct Sequence Spread Spectrum)과 주파수 도약방식(Frequency Hopping Spread Spectrum) 그리고 시간 도약방식(Time Hopping Spread Spectrum)이 있다.

1) 직접확산 방식(Direct Sequence Spread Spectrum)

직접확산 방식은 지금까지 설명한 것처럼 확산코드를 데이터에 직접 곱해서 확산신호를 얻는 방법이다.

2) 주파수 도약방식(Frequency Hopping Spread Spectrum)

주파수 도약방식은 확산코드에 따라서 주파수 대역을 옮기는 방식이다.

3) 시간 도약방식(Time Hopping Spread Spectrum)

시간 도약방식은 시간축에서 확산하는 방식이다.

초기에는 주파수 도약방식을 많이 사용하였으나, 현재는 반도체 및 디지털 소자의 고속화가 진행됨에 따라서 직접확산 방식이 주로 사용되고 있다.

2.3 확산이득

1 대역 확산이득

대역확산 방식에서 이 시스템의 특성을 표현하기 위한 파라미터로 확산이득이 있다. 확산이득(Processing Gain)은 데이터 신호의 대역이 확산코드에 의해서 얼마나 넓게 확산되었는지를 나타내는 것으로 다음과 같이 나타낼 수 있다.

$$G_p = 10\log\left(\frac{B_{ss}}{B_s}\right)$$

B_{ss} : 확산신호의 대역폭

B_s : 데이터 신호 대역폭

확산이득은 송신하는 쪽에서 보면 신호를 주파수 대역에서 얼마나 넓게 분산시키느냐 하는 정도, 즉 관점을 바꾸면 신호의 크기가 얼마나 줄어드는지를 나타내고 (대역이 넓어지면서 신호의 크기가 줄어드는 이유는 원래 신호가 가지고 있는 에너지양은 일정하고, 이 에너지가 주파수 대역으로 넓게 퍼지게 되므로 넓게 퍼진 만큼 그 크기가 작아져서 에너지 보존의 법칙을 만족시킨다.)

수신하는 입장에서 보면 신호를 1이라는 크기로 수신했을 때 역확산 과정을 거치면 신호의 크기를 얼마나 크게 키울 수 있는지를 나타낸다. 이를 확산이득으로 나타낸 것은 수신한 쪽에서 다른 신호와 같이 수신되었을 때 역확산 과정에서 다른 간섭신호는 다시 확산이 되므로 그 크기가 확산이 되는 만큼 줄어들게 된다.

그러나 원래의 신호는 역확산 과정에서 확산이득 만큼 신호가 커지게 되므로, 확산 특성을 나타낼 수 있는 파라미터이다.

- Up-banded IS-95(QCDMA)의 경우 확산이득은 8kbps 보코더인 경우 :

$$G_p = 10\log\frac{1228.8}{9.6} = 10\log(128) = 21\text{dB}$$

- 16kbps 보코더인 경우 :

$$G_p = 10\log\frac{1228.8}{14.4} = 10\log(85.3) = 19.3\text{dB}$$

와 같다.

2 확산이득과 통화채널 용량 관계

확산이득은 대역확산 방식에서 통화채널 용량과 밀접한 관계가 있다. 이를 8kbps 보코더를 사용하는 IS-95를 예로 설명하겠다.

만일 수신기에서 수신한 신호 크기를 1이라고 하면 역확산 과정을 거치면 그 크기가 128이 된다. 이때 신호를 재생하기 위해서는 전체 잡음의 크기가 복조를 위한 신호 대 잡음비(S/N, Eb/No) 보다 작아야 한다. 그러므로 신호 대 잡음비는

Eb/No = 6 dB = 4

라 가정하면 이 신호에 대한 전체 잡음 또는 다른 사용자에 의한 간섭신호의 크기가 128/4=32 보다 작아야 한다.

그런데 CDMA 시스템에서 다른 사용자의 신호는 간섭신호(잡음신호)에 해당하므로, 다른 잡음을 무시할 때 다른 사용에 의한 신호의 총 합이 32보다 작아야 한다. 이를 [그림 2-12]에서 나타내었다.

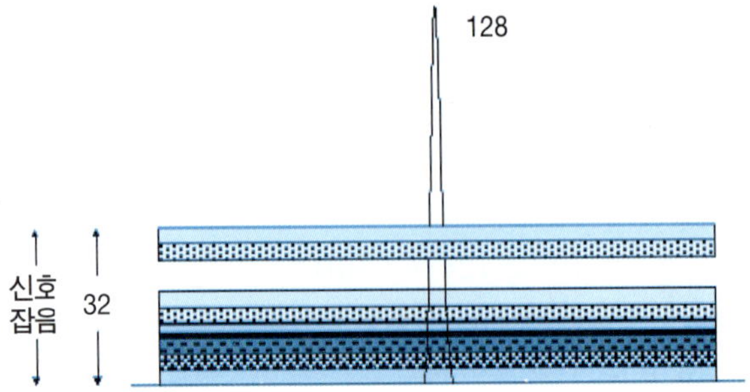

[그림 2-12] 신호 복제를 위한 최대채널수

모든 사용자가 통신(수신)이 가능하도록 하면서 전체 잡음(또는 간섭)의 크기 32 이내에 최대의 사용자를 수용하려면, 모든 가입자의 수신신호 크기가 모두 같은 크기로 1이어야 하므로 동시에 통화할 수 있는 최대 사용자수는 32가 된다.

물론 보코더가 13kbps이면 85.3/4=21.3이 되어서 동시에 사용할 수 있는 최대 사용자수는 21이 된다.

이는 다른 잡음을 전혀 가정하지 않은 것으로 외부의 다른 잡음원이 있으면 그 잡음원의 간섭정도에 따라 동시에 통화할 수 있는 최대 가입자수는 줄어든다.

반대로 음질을 약간만 희생하면 수용용량을 크게 늘릴 수도 있다.

따라서 CDMA 방식에서는 어떤 정해진 용량을 초과하면 호가 접속이 안되는 것이 아니라 호는 접속이 되고 대신 다른 모든 가입자가 약간씩 품질을 희생하게 된다.

이를 소프트 용량이라 하고 이러한 특성 때문에 이론적으로는 CDMA의 호 접속률은 다른 방식에 비해서 더 양호할 수 있다.

또한 통화채널 용량이 코드나 타임 슬롯 등 물리적인 이유에 의해서 결정되는 것이 아니고, 간섭량에 의해서 결정이 되기 때문에 간섭을 잘 제어하면 통화채널 용량을 획기적으로 증가시킬 수 있게 된다.

예로 퀄컴(Qualcomm)이 개발한 IS-95 방식을 살펴보면 용량을 증가시키기 위해서 음성활동율을 조사하여 가입자가 말을 안 할 때는 송신을 전혀 하지 않도록 하는 방법을 적용하여 용량을 두 배 이상 증가시켰다.

대개 가입자가 통화를 하는 시간 중에 실제로 말을 하는 시간의 비율은 40% 이내인 것으로 알려져 있다. 나머지 시간은 상대방이 하는 이야기를 듣거나, 그냥 있는 시간으로 이 시간 동안에는 아예 송신을 안 하는 방법이다.

두 번째로 적용한 방법이 셀을 섹터화하는 방법이다.

셀을 섹터화하는 방법은 다른 무선접속 방식에서도 사용하지만, 다른 무선접속 방식에서는 수용용량에 크게 영향을 비치는 것이 아니라 약간의 통화품질 향상과 투자비 절감 효과 때문에 사용하는 것이다.

그러나 CDMA 방식에서는 섹터화가 곧 수용용량을 증가시키는 방법으로 사용된다. 즉 섹터화를 하면 한 기지국 안테나에 수신되는 간섭의 양이 섹터로 나눈 만큼 줄어들기 때문에 이론적으로 섹터를 둘로 나누면 두 배, 셋으로 나누면 세배로 용량이 증가하게 된다.

실제의 경우에는 섹터를 완전히 분리할 수 없기 때문에 약 80%~85%의 효율로 증가하여, 3 섹터인 경우 2.5배 정도 용량이 증가하는 것으로 알려져 있다. 물론 이 값도 역시 이론적으로 계산한 값으로 실제는 아직 서비스를 제대로 한 적이 없기 때문에 알려진 바가 없다.

2.4 확산코드

대역확산 기술을 다중접속 기술로 사용하려면 확산코드를 여러 개 사용하여 각각의 확산코드에 의해서 통화채널을 확보하게 된다.

이 확산코드는 대역확산을 효과적으로 하기 위해서 각각의 확산코드 사이에 상호연관(수학적 용어로 cross-correlation이라 한다.)이 없어야 한다.

즉 랜덤잡음(또는 White Noise)과 같은 특성을 가지고 있어야 한다.

두 확산신호 사이에 상호연관(cross-correlation)이 있으면 두 확산코드 사이에 이 양 만큼 상호 간섭을 주게 되어, 통화품질 저하 및 채널용량이 감소하게 된다.

이와 같은 특성을 수학적으로 표현하면

$$\frac{1}{N}\int_{0}^{T} p_i(t)p_j(t)dt = \begin{cases} 1, & i = j \\ 0, & i \neq j \end{cases}$$

와 같다.

즉, 어떤 임의의 시간 T동안에 각각의 확산코드를 상호 곱했을 때 같은 확산코드를 곱해준 경우에만 1이 나타나고, 다른 확산코드를 곱해준 경우에는 0이 되어, 서로 다른 확산코드가 곱해지면 신호가 나타나지 않아야 한다는 것을 나타낸다.

여기서 서로 다른 두 확산신호를 곱했을 때 어떤 임의의 시간 동안 곱한 신호를 적분한 값의 크기가 0이 되었다고 해서 두 신호를 곱한 전력이 0이 된다는 이야기는 아니다.

이는 sin이나 cos 함수를 살펴보면, 이 함수는 한 주기를 적분하면 0이 되지만 전력을 구하기 위해서 이 함수의 자승을 구하면, sin^2과 cos^2은 0이 되지 않는 다는 것을 보면 쉽게 이해할 수 있을 것으로 생각한다.

위에서 보여준 수식이 갖는 특성을 잘 만족하는 신호(디지털 신호인 경우는 비트열)는 반복 주기가 무한히 긴 랜덤 잡음(Random Noise 또는 백색잡음(White Noise)이라 하기도 한다.)이다.

디지털 신호인 경우는 랜덤 시퀀스(Random sequence)이다. 그러나 신호를 재생하려면 송신할 때 곱해준 비트 시퀀스와 동일한 확산코드를 곱해주어야 하므로 재생이 불가능한 랜덤 시퀀스는 사용할 수 없다.

따라서 재생이 가능하면서 랜덤 시퀀스와 유사한 특성을 보이는 신호를 사용하는데 이를 PN(Pseudo random Noise) 시퀀스라 한다.

이 PN 시퀀스는 다음과 같은 특징을 가지고 있어야 한다.

- 반복주기가 충분히 길다.
  반복주기가 무한히 길면 랜덤 시퀀스(random sequence)이다.
- 한 주기 속에 0과 1의 개수가 비슷하다.
- run 길이가 1인 부분이 1/2, 2가 1/4, 3이 1/8, …이다.
  (run 길이란 같은 부호가 연속된 숫자를 말한다.)
- 한 주기 속에 각 시퀀스(sequence) 간에 상호연관(cross-correlation)이 매우 작다.
- 작은 시퀀스(sequence) 조각으로 전체 시퀀스(sequence)를 재생할 수 없다.
- 적절한 재생 알고리즘에 의해서 재생이 가능하여야 한다.

이러한 특징을 가지는 PN 코드를 이용하여 통신을 하려면 각 기지국과 사용자마다 각각 PN 코드를 지정을 하여야 한다.

지금의 CDMA 방식에서는 하나의 PN 코드만 사용하는 것이 아니라 필요에 따라 3가지의 확산코드를 사용한다.

순방향 채널에서 이동국이 각 채널을 구분하기 위해서는 서로 직교성을 가지는 월쉬(Walsh) 코드를 가지고 구별하고, 각 이동국이 기지국을 구별하기 위하여 기지국 구별용으로 사용하는 짧은 PN 코드(Short code)가 있고, 기지국이 각 이동국을 구별하고 음성신호를 확산시키는데 사용하는 매우 긴 PN 코드(Long code)를 사용한다.

2.5 CDMA 방식의 기본 특성

지금까지 CDMA 방식의 기본 기술인 대역확산 기술에 대해서 살펴보았다.

가장 큰 특징으로는 시스팀의 채널용량이 물리적인 채널수가 아니라, 간섭량에 의해서 채널용량이 결정되기 때문에 간섭을 잘 제어하면 채널용량을 획기적으로 증가시킬 수 있다는 점이다.

초기 CDMA 방식이 무선접속 방식으로 제안이 되었을 때 가장 큰 관심을 가졌던 부분이 바로 이 채널용량이었다. 아날로그 방식인 AMPS에 비해서 이론적으로 20배의 용량도 가능하다는 것은 매우 큰 매력이었다.

물론 지금 어느 정도 시스템이 개발되고 몇몇 회사에서 서비스를 시작하고 있는 시점에서 CDMA 방식의 용량을 아직도 AMPS의 20배라고 이야기하는 사람은 거의 없다. 이에 대한 자세한 설명은 다음 절의 채널용량 부분에서 자세히 설명한다.

채널용량 측면에서 CDMA 방식이 가지고 있는 또 다른 장점은 용량이 물리적인 채널수에 의해서 결정되지 아니하고, 간섭에 의해서 결정이 되기 때문에 약간의 음질만 희생하면 용량이 확대될 수 있다는 것이다. 이를 소프트 용량(Soft Capacity)라 한다.

다음으로는 원천 기술인 대역확산 기술이 가지고 있는 특징을 들 수 있다. 비화 특성이 우수하다는 것, 그리고 페이딩과 시간지연에 대해서 강하다는 특성이 있다. 대역확산 방식에서는 간섭에도 강한 것으로 되어 있으나, 실제 CDMA 방식에서는 채널용량을 증가시키기 위하여 간섭을 제어하는 과정에서 신호의 크기를 낮추었기 때문에 CDMA 방식에서는 간섭에 강한 시스템이라고 보기에는 무리가 있다.

물론 한 사람의 가입자가 느끼는 통화품질에서는 이를 어느 정도 이야기할 수 있을지 몰라도 전체 시스템의 성능 및 용량을 고려한다면 이는 결코 맞지 않는다.

오히려 간섭에 약한 시스템으로 볼 수 있다.

그리고 셀 설계때 주파수 계획이 필요 없다는 점, 이동국의 소비 전력이 작다는 점 등 외에도 근거리 원거리 문제가 발생한다든가, 레이크 수신기를 적용할 수 있는 점 그리고 소프트 핸드오버를 할 수 있다.

1 근거리/원거리 문제(Near/Far Problcm)

근거리/원거리 문제는 CDMA 방식이 기본적으로 간섭에 의해서 채널용량이 결정되는 시스템이기 때문에 발생하는 것으로 전자파의 전파특성이 CDMA 방식의 채널용량에 영향을 주게 되어 나타나는 CDMA 방식의 고유한 문제이다.

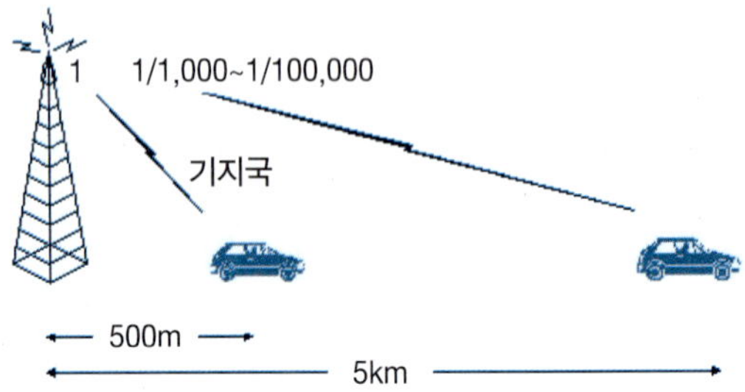

[그림 2-13] 근거리/원거리 문제

일반적으로 모바일 통신 환경에서 기지국과 이동국 사이의 무선 구간에서 발생하는 경로손실을 생각해 보면, 거리에 따른 전자파의 크기는 1/R3-5 정도의 비율로 줄어드는 것으로 알려져 있다.

따라서 단말기의 출력이 일정하다고 가정하면 기지국에 가까이 있는 이동국과 기기국과 멀리 있는 이동국이 각각 기지국에 수신되는 크기를 살펴보기 위해 멀리 있는 이동국이 약 5km 근방의 셀 경계에 있고, 가까운 곳에 있는 이동국은 500m 정도 떨어져 있다고 가정하면 그 거리의 비율이 10배이므로, 셀 경계에 있는 이동국의 수신전력은 기지국 가까이에 있는 이동국에 비해서 1/1000~1/100000 정도 작은 크기로 기지국에 수신된다.

이런 경우 TDMA 시스템은 이러한 수신 전력의 차이가 약간의 간섭이 증가하는 정도로 영향을 미치지만, CDMA인 경우는 앞에서 설명했던 것처럼 CDMA의 채널용량이 기지국에 수신되는 각 단말기의 수신 전력이 같을 때 최대가 되기 때문에 이와 같이 전력차가 심하면 CDMA의 용량에 심각하게 줄어든다.

즉, 멀리 있는 이동국은 가까이 있는 이동국에 의한 간섭 때문에 아무리 역확산을 해도 간섭보다 훨씬 작은 신호가 수신되기 때문에 복조가 불가능해진다. 이를 근거리/원거리 문제(Near/Far Problem)라 한다.

근거리/원거리 문제를 극복하기 위해서는 기지국에서 수신되는 각각의 이동국의 수신 전력이 일정하도록 이동국의 송신 전력을 조정하여야 한다.

즉, 기지국에 가까이 있는 이동국은 낮은 송신출력으로, 먼 곳에 있는 이동국은 큰 전력으로 송신하도록 하여야 한다. 이를 '전력제어'라 하며 CDMA 시스템에서는 매우 정교한 전력제어 시스템이 구현되어야 한다.

현재 구현되어 있는 800MHz 대역의 디지털 모바일 전화 시스템에서는 동작범위가 80dB 이상 되고, 0.5dB 간격으로 1초에 800번 전력을 증감할 수 있다. 1800MHz 대역의 PCS 시스템에서는 1초에 800번 1dB 간격으로 전력을 증감한다. 자세한 전력제어 방법은 다음에서 자세하게 설명한다.

2 레이크(Rake) 수신기

CDMA 방식의 중요한 특징 중의 하나가 레이크 수신 기능이 있다는 것이다. 레이크 수신기는 서로 시간차(지연)가 있는 두 신호를 분리해 낼 수 있는 기능을 가진 수신기를 말하는 것으로, CDMA의 대역확산 원리에 의해서 얻을 수 있는 특성이다.

전자파를 이용하여 통신을 할 때 전송품질에 영향을 주는 현상 중에 가장 큰 영향을 주는 요인이 다중경로에 의한 페이딩이다.

다중경로에 의한 페이딩은 서로 다른 경로로 수신기에 도착한 신호의 위상차이(시간지연 차이)에 의해서 발생하는 것이다. 이러한 페이딩은 신호의 크기를 감소시키므로, C/I를 악화시켜 전송에러를 집중적으로 발생시킨다. 그리고 시간지연은 신호간 간섭(ISI : Inter-symbol Interference)을 발생시킨다.

대개의 전파를 이용한 통신방식에서는 페이딩은 다이버시티 기법을 이용하여 어느 정도 극복을 하고 있으며, 시간지연은 각 시간지연을 보상하는 등화기(Equalizer)를 이용하여 신호간 간섭(ISI)을 줄이고 있다.

CDMA 방식이 레이크 수신기를 사용할 수 있는 이유를 설명해 보겠다.

[그림 2-14]에서 보여주는 것처럼 다중경로에 의해서 수신기에 3개의 경로로, 3개의 신호가 시간차를 가지고 수신기에 도착했다고 하자.

이때 경로1을 기준으로 보면 경로2 신호는 약 0.5chip 정도(여기서 chip은 확산코드 한 펄스의 간격으로 데이터의 비트와 구별하여 사용한다. QCDMA인 경우 확산속도가 1.2288Mbps이므로 한 chip의 시간은 0.814μs이다.) 시간 차이를 가지고 있고, 경로3 신호는 2chip 정도의 시간차를 가지고 있다고 하자.

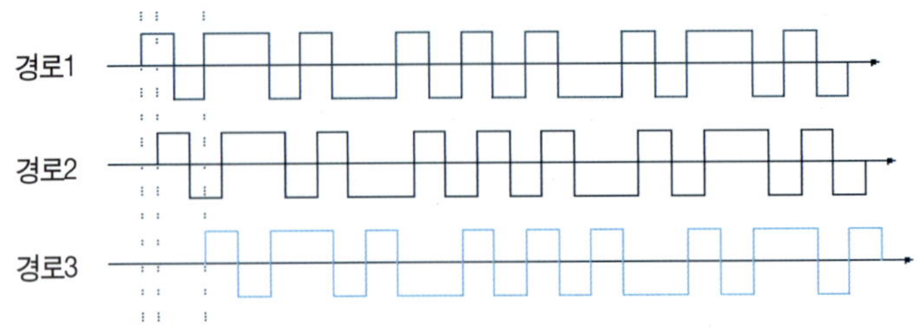

[그림 2-14] 다중경로에 의한 수신기에 3개 경로

여기서 수신기가 만일 경로1 신호에 동기를 맞추어서 역확산을 한다면 경로2, 경로3 신호는 동기가 맞지 않기 때문에 역확산이 되지 않는다.

이미 설명한 바와 같이 동기가 맞지 않는 신호는 전혀 다른 신호, 또는 전혀 다른 코드를 곱한 것과 같기 때문이다. 즉, 동일한 신호 3 개가 서로 다른 시간차를 가지고 도착했는데 이중에 경로1 신호만 역확산을 하여 신호를 복조할 수 있지만, 다른 경로로 도착한 신호는 역확산이 되지 않아 마치도 3개의 신호 중에 경로1 신호만 추출한 것과 같다.

따라서 동기를 경로1 신호 대신에 2 chip 만큼 지연을 주어서, 경로3에 맞추면 이번에는 경로3 신호만 추출할 수 있는 것이다.

즉 CDMA에서는 시간차를 가지고 수신되어도 서로 독립된 신호로 인식하므로, 마치 시간 다이버시티와 같은 효과를 얻을 수 있는 것이다. 이와 같이 서로 다른 경로(또는 시간 차이)로 도착한 신호를 분리할 수 있는 이러한 수신기를 **레이크 수신기**라 한다.

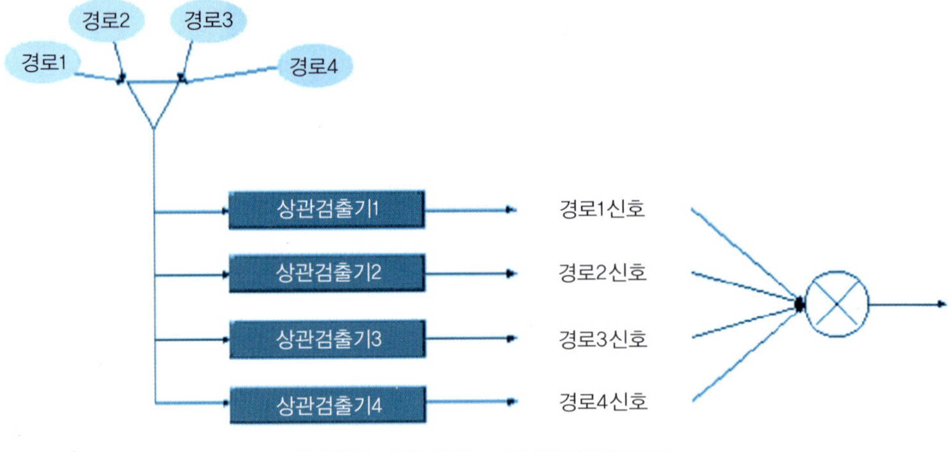

[그림 2-15] 레이크 수신기의 개념도

그러나 [그림 2-14]에서 보는 것같이 경로1과 경로2의 시간차처럼, 두 신호의 시간지연 차이가 1chip보다 짧으면 레이크 수신기에 의한 신호분리를 할 수 없으므로 이때는 신호에 나쁜 영향을 미치게 된다.

모바일 통신 환경(매크로셀 : 셀반경이 5km~20km정도 되는 셀인 경우)에서 나타나는 옥외의 지연특성은 약 2μs에서 3μs 정도로 알려져 있으므로, 이러한 환경에서는 레이크 수신기로 큰 효과를 얻을 수 있다.

그러나 마이크로 셀 환경이나 옥내 환경에서는 시간지연차가 0.2μs정도 이므로 큰 효과를 얻을 수 없다. 옥내 환경에서도 충분한 레이크 수신기의 효과를 얻기 위해서는 적어도 확산 대역폭이 50MHz 이상 되어야 할 것이다.

이를 이용하여 [그림 2-15]에서 보여주는 것처럼 여러 개의 상관 검출기(Correlator)를 이용하여 레이크 수신기를 구현할 수 있다. 이러한 레이크 수신을 할 수 있는 수신기를 이동국은 3개, 기지국 4개를 가지고 있으며, 시간지연을 가지는 신호를 수신하는 것 외에도 소프트 핸드오버시에 서로 다른 기지국에서 오는 신호를 동시에 수신하는 데도 사용된다.

3 소프트 핸드오버(Soft Hand-over, Soft Hand-off)

CDMA 시스템이 소프트 핸드오버를 지원할 수 있는 가장 큰 이유는 통화채널의 주파수 대역이 같기 때문이다. 사용하는 주파수 대역이 같기 때문에 같은 RF 초단부분을 사용하고, 디지털 부분인 확산과 역확산 과정에서 레이크 수신기를 이용하여 서로 다른 확산코드를 사용할 수 있도록 하여 동시에 두 개 이상의 기지국에 접속할 수 있도록 한다.

2.6 CDMA 시스템의 일반특성

현재 우리나라에서 개인휴대통신(PCS)에 할당된 주파수 대역폭은 상향링크(단말기에서 기지국으로 : Up-Link, Reverse Link)가 1750MHz~1780MHz이고, 하향링크(기지국에서 단말기로 : Down-Link, Forward-Link)가 1840MHz~1870MHz로 지정되어 있다.

1 단말기 종류

단말기 등급	초과해야 할 최대전력	초과하면 안되는 최대전력
I	−2 dBW(0.63 Watts)	3 dBW(2.0 Watts)
II	−7 dBW(0.20 Watts)	0 dBW(1.0 Watts)
III	−12 dBW(63 Watts)	−3 dBW(0.5 Watts)
IV	−17 dBW(20 Watts)	−6 dBW(0.25 Watts)
V	−22 dBW(6.3 Watts)	−9 dBW(0.13 Watts)

단말기는 최대 출력에 따라 5등급으로 분류한다. 현재 3등급 단말기를 기준으로 망 설계가 진행되고 있다. 그러나 CDMA 방식은 기본적으로 단말기 전력제어가 매우 정교하므로 최대출력이 제한받는 요소는 농어촌 지역에서만 발생할 것이다.

2 시스템 동기

CDMA 시스템에서는 모든 기지국와 단말기가 동기가 정확하게 이루어져야 한다.

동기가 정확하지 않으면 역확산 과정에서 PN 코드의 비트열을 정확하게 동기시킬 수 없어서 역확산이 불가능해지기 때문이다. 이를 위해 모든 기지국과 단말기의 시스템 동기는 GPS(Global Positioning System)을 이용하여, 1980. 1. 6. 00:00을 기준으로 긴 코드(Long code)와 I, Q zero offset pilot sequence의 초기값으로 설정하여 사용한다.

2.7 IS-95 방식의 채널 구조

IS-95 방식에서는 순방향과 역방향에 서로 다른 채널 구조를 가지고 있다. [그림 2-16]에서 보여주는 것처럼 순방향은 파이롯 채널(pilot channel), 동기 채널(sync channel), 페이징 채널(paging channel), 통화 채널(traffic channel)로 구성되어 있고, 역방향 링크에는 접속 채널(access channel), 통화 채널(traffic channel)로 구성되어 있다.

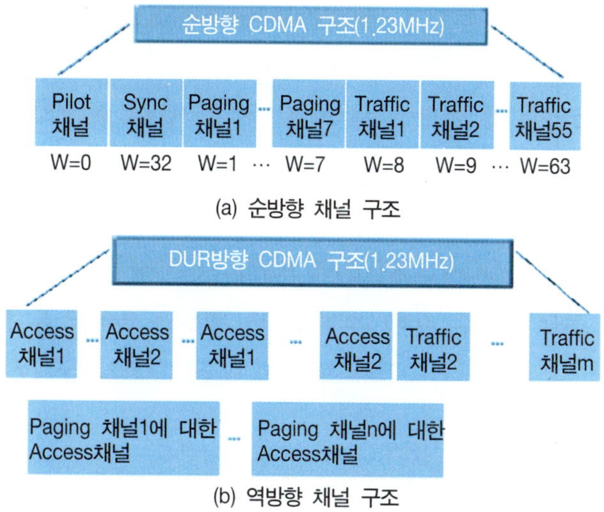

[그림 2-16] IS-95방식의 채널 구조

[그림 2-16]에서 보여주는 것과 같이 순방향 채널은 월쉬(Walsh) 코드에 의해서 확산이 되지만, 역방향 채널은 긴 코드(Long code)에 의해서 확산이 된다. 각 페이징 채널에 대응되는 접속 채널은 접속 채널 RLS 코드 마스크(Long code Mask)를 사용하고, 통화채널은 공적인 긴 코드(Public Long code)와 사적인 긴 코드 마스크(Private Long Code Mask)를 사용한다.

1 파이롯 채널

파이롯 채널은 이동국이 보바일 통신망에 접속할 때 수신되는 신호 중 가장 큰 신호를 선택하여 동기를 맞출 수 있도록 하여 인접한 기지국을 찾을 수 있도록 하기 위한 채널이다. 따라서 이동국이 시스템에 대해서 전혀 정보를 가지고 있지 않기 때문에 아무런 데이터가 없고, 월쉬(Walsh) 0로 확산된 기국의 짧은(short) 코드만 전송하므로서 쉽게 이동국이 동기를 맞출 수 있다.

만일 이때 기지국이 각각 서로 다른 짧은(short) 코드를 사용한다면 이동국이 모든 기지국에 대한 코드를 가지고 있어야 하고, 설사 가지고 있다고 하더라도 이를 비교하여 기지국을 구분할 수 없으므로 모든 기지국은 같은 짧은 코드를 사용한다. 그리고 각 기지국을 서로 구분하기 위해서 각 기지국은 PN 코드의 시작 시간을 달리하여 이동국은 이 시간차를 가지고 기지국을 구별할 수 있게 된다.

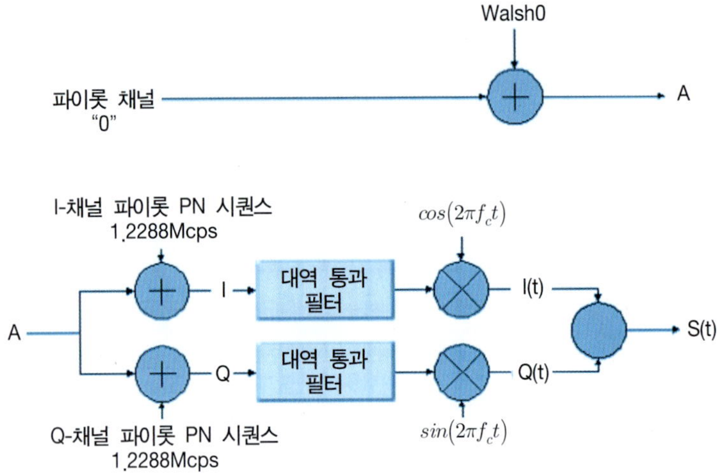

[그림 2-17] 파이롯 채널 구조

기지국 구별을 위해 사용하는 짧은(short) 코드의 길이는 215이다. 그리고 각 기지국별로 서로 구별되는 파일롯 PN 코드를 얻기 위해 215=32,768 길이의 비트열을 월쉬(Walsh) 코드 길이 단위로 구별할 수 있으므로, 이를 월쉬(Walsh) 코드 길이인 64로 나누면 512개의 서로 다른 시간차를 가지는 PN 신호를 얻을 수 있다. 각 기지국은 이 512개의 시간차 중에 하나를 선택하여 그 시간차를 가진다.

2 동기 채널

동기 채널은 1200bps 속도로 기지국의 여러 가지 파라미터 정보를 담아서 이동국에 전송한다. 동기 채널은 데이터를 변조과정을 거친 후 월쉬(Walsh) 32를 사용하여 확산시켜 전송한다. 파이롯 채널에서 시스템 동기를 획득한 후에 월쉬(Walsh) 함수를 0에서 32로 바꾸면 동기 채널을 접속할 수 있다.

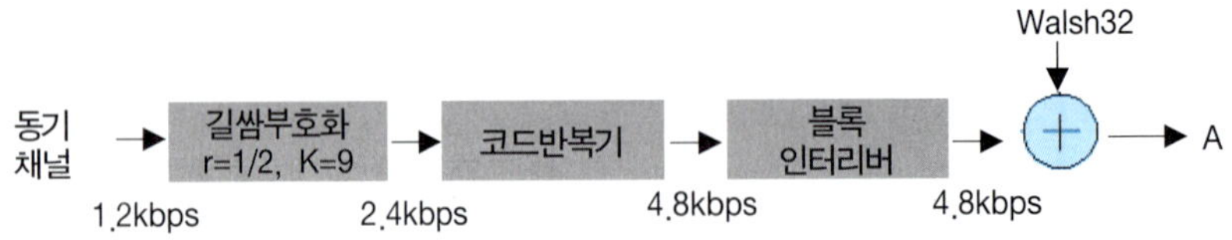

[그림 2-18] 동기 채널

동기 채널에 실린 정보는 프로토콜 정보, 시스템 ID, 망 ID, 파이롯 채널 PN offset 번호, 긴 코드(long code) 상태, 시스템 시간 및 이와 관련된 정보, 페이징 채널 속도, 주파수 채널 번호 등이 포함되어 있다. 이동국은 동기 채널에서 수신한 정보를 바탕으로 파이롯 채널 옵셋(offset), 시스템 시간, 긴 코드(long code) PN 시퀀스의 상태 정보 등을 이용하여 자신의 긴 코드(long code) 타이밍과 시스템 타이밍을 망의 시스템 시간과 동기를 시키게 된다.

3 페이징 채널

페이징 채널은 서비스 영역내 이동국에게 부가정보, 특정 이동국에 대한 페이징, 명령 그리고 채널할당 등의 메시지를 전달하는 채널로, 9600bps와 4800bps 두 가지 전송속도를 가지며 이 전송속도 정보는 동기 채널을 통해서 전달된다.

페이징 채널의 변조 과정은 [그림 2-19]에서 보여주는 바와 같이 동기 채널과 유사한 변조과정을 거치지만, 추가로 페이징 채널 긴 코드 마스크를 이용하여 데이터 스크램블 과정을 거친다.

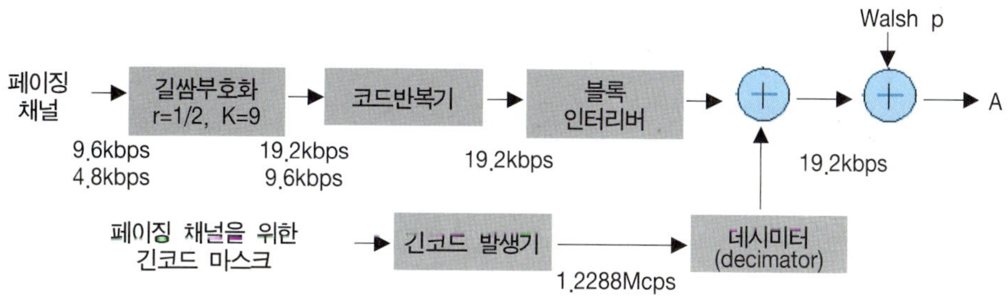

[그림 2-19] 페이징 채널

이동국은 파이롯 채널을 이용하여 기지국과 시스템 동기를 획득한 후 동기 채널의 메시지를 수신하여 시스템과 타이밍을 동기시킨 후 계속 페이징 채널을 감시한다. 기지국에서 지원하는 페이징 채널이 둘 이상이면, 이동국은 Hashing Function을 돌려서 자신이 감시해야 할 페이징 채널을 알아낸다.

페이징 채널은 크게 두 가지의 메시지로 구별할 수 있다.

첫 번째로 서비스 영역내의 모든 이동국에게 전달되는 오버헤드(Overhead) 메시지와 특정 이동국에 전달되는 Personal Station Directed 메시지가 있다. 오버헤드 메시지에는 시스팀 파라미터, 이동국의 액세스(Access)에 관련된 정보, 기지국 주파수 정보, 국제 로밍을 위한 정보, 이웃 기지국에 대한 정보, 이동국 등급에 따른 방향수정(redirect) 메시지 등이 있으며, 기지국은 이 정보를 적어도 1.28초에 한 번씩 전송해야 한다.

Personal Station Directed 메시지는 이동국이 슬롯(Slot) 모드로 동작 여부를 결정하여 슬롯(Slot) 모드로 동작할 때 그 이동국에 정해진 슬롯에 메시지를 전송해야 한다. 여기에는 페이징을 위한 메시지, 명령, 채널할당 메시지, 문자열 전송을 위한 메시지, 인증 시도 메시지, 인증에 필요한 SSD 값을 갱신하는 메시지, 여러 정보를 전송시 사용하는 메시지, 특정 이동국에 대한 방향수정 메시지, 이동국에 상태를 요구하는 메시지, 특정 이동국에 TMSI를 할당하는 메시지가 있다.

페이징 채널은 시스템 시간을 2048 주기로 하는 80ms 단위의 작은 슬롯으로 나누는데 이를 페이징 채널의 슬롯이라 한다. 이동국은 자신의 소비전력을 줄이기 위하여 특정 슬롯 동안만 페이징 채널을 감시하고, 나머지 동안은 동작을 안하는 슬롯 모드를 사용할 수 있다. 슬롯 모드로 동작하지 않는 이동국은 어느 슬롯에서나 자신에게 전달되는 메시지를 받을 수 있지만 모든 슬롯을 감시해야만 한다.

4 접속 채널

접속 채널은 역방향 링크에 존재하는 채널로 이동국이 기지국과 통화를 시도하거나 페이징 채널에서 받은 메시지에 대해서 응답하기 위해 사용하며, 순방향 채널과는 달리 이동국의 고유한 긴 코드에 의해서 유일하게 구별된다. 접속 채널의 데이터 전송속도는 4800bps이며 [그림 2-20]과 같이 변조과정을 거친다.

이동국은 접속 채널을 이용하여 랜덤 액세스(Random Access) 방법으로 기지국에 신호를 송신한다. 이 방식은 초기에 정해진 전력으로 기지국과 접속을 시도하고 접속이 되지 않으면 다시 전력을 조금 증가시켜 다시 접속하고 이를 몇 번 반복하다가 접속이 안 되면 처음부터 다시 이 방법을 사용하여 접속하는 것을 말한다.

랜덤 액세스 방식을 사용하므로 기지국과 항상 정확한 접속을 보장할 수 없기 때문에 보다 정확한 데이터를 송수신하기 위해서 접속 채널 데이터를 서문(preamble) 데이터와 캡슐(capsule : 요약) 데이터로 구분하여 전송한다.

이동국은 기지국이 서문(preamble) 메시지를 쉽게 찾을 수 있도록 직교변조를 할 때 Modulator Symbol 0로만 신호를 전송한다. 이 서문(preamble) 데이터를 인지한 기지국은 캡슐(capsule : 요약) 데이터를 20ms 단위로 비터비(Viterbi) 복조기로 전달하여 복조한다.

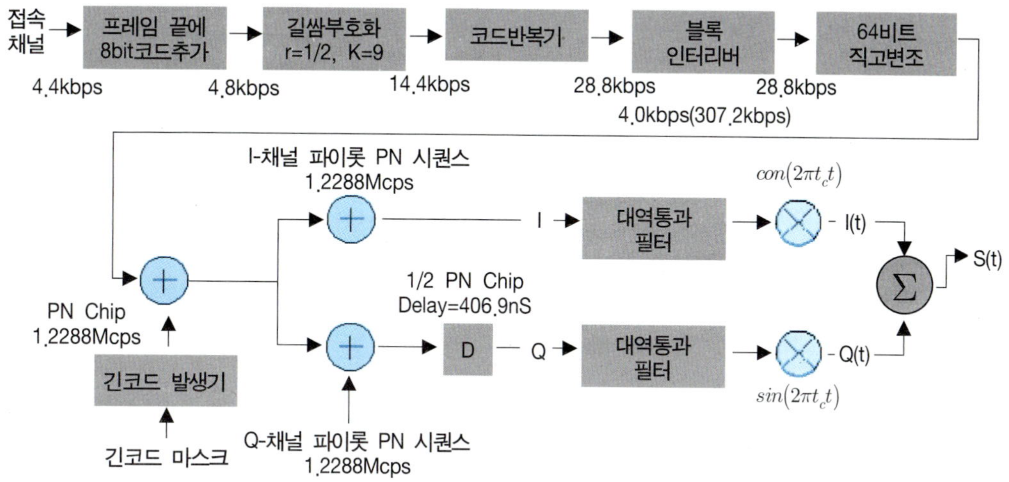

[그림 2-20] 채널 접속

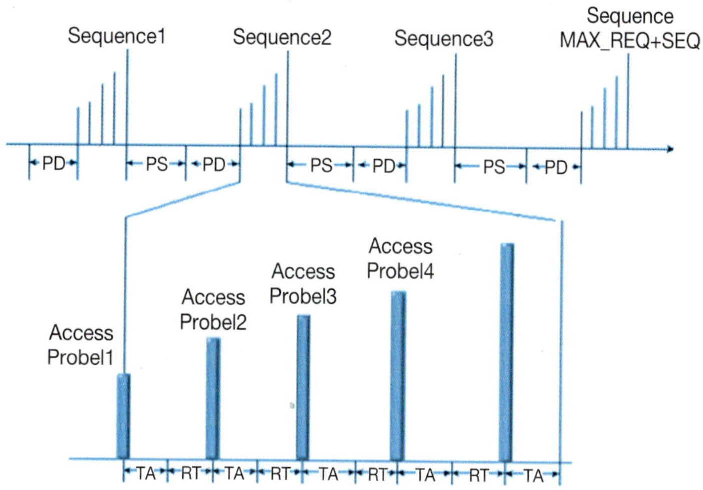

[그림 2-21] 접속시도

이동국이 하나의 메시지를 보내고 그 메시지에 대한 확인을 받는 과정을 접속시도라 한다. 이 접속시도는 [그림 2-21]과 같이 접속이 성공할 때까지 여러 번 반복해서 일어난다.

맨 처음 정해진 전력으로 접속을 시도하고 기지국으로부터 반응이 없으면 정해진 시간 뒤에 전력을 정해진 만큼 증가시켜 다시 접속을 시도하고, 이 때에도 반응이 없으면 다시 정해진 만큼 전력을 증가시켜 다시 접속을 시도한다.

이러한 시도를 정해진 최대 전력에 도달할 때까지 시도해도 응답이 없으면 다시 새로운 시도를 시작한다. 처음부터 충분히 강한 신호로 기지국과 접속을 시도하지 않는 이유는 역방향 링크는 간섭에 의해서 수용용량이 크게 변하므로 접속신호에 의해서 용량에 영향을 받지 않게 하기 위해서 적정한 전력이 될 때까지 송신전력을 단계적으로 높여가는 방법을 사용하는 것이다.

5 순방향 통화채널

순방향 통화채널은 기지국에서 정해진 이동국으로 음성 또는 데이터와 신호정보를 전달하는데 사용된다. 순방향 채널 구조는 [그림 2-22]에서 보여주는 바와 같이 음성 보코더에서 나온 출력을 길쌈 부호화와 블록 인터리빙을 거친 후에 월쉬(Walsh) 코드에 의해서 확산된다.

순방향 통화채널은 음성 활동율에 따라서 신호 속도가 1800bps에서 3600bps, 7200bps, 14400bps로 변화하는 가변 속도를 가진다. 또한 단말기 전력제어를 위한 제어비트가 800Hz 주기로 삽입된다. 또한 셀 경계에 존재하는 단말기의 통화품질을 확보하기 위하여 순방향 채널에서 디지털 이득을 이용하여 순방향 전력제어를 한다.

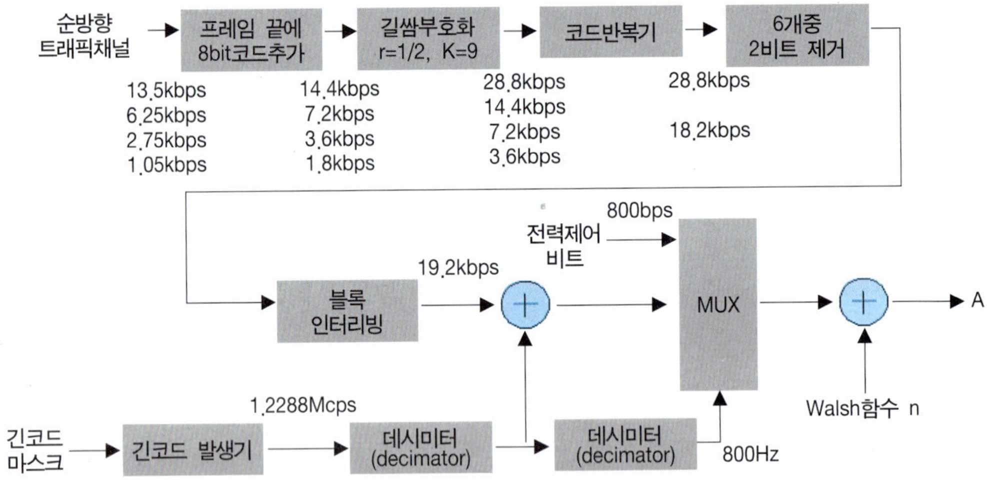

[그림 2-22] 순방향 통화채널 구조

6 역방향 통화채널

역방향 통화채널은 긴 코드에 의해서 확산된다.

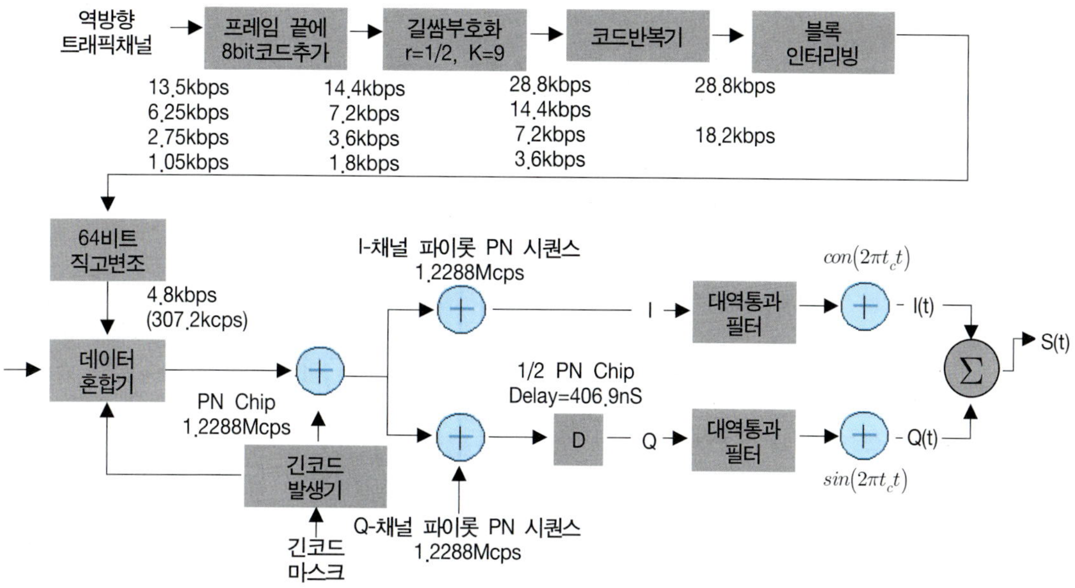

[그림 2-23] 역방향 통화채널 구조

2.8 월쉬 코드와 PN 코드

1 월쉬(Walsh) 코드

CDMA 방식이 사용하는 대역확산 통신방식은 확산코드로 완전 잡음과 같은 신호를 확산신호로 사용해야 한다. 그러나 단지 잡음과 같은 확산코드로는 각 가입자마다 서로 다른 코드를 사용해야 하므로, 다중접속방식으로 적절하지 않다.

따라서 IS-95 방식에서는 순방향 채널에 대해서는 직교확산 방식을 사용한다. IS-95 방식에서 사용하는 코드는 3가지를 사용한다. 일부 코드는 채널 구조를 설명하면서 언급했지만 여기서 자세하게 설명하도록 하겠다.

① 첫 번째 코드로는 순방향 채널에서 이동국이 기지국이 송신하는 각 채널을 구분하기 위해 사용하는 직교확산코드인 월쉬(Walsh) 함수가 있다.

② 두 번째로는 역방향 채널에 사용하는 즉 기지국이 각 가입자를 구별하는데 사용하

는 긴 코드(Long Code)가 있다.

③ 세 번째로는 이동국이 각 기지국을 구별하는데 사용하는 즉 기지국이 사용하는 짧은 코드(Short Code)가 있다.

IS-95 방식에서 사용하는 월쉬(Walsh) 함수는 64비트로 구성되어 64개 종류가 있다. 이를 W1, W2, W3, …로 구분한다. 월쉬(Walsh) 함수는 서로 다른 코드를 곱하면(Exclusive OR), 0(또는 −1)과 1이 섞여서 나오고 이를 모두 평균하면 0이 되도록 되어 있고, 같은 코드를 곱하면 모두 1이 나와서 확산신호에 숨어 있는 데이터를 복구할 수 있게 된다. 현재 IS-95 방식에서 사용하는 64비트로 구성된 월쉬(Walsh) 함수를 [그림 2-22]에서 보여주고 있다.

월쉬(Walsh) 함수의 직교성을 쉽게 살펴보기 위하여 4비트로 구성된 월쉬(Walsh) 함수를 가지고 다른 코드를 곱했을 때와 같은 코드를 곱했을 때를 비교해서 보여주면 [표 2-3]과 같다.

[표 2-3] 월쉬 함수 곱셈의 예

Waish 코드 W0	0 0 0 0	Waish 코드 W0	0 0 0 0
(치환)	+1 +1 +1 +1	(치환)	+1 +1 +1 +1
Waish 코드 W1	0101	Waish 코드 W3	
(치환)	+1 −1 +1 −1	(치환)	+1 −1 −1 +1
W0 × W1	+1 −1 +1 −1	W0 × W3	+1 −1 −1 +1
Waish 코드 W0	0 0 0 0	Waish 코드 W0	0 0 0 0
(치환)		(치환)	+1 +1 +1 +1
Waish 코드 W2	0 0 1 1	Waish 코드 W0	0 0 0 0
(치환)		(치환)	+1 +1 +1 +1
W0 × W2		W0 × W0	+1 +1 +1 +1

위에서와 같이 같은 월쉬(Walsh) 함수를 곱한 마지막의 경우에는 월쉬(Walsh) 함수의 곱 결과가 모두 1이 되어서 월쉬(Walsh) 함수와 곱해진 데이터 신호가 나타나게 된다.

그러나 다른 월쉬(Walsh) 함수를 곱하면 결과가 '−1'과 '1'이 번갈아 나와서 원래의 신호와 이 곱해진 결과가 다시 곱해져 있게 되어 원래 신호를 복구할 수 없다.

월쉬(Walsh) 함수는 또한 다른 월쉬(Walsh) 함수 뿐만 아니라 같은 월쉬(Walsh) 함수라도 한 비트만 동기가 맞지 않아도 다른 월쉬(Walsh) 함수를 곱했을 때와 같은 결과를 주기 때문에 동기를 반드시 일치시켜야 한다.

짧은 코드는 기지국에서 사용하는 215길이를 가지는 PN 코드이다. 만일 기지국마다 다른 PN 코드를 사용하면 이동국이 기지국의 PN 코드를 일일이 재생하거나 모두 기억하기가 곤란하므로, 이동국이 기지국에 쉽게 접근할 수 있도록 하기 위하여 기지국에 사용하는 PN 코드는 모두 같은 코드를 사용한다.

현재 IS-95 방식에서는 이 PN 코드를 각 기지국 마다 발생하여 전송하는데, 각 기지국은 동일한 코드를 사용하지만 서로를 구별하기 위해 기지국마다 일정한 간격으로 시간이동(time shift)되어 발생시킨다.

즉 이동국에서는 각 기지국에서 오는 이 시간이동(time shift)을 가지고 각각의 기지국을 구별한다. 이로서 이동국은 모든 위상에 대해서 한 번의 검색으로 가장 유력한 기지국과 시스템 동기를 맞출 수 있다.

2 PN 코드

현재 기지국용 PN 코드의 길이는 215주기를 가지고 있으며, 이 215주기가 월쉬(Walsh) 코드마다 시간오프셋을 가져야 하므로 215/64=512하여 시간오프셋은 512개가 존재한다. 이 512개의 시간오프셋을 각 기지국마다 적당히 분배해야 하는데 인접 기지국과의 시간오프셋 간섭을 고려하여 분배간격을 설정해야 한다. 이 분배간격(PILOT- INC)은 기지국 사이의 거리, 파이롯(pilot) 신호를 검출하기 위한 C/I값, 경로손실 등에 의해서 결정되며 대개 10~12 사이의 값을 가진다. 따라서 실제로 인접 기지국에 분배할 수 있는 시간 오프셋수는 41~52개 정도이므로, 이를 각각 기지국에 주파수 채널 할당과 비슷한 방법으로 적절히 할당해야 한다.

각 단말기용 PN 코드는 단말기 장치번호를 이용하여 242-1의 주기를 가진다. 이 주기는 약 41.125일으로 매우 긴 주기를 가지고 있다. 이 긴(Long) 코드를 이용하여 각 이동국마다 비화특성을 얻을 수 있다.

2.9 전력제어

이동국과 기지국 거리에 따라 기지국에 수신되는 신호전력의 차가 매우 큰 근거리/원거리 문제와 각 단말기별로 페이딩이 발생하는데, 이런 환경을 극복하고 가입자수용용량을 최대화하기 위해서는 역방향 링크에서 매우 동작범위가 크고 정교한 전력제어가 필요하다.

CDMA 시스템에서 용량을 최대화하기 위해서는 각 단말기의 신호가 기지국에 최소한의 신호 대 잡음비를 가지고 수신되어야 한다. 단말기의 송신전력이 낮으면 통화품질이 낮아지고 높으면 그 단말기의 통화품질은 좋아지나, 같은 채널을 사용하는 다른 단말기에 간섭을 크게 주어 다른 가입자의 통화품질이 나빠진다. 따라서 모든 가입자가 양호한 통화품질을 유지하며 용량을 최대로 하기 위해서는 기지국에 수신되는 각 단말기의 수신전력이 같고, 그 크기가 최소한의 신호 대 간섭비를 가지도록 각각의 단말기 송신전력을 제어하여야 한다.

1 역방향 링크 전력제어

역방향 링크 전력제어는 역방향 개방루프 전력제어와 역방향 폐쇄루프 전력제어가 있다. 단말기에서는 송수신부의 부정합, 주파수 대역이 달라져서 나타나는 상이한 페이딩 특성, 순방향과 역방향 채널의 차이점으로 인하여 역방향 채널의 경로 손실을 정확하게 예측할 수 없다. 이러한 오차를 수정하기 위하여 각 단말기는 기지국으로부터 순방향 채널로 전해지는 저속의 전력제어 명령에 의하여 출력을 조절한다.

기지국은 역방향 채널의 상태를 감시하여 오차수정 정보를 얻고 이를 정해진 값과 비교하여 그 결과에 따라서 출력을 높이거나 낮추도록 단말기에 명령을 내린다. 이런 방법으로 기지국은 모든 단말기의 역방향 채널의 전력을 조절하여 적절한 통화품질과 용량의 최대화를 동시에 만족시킨다.

✔ 역방향 개방루프 전력제어

각 단말기는 지정된 기지국 총 CDMA 채널의 총 수신전력을 측정한다. 복조된 신호를 사용하지 않고 전체전력을 감시하므로 동기시간, 기지국명, 경로손실 등을 모르는 상태에서 신속하게 추정할 수 있다. 단말기는 초기 탐색으로 아래와 같이 계산된 평균출력을 송신한다.

평균송신전력(dBm) = − 평균수신 입력전력(dBm) − 76 + NOM_PWR − 16
× NOM_PWR_EXT + INIT_PWR

이어지는 접속탐색절차에서 송신은 상응하는 회신이 있을 때까지 출력을 증가시킨다. 현장시험결과에 의하면 탐색 절차의 평균횟수는 2회 미만이었다. 이러한 과정을 거친 초기 역방향 통화채널의 평균송신출력은 다음과 같다.

평균송신전력(dBm) = − 평균수신 입력전력(dBm) − 76 + NOM_PWR − 16
× NOM_PWR_EXT + INIT_PWR
+ 접속을 위한 탐색 수정값의 합계

역방향 통화채널의 송신 초기화 후에는 기지국으로부터 출력제어 비트를 수신하면 폐쇄루프 전력제어로 전환한다. 역방향 통화채널의 평균송신출력은 다음과 같다.

평균송신전력(dBm) = − 평균수신 입력전력(dBm) − 76 + NOM_PWR − 16
× NOM_PWR_EXT + INIT_PWR
+ 접속을 위한 탐색 수정값의 합계
+ 폐쇄루프 출력제어 수정값의 합계

✔ 역방향 폐쇄루프 전력제어

전력제어 절차는 다음과 같다.

- 1.25ms마다 기지국에서 Eb/No 예측값 측정
- 정해진 한계 Eb/No값과 비교
- 1.25ms마다 단말기에 명령전송

한 개의 전력제어 비트에 대해서 평균출력의 변화량은 1dB이다. 단말기는 개방루프 측정값의 ±24dB 이상의 범위로 폐쇄루프의 전력을 조정하며, 상한값은 최대출력에 의하여 결정된다.

2 순방향 채널의 전력제어

순방향 링크가 불량한 경우 기지국의 송신 출력을 증가시켜야 이 링크에 통화품질이 기준 이하로 떨어지지 않는다. 이러한 예로 단말기가 2개 내지 3개의 셀이 겹쳐진 셀 경계지역에 있어 현재 통화중인 기지국과 인접 기지국과의 경로손실이 비슷한 지역에 있을 경우(또는 통화채널이 페이딩에 의한 극심한 경로손실, 강한 간섭원이 존재하는 곳 등),

이 단말기는 주변 다른 기지국에 의한 간섭으로 통화품질이 악화되어 기지국 송신전력을 높일 필요가 있다. 이와 반대로 단말기가 기지국 근처에 있어서 신호 대 간섭비가 매우 좋은 지역에 있을 경우 그 통화채널에 대해서 통화품질에 큰 영향이 없을 정도로 기지국의 송신출력을 줄여 다른 단말기에 대한 간섭의 크기를 줄일 수 있다. 순방향의 출력 조절 범위는 ±3~4dB이다. 순방향 채널에는 각각 7 비트의 디지털 이득 표시가 있다.

✔ 개방루프 전력제어

- 기지국은 접속시 단말기의 수신전력을 근거로 순방향 손실을 예측
- 예측값으로 각 통화채널의 초기 디지털 이득을 조절한다.
- 기지국은 초기에 채널마다 기준 이득을 배정하고 있다.

✔ 폐쇄루프 전력제어

- 단말기는 순방향 통화채널 프레임의 품질을 측정하여 주기적으로 기지국에 보고한다.
- 기지국은 이 값을 정해진 값과 비교한 후 순방향 통화채널의 출력을 조절한다.
- 단말기는 불량 프레임수가 정해진 기준값을 초과하여 발생한 경우 자동적으로 이 값을 기지국에 보고하고, 기지국은 채널에 할당된 출력을 높인다.
- 모든 단말기가 이러한 절차를 통하여 순방향 통화채널의 통화품질을 유지한다.
- 기지국은 전력증폭이 포화상태에 이르지 않도록 하는 별도의 기능이 있다.

2.10 IS-95의 핸드오버

1 핸드오프(HAND OFF)의 정의

핸드오프는 한 셀에서 다른 셀로 이동해 갈 때 현재의 통화채널을 자동적으로 전환해 주는 것을 말한다.

AMPS 시스템에서는 새로운 통화채널을 열기 전에 기존의 채널을 먼저 끊는 "break before make" 방식의 하드 핸드오프(hard hand off)를 사용하였으나, CDMA 시스템에서는 대부분의 핸드오프(hand off)가 채널을 먼저 연결하고 기존채널을 끊는 "make before break" 방식인 소프트 핸드오프(soft hand off), 소프터 핸드오프(softer hand off)가 사용된다.

핸드오버(Hand-over 또는 Hand-off)란 이동국이 서비스중인 기지국(또는 섹터) 영역을

벗어나 다른 기지국(또는 섹터)으로 이동을 할 때 계속 통화를 유지하기 위해 통화로를 이동한 셀로 바꾸어주는 것을 말한다.

기존의 통화하던 회선을 먼저 끊은 뒤 새로운 기지국으로 연결하는 방식인 하드 핸드오버(Hard Hand-over)를 지원하는 아날로그 방식과는 다르게 CDMA 방식에서는 동시에 두 개의 기지국(또는 섹터)과 통화로를 유지할 수 있는 기능인 소프트 핸드오버(Soft Hand-over)도 지원한다.

IS-95 방식에서는 이동국이 다른 교환국에 속해 있는 기지국으로 이동할 경우, 다른 주파수 채널로 통화채널을 변경할 경우, 또 서로 다른 프레임 옵셋(Frame Offset)을 가지는 통화채널로 변경할 경우에는 하드 핸드오버를 한다.

2 소프트 핸드오프(SOFT HAND OFF)

소프트 핸드오프는 셀 간의 핸드오프이다. 이동국이 통화중에 동일 CDMA 주파수를 갖는 다른 셀 영역 근처로 접근할 때 이동국은 새로운 셀의 파일럿의 신호 세기가 충분히 높음을 감지하여 이 사실을 현재의 셀에 알린다.

그러면 새로운 셀은 이동국에게 통화채널을 열어준다. 이때 이동국은 동시에 두 개의 셀과 통화채널을 열어 통화를 하게 된다.

이동국이 새로운 셀에 점점 가까워지면 이전의 셀의 신호는 더 약해진다. 이 신호의 세기가 일정 레벨보다 낮으면 이동국은 이 사실을 두 셀에 알리고 이전의 셀은 그 이동국에 대한 통화채널을 끊고 이동국은 상태가 양호한 새로운 셀과 통화를 하게 된다.

소프트 핸드오버는 동일 주파수, 동일 프레임 옵셋, 동일 교환기에 속해 있는 기지국 또는 섹터 간에 핸드오버를 할 경우, 기존의 통화로를 그대로 유지하면서 새로운 통화로를 지원하는 방식으로, CDMA의 레이크 수신 기능을 이용하여 두 개의 통화로를 수용하게 된다. 특히 동일 기지국의 섹터간 소프트 핸드오버는 소프터 핸드오버(Softer Hand-over)라고 부른다.

이동국은 현재의 접속 가능한 CDMA 채널이 존재하는지를 감지하기 위해서 이동국에서 수신 가능한 파일롯 채널을 탐색한다. 이동국이 파이롯 채널을 탐색할 때는 망이 가지고 있는 파라미터인 PILOT-INC의 정수배에 해당하는 파이롯만 탐색을 한다. 이 PILOT-INC는 망을 설계할 때 각 기지국에 할당하는 시스템 파라미터이다.

3 소프터 핸드오프(SOFTER HAND OFF)

소프터 핸드오프(Softer hand off)는 한기지국의 다른 섹터간의 핸드오프(hand off)이다. 소프터 핸드오프(softer hand off)는 동일 기지국내의 어떤 섹터에서 통화하다가 다른 섹터 영역으로 접근할 때 소프터 핸드오프(softer hand off)와 같은 방법으로 통화채널을 연결해 준다.

소프터 핸드오프(softer hand off)는 교환기의 시스템 제어기로부터 채널 교환 지시가 내려지나, 소프터 핸드오프(softer hand off)는 교환기와 관계없이 기지국 자체적으로 통화채널 교환이 이루어져 교환기 부하를 감소시킨다.

4 하드 핸드오프(HARD HAND OFF)

하드 핸드오프(Hard hand off)는 이동국이 한 기지국에서 다른 기지국으로 이동할 때 기존기지국과 연결되었던 채널을 끊은 후 새로운 기지국의 새로운 채널로 연결하는 핸드오프(hand off) 방식이다.

CDMA 방식에서는 대부분 소프트 핸드오프(soft hand off)가 이루어지나, 새로운 기지국의 통화채널 이 모두 사용되어 새로운 주파수에서 트래픽 채널을 할당해야 할 경우나, 서로 다른 MSC간에 핸드오프(hand off)를 할 경우 하드 핸드오프(hard hand off)가 일어나게 된다.

이러한 파이롯 채널 정보는 이동국에서 다음과 같은 리스트를 관리하게 된다.

- Active Set : 이동국에 할당된 순방향 트래픽 채널과 같은 기지국(섹터)의 파이롯
- Candidate Set : 현재 Active set은 아니지만 충분한 크기로 수신되는 파이롯
- Neighbor Set : 현재 Active나 Candidate set에는 없지만 candidate가 될 수 있는 파이롯
- Remaining Set : 현재 시스템으로 위의 집합을 제외한 가능한 모든 파이롯

소프트 핸드오버는 [그림 2-24]에서 보여주고 있는 것처럼 다음과 같은 절차에 의해서 수행이 된다.

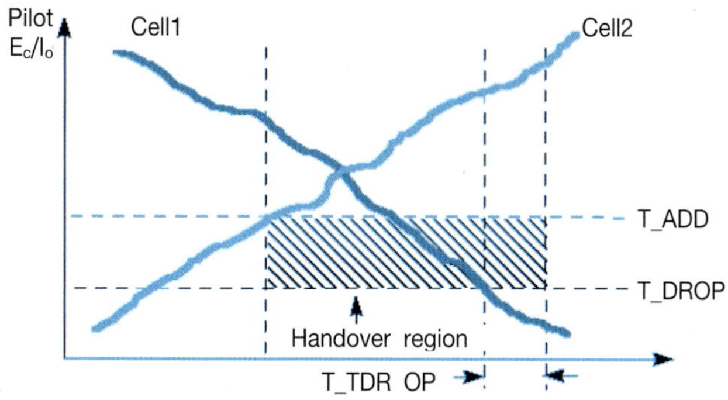

[그림 2-24] 소프트 핸드오프 절차

① 셀1에서 통화중

② 셀2의 파이롯 채널의 세기가 T_ADD를 초과, 이동국은 파이롯 채널 측정 결과를 MSG에 전송

③ 기지국은 핸드오버 방향을 MSG에 전송

④ 이동국은 핸드오버 완료를 MSG에 전송

⑤ 셀1의 파이롯 세기가 T_DROP 이하로 내려가면 이동국은 핸드오버 드롭 타이머(Drop Timer)를 작동

⑥ 핸드오버 드롭 타이머(Drop Timer)가 완료되면 셀1과 절단

2.11 CDMA 방식의 채널용량

1 단일셀의 채널용량(전력제어가 잘 되어 있다고 가정)

CDMA 시스템에서 신호 대 잡음비를 구하면 아래와 같다.

$$\frac{E_b}{N_o} = \frac{S/R}{(N-1)S/W+\eta} = \frac{W/R}{(N-1)+\eta/S}$$

S : 신호전력

R : 신호의 전송율

W : 전체 내역폭

N : 사용중인 가입자수

따라서 가입자수는 다음과 같다.

$$N = 1 + \frac{W/R}{E_b/N_o} - \frac{\eta}{S}$$

여기서 W/R은 확산이득이고, Eb/No는 신호를 복조하기 위한 비트당 에너지 대 잡음비로 음성인 경우 대개 에러율이 10^{-3}이상이 되는 값을 말한다. 대개 안테나 다이버스티와 우수한 채널코딩(길쌈부호 : Convolution code)을 사용하면 Eb/No가 7dB 정도이다.

이를 살펴보면 CDMA 시스템에서 채널용량은 확산이득이 클수록 신호 대 잡음비가 낮을수록 늘어난다는 것을 알 수 있다.

그러나 확산대역폭이 정해지고 필요한 음성품질을 얻기 위한 보코더 속도가 정해지면 확산이득은 거의 정해지고, Eb/No 값을 줄이는 것도 변복조기와 채널코딩 등 복잡성이 증가하여 효과적이지 못하다. 따라서 사용자수를 늘리기 위해서 간섭의 양을 줄이는 방법을 사용하고 있다. 간섭을 줄이기 위한 방법으로는 셀을 섹터화하고, 음성 활동을 감시하여 음성이 없을 때는 전송을 하지 않는 방법을 적용하였다.

섹터화는 일반적으로 기지국 안테나를 지향성 안테나를 사용하는 방법인데 빔 폭이 120도인 3개의 안테나를 사용하는 것이다. 그러면 위의 신호 대 간섭비 식에서 (N－1) 대신 (N－1)/3을 적용하면 용량이 거의 3배가 되나 안테나 패턴이 서로 겹치고, 상호 섹터간 간섭에 의하여 섹터화로 인한 용량증가는 2.55(섹터화 효율이 85%)정도이며, 6개의 섹터로 분할하는 경우 4.8(섹터화 효율이 80%)정도이다.

여러 연구를 통하여 통화시간 중에 음성 활동 부분은 35%~40% 사이에 있는 것으로 알려져 있다. 따라서 (N－1) 대신 (N－1)×0.375(중간 정도의 음성 활동율)항으로 적용하면 된다. 그러나 섹터내 동시통화자 수가 평균통화자 수보다 많을 확율이 있기 때문에 이를 고려하면 이로 인한 용량증가는 1/0.375가 아니라 약 2배 정도이다.

2 다중셀 환경인 경우 채널용량

CDMA 시스템은 모든 셀에서 동일 주파수 대역을 재사용할 수 있다. 이러한 장점은 결정적으로 CDMA 시스템이 다른 다중접속 방식보다 채널용량이 많게 하는 요인이다. TDMA나 FDMA 시스템은 주파수 재사용 계수가 3/9 또는 4/12 등이나 CDMA 시스템의 경우 모든 셀에서 주파수를 재사용하기 때문에 이론적으로 재사용 계수가 1이나, 단일셀 용량과 비교하면 인접 기지국에 의하여 간섭이 증가하여 각 셀에서의 채널용량이 감소하기 때문에 다중 셀에서 주파수 재사용 계수는 1.67정도이다.

이를 적용하여 CDMA 시스템의 채널용량을 계산하는 식은 다음과 같이 주어진다.

$$채널수 = \frac{확산이득}{신호대잡음비} \times \frac{1}{음성활동율} \times 섹터화율 \times \frac{1}{주파수재사용계수}$$

확산속도 1.2288Mbps, 음성 데이터 속도 14.4kbps(13kbps 보코더)에 신호 대 잡음비를 7dB(5.0), 음성 활동율 0.5, 3섹터로 가정하여 섹터화 효율은 2.55, 주파수 재사용 계수는 0.6을 적용하면 1.25MHz 무선 주파수 채널에 대해서 셀당 채널용량은 아래와 같다.

$$채널수 = \frac{1,228.8}{14.4} \times \frac{1}{6.31} \times \frac{1}{0.5} \times 2.55 \times 0.6 \simeq 52/FA/셀$$

CDMA 시스템은 다른 무선접속 방식과는 달리 채널용량이 고정되어 있는 것이 아니라 이미 가입자가 포화상태라 하더라도 새로운 가입자가 호를 시도하더라도 그 셀의 다른 가입자의 통화품질을 약간 희생하면 호가 접속될 수 있다.

따라서 호 차단이 발생하는 채널수를 설정하기가 곤란하지만 통화품질을 어느 정도 이상으로 확보해야 하므로 이로 인하여 채널수가 고정이 되고 이 때 결정된 채널수를 이용하여 무선망을 설계하는 것이 바람직하다.

CDMA 시스템에서는 소프트 핸드오버를 지원한다. 채널용량면에서 살펴보면 소프트 핸드오버를 하는 단말기는 채널을 2~3개를 점유하므로 이에 대한 채널을 추가로 고려하여야 한다. 현장 실험 등에서 나타난 결과를 보면 전체 단말기중 약 50% 정도가 소프트 핸드오버 중으로 나타났으나, 소프트 핸드오버를 결정하는 파라미터를 적절히 조절하면 이 비율을 30% 정도로 줄일 수 있는 것으로 알려져 있다. 실제의 경우에는 35%를 적용한다.

그러나 대도시 지역의 마이크로 셀 환경에서는 셀 반경이 작고, 형태가 복잡하고, 무선채널의 특성도 변화가 심하여 소프트 핸드오버 비율이 더 높아질 것으로 예상되고 3채널 이상 점유하는 소프트 핸드오버 중에 있는 단말기의 비율도 무시하지 못할 정도로 높을 가능성이 있다.

소프트 핸드오버 비율 35%를 적용하면 무선주파수 채널 하나의 셀당 음성채널수는 다음과 같다.

$$채널수 = 52/(10+0.35) \fallingdotseq 38$$

총 대역폭을 10MHz라 하면 7개의 CDMA 채널을 확보할 수 있으므로 셀당 채널수는 3섹터인 경우 셀당 266개이다. 여기서 적용한 채널수는 전력제어가 완벽하고, 다른 간섭을 고려하지 않은 채널수이다. 따라서 CDMA 시스템에서는 실제로 서비스를 제공하고 망을 운영하여야 전력제어와 다른 간섭원에 의한 채널 감소영향까지 고려한 채널수를 파악할 수 있을 것이다.

2.12 로 밍

모바일 전화망에서는 일반전화망(PSTN)에서 시내교환국에 가입자 정보를 등록, 관리하고 있는 것처럼 모바일 전화 가입자가 가입계약에 의해 번호를 부여받고 각종 가입자 정보를 최초로 등록한 교환국이 있는데 이 교환국을 가입자의 홈 교환국(Home Switch Office)이라 한다.

홈 교환국은 자신에게 등록된 가입자에 대한 각종 정보를 교환기내에 있는 홈 가입자 위치등록기(HLR : Home Location register)라는 데이터베이스에 저장한다.

모바일 전화 가입자는 자신의 각종 가입정보가 저장된 홈 교환국권 (Home Area)을 벗어나서도 모바일 전화 서비스를 받을 수 있는데, 이렇게 타 교환국권에서 서비스받는 것을 "로밍(Roaming)"이라고 한다.

로밍이 수행되는 과정은 이동국이 홈 교환국권(Home Area)을 벗어나서 타교환국권(Visited Area)으로 들어갈 때 이동국은 그 지역의 교환국과 신호교신을 통해 자신이 위치한 지역의 교환국에 자신의 위치정보를 등록하고, 교환국은 자기지역으로 들어온 이동국의 위치정보를 홈 교환국으로 통보하고 홈 교환국으로부터 이동국에 대한 각종 정보를 (HLR에 들어 있는) 제공받아 "방문자 위치등록기(VLR : Visitor Location Register)"에 저장한다.

또한 홈 교환국은 상대측교환국(자기가입자가 이동해 있는 지역의)으로부터 통보받은 이동국의 위치정보를 HLR에 기록한다.

이런 과정을 통해 이동국이 위치한 지역의 교환국에는 이동국의 정보가 등록되고 그 지역에서도 통화가 가능하게 된다. 로밍은 한 사업자의 교환기 사이에서만 일어나는 것이 아니라 사업자간 로밍 협약으로 다른 사업자의 장비를 이용해 서비스할 수 있으며,

더 나아가 다른 나라와의 협약으로 외국에 나가서까지 우리의 모바일 전화로 통화할 수 있게 된다. 현재 SK TELECOM은 미국, 홍콩, 싱가폴 등 사업자와 로밍을 실시하고 있으며 앞으로 세계 전역으로 서비스 범위를 넓혀 나갈 계획이다.

2.13 보코더

1 보코더(Vocoder)란

디지털 모바일 통신 시스템에서는 아날로그 음성 신호를 디지털로 바꾸기 위하여 PCM (Pulse Code Modulation)과 보코더(Vocoder)라는 것을 사용하고 있다.

PCM은 일반 유선전화에서 주로 사용되는 것으로 사람의 음성 신호를 64kbps의 데이터 전송율로 바꾸어 주는데 64kbps란 1초 동안 음성 신호를 64000개의 디지털 신호로 쪼개준다는 의미이다.

일반적으로 1초에 1비트의 정보를 보내기 위해서는 주파수 대역폭 1Hz가 필요하다.

따라서 음성 신호를 디지털로 바꿀 때 가능하면 낮은 데이터 전송률로 변환하여야 주파수 사용 효율을 높일 수 있는데 이를 위해 보코더(Vocoder)에서는 PCM에서 만들어진 64kbps의 데이터에서 목소리의 특징만을 뽑아내어 8.6kbps, 4.0kbps, 2.0kbps, 0.8kbps의 4가지 데이터 전송률 중 선택적으로 변환한다.

말소리가 빠를 때는 8.6kbps의 데이터 전송률로 변환시키고, 말이 느릴 때는 4.0kbps의 데이터 전송률로 변환시킨다. 그리고 사람이 말을 거의 하지 않는 경우는 2.0kbps나 0.8kbps 중의 하나로 변환한다. 보코더(Vocoder)는 이렇게 사람이 말을 느리게 하는 경우 데이터를 낮은 전송률로 가변적으로 변환하여 주파수를 효율적으로 사용할 수 있도록 한다.

2 EVRC(Enhanced Variable Rate Speech Codec)

현재 디지털 모바일 전화 시스템에서는 음성 신호를 1초에 8000개의 디지털 신호로 쪼개는 8KQCELP 방식을 사용 하고 있다. EVRC는 이런 8kbps의 전송속도를 가진 디지털 모바일 전화의 음질을 획기적으로 높여줄 수 있는 소프트웨어이다.

EVRC 기술은 통화 중 발생하는 잡음을 줄여주고 잡음이 심할 경우 통화자의 목소리를 자동으로 키워주는 등 사람의 목소리를 원 음에 가깝게 재생할 수 있도록 해준다.

SK Telecom은 1998년 1월 21일 업계 최초로 EVRC 서비스를 상용화하여 사용자들에게 좀 더 고품질의 모바일 전화 서비스를 제공할 수 있게 되었다.

참고적으로 EVRC 서비스를 제공받기 위해서는 EVRC 기술이 적용된 단말기를 사용하여야 한다.

3장 CDMA 2000 1X EV-DO 핸드폰 시스템 구성

3.1 CDMA 2000 1X EV-DO 핸드폰 시스템의 구성

CDMA 2000 1X EV-DO 핸드폰 시스템(ED-2947)의 H/W는 [그림 3-1]과 같이 무선 송수신부, EV-DO 핵심 디바이스인 MSM6500 중심의 로직 회로부와 사용자 인터페이스로 구성되어 있다.

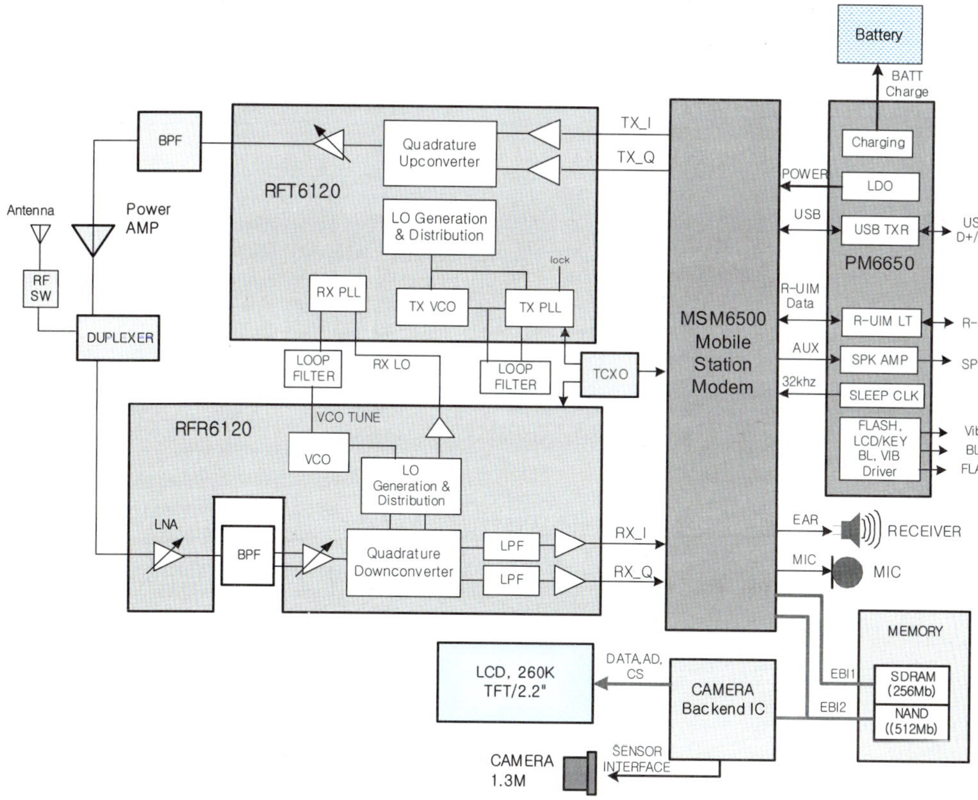

[그림 3-1] CDMA 2000 1X EV-DO 핸드폰 시스템 구성도

구분	품명	내용
CDMA 2000 1X EV-DO 핸드폰 시스템 (ED-2947)	주파수 대역	CDMA 1X EV-DO 850Mhz
		TX : 824MHz ~ 849MHz RX : 869MHz ~ 894MHz
	프로세서	퀄컴(Qualcomm) MSM6500 칩셋 (ARM926EJ-S)
	무선 프로토콜	CDMA 2000 1X EV-DO
	LCD	256K TFT Color LCD (2.2" Size)
	메모리	SDRAM 256Mbit / Nand Flash 512Mbit
	USB	USB 1.1 이상
	카메라	VGA급 30만 화소 이상 (기본 사양)
	무선데이터 서비스	CDMA 2000 1X,EV-DO
	DM I/F	USB/Serial Interface
	디버거 I/F	JTAG Compatible(ANSI/IEEE1149.1A-1993)
	Car-KIT I/F	무선데이터/DM 기능(TTAS.KO-06.0028/R2 만족)
	입력전원	DC 5V 이상
	크기	220 x 160 mm
	Brew 플랫폼	BREW Platform 지원
	시뮬레이터	Phone 시스템 동작 방식과 동일하게 구현
		다양한 휴대폰 H/W 시뮬레이션 기능 제공

3.2 CDMA 2000 1X EV-DO 핸드폰 시스템의 H/W구성

1 무선 송수신부

CDMA 2000 1X EV-DO 시스템의 무선 부문은 크게 송신부, 수신부, 주파수 합성부 등 3개의 부분으로 구성되어 있다.

1) 주파수 합성부

주파수 합성부는 직접 주파수 합성기(Direct Frequency Synthesizer), 위상검출부(Phase Locked Loop, 송/수신 PLL IC), CDMA 셀룰러 모드에서 중심 주파수가 1725MHz인 수

신 VCO와 중심 주파수가 830MHz인 송신 VCO 그리고 루프 필터(Loop filter, R/Tx) 등으로 구성되어 있다.

송/수신 PLL IC의 위상검출기(phase detector)는 기준 클럭 주파수 19.2MHz(TCXO)가 기준 분할기에 의해 10kHz로 낮추어진 신호를 VCO(RX U700, TX U600)에서 나오는 고주파신호를 PLL IC(R/TX U600)의 주 분할기에 의해서 낮은 주파수로 변환된 신호와 비교한다. 그래서 두 위상차가 영이 되도록 하는 국부발진 주파수를 발생시킨다.

이 국부 발진주파수는 수신부 RFR6120과 송신부 RFT6120에서 만들어 진다.

사용된 송수신 디바이스는 높은 무선주파수에서 기저대역신호를 직접 변환(Direct conversion)시키는 기능이 있으므로 중간 주파수(IF)발생 주파수 합성기는 없다.

송신 주파수 합성기는 RFT6120과 루프 필터(Loop Filter)로 구성되며, 송신 디바이스 속에 있는 송신 위상검출기는 VCO로부터 발생된 신호를 받는다.

수신 주파수 합성기는 PLL, 루프 필터, RFR6120로 구성된다.

(1) 온도보상 전압조절 발진기(VCTCXO)

온도변화에 따른 주파수 변화는 온도보상 전압조절 발진기(VCTCXO : Voltage Control Temperature Compensation Crystal Oscillator)에 의해서 주파수가 보정된다. CDMA의 메인 디바이스(MSM6500)는 수신된 신호와 기준신호를 비교해서 주파수 조절신호(PDM : Puse Density Modulation)를 만들어 TRK_LO_ADJ 핀을 통해서 VCXTCO로 보내 기준 주파수인 19.2MHz의 신호를 발생한다. 이 PDM 신호는 저항과 커패시터로 구성된 저역 필터를 통해서 직류 전원으로 변환되어 VCTCXO로 보내진다. 19.2MHz 신호는 주파수 합성부와 메인 칩셋 및 전원 관리칩으로 공급되며 무선 시스템의 기준 클럭으로 사용되는 아주 중요한 역할을 한다. 보통 VCTCXO는 온도에 따른 안정도가 1.5ppm이내이다.

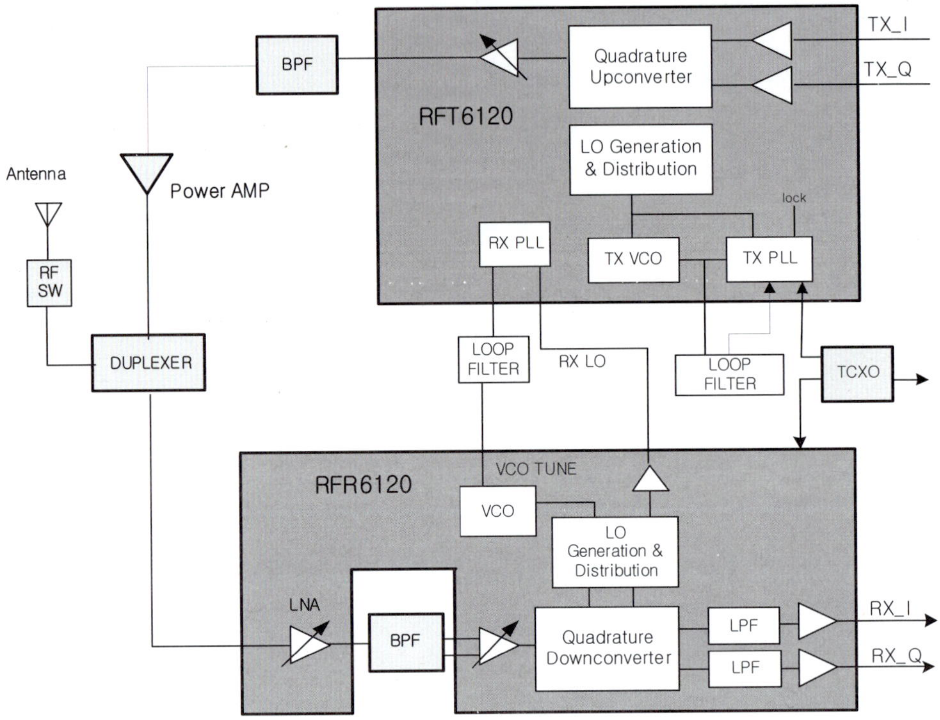

[그림 3-2] CDMA 2000 1X EV-DO 핸드폰 시스템의 무선 송수신부 구성도

(2) 수신 주파수 합성부

수신부 주파수 합성기는 RFT6120 디바이스 속에 있는 수신 PLL 합성부와 RFR6120 디바이스속에 집적화된 VCO, RFT6120 디바이스의 루프 필터, VCTCXO로 이루어져 있다. RFR6120 디바이스에 내장된 수신 VCO 출력은 수신 주파수의 2배되는 국부발진 주파수를 발생시키고 VCO 출력 주파수를 2로 나누어 수신 주파수를 생성한다. VCO의 출력 국부발진 주파수는 1663.70~1787.94MHz이다.

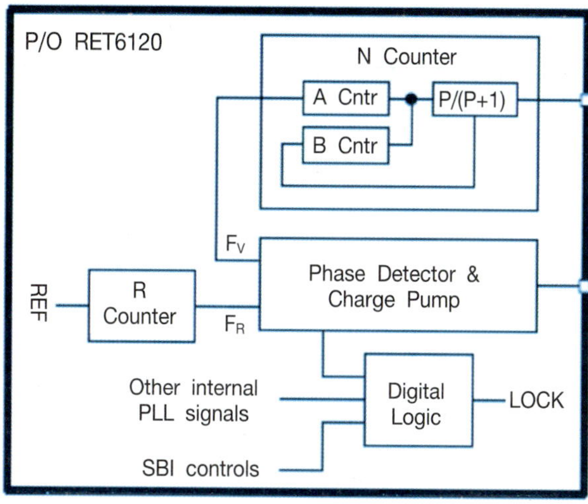

[그림 3-3] 수신 주파수 합성부 (RFT6120에 내장)

(3) 송신 주파수 합성부

송신부 주파수 합성기는 수신부와 마찬가지로 송신 PLL합성기와 RFT6120에 집적화된 VCO, 루프 필터, VCTCXO로 구성되어 있다.

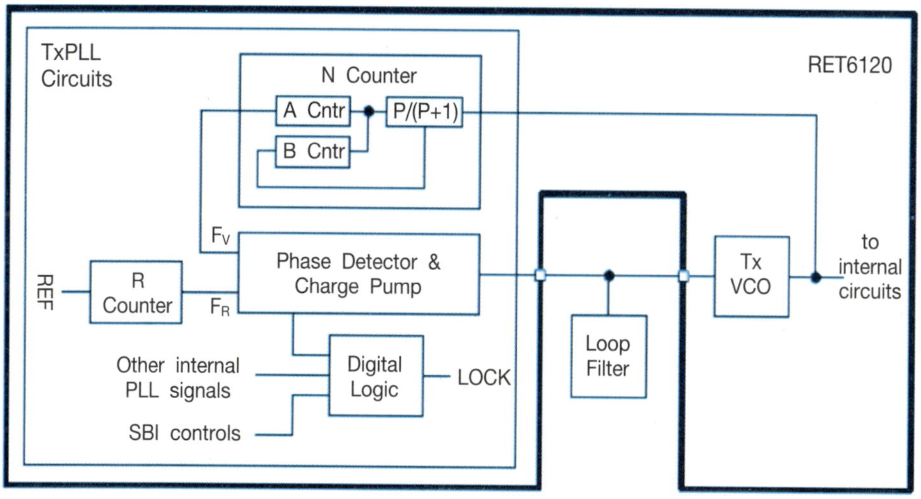

[그림 3-4] 송신 주파수 합성부

2) 수신부

안테나로부터 유입되는 미약한 신호는 SAW 듀플렉서를 지나서 RFR6120의 저잡음 증폭기로 입력이 된다. 저잡음 증폭기에서 증폭이 된 신호는 다시 디바이스외부에 있는 수신 대역통과필터(F610)를 통과해서 다시 혼합기로 유입된다. 여기서 이 신호는 RFR6120 속에 집적된 VCO에서 발진한 국부발진 주파수와 만나 바로 기저대역신호로 변환된다. 이것을 One Zero-IF 기술이라 한다. 최근의 무선 모바일에서는 대부분 이 기술이 적용된다. 이렇게 변환된 기저대역 신호는 CDMA의 핵심디바이스인 MSM6500으로 들어가 기저대역신호로 복조가 된다.

(1) 이중통신방식(Duplexer : 듀플렉서)

듀플렉서는 하나의 안테나를 사용해서 송신과 수신을 동시에 수행하는 듀플렉서 시스템에서 송신 신호와 수신 신호를 분리시켜주는 역할을 한다. 송신쪽으로는 노이즈를 억압하고 송신 주파수밴드이외의 신호를 억압하는데 사용되며, 수신쪽은 안테나로부터 유입되는 신호 중에 원하는 수신대역만을 통과시키도록 설계되어 있다. 그래서 이것을 전치필터(Pre-selector)라고 한다. 듀플렉서의 주된 역할은 저잡음 증폭기(LNA)에 도달하는 신호의 대역을 제한하고, 수신기의 국부 발진기로부터 나오는 불요파 신호들을 억압하여 무선기기의 주파수 선택도 및 감도 등의 성능을 향상시킨다.

(2) 수신 대역통과필터

RFR6120의 저잡음 증폭기(LNA)의 출력단에 대역통과필터로 표면파 대역통과필터(SAW Filter)를 사용하였다. 이 대역통과필터는 저잡음 증폭기에서 출력되는 원하는 수신대역 신호를 제외한 불요파 주파수들을 감쇠시킨다. 이 대역통과필터는 듀플렉서와 함께 수신기 성능에 많은 영향을 준다.

(3) 수신 디바이스(RFR6120)

RFR6120 다바이스는 고역 수신 신호를 중간 주파수의 변환없이 바로 기저대역 신호로 변환시키는 Zero IF기술을 적용한 디바이스이며, 저잡음 증폭기(LNA), 하향 변환기(Down Converter), 수신 VCO 회로 등으로 구성이 되어 있다.

듀플렉서에서 유입되는 미약한 수신 신호는 저잡음 증폭기(LNA)에서 증폭이 된 후에 디바이스 외부에 장치한 수신 대역통과필터를 통과한 후 디바이스 내부에서 만들어진 국부발진 주파수와 하향변환기(Quadrature down converter)에서 만나 1.23MHz의 기저대역 I/Q신호로 만들어진다. 이 I/Q 기저대역신호는 저역통과필터를 거치면서 불필요한 신호들은 제거되고 기저대역 증폭기를 거쳐 MSM6500으로 보내진다. 그리고 디바이스 내부에는 수신국부 발진기 부분이 집적화되어 있으며, 바이어스 회로, 디지털 인터페이스 및 콘트롤 회로 등이 내장되어 있어 MSM6500 디바이스로부터 절전을 위한 전원 바이어스 조절, LNA의 이득제어, 주파수 합성부 제어 등의 제어 신호를 받으며 수신기의 상태신호를 MSM6500으로 제공한다.

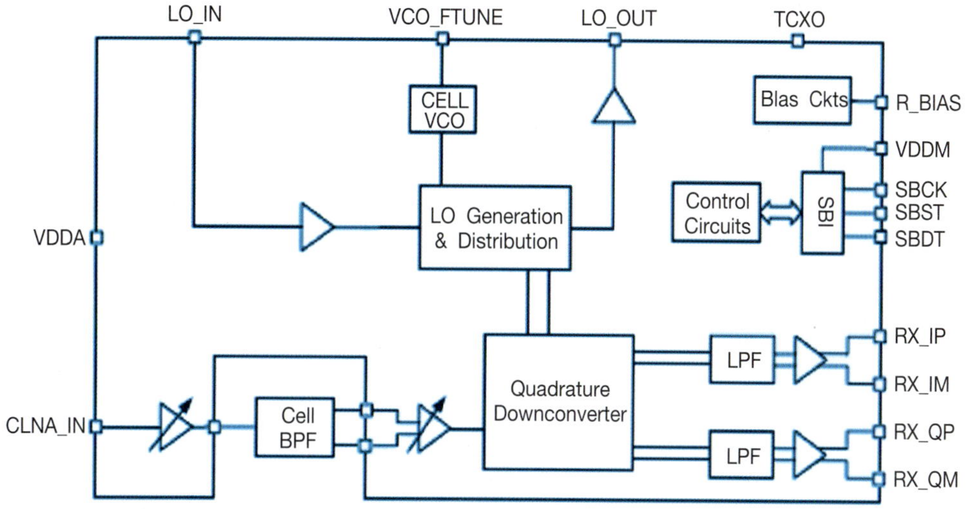

[그림 3-5] RFR6120 기능 구성도

3) 송신부

CDMA 송신부는 MSM6500으로부터 변조된 기저대역 I/Q신호가 RFT6120 디바이스 내부로 들어와 직접 800MHz대역의 무선신호로 변환되고 적정한 레벨로 증폭이 된 후에 송신 대역통과필터를 거치면서 불필요한 불요파 신호를 제거하고 전력 증폭기를 거쳐 상당한 크기의 신호로 증폭이 되어 듀플렉서를 통해 안테나로 유입되고 기지국으로 전파된다.

(1) 송신 디바이스(RFT6120)

RFT6120 디바이스는 기저대역 I/Q신호를 직접 800MHz의 무선신호로 변환시키는 퀄컴사의 Radio-One CDMA RF기술을 적용한 디바이스로 기저대역 증폭기, 상향변환기(Quadurature up converter), 이득조절 증폭기, 출력구동 증폭기, 송수신 PLL회로, 송신 VCO 회로로 구성되어 있다.

MSM6500으로부터 유입된 기저대역 I/Q신호는 기저대역 증폭기를 거친 후 송신 디바이스내부에서 만들어진 국부발진 주파수와 상향변환기에서 만나 직접 800MHz 대역의 고주파 신호로 변환된다. 여기서도 Zero IF기술이 적용된다. 변환되어 고주파 신호는 MSM 6500으로부터 PDM 신호의 콘트롤 신호(TX_AGC_ADJ)를 받아 최적의 출력신호를 만든다.

이 송신 디바이스내부에는 송신 주파수 합성기회로와 송신 VCO 회로가 들어 있어 송신 상향변환에 필요한 국부발진 주파수를 만들며, 수신 VCO를 조절하는 수신 주파수 합성회로를 가지고 있다. 그리고 이 디바이스는 MSM6500과 인터페이스되어 있어 각종 컨트롤을 받는다.

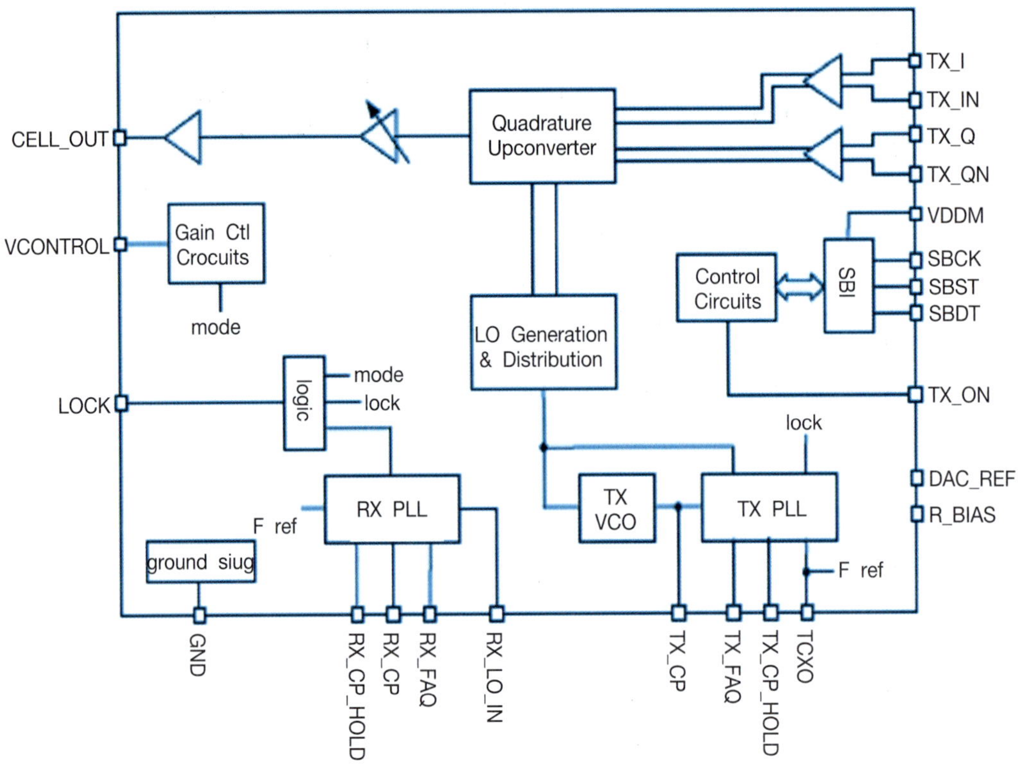

[그림 3-6] RFT6120 기능 구성도

(2) 송신 대역통과필터(Saw Filter)

송신 대역통과필터(F600)는 송신 선로상에서 발생한 불요파 주파수들을 제거시키고 RFT6120 디바이스 내부에 있는 구동 증폭기의 증폭작용과 상향변환기(Up Converter)의 혼합작용에 의해서 발생되는 수많은 고조파 및 불요파 신호들을 감쇠시킨다.

(3) 전력 증폭기

전력 증폭기는 원하는 800MHz CDMA를 증폭시키는 일을 한다. 이 증폭기는 25~30dB의 전력증폭 이득을 가지며 최대 30dBm의 출력을 가진다. 또한 증폭기는 내부에 높은 이득 증폭모드와 저이득 증폭모드기능을 가지고 있어 필요에 따라 MSM6500 디바이스로부터 조절(PA_R1)을 받아 전력 소모량을 줄일 수 있는 기능을 가진다.

2 로직부(LOGIC PART)

로직부는 CDMA 2000 1X EV-DO 핸드폰 시스템의 핵심 디바이스인 퀄컴사의 MSM6500 (ARM926EJS) 모뎀, 메모리(MEMORY), 전원을 관리하는 전원관리부(PM6650), 기저대역 디지털신호와 아날로그신호를 처리하는 음성 관련부, 기타 사용자 인터페이스로 LCD, CAMERA, UART, USB, MMC, R-UIM 등의 인터페이스로 구성되어 있다.

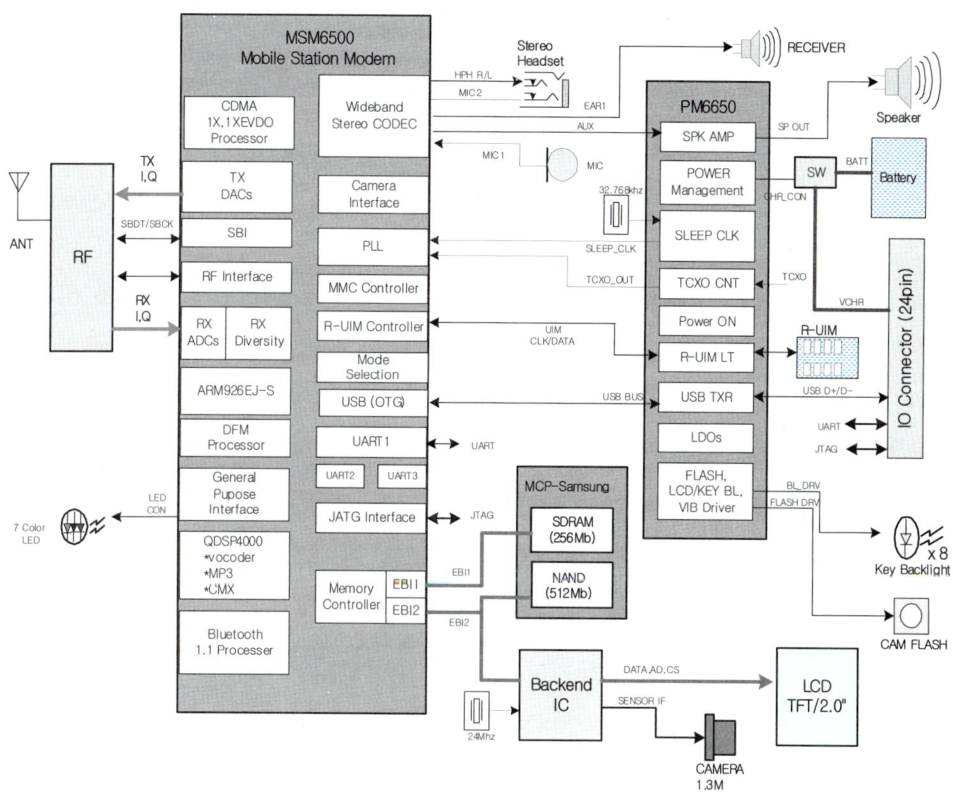

[그림 3-7] 로직부 기능 구성도

1) MSM6500 MOBILE STATION MODEM

MSM6500은 1X EV-DO, IS-95-A/B, IS-2000, 그리고 IS-856 신호처리를 제공하며, 보드내의 각종 인터페이스처리 및 각 디바이스를 제어하는 핵심 디바이스이다. 이 디바이스의 주요 기능은 다음과 같다.

(1) CDMA 서브시스템

CDMA서브시스템은 IS95-A/B, IS-2000 그리고 IS-856 시그널처리를 수행하며 다음과 같은 기능 블록을 가진다.

- 서처(Searcher)엔진(engine)
- 복조(Demodulating fingers)
- 조합 블록(Combining block)
- 프레임 디인터리버(Frame deinterleaver)
- 비터비 디코더(Viterbi decoder)
- 역방향 링크 서브시스템(Reverse link subsystem)
- 터보 디코더(Turbo decoder)

CDMA 서브시스템은 순방향 링크(forward-link) 트래픽 채널(Traffic Channel)을 서칭(Searches), 복조(Demode)하고 들어오는 파일럿(Pilot), 싱크(Sync), 페이징(Paging) 그리고 트래픽 채널의 정보를 디코딩한다. 순방향 링크 트래픽 채널에서 낮은 비트 패킷 데이터(Low bit-rate packet data)를 추출하여 보코더(Vocoder) 처리부로 패킷 데이터를 보낸다. 역방향 링크(Reverse link)에 있어서 CDMA 서브시스템은 보코더로부터 패킷 데이터를 받아 역방향 트래픽(Reverce Traffic)을 변조시킨다.

(2) ARM 마이크로프로세서 서브시스템

MSM6500 IC는 임베디드 ARM926EJ-S 마이크로프로세서를 사용한다. 이 마이크로프로세서 장치는 시스템 소프트웨어에 의해서 키 패드, LCD, 메모리, 카메라 등과 같은 외부 주변장치를 포함하여 MSM IC에 대한 대부분의 기능을 조절한다. 이들은 시리얼버스 인터페이스(SBI)를 통하여 RFR6170, RFR6170과 PM6650 장치들의 기능을 조절한다.

- 마이크로프로세서를 사용하여 MSM 디바이스의 거의 모든 기능제어
- 외부의 키 패드(key pad), LCD Display, RAM, 그리고 ROM 등을 제어
- 단일 블록(Single-clock), 고성능(high-performance), 자바 가능(java-enabled), 동기 코어(synthesizable core)
- 하버드 구조의 캐시 메모리 : 16KB 명령어 캐시, 16KB 데이터 캐시, 4-way set
- 메모리 관리장치(Memory management unit)(MMU)
- 하버드 AHB(Advanced High-Performance Bus) 인터페이스
- Jazelle ARM9EJ-s 코어(Java support)

- ETM(Embedded Trace Macrocell) 제공
- 저전력(Low Power)

(3) 보코더 서브시스템(VOCODER SUBSYSTEM)

MSM6500의 QDSP4000는 EVRC와 QCELP13K 보코더를 지원한다. 부가적으로 QDSP 4000는 다음과 같은 음성기능을 지원하는 모듈을 가지고 있다.

- DTMF 톤(tone) 발생 및 감지
- 송수신 볼륨 컨트롤
- 송/수신 자동 이득 조절(Automatic Gain Control)
- 수신 자동 볼륨 조절(Automatic Volume Control)
- 음성 및 이어실 에코 제거(Acoustic Echo Canceller / EarSeal Echo Canceller)
- 노이즈 압축(Noise Suppression)
- 프로그램어블 13-tap, Type-I, FIR, 송/수신 보상 필터

MSM6500은 펌웨어를 QDSP4000에 다운로드하는 ARM92EJ-S 프로세서가 집적화되어 있어 QDSP4000이 필요한 기능들을 기원한다.

(4) 무선 송수신부 인터페이스

RF 인터페이스는 디지털 회로를 이용하여 RF 시스템 아날로그값을 모니터링 및 조절하는 기능을 하며 아래와 같은 기능을 제공한다.

- RF 인터페이스는 디지털 회로를 이용하여 RF 시스템 아날로그값을 모니터링 제어
- 기서내억의 I, Q 데이터의 오자를 보상
- UHF와 IF 주파수를 합성하는 마스터 오실레이터의 주파수를 발생
- Rx와 Tx의 이득을 조절
- 디지털 신호를 이용하여 PA(Power Amplifier)와 LNA(Low Noise Amplifier)의 특성을 조절

(5) 모드선택(Mode Select)과 JTAG 인터페이스

MSM6500의 모드선택 기능은 ASIC 전반적인 동작모드를 결정한다. 네가티브(Negative) 모드와 ETM 모드가 있는데, 네가티브모드는 일반 가입자 단위의 동작을 하고 ETM 모드는 내장된 트래이스 모드(Trace mode)와 공장시험을 위한 테스트 모드를 활성화한다. MSM6500은 ANSI/IEEE1149.1A-1993 규격을 만족한다.

(6) R-UIM

R-UIM은 단말기가 네트워크에 연결에 필요한 전화번호 및 ESN번호와 같은 개인 인증 관련정보를 가지고 있는 스마트 카드이다. MSM6500(U100)은 UIM_CLK, UIM_IO, 그리고 UIM_RESET 신호를 제공한다.

(7) 메모리 제어기

MSM6500은 2개의 구별되는 메모리 인터페이스 EB11, EB12를 제공한다. EBI1은 빠른 스피드의 동기 메모리장치와 16비트 동기 DRAM(Low Power SDRAM) 인터페이스 메모리 제어기이다. EB12는 LCD, 카메라 DSP IC, NAND 플래시와 같은 저속의 동기장치를 지원한다. NAND 플래시 메모리는 단말기의 부팅 코드(Boot code)와 메인 프로그램 코드를 저장한다. NV 파라미터와 폰북 데이터 그리고 그림, 음악, 소리와 같은 멀티미디어 데이터는 플래시 데이터영역에 저장된다.

(8) 기타 기능

① UART(universal asynchronous receiver transmitter)

- 단말기의 마이크로프로세서를 테스트, 검증 또는 소프트웨어 Upgrade를 목적으로 쓰임
- 3개의 UART 시리얼 포트
- UART1 : 전용 핀이고 UART2, UART3는 멀티플렉스 핀이다.

② USB(Universal Serial Bus)

- 폰(Phone)과 PC사이의 연결
- USB 2.0 사양 : 최대 속도(12Mbps)

③ MMC(Multi Media Card) 제어기

- ARM 버스 마스터와 멀티미디어 카드 버스 제어
- MMC(2.5Mbps data transfer)와 SD(10 Mbps data transfer) 인터페이스
- 3개의 통신라인 : 명령어(MMC_CMD), 데이터(MMC_DATA), 클럭(MMC_CLK)

④ R-UIM(Removable User Identity Module)

- CDMA폰을 위한 스마트 카드 : 가입자 인증 모듈

⑤ CAM IF(Camera interface)

- 이미지 프레임수 설정, Zoom, Crop, Resize 기능을 수행하는 카메라 센서를 제어
- ED-2947에서는 별도의 카메라 Back-End chip(MV3019)을 사용하고 있다.

⑥ QDSP 4000

- EVRC, QCELP13K를 지원하는 오디오 처리(audio processing)
- 보코더(Vocoder) : 음성 신호의 압축기능을 수행

* ADC(Analog/Digital Converter)와 DAC의 기능을 수행하는 CODEC(Coder /Decoder)에서 나오는 음성 신호를 받아서 CDMA 모드에서 통신을 가능하게 하기 위하여 압축작업 수행

- 보코더의 주요 기능
  - 역방향 링크(Reverse link)에서 음성 신호를 압축, 순방향 링크(Forward link)에서는 반대로 압축을 푸는 작업
  - QCELP 부호화(Encoding) 및 복호화(Decoding)
  - EVRC 부호화 및 복호화
  - AMPS 음성처리
- CELP(Codes Excited Linear Prediction)방식에 기초하여 퀄컴(Qualcomm)이 개발한 QCELP 방식이 MSM의 보코더(Vocoder) 방식으로 사용되어져 왔다.
- MSM2310부터는 EVRC(Enhanced Voice Rate Coding)가 추가로 채택

⑦ 와이드밴드 스테레오(Wideband Stereo CODEC)

- 스테레오 와이드밴드 음성/오디오 코덱을 통합

⑧ JTAG 인터페이스

- MSM의J TAG 인터페이스는 단말기의 보드레벨 공장 테스트와 검증단계에서 사용
- 기능적 분류 : 테스트 액세스 포트(Test Access Port(TAP)), TAP 제어기, Instruction Register, Test Data Registers

2) MCP 메모리

CDMA 시스템에 사용한 메모리는 512MBit의 NAND 플래시 메모리와 256MBit의 고속 데이터용 모바일 SRAM으로 구성된 MCP(Multi Chip Package Memory)를 사용했다.

512MBit NAND Flash 메모리는 64M×8bits로 구성되어 있으며 256MBit Mobile SDRAM은 4M×16bits×4banks 구조를 가지고 있다.

NAND 메모리의 프로그램 시간(Program time)은 보통 200μs이고 블록 삭제 시간은(Block Erase Time)은 보통 2ms이다.

시리얼 페이지 액세스(Serial Page Access)는 최소 50ns이다.

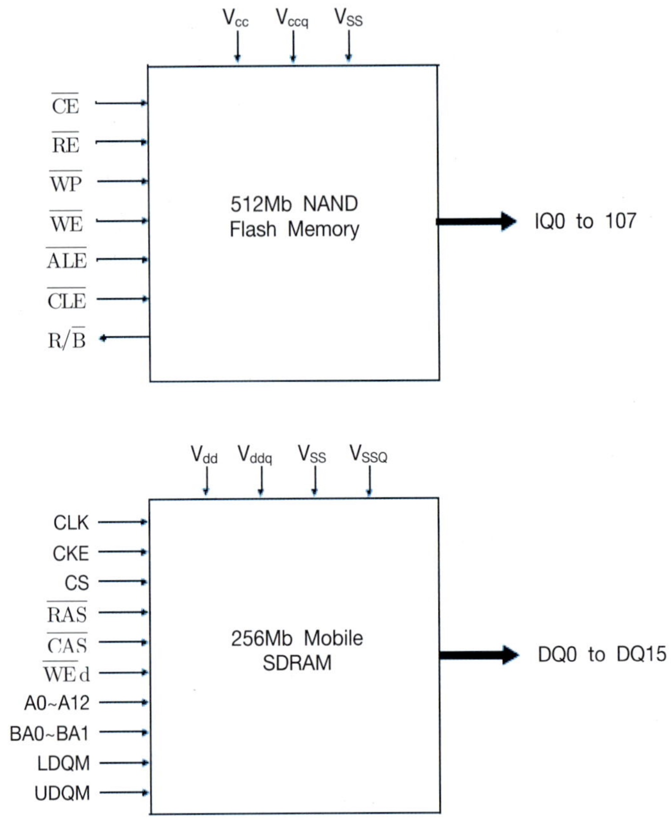

[그림 3-8] MCP 기능 구성도

3) 카메라 회로

(1) 카메라 인터페이스

[그림 3-9]는 카메라 백앤드(Back-end) 디바이스와 LCD, MSM6500의 시스템 구성을 보인다. MV3019은 보드내부에 비동기 버스로 연결되어 있고 DBBC(Digital Base Band Controller)에 의해 조절된다.

DBBC는 MV3019을 조절하며 CMOS 1.3M 카메라와 LCD을 초기화한다. 또한 MV 3019의 내부 레지스터를 초기화하며 적절한 카메라 기능을 동작시키는 값들을 셋팅한다.

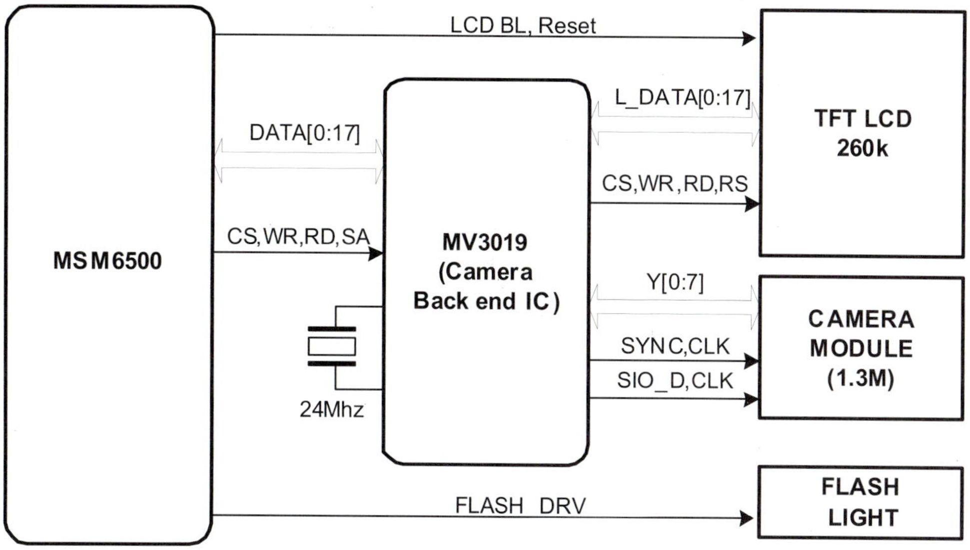

[그림 3-9] 카메라 인터페이스

(2) 카메라 백앤드(CAMERA BACKEND) IC

카메라 백앤드 디바이스 MV3019은 리얼타임 JPEG(real time JPEG) 압축을 기본으로 하는 하드웨어와 프로세서로 구성되어 있으며 30프레임까지 화질을 제공한다. MV3019는 센서 출력데이터로 RGB 데이터를 LCD 그래픽 메모리에 직접 전달하며, 주프로세서와 18비트 데이터버스 통신을 한다.

MV3019의 주요기능은 다음과 같다.

- CMOS 이미지 센서 인터페이스(이미지 크기 : SXGA/ VGA/ CIF)
- 이미지 효과
- 18비트 LCD 인터페이스
- JPEG 인코딩 YCbCr422 up to SXGA
- 이미지 회전, 밀러
- M/JPEG 동영상
- EZ-OSD 디스플레이 관리

(3) 카메라 이미지 센서(Camera image sensor) 모듈

SXGA 카메라 칩은 CMOS 이미지 센서(CIS)와 이미지 신호 프로세서(ISP)를 내장하고 있다. 센서는 1/3.2인치 광학 포멧(optical format)을 만족하는 1280×1024 유효 픽셀로 이루어져 있다. CMOS 이미지 센서(CIS)는 픽셀 출력을 디지털화하는 10비트 ADC를 가

지고 있으며 FPN(FIixed Pattern Noise)를 줄이기 위한 CDS(Correlated Double Sampling)을 가지고 있다.

이미지 신호 프로세서(ISP)는 색상회복(color recovery) 및 보정, 불량 픽셀을 대체, 렌즈의 그림자 수정, 프로그램어블 감마 수정, 자동 노출(Auto exposure), 자동 흰색보정(Auto white balance) 등의 이미지 프로세싱 기능을 가진다. 자동 노출 및 흰색 보정 기능은 RISC 프로세서에 의해 수행된다. 호스트 프로세서는 12C 버스를 통해 MV3019와 서로 통신한다.

4) 전원 관리부(PM6650)

PM6650 디바이스는 모든 무선 단말기의 전원 관리기능, 일반 내부관리기능, 사용자 인터페이스 제공 기능 등을 제공한다.

(1) 입력 전원 관리부

단말기 전원은 주 배터리, USB 전원, 외부 전원, 최소회로만 구동할 경우에는 코인 셀 배터리로부터 전원을 공급받는다. 이들 전원공급원은 입력전원 관리기능 및 소프트웨어로 입력되는 전원을 감지하여 단말기가 동작할 수 있게 조치를 취한다.

외부 전원, 충전기 타입 또는 USB 타입전원이 단말기에 연결될 때 이들의 전압은 외부 공급 검출회로에 의해 (VCHG 또는 VUSB) 측정된다.

PM6650에 의해서 조절되는 외부 트랜지스터는 외부전원과 단말기 동작전압(VDD)사이를 연결을 ON, OFF하고 또 VDD와 주 배터리사이의 연결을 ON, OFF한다. 외부전원은 단지 단말기에 필요한 전력을 공급하거나 또는 동시에 주 배터리를 충전하는데 사용되며, 주 배터리는 단말기 전원공급에 사용된다.

PM6650 IC는 MSM과 상관없이 3개의 주 전원공급원을 자동적으로 전환한다. 만약에 1개 이상의 전원공급원이 있으면, PM6650은 1) 충전기 공급, 2) USB 공급 및 3) 주 배터리 순서로 우위를 정한다.

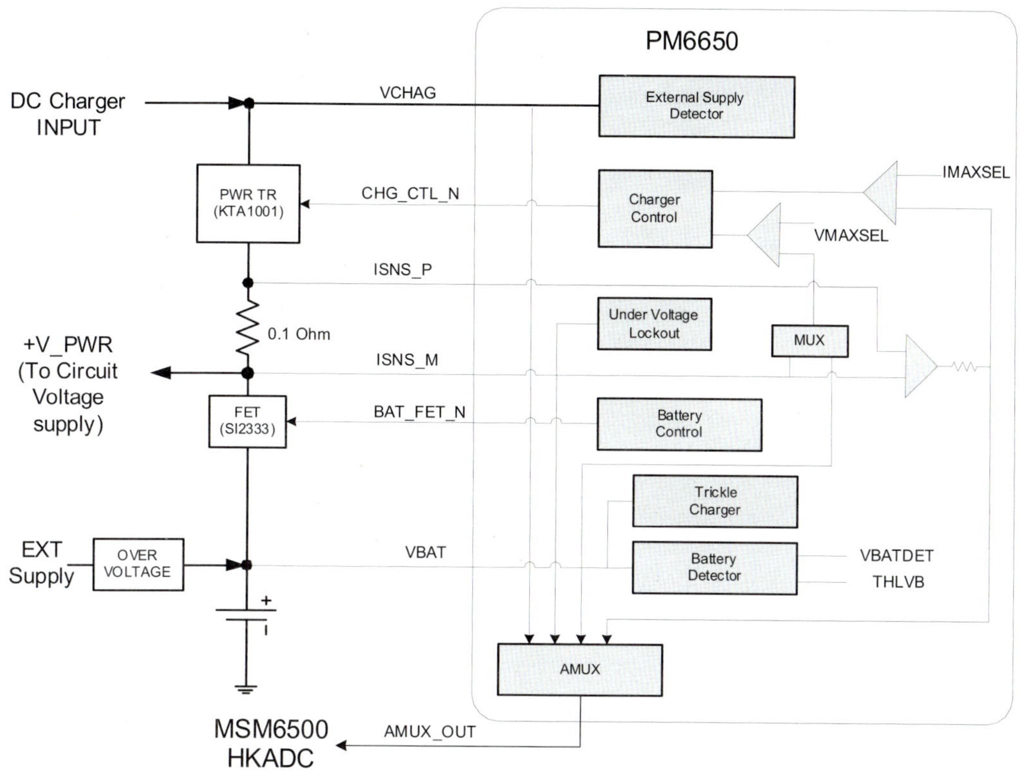

[그림 3-10] 배터리 충전회로 블록도

(2) 출력전압 레귤레이터부

PM6550 IC는 대부분의 무선 단말기 응용에 필요한 모든 안정된 전압들을 지원한다. 15개의 전압 레귤레이터를 지원하는데, 모두 소프트웨어로 조절가능하며 공통 밴드갭(BAND GAP) 기준회로로부터 전압이 나온다.

PM6550는 2가지 형태의 전압 레귤레이터회로를 가지고 있는데, SMPS(switched mode power supply)와 선형 레귤레이터이다. SMPS 형태는 2가지 형태가 있는데, 하나는 출력전압을 입력전압에 비례해서 단계를 올리는 부스트회로(boost circuit)로 400mA전류정격을 가진다. 그리고 다른 하나는 출력전압을 단계로 낮추는 벅크회로(buck circuit)로 500mA전류정격을 가진다. 선형 레귤레이터는 3개의 다른 레귤레이터가 내장되어 있는데 출력 전류는 300mA, 150mA 및 50mA이다. 각 레귤레이터와 SMPS는 비록 성능저하를 가져오지만 정격이상의 전류를 제공할 수 있다.

[표 3-2] 출력단 전압 레귤레이터

형태/이름	필수 조건	전압 범위	사용 목적
SMPS – Boost(400 mA) +5V	OFF, 5.000v	3.000 to 6.100V	USB-OTG host, white LED backlighting, camera flash
SMPS – Buck(500 mA) MSMC MSME PA	 ON, 1.375V ON, 1.800V OFF, 1.800V	 0.750 to 3.050V 0.750 to 3.050V 0.750 to 3.050V	 MSM digital core at 1.8V or 1.3V Devices on MSM EBI bus to minimize power dissipation
Linear – 300 mA MSMA MSMP	 ON, 2.600V ON, 2.600V	 1.500 to 3.050V 1.500 to 3.050V	 MSM analon circuits MSM periphery circuits
Linear – 150 mA MMC RFRX1 RFRX2 RFTX RUIM WLAN	 OFF, 2.850V OFF, 2.850V OFF, 2.850V OFF, 2.850V OFF, 2.850V OFF, 2.850V	 1.500 to 3.050V 1.500 to 3.050V 1.500 to 3.050V 1.500 to 3.050V 1.500 to 3.050V 1.500 to 3.050V	 SD/MMC module Primary receive circuits Secondary receive ckts(drversity) Transmitter circuits RUIM module 802.11 wireless LAN, Bluetooth
Linear – 50 mA SYNT TCXO USB	 OFF, 2.850V ON, 2.850V OFF, 3.000V	 1.500 to 3.050V 1.500 to 3.050V 3.300V	Transmit VCO & PLL Receive VCO & PLL, VCTCXO Internal USB transceiver, should not ve used for external loads

(3) 기타 기능부

이득을 갖는 아날로그 멀티플렉서, 옵셋 조정, 시스템 클럭회로, 알람기능과 시계를 위한 리얼 타임 클럭(RTC), 온도초과 방지회로와 같은 내부관리기능 이외에 PM6650 IC는 일반적인 사용자수준의 인터페이스를 제공한다.

키 패드, LCD 백라이트 및 사진기 플래시, 모터 바이브레이터, 스피커 출력 구동기 등이 그것이다. 이들 구동기들은 모두 소프트웨어로 밝기나 기능이 조절이 된다.

그리고 PM6650은 전원 ON회로(Power-on circuit), 시리얼 버스 인터페이스(SBI), 인터럽트 관리, USB-OTG 트랜시버, RUIM 인터페이스 회로를 가지고 있다.

5) 오디오(AUDIO)부

(1) 송신경로

마이크 인터페이스는 2개의 차동 마이크 입력, 1개의 차동 보조 입력 그리고 2단 오디오 증폭기로 이루어져 있다. 마이크 입력은 코덱 구성 명령 (MIC_SEL)에 의해 선택되며, 단지 입력들 중 하나만 주어진 시간에 활성화되고 다른 입력들은 비활성화된다.

첫 단 증폭기의 이득은 코덱 구성 명령 (MIC_AMP1_GAIN)에 의해 2dB, +6dB, +8 dB +16dB로 셋팅되며, 둘째 단 증폭기는 그림과 같이 외부적으로 구성할 수 있다. 이 증폭단에서는 송신 채널의 오디오 성능을 높이기 위해서 추가적으로 필터링을 위한 이득 회로를 설계할 수 있고 CODEC 구성 명령(MIC_AMP2_BYP) 셋팅에 의해서 내부적으로 바이패스될 수 있다. MICINP와 MICINN는 둘째 단 증폭기에 입력이고 MICFBN와 MICFBP는 귀환 출력이다. [그림 3-11]은 18dB의 이득을 가지는 증폭기를 설계한 것이다. 이득단과 더불어 회로는 저주파를 감쇠하기 위한 고역통과필터를 가지고 있다.

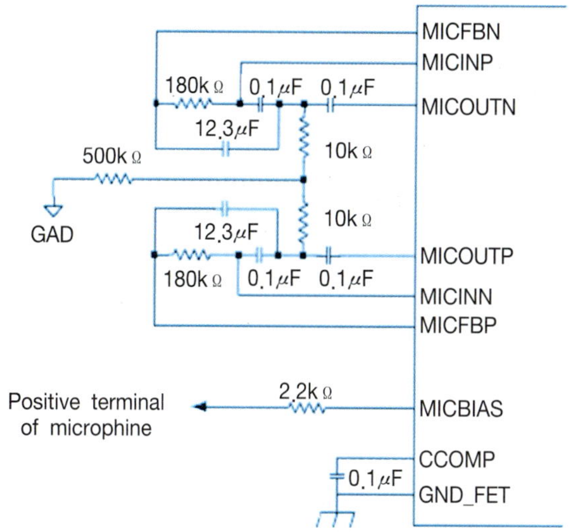

[그림 3-11] 외부에 설계된 증폭기 회로

(2) 수신경로

수신경로는 ITU G.712 대응하는 필터로 디지털적으로 필터링되고, 필터응답은 3400Hz까지 편평한 특성을 가지며 적절한 이미지 제거를 위해 3.98kHz에서 적어도 14dB의 감쇠를 가진다.

수신 경로는 이어폰1(EAR1OP, EAR1ON) 또는 이어폰2(EAR2) 증폭기에 직접 연결되어지거나 또는 음성(AUXOP, AUXON)에 대해서는 보조 출력단에 연결되어진다. 이어폰1 및 보조 출력단은 차동 출력들이다. 단일 출력인 이어폰2(EAR2O)와 이어폰3은 스테레오 출력을 전달하기 위해 설계되었다. 증폭기의 선택은 QDSP4000 코덱 구성 명령(AMP_SEL)를 보내서 달성된다. 선택되지 않은 이어폰 증폭기는 활성화되지 않는다.

(3) 오디오 연결

마이크 및 이어폰은 헤드셋 마이크와 이어폰 또는 헤드셋의 커넥터에 직접 연결되게 설계되었다. MICBIAS 출력 핀은 DC 1.8V/1mA 전류를 제공하며, 차동 EAR1 출력단자의 출력파워는 32오옴 스피커에 +3dBmO인 정현파로 전형적으로 70mW이다.

그리고 멜로디는 코덱의 보조 음성 단자(AUX0N, AUXOP)을 통해 PM6650에서 이득이 조절되어 스피커로 구동된다. CDMA 핸드폰시스템(ED-2947)에서는 스피커와 이어리시버를 같이 사용하였다.

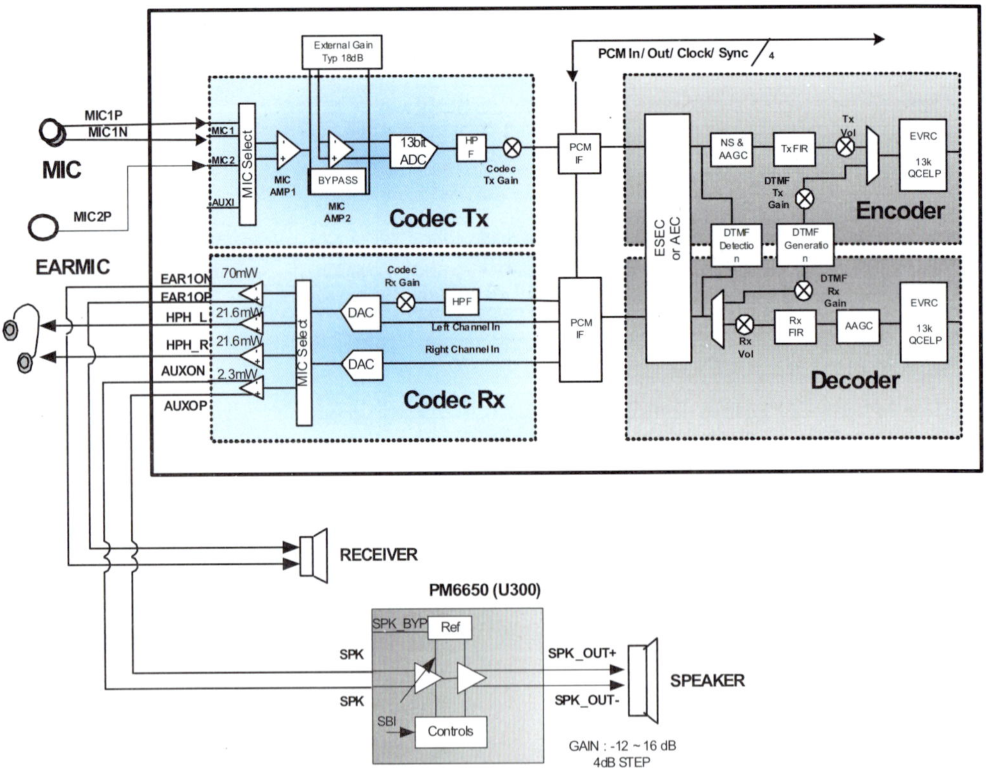

[그림 3-12] 오디오 라인업 구성도

6) LCD

CDMA 핸드폰시스템(ED-2947)에서는 2.2 인치 256K컬러의 TFT LCD를 사용하여 각종 그래픽을 구현하고 있다. LCD 사양은 다음과 같다.

- TFT-LCD 메인(260k Colors / 176(W)*220(H) Dots)
- 동작영역 31.68(W)*39.6(H)mm
- 16bit / 18bit_Mode CPU 인터페이스
- 메인 디스플레이를 위한 백색 LED
- 구동(Driver) IC HD66798
- 마운트 방법(Mounting methods) COG
- 프레임 비율(Frame Rate) : 62Hz/쓰기 시간(Write time) 70μs
- WHITE LED Backlight : 3-LED병렬 형태

7) 클럭 회로

MSM6500은 TCXO, SLEEP_XTAL, 그리고 48_XTAL의 3개클럭으로부터 내부 클럭을 만들어낸다. TCXO는 19.2MHz을 제공하며 내부에 집적화된 PLL과 M/N 커운터에 사용된다. SLEEP_XTAL은 32.768kHz를 제공하며 MSM6500 디바이스가 전원이 오프되

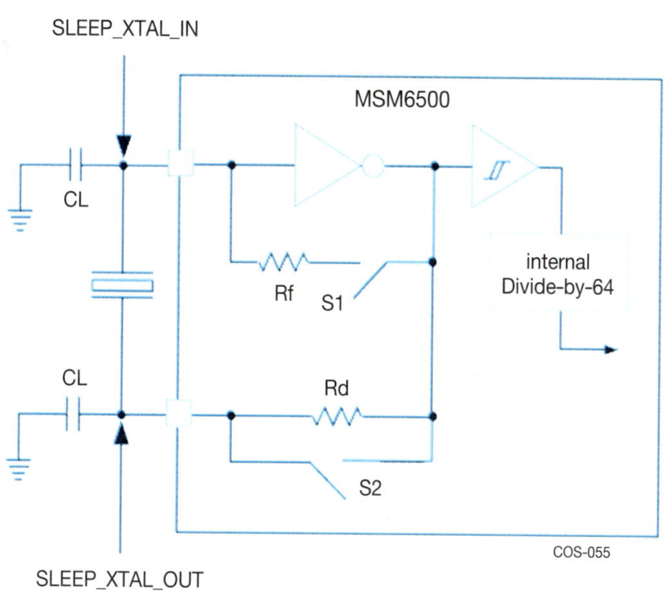

[그림 3-13] SLEEP 클럭(32.768MHz) 발진회로 구성도

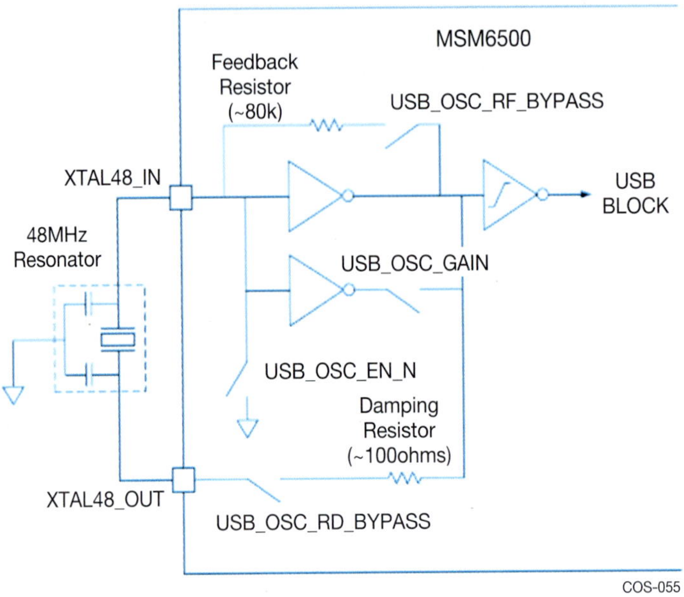

[그림 3-14] USB 클럭 발진회로(48MHz) 구성도

고 TCXO가 비활성화되는 동안에 슬립(SLEEP) 컨트롤러를 구동하는데 사용된다. 그리고 48MHz X-TAL은 USB 인터페이스에 대한 클럭을 발생하는데 사용된다. USB 인터페이스를 사용하지 않을 때는 USB 클럭을 오프한다.

8) GPIO 인터페이스

MSM6500의 GPIO 핀은 총 99개가 있다. 이 핀들은 메인 기능과 Alternate 기능이 있으며, 메인 기능은 단순한 GPIO(General Purpose Input Output)이지만 선택 기능으로 앞에서 언급한 디바이스들과의 인터페이스를 위해 할당된 것도 있다.

이와 같은 GPIO 핀에 대한 설정은 단말이 부팅될 때 gpio_init() 함수를 호출하여 이루어진다. tlmm_6500.h 파일에는 각각의 GPIO의 핀을 입력으로 사용할지, 출력으로 사용할지, 지정된 기능으로 사용할지 아니면 다른 선택 기능을 사용할 것인지가 정의되어 있으며, 단말 소프트웨어를 컴파일할 때 이 파일에 정의된 기능으로 설정된다고 보면 된다. 따라서 특정 GPIO 핀의 기능을 선택하는 것은 tlmm_6500.h과 gpio_6500.h 파일에서 정의하면 된다.

MSM6500 GPIO의 디폴트 기능과 CDMA 핸드폰시스템(ED-2947)의 기능들은 다음과 같이 정의되어 있다.

메인 기능	교체(Alternate) 기능	풀업/풀다운 (Default)	ED-2947
GPIO0	SBICK1/WDOG_STD	pull-down	not used
GPIO1	SBIDT1	pull-up	not used
GPIO2	PA_ON1	pull-down	not used
GPIO3	GRFC[0]	pull-down	not used
GPIO4	GRFC[1]/AUX_SBDT	pull-down	RFT_SBDT
GPIO5	GRFC[2]	pull-down	MSM_DP_DTR_N
GPIO6	GRFC[3]	pull-down	MSM_DP_DSR_N
GPIO7	GRFC[4]/AUX_SBCK	pull-up	RFT_SBCK
GPIO8	GRFC[5]/AUX_SBST	pull-up	RFT_SBST
GPIO9	GRFC[6]	pull-down	MSM_DP_DCD_N
GPIO10	GRFC[7]	pull-down	MSM_DP_RI_N
GPIO11	GRFC[8]	pull-down	MV_RESET_N
GPIO12	GRFC[9]	pull-down	not used
GPIO13	CAMIF_PROBE/GP_MN	pull-down	not used
GPIO14	CAMIF_PCLK	pull-down	not used
GPIO15	CAMIF_HSYNC	pull-down	not used
GPIO16	CAMIF_VSYNC	pull-down	CAM_INT_RECV
GPIO17	USB_SUSPEND	pull-up	not used
GPIO18	RINGER	pull-down	RCV_EN_N
GPIO19	SYNTH_LOCK/GP_CLK	pull-down	LOCK_DET
GPIO20	BT_DATA	pull-down	BT_DATA
GPIO21	BT_TX_RX_N	pull-down	BT_TX_TX_N
GPIO22	BT_SBDT	pull-up	BT_SBDT
GPIO23	BT_SBCK	pull-up	BT_SBCK
GPIO24	BT_SBST	pull-up	BT_SBST
GPIO25	BT_CLK	pull-up	BT_CLK
GPIO26	I2C_SDA	pull-up	not used
GPIO27	I2C_SCL	pull-up	not used

메인 기능	교체(Alternate) 기능	풀업/풀다운 (Default)	ED-2947
GPIO28	UHF_VCO_1_EN	pull-down	not used
GPIO29	USB_RX_DATA	pull-down	not used
GPIO30	MMCCMD	pull-up	not used
GPIO31	MMC_CLK	pull-up	not used
GPIO32	MMC_DATA	pull-up	not used
GPIO33	NAND2_FLASH_READY	pull-down	NAND_READ_N
GPIO34	A2[20]	pull-down	NAND_WP_N
GPIO35	XMEM2_CS_N[2]	pull-up	not used
GPIO36	XMEM2_CS_N[3]	pull-down	not used
GPIO37	LCD2_EN	pull-up	not used
GPIO38	LCD2_CS_N	pull-down	MV_CS_N
GPIO39	ETM_KEYSENSE_IRQ_SRC	pull-up	PM_INT_N
GPIO40	ETM_GPIO_CS_N	pull-up	not used
GPIO41	SYNTH1/ETM_GPIO_IRQ_SRC	pull-up	CAM_INT
GPIO42	CAMIF/ETM_PIPESTAT2B	pull-down	PS_HOLD
GPIO43	RX_VCO_SEL/ETM_PIPESTAT1B	pull-up	LCD_RESET_N
GPIO44	ETM_PIPESTAT0B	pull-up	KEYPD_21_N
GPIO45	ETM_TRACE_SYNC_B	pull-down	KEYPD_19_N
GPIO46	KEYSENSE2_N/ETM_TRACE_PKT0	pull-up	KEY_SENSE_02
GPIO47	KEYSENSE3_N/ETM_TRACE_PKT1	pull-up	KEY_SENSE_03
GPIO48	KEYSENSE4_N/ETM_TRACE_PKT2	pull-up	ON_SW
GPIO49	ETM_TRACE_PKT3	pull-up	KEYPD_09_N
GPIO50	ETM_TRACE_PKT4	pull-up	KEYPD_11_N
GPIO51	ETM_TRACE_PKT5	pull-up	KEYPD_13_N
GPIO52	ETM_TRACE_PKT6	pull-up	KEYPD_15_N
GPIO53	ETM_TRACE_PKT7	pull-up	KEYPD_17_N
GPIO54	CAMIF/ETM_TRACE_PKT8	not programmable	C_PWDN
GPIO55	CAMIF/ETM_TRACE_PKT9	not programmable	not used

메인 기능	교체(Alternate) 기능	풀업/풀다운 (Default)	ED-2947
GPIO56	CAMIF/ETM_TRACE_PKT10	not programmable	not used
GPIO57	CAMIF/ETM_TRACE_PKT11	not programmable	not used
GPIO58	CAMIF/ETM_TRACE_PKT12	not programmable	not used
GPIO59	CAMIF/ETM_TRACE_PKT13	not programmable	not used
GPIO60	CAMIF/ETM_TRACE_PKT14	not programmable	not used
GPIO61	CAMIF/ETM_TRACE_PKT15	not programmable	not used
GPIO62	KEYSENSE1_N/ETM_PIPESTAT0	pull-up	KEYSENSE_00
GPIO63	KEYSENSE0_N/ETM_PIPESTAT1	pull-up	KEYSENSE_01
GPIO64	ETM_PIPESTAT2	pull-up	LCD_BL
GPIO65	SYNTH2/ETM_TRACESYNC	pull-up	not used
GPIO66	ETM_TRACESYNC	pull-up	FOLDER_SW_N
GPIO67	SDRAM1_D[16]	not programmable	not used
GPIO68	SDRAM1_D[17]	not programmable	not used
GPIO69	SDRAM1_D[18]	not programmable	not used
GPIO70	SDRAM1_D[19]	not programmable	not used
GPIO71	SDRAM1_D[20]	not programmable	not used
GPIO72	SDRAM1_D[21]	not programmable	not used
GPIO73	SDRAM1_D[22]	not programmable	not used
GPIO74	SDRAM1_D[23]	not programmable	not used
GPIO75	SDRAM1_DQM[3]	pull-down	not used
GPIO76	XMEM1_CS_N[1]	pull-up	not used
GPIO77	XMEM1_CS_N[3]	pull-up	not used
GPIO78	A1[23]/SDRAM1_DQM[2]	pull-down	not used
GPIO79	A1[24]/SDRAM1_A[0]	pull-down	SDRAM_A[0]
GPIO80	AUX_PCM_CLK/ SDAC_DOUT	pull-down	not used
GPIO81	AUX_PCM_SYNC/ SDAC_L_R_N	pull-down	not used

메인 기능	교체(Alternate) 기능	풀업/풀다운 (Default)	ED-2947
GPIO82	AUX_PCM_DIN/ SDAC_MCLK	pull-down	not used
GPIO83	AUX_PCM_DOUT/ SDAC_DOUT	pull-down	not used
GPIO84	UART3_DP_RX_DATA/ UIM2_DATA	pull-down	not used
GPIO85	UART3_DP_RX_DATA/ UIM2_PWR_EN	pull-down	EAR_SENSE_N
GPIO86	UART3_CTS_N/ UIM2_RESET	pull-down	not used
GPIO87	UART3_RFR_N/ UIM2_CLK	pull-down	IM3
GPIO88	UART2_DP_TX_DATA/ UIM_DATA	pull-down	UIM_DATA
GPIO89	UART2_DP_RX_DATA/ UIM_PWR_EN	pull-down	not used
GPIO90	UART2_CTS_N/ UIM_RESET	pull-down	UIM_RESET
GPIO91	UART2_RFR_N/UIM_CLK	pull-down	UIM_CLK
GPIO92	GP_PDM0/SYNTH0	pull-down	not used
GPIO93	SBI1	pull-down	not used
GPIO94	TCXO_EN	pull-up	TCXO_EN
GPIO95	UART1_DP_TX_DATA	pull-up	MSM_DP_TXD
GPIO96	UART1_DP_RX_DATA/ NAND_BOOT_ERR	pull-down	MSM_DP_RXD
GPIO97	UART1_CTS_N	pull-down	MSM_DP_CTS_N
GPIO98	UART1_RFR_N	pull-up	MSM_DP_RFR_N

GPIO 핀을 입력 모드나 출력 모드로 설정하였는지, 그리고 핀의 다른 선택 기능으로 설정했는지를 gpio_6500.h와 tlmm_6500.h 두 파일의 내용을 보면 알 수 있다.

※ 위의 표에서 ED-2947란에 "not used"으로 표기된 것은 핀에 연결된 디바이스가 없고 사용하지 않는다는 것을 의미한다.

이 핀은 별도의 TP(Test Point)로 처리해 놓았기 때문에 CDMA 핸드폰시스템(ED-2947)를 이용하여 새로운 부가적인 장치와의 인터페이스에 이 핀을 활용할 수 있도록 설계되어 있다. 필수 풀업/풀다운(pull-up/down)값은 MSM이 리셋되었을 때 설정되는 값이면 "not programmable"로 표기된 것을 제외하고는 설정을 변경할 수 있다. 그렇지만 가능하면 인터페이스되는 장치에 적합한 필수 풀업 또는 풀다운으로 설정된 GPIO 핀을 선택하여 사용하는 것이 바람직하리라 본다.

그리고 GPIO 풀업(pull-up)/풀다운(pull-down)/노 풀(no-pull)은 소모 전류와 관련이 있으므로 인터페이스되는 장치에 맞게 잘 설정해야 한다. 그리고 MSM의 출력(output) 포트이면서 사용되지 않는 경우는 입력 모드로 설정하는 것이 좋을 듯하다.

9) GPIO 테스트 회로

CDMA 핸드폰 시스템에 GPIO 포트를 이용하여 회로를 구동시키는 실습을 할 수 있도록 [그림 3-15]와 같은 회로를 구성하였다.

2개의 풀업(PULL UP)된 GPIO 포트와 2개의 풀다운(PULL DOWN)된 GPIO 포트를 이용해서 NPN과 PNP 트랜지스터를 구동하여 LED를 ON/OFF하거나 주기적으로 점등시키는 실습을 할 수 있게 되어 있다.

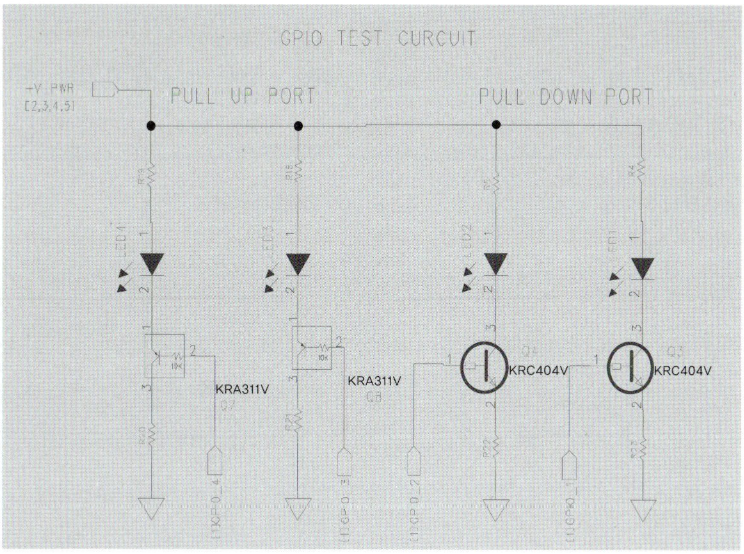

[그림 3-15] GPIO 테스트 회로

3.3 CDMA 2000 핸드폰 시스템(ED 100) 펌웨어

1 부트 시퀀스(Boot Sequence)

MSM6500은 NOR와 NAND 부팅을 모두 지원하며, CDMA 핸드폰 시스템(ED-2947)은 NAND 부트(Boot) 방법으로 구성되어 있다.

NAND는 임의 액세스(Random Access)를 할 수 없기 때문에 H/W적으로 시퀀스(Sequence), 칩 내부에 내부 SRAM이 추가되어 있다.

부트 시퀀서(Boot Sequencer)가 동작하면 NAND 메모리에 있는 부트로더(Boot loader) 코드를 내부 SRAM에 복사한 후 실행하여 부트시킨다.

부트 시퀀스(Boot Sequence)는 다음과 같다.

1) 전원을 켜면 MSM의 RESIN_N pin의 값이 Low 값으로 떨어지는 리셋 신호가 발생하여 부트 시퀀서 H/W가 동작하게 된다.

2) 부트 시퀀서(boot sequencer hardware)

- 부트로더를 내부 SRAM에 복사한다.
- 부트로더가 정상적으로 복사되면 ARM Reset를 발생시켜 ARM을 구동시킨다.
- 부트로더의 로드 메모리 주소는 boot_loader.scl에 의해 부트로더 이미지 파일 생성시에 결정된다.

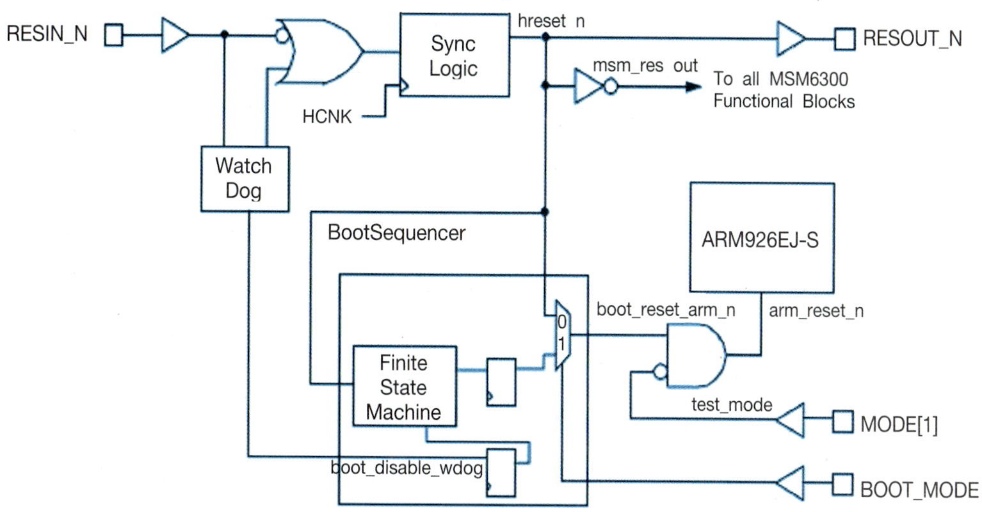

[그림 3-16] 부트 시퀀서 로직회로

3) 복사 후 DP_TX_DATA핀의 출력 값을 확인하여 오류여부를 판별

- CLK/2 : a page read error (ECC)
- CLK/4 : no interrupt signal from NAND controller
- CLK/8 : AHB error
- (not toggling) : no error

4) 부트 시퀀서(Boot sequencer)는 복사된 부트로더(boot loader)를 실행하기 위해 ARM 프로세서를 구동시킴과 동시에 0xFFFF0000번지로 분기한다.

(ED-2947 BOOT_LOAD-#000)

5) 부트로더(Boot loader)는 다음과 같은 일을 수행한다.

- 스택 포인터 이동 및 초기화한다.
  (ED-2947 BOOT_LOAD-#001)
- 메모리 인터페이스와 SDRAM를 초기화한다.
  (ED-2947 BOOT_LOAD-#001)
- 부트 info 블록 체크 및 AMSS 코드를 RAM으로 복사
  (ED-2947 BOOT_LOADER-#004, ED-2947 BOOT_LOADER-#005)

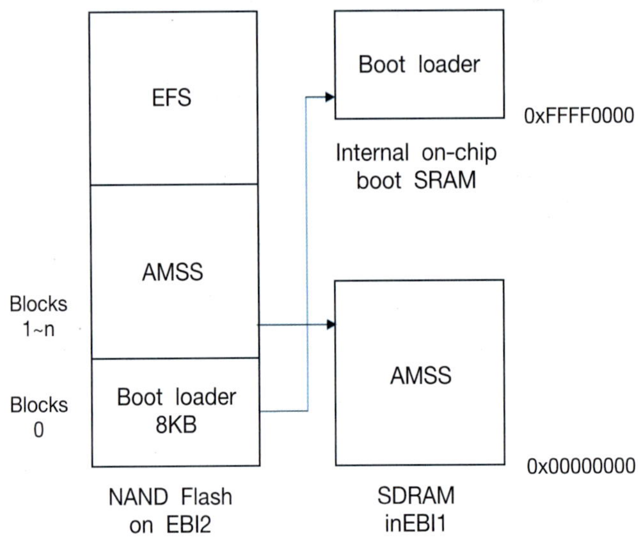

[그림 3-17] 부트로더 실행

6) **부트로더를 실행한 후 0x0 번지로 분기한다.**

(ED-2947 BOOT_LOADER-#006)

0x0번지로 분기하면 boot_reset_handler의 Reset_Handler가 호출된다.

(ED-2947 BOOT-#000)

7) **Reset_Handler는 다음과 같은 일을 수행한다.(ED-2947 BOOT-#001)**

- boot_function_table.s의 다음과 함수들을 순차적으로 수행(ED-2947 BOOT-#002)
- boot_hw_ctrl_init
- boot_hw_tlmm_init
- boot_ram_init
- boot_stack_initialize
- boot_cache_mmu_init

8) **부트가 정상적으로 수행되었으면 mobile.c의 main이 불리워진다.**

(ED-2947 BOOT-#004)

9) REX를 초기화하고 TMC 태스크(task)가 시작된다.

(ED-2947 BOOT)

10) TMC 태스크(task)는 모든 task를 생성한다. UI task가 생성되면서 BREW를 초기화하고 LCD에는 power on 애니메이션이 표시된다.

2 메모리

이 절에서는 MSM6500 메모리 맵(Memory Map)을 이해하고 RAM이나 ROM을 제어하는 S/W을 살펴보도록 한다.

일반적으로 퀄컴(Qualcomm)에서 BSP(Board Support Package)를 제공하고 있으므로 인터페이스에 관련된 내용만 다루기로 한다. 그리고 MSM6500은 NAND Boot와 NOR Boot 방식이 있으며 부트(Boot) 방식에 따라 메모리(Memory Map)에 차이가 있다. 본 CDMA 2000 시스템(ED-2947)은 NAND 부트(Boot) 방식을 따르고 있다.

메모리 인터페이스는 메모리 Chip의 입출력 PIN을 MSM의 메모리 관련 PIN에 연결해주고, RAM이나 ROM의 크기를 설정해주고, 메모리 관련 Chip의 타이밍 파라미터를 설정해주면 된다. 타이밍 관련해서는 메모리 동작에 문제가 있을 경우에만 타이밍을 측정하여 적용하면 된다.

삼성과 도시바 NAND 메모리 드라이버(driver)는 기본적으로 포함되어 있으며, 그 외 다른 NAND 메모리의 경우는 일반적으로 Chip 제조사에는 제공하고 드라이버(driver)를 이식하고 메모리 관련 파라미터(parameter)를 설정해 주면 된다.

1) MSM 6500 메모리 맵(NAND BOOT)

메모리 맵은 어드레스 디코더에 의해 어떤 버스의 CS(chip select)가 선택되어지는가에 대한 메모리 영역의 범위를 나타낸다. 즉 다시 말해 메모리 특정 영역이 액세스될 때 이 영역에 해당하는 CS가 활성화된다는 것이다.

예를 들면 아래의 MAP에 있는 메모리 블록(0x00000000~0x7FFFFFFF)을 액세스하게 되면 XMEM1_CS_N[2] CS가 활성화된다.

또한 이 MAP의 주소는 memory mapped I/O에 사용된다. 예를 LCD의 CS 핀을 LCD2_CS_N에 연결하였다고 가정하면 이 메모리 블록의 시작 주소 0x20000000번지에 데이터를 쓰기(write)하게 되면 이 데이터는 LCD로 전달되게 된다.

따라서 LCD나 카메라 모듈과 같은 Back-End Chip에 대한 인터페이스를 구현할 때는 해당 Chip이 MSM의 어느 CS에 연결되어 있는지 확인하고, 이 CS가 활성화되는 주소 영역의 시작 주소를 입출력 포트의 주소로 설정해주어야 한다.

ED-2947에서는 SDRAM은 XMEM1_CS_N[2], NAND Flash는 XMEM2_CS_N[0], MV3019는 LCD2_CS_N 영역을 각각 사용하고 있다.

[표 3-3] 메모리 맵

시작 어드레스	메모리 블록	크기(SDRAM Size)
0X00000000	XMEM1_CS_N[2]	32 MB(84 MB)
0X08000000	XMEM1_CS_N[3]	32 MB(84 MB)
0X10000000	XMEM1_CS_N[0]	32 MB
0X18000000	XMEM1_CS_N[1]	32 MB
0X20000000	LCD2_CS_N	2 MB
0X28000000	XMEM2_CS_N[0]	2 MB
0X300000000	XMEM2_CS_N[1]	2 MB
0X38000000	XMEM2_CS_N[2]	2 MB
0X40000000	XMEM2_CS_N[3]	2 MB
0X48000000	GPIO2	N/A
0X50000000	QDSP4000(mDSP)	N/A
0X58000000	QDSP4000(aDSP)	N/A
0X60000000	MSM Reripherals	N/A
0X68000000	Reserved	N/A
0X80000000	MSM Core	N/A
0X88000000	Reserved	N/A
0XFFFF0000	Boot Region 2	24 KB

IE=1inplies boot up from EBI2 NAND Flash

(1) RAM 인터페이스

메모리 칩의 데이터시트(data sheet)에는 MCU(Main Control Unit)와 인터페이스 방식이 언급되어 있으며, 일반적으로 SRAM은 16bit 인터페이스 방식이고 NAND는 8bit인터페이스 방식으로 연결되어 있다. 이와 같은 내용을 확인한 후에 메모리 관련 파리미터들을 설정해 주면 된다.

① 파라미터(Parameter)는 다음과 같은 형식으로 정의한다.

아래 내용은 삼성의 16bit SDRAM에 대한 것이며, 메모리 형태(memory type)는 EBI1 버스에 연결된 SDRAM이고, 액세스 형태(access type)는 동기(synchronous)되게 액세스 되고, 데이터 폭(data width)은 16비트로 연결되어 있다는 것을 나타낸다.

```
/* EBI1 – 16-bit SDRAM – Samsung KAG00J007M-FGG2 */
// ED-2947 MEMORY-#000 : memory의 configuration을 정의, memory chip의 각각의 pin들의
timing을 조절 — H/W적인 연결이 제대로 되었는데 read/write operation 제대로 안될 경우
#defineEBI1_SAMSUNG_KAG00J007M_16BIT_SDRAM ₩
{                                                                    ₩
  EBI_MEM_TYPE_SDRAM,              /* Memory type          */    ₩
  EBI_ACCESS_TYPE_SYNC,            /* Access type          */    ₩
  EBI_DATA_WIDTH_16_BITS,          /* Data width           */    ₩
  EBI_PAGE_SIZE_0_WORDS,           /* Page size            */    ₩
    0,                             /* CS setup time        */    ₩
   40,                             /* CS recovery time     */    ₩
    0,                             /* First read time      */    ₩
    0,                             /* Second read time     */    ₩
    0,                             /* First write time     */    ₩
    0,                             /* Second write time    */    ₩
    0,                             /* Write hold time      */    ₩
    0,                             /* AVD recovery time    */    ₩
  EBI_AVD_N_ACCESS_STATE_LOW,      /* AVD access state     */    ₩
  EBI_WRITE_PROTECT_DISABLED,      /* Write protect        */    ₩
  EBI_WRAP8_MODE_DISABLED,         /* Wrap8 mode           */    ₩
}
```

② 앞에서 정의한 EBI1_SAMSUNG_KAG00J007M_16BIT_SDRAM이 어떤 CS(chip select)을 사용하는지를 정의한다. EBI1의 3번째 CS를 사용하고 있다.

```
// ED-2947 MEMORY-#002 :EBI1 Bus에 연결, SDRAM, 16bit data bus, EBI1_CS2를 사용 :
// EBI1_SAMSUNG_KAG00J007M_16BIT_SDRAM
#define  EBI1_MEMORY_BUS_CFG                          ₩
{                                                     ₩
          EBI1_CS_UNUSED,                             ₩
          EBI1_CS_UNUSED,                             ₩
          EBI1_SAMSUNG_KAG00J007M_16BIT_SDRAM,        ₩
          EBI1_CS_UNUSED                              ₩
}
```

3 메모리 구성을 하고 컴파일하여 다운로드 후에 디버거 장비로 SDRAM 메모리가 제대로 인식되었는지를 확인한다. 아래의 코드를 추적(trace)하면 chip의 용량과 동일한지를 확인한다.

```
switch (address_mapping_reg)
  {
    /* Don't support autodetection in 32 bit yet */
    /* case MPMC_64MB_32BIT_DY_CONFIG_WW__ADDRESS_MAPPING_VALUE: */
    /* case MPMC_32MB_32BIT_DY_CONFIG_WW__ADDRESS_MAPPING_VALUE: */
    case MPMC_32MB_16BIT_DY_CONFIG_WW__ADDRESS_MAPPING_VALUE:
      return RAM_32MB_SIZE          // ED-2947 MEMORY-#004 : SDRAM size - 128Mb
    case MPMC_16MB_16BIT_DY_CONFIG_WW__ADDRESS_MAPPING_VALUE:
      return RAM_16MB_SIZE;
    default:
      ERR("SDRAM is configured to be an invalid size.", 0, 0, 0);
      /* Garbage in the address mapping */
```

4 NAND Flash Boot 모드에서는 SDRAM은 코드와 데이터 영역으로 사용되며, 코드와 데이터 영역에 대한 배치(이미지 로드 위치)는 단말의 바이너리를 생성하는 컴파일 타임에 scatter 파일(msm6500c_rom.scl)을 참조하여 결정된다.

(2) NAND 플래시 메모리 인터페이스

SDRAM과 마찬가지로 메모리 칩의 데이터 시트(data sheet)에는 MCU(Main Control Unit)와 인터페이스 방식이 언급되어 있으며, 일반적으로 NAND는 8bit 인터페이스 방식으로 연결되어 있다.

이와 같은 내용을 확인한 후에 RAM 인터페이스와 같이 메모리 관련 파라미터(parameter)들을 설정해 주면 된다.

임베디드 환경에서 NAND 플래시는 단말의 바이너리 저장 영역과 파일 시스템 영역으로 사용된다. 코드는 1 번째 블록(Block)부터 시작하고 파일 시스템의 시작 Block은 설정을 해주어야 한다.

RAM과 다르게 플래시의 경우는 별도의 드라이버(driver)가 제공되며 따라서 드라이버(driver) 구성에 필요한 정의를 추가로 작업해야 한다.

1 파라미터(Parameter)는 다음과 같은 형식으로 정의한다.

아래 내용은 삼성의 8 bit SDRAM에 대한 것이며, 메모리 형태(memory type)는 EBI2 버스에 연결된 NAND이고, 액세스 형태(access type)는 비동기(asynchronous)하게 액세스되고, 데이터 폭(data width)은 8bit로 연결되어 있다는 것을 나타낸다.

```
/* EBI2 - 8-bit NAND flash - Samsung KAG00J007M-FGG2 */
// ED-2947 MEMORY-#001 : memory의 configuration을 정의, memory chip의 각각의 pin들의
timing을 조절 — H/W적인 연결이 제대로 되었는데 read/write operation 제대로 안될 경우
#define EBI2_SAMSUNG_KAG00J007M_NAND_FLASH                              ₩
{                                                                   ₩
  EBI_MEM_TYPE_NAND_FLASH,          /* Memory type          */   ₩
  EBI_ACCESS_TYPE_ASYNC,            /* Access type          */   ₩
  EBI_DATA_WIDTH_8_BITS,            /* Data width           */   ₩
  EBI_PAGE_SIZE_0_WORDS,            /* Page size            */   ₩
    0,                              /* CS setup time        */   ₩
    0,                              /* CS recovery time     */   ₩
  100,                              /* First read time      */   ₩
  100,                              /* Second read time     */   ₩
    0,                              /* Read hold time       */   ₩
  100,                              /* First write time     */   ₩
  100,                              /* Second write time    */   ₩
    1,                              /* Write hold time      */   ₩
  EBI_WRITE_PROTECT_DISABLED,       /* Write protect        */   ₩
  EBI_BYTE_MODE_DISABLED            /* Byte mode enable     */   ₩
```

② 앞에서 정의한 EBI2_SAMSUNG_KAG00J007M_NAND_FLASH가 어떤 CS(chip select)를 사용하는지를 정의한다.

EBI2 버스의 1번째 CS를 사용하고 있다.

```
// ED-2947 MEMORY-#003 :EBI2 Bus에 연결, NAND, 8bit data bus, EBI2_CS0를 사용 :
// EBI2_SAMSUNG_KAG00J007M_NAND_FLASH
#define  EBI2_MEMORY_BUS_CFG                        ₩
{                                                   ₩
          EBI2_SAMSUNG_KAG00J007M_NAND_FLASH,   ₩
          EBI2_SURF_FPGA,                       ₩
          EBI2_CS_UNUSED,                       ₩
          EBI2_CS_UNUSED,                       ₩
          EBI2_LCD_TYPE                         ₩
```

③ 물리적으로 연결된 NAND Flash 메모리의 제조사(maker_와 device id가 같은지를 확인하는 NAND probe 함수가 어느 것인지를 정의한다.

```
/* Array of probe functions to call */
```

```
#if 1        // ED-2947 MEMORY-#006 : probe function에서 사용할 array를 정의.
static struct flash_probers nand_probers_array[] = {
{samsung_probe},    // ED-2947 MEMORY-#006 : SAMSUNG NAND FLASH 하나만 사용함.
}
#else
static struct flash_probers nand_probers_array[] = {
  {toshiba_probe},
  {samsung_probe},
}
#endif
```

④ Chip의 데이터 시트에 언급되어 있는 block수, maker ID, device Id, device width 등과 같은 내용을 아래와 같은 구조로 정의한다.

```
/* Device specific data, unique to each flash device */
// ED-2947 MEMORY-#005 :
// NAND FLASH device spec(전체block 수, Maker, Devic ID, Data Bus의 width) 정의
static const struct flash_device_config_data samsung_devices_array[] =
{
  {
    /* Samsung KAG00J007M flash */
    "samsung_kag00j007m",                   /* Device Name              */
    4096,                                   /* Block Count              */
    32,                                     /* Page Count per Block     */
    512,                                    /* Page Size                */
    528,                                    /* Total Page Size          */
    0xEC,                                   /* Maker ID                 */
    0x76,                                   /* Device ID                */
    FLASHI_NAND_8BIT,                       /* Device width             */
  } /* END Samsung KAG00J007M flash         */
}
```

⑤ 파일 시스템이 시작하는 블록(block) 위치를 지정한다. 이 시작 주소를 기반으로 파일 시스템이 생성된다.

```
// ED-2947 MEMORY-#007 : NAND FLASH MEMORY에서 EFS가 시작되는 Block Number
// 64MB 중 32MB를 // EFS로 사용.
#define FLASH_NAND_BLK_START 0x800
```

3 LCD

이 절에서는 LCD 인터페이스에 대한 내용을 다룬다. CDMA 핸드폰시스템(ED-2947)의 LCD는 MSM과 인터페이스되어 있지 않고 카메라 모듈인 MV3019 칩에 연결되어 있으며, LCD 제어는 MV3019 모듈을 통해서 이루어진다.

LCD 제어하는 파워 온(power on), 파워 오프(power off), 디스플레이 온(display on), 디스플레이 오프(display off) 시퀀스(sequence)가 있으며, 이 시퀀스(sequence)는 대부분 LCD 드라이버(driver) IC 제조사가 제공하는 데이터 시트에 설명되어 있다.

그러나 파워 온/오프(power on/off) 시퀀스(sequence) 코드를 별도로 제공하는 경우가 많다. 이 시퀀스(sequence)에는 LCD의 레지스터(register)를 선택하는 명령어(command)와 데이터(data)를 전송하는 명령어(command)로 구성되어 있다.

일반적으로 MSM의 어드레스 라인 중 하나가 LCD의 어드레스 핀에 연결되어 있으며, 이 어드레스 라인의 bit가 0 또는 1 값에 따라 명령어(command)와 데이터(data)로 구분되어진다.

① Memory mapped I/O 방식이므로 LCD의 CS를 확인하고 이 CS가 활성화되는 메모리 시작 주소를 설정한다. 또한 메모리와 동일하게 MCU 인터페이스 방식에 따라 LCD의 메모리 관련 파라미터(parameter)를 정의한다.

```
#define EBI2_LCD_TYPE                                                  ₩
{                                                                      ₩
 EBI_LCD_TYPE_EPSON_176x220,         /* Display type          */   ₩
 EBI_DATA_WIDTH_16_BITS,             /* Data width            */   ₩
   0,                                /* CS setup time         */   ₩
   0,                                /* CS recovery time      */   ₩
 100,                                /* Read access time      */   ₩
  35,                                /* Read hold time        */   ₩
  35,                                /* Write access time     */   ₩
  25,                                /* Write hold time       */   ₩
   0,                                /* LCD_E read setup      */   ₩
   0,                                /* LCD_E write setup     */   ₩
   0,                                /* LCD_E read high       */   ₩
   0,                                /* LCD_E write high      */   ₩
 EBI_WRITE_PROTECT_DISABLED,         /* Write protect         */   ₩
 EBI_BYTE_MODE_DISABLED,             /* Byte mode enable      */   ₩
 EBI_LCD_INTERFACE_TYPE INTEL        /* LCD interface type    */   ₩
}
```

위의 소스와 같이 LCD는 16bit 인텔(INTEL) 타입의 인터페이스로 구성되어 있다.

```
// ED-2947 MEMORY-#003 :EBI2 Bus에 연결, NAND, 8bit data bus, EBI2_CS0를 사용 :
// EBI2_SAMSUNG_KAG00J007M_NAND_FLASH
#define  EBI2_MEMORY_BUS_CFG                        ₩
{                                                   ₩
         EBI2_SAMSUNG_KAG00J007M_NAND_FLASH,        ₩
         EBI2_SURF_FPGA,                            ₩
         EBI2_CS_UNUSED,                            ₩
         EBI2_CS_UNUSED,                            ₩
         EBI2_LCD_TYPE                              ₩
}
```

LCD는 EBI2 버스에 연결되어 있으며 LCD2_CS를 사용한다는 것을 알 수 있다.

2 LCD 입출력 포트의 주소와 그리고 명령어(command)와 데이터(data)를 전송하는 매크로를 정의한다.

```
#define MV3_BASE_ADDR              0x20000000          // ED-2947 LCD I/O port address
#define mv3LcdSetRS()              outpw_(MV3_BASE_ADDR, 1)
#define mv3LcdClearRS()            outpw_(MV3_BASE_ADDR, 0)
#define mv3LcdRegWrite(addr) ₩
                              mv3LcdClearRS();          ₩
                              mv3LcdDataWrite(addr); ₩
                              mv3LcdSetRS();

#define mv3LcdCmdWrite(addr, data) ₩
                              mv3LcdClearRS();          ₩
                              mv3LcdDataWrite(addr); ₩
                              mv3LcdSetRS(); ₩
                              mv3LcdDataWrite(data);

#define mv3Lcd16BitDataWrite(data) ₩
                              outpw_(MV3_BASE_ADDR_MAIN_LCD_DATA, data);
```

3 다음과 같은 파워 온 시퀀스(power on sequence)를 정의한다. 파워 온 시퀀스(power on sequence)는 LCD에 처음 전원이 인가되었을 경우 LCD를 초기화하는 것이다.

```
void boot_lcd_init(void) {
        mvUint32 x;
```

```
        int cnt;
        mv3LcdBankSelect();             // MV3019에 연결된 LCD를 제어하겠다는 함수
        // ED-2947 LCD-#001 : back-end chip에게 LCD를 제어하겠다는 것을 설정.
        gpio_out(GPIO_OUT_43, GPIO_HIGH_VALUE);                 // ED-2947 LCD-#002
        mv3Delay100us(150);
        mv3Delay100us(500);
        mv3LcdCmdWrite(0x00, 0x0001);                           // ED-2947 LCD-#003
        mv3Delay100us(100 * 10);
        mv3LcdCmdWrite(0x07, 0x0004);
        mv3LcdCmdWrite(0x12, 0x0000);
        mv3LcdCmdWrite(0x13, 0x0000);
        mv3Delay100us(100 * 10);
        mv3LcdCmdWrite(0x10, 0x0004);
        mv3LcdCmdWrite(0x11, 0x0002);
        mv3LcdCmdWrite(0x12, 0x0004);
        mv3LcdCmdWrite(0x13, 0x0C16);
        mv3Delay100us(100 * 10);
        mv3LcdCmdWrite(0x01, 0x091B);
        mv3LcdCmdWrite(0x02, 0x0700);
        mv3LcdCmdWrite(0x03, 0x5030);
        mv3LcdCmdWrite(0x04, 0x0000);
        mv3LcdCmdWrite(0x05, 0x0000);
        mv3LcdCmdWrite(0x08, 0x0606);
        mv3LcdCmdWrite(0x09, 0x0000);
        mv3LcdCmdWrite(0x0B, 0x0800);
        mv3LcdCmdWrite(0x0C, 0x0000);
        mv3Delay100us(100 * 10);
        mv3LcdCmdWrite(0x10, 0x0064);
        mv3LcdCmdWrite(0x11, 0x0222);
        mv3LcdCmdWrite(0x12, 0x0014);
mv3Delay100us(100 * 10);
        mv3LcdCmdWrite(0x10, 0x0460);
        mv3LcdCmdWrite(0x13, 0x2C19);
        mv3Delay100us(100 * 10);
        mv3LcdCmdWrite(0x30, 0x0303);
        mv3LcdCmdWrite(0x31, 0x0303);
        mv3LcdCmdWrite(0x32, 0x0303);
        mv3LcdCmdWrite(0x33, 0x0303);
        mv3LcdCmdWrite(0x34, 0x0404);
        mv3LcdCmdWrite(0x35, 0x0404);
        mv3LcdCmdWrite(0x36, 0x0404);
        mv3LcdCmdWrite(0x37, 0x0303);
        mv3LcdCmdWrite(0x38, 0x1F00);
        mv3LcdCmdWrite(0x39, 0x0000);
```

```
        mv3LcdCmdWrite(0x40, 0x0000);
        mv3LcdCmdWrite(0x41, 0x0000);
        mv3Delay100us(100 * 10);
        mv3LcdCmdWrite(0x10, 0x6460);
        mv3LcdCmdWrite(0x07, 0x0005);
        mv3Delay100us(100 * 10);
        mv3LcdCmdWrite(0x07, 0x0025);
        mv3LcdCmdWrite(0x07, 0x0027);
        mv3Delay100us(100 * 10);
        mv3LcdCmdWrite(0x07, 0x0037);
        mv3LcdCmdWrite(0x42, 0xDB00);
        mv3LcdCmdWrite(0x43, 0xFFFF);
        mv3LcdCmdWrite(0x44, 0xAF00);
        mv3LcdCmdWrite(0x45, 0xDB00);
        mv3SetMainLcdStart(0, 0);
        for (cnt = 0; cnt < (176 * 220); cnt++) {
            mv3Write16BitDataToMainLcd(C_WHITE);
        }
        disp_set_backlight(DISP_DEFAULT_BACKLIGHT);              // ED-2947 LCD-#005
}
```

이 초기화 루틴이 정상적으로 수행되면 LCD 전체가 백색으로 표시된다.

④ 임베디드 환경에서는 전력 소모를 최소화하기 위해 LCD가 on된 후에 일정한 시간이 지나면 LCD를 off시키는 경우가 많다. 이 경우 LCD의 전원을 off하더라도 LCD의 내부 발진기는 계속 동작하게 된다. 따라서 대부분의 LCD에서는 발진기의 발진을 멈추게 하는 슬립모드(Sleep Mode) 진입 명령을 제공한다.

슬립(SLEEP) 모드로 진입하는 LCD 디스플레이 오프 시퀀스(display off sequence)는 다음과 같다.

```
void disp_off(void) {
  if(display_on) {
        rex_enter_crit_sect(&disp_crit_sect);
         mv3LcdBankSelect();
         // ED-2947 LCD-#006 : LCD display를 off시키고, sleep mode로 진입하는 LCD
command
         mv3Delay100us(10*40);
         mv3LcdCmdWrite(0x07, 0x0132);
```

```
            mv3Delay100us(10*50);
            mv3LcdCmdWrite(0x07, 0x0122);
            mv3Delay100us(10*50);
            mv3LcdCmdWrite(0x07, 0x0000);
            mv3LcdCmdWrite(0x10, 0x0400);
            mv3LcdCmdWrite(0x10, 0x0402);
            display_on = FALSE;
          rex_leave_crit_sect(&disp_crit_sect);
    }
}
```

⑤ LCD 디스플레이 오프 시퀀스(display off sequence)로 슬립(SLEEP) 모드로 진입한 LCD의 상태에서 빠져 나와 디스플레이 가능한 상태로 만들어 주는 디스플레이 오프 시퀀스(display off sequence)는 다음과 같다.

```
void disp_on(void) {
  if(!display_on) {
            rex_enter_crit_sect(&disp_crit_sect);
            // ED-2947 LCD-#007 : LCD sleep mode를 빠져 나오고, LCD display를 on시킴
            mv3LcdBankSelect();
            mv3Delay100us(150);
            mv3Delay100us(500);
            mv3LcdCmdWrite(0x00, 0x0001);
            mv3Delay100us(100 * 10);
            mv3LcdCmdWrite(0x07, 0x0004);
            mv3LcdCmdWrite(0x12, 0x0000);
            mv3LcdCmdWrite(0x13, 0x0000);
            mv3Delay100us(100 * 10);
            mv3LcdCmdWrite(0x10, 0x0004);
            mv3LcdCmdWrite(0x11, 0x0002);
            mv3LcdCmdWrite(0x12, 0x0004);
            mv3LcdCmdWrite(0x13, 0x0C16);
            mv3Delay100us(100 * 10);
            mv3LcdCmdWrite(0x01, 0x091B);
            mv3LcdCmdWrite(0x02, 0x0700);
            mv3LcdCmdWrite(0x03, 0x5030);
            mv3LcdCmdWrite(0x04, 0x0000);
            mv3LcdCmdWrite(0x05, 0x0000);
            mv3LcdCmdWrite(0x08, 0x0606);
            mv3LcdCmdWrite(0x09, 0x0000);
            mv3LcdCmdWrite(0x0B, 0x0800);
            mv3LcdCmdWrite(0x0C, 0x0000);
```

```
            mv3Delay100us(100 * 10);
            mv3LcdCmdWrite(0x10, 0x0064);
            mv3LcdCmdWrite(0x11, 0x0222);
            mv3LcdCmdWrite(0x12, 0x0014);
            mv3Delay100us(100 * 10);
            mv3LcdCmdWrite(0x10, 0x0460);
            mv3LcdCmdWrite(0x13, 0x2C19);
            mv3Delay100us(100 * 10);
            mv3LcdCmdWrite(0x30, 0x0303);
            mv3LcdCmdWrite(0x31, 0x0303);
            mv3LcdCmdWrite(0x32, 0x0303);
            mv3LcdCmdWrite(0x33, 0x0303);
            mv3LcdCmdWrite(0x34, 0x0404);
            mv3LcdCmdWrite(0x35, 0x0404);
            mv3LcdCmdWrite(0x36, 0x0404);
            mv3LcdCmdWrite(0x37, 0x0303);
            mv3LcdCmdWrite(0x38, 0x1F00);
            mv3LcdCmdWrite(0x39, 0x0000);
            mv3LcdCmdWrite(0x40, 0x0000);
            mv3LcdCmdWrite(0x41, 0x0000);
            mv3Delay100us(100 * 10);
            mv3LcdCmdWrite(0x10, 0x6460);
            mv3LcdCmdWrite(0x07, 0x0005);
            mv3Delay100us(100 * 10);
            mv3LcdCmdWrite(0x07, 0x0025);
            mv3LcdCmdWrite(0x07, 0x0027);
            mv3Delay100us(100 * 10);
            mv3LcdCmdWrite(0x07, 0x0037);
            mv3LcdCmdWrite(0x42, 0xDB00);
            mv3LcdCmdWrite(0x43, 0xFFFF);
            mv3LcdCmdWrite(0x44, 0xAF00);
            mv3LcdCmdWrite(0x45, 0xDB00);
            mv3SetMainLcdStart(0, 0);
        display_on = TRUE;
        rex_leave_crit_sect(&disp_crit_sect);
    }
}
```

4 키 패드(Key Pad)

이 절에서는 키 패드(Key Pad)의 구성과 동작 원리를 설명한다. 키 패드(Key Pad)는 아래 그림과 같은 매트릭스(Matrix) 형태로 구성되어 있다. 가로방향(Row)과 세로방향(Column)의 접점이 하나의 Key가 된다.

동작은 세로방향에 전원을 인가하고 가로방향들을 스캐닝(Scanning)하여 어떤 가로방향이 눌러졌는지를 확인한다. 전원이 인가된 세로방향과 눌러진 가로방향에 해당하는 Key 값을 Key Mapping 테이블에서 찾아서 키 버퍼(key buffer)에 저장한다. 키 버퍼(key buffer)에 저장된 key값은 UI task에서 처리하게 된다.

키 패드(Key Pad) 처리를 하기 위해서는 회로상에 키(Key)들이 어떻게 배열되어 있는지를 확인하고 이를 매트릭스의 형태의 매핑(Mapping) 테이블을 작성하면 된다.

키 매핑(Key Mapping) 테이블은 다음과 같이 정의한다.

```
/* Given a row and column, decode it into a keycode.  The comment above
** each entry is it's row/column address.
*/
// ED-2947 KEYPAD-#000 : key mapping table : row*column에 해당하는 키 값을 정의
LOCAL const byte keys[ KEYPAD_ROWS ][ KEYPAD_COLUMNS ] = {
//KYPD_15, , KYPD_13, KYPD_11, KYPD_9, KYPD_19 , KYPD_17, KYPD_21
HS_SEND_K, HS_PF1_K, HS_PF2_K, HS_RIGHT_K, HS_CLR_K, HS_CAMERA_K,
HS_SEND_END_K,
HS_UP_K,  HS_DOWN_K, HS_SEL_K, HS_LEFT_K, HS_VOL_UP_K, HS_VOL_DOWN_K,
HS_NONE_K,
HS_2_K, HS_6_K, HS_4_K, HS_8_K, HS_0_K, HS_STAR_K, HS_NONE_K,
HS_3_K, HS_1_K, HS_5_K, HS_9_K, HS_7_K, HS_POUND_K, HS_NONE_K
}
```

위에 정의된 이외에 단말에서 사용하는 FLIP, POWER ON KEY, EAR JACK 센서는 별도의 GPIO로 구성되어 있으며, keypad_scan_keypad() 함수에서 처리하도록 구현되어 있다.

5 사운드(Sound)

이 절에서는 별도의 멜로디 IC를 사용할 경우 인터페이스를 어떻게 할 것인가에 대한 내용을 다룬다. CDMA 핸드폰시스템(ED-2947)은 별도의 멜로디 IC를 사용하지 않기 때

문에 개략적인 내용만 언급하며, 자세한 내용은 포팅 안내서와 API 참고서(reference document)를 참조하기 바란다.

일반적으로 멜로디 IC 제조사에서 드라이버의 API와 포팅 안내서를 기본적으로 제공한다. 포팅 안내서에는 드라이버에서 사용하는 시스템 인터페이스 함수들을 어떻게 구현해야 하는가를 설명해 놓았으며, 포팅은 이 시스템 인터페이스 함수에 대응하는 MSM에서 제공하는 함수를 기술하면 된다. 이 함수들은 메모리 할당(memory allocation) & 비할당(deallocation), 타이머(timer), critical section 등과 같은 기능을 수행하는 O/S의 기본 함수로서 드라이버(driver) S/W에서 호출하는 함수이다.

API(Application Program Interface)는 멜로디(melody) IC를 구동시키고 제어하는 함수들로 구성되어 있다. API들은 IC의 특정 블록의 전원(power)을 관리하고, 입력과 출력 패스(path)를 설정하기 위한 내부 스위치(switch) 제어, 출력 패스(path)의 볼륨(volume)제어 등과 같은 기능을 수행하는 함수들로 구성되어 있으며, 이 함수는 멜로디(melody)를 출력하기 위한 부분에서 호출한다.

포팅 계층(Porting Layer)에서 멜로디(Melody) IC가 연결되어 있는 CS(Chip Select)가 활성화되는 메모리 영역의 시작 주소를 설정해야 한다. 이것은 MEMORY/LCD 구성하기 위해 파라미터(parameter)를 정의하는 것과 같은 방식으로 작업을 해주고, 시작 주소를 포팅 계층(Porting Layer)의 적절한 파일에 값을 설정해주어야 한다. 또한 LCD와 마찬가지로 명령어(command)나 데이터(data) 입출력 매크로도 정의를 해야 한다.

6 카메라

이 절에서는 카메라 모듈 인터페이스 정의와 드라이버 구현 방법을 설명하고자 한다. ED-2947의 경우 MSM6500에서 제공하는 카메라 모듈 인터페이스(CAMIF)를 사용하지 않고 별도의 MV3019 카메라 모듈을 사용하여 카메라 기능을 구현하였다. MV3019 모듈에서 제공하는 기본적인 기능은 카메라 센서 제어, Preview, JPEG 인코딩(encoding), JPEG 디코딩(decoding), 이미지 처리, LCD 제어, GPIO 제어 등이다. 자세한 내용은 Chip 제조사에서 제공하는 데이터 시트를 참고하기 바란다.

카메라 모듈 인터페이스와 드라이버 구현을 위해서는 MSM6500의 QCAMERA의 동작 절차를 이해하고, 각각의 절차에서 MV3019 모듈과 관련된 부분에 MV3019 모듈의 API를 호출하면 된다.

카메라 모듈을 동작시키기 위해서는 먼저 MV3019 칩 제조사에서 제공하는 드라이버를 포팅한 후 MSM의 GPIO에 연결된 POWER ON 포트를 제어하여 전원을 공급하고 MSM의 GPIO에 연결된 리셋 포트를 제어하여 카메라 모듈에 리셋 신호를 보내면 MV3019 칩이 초기화되고 MSM으로부터의 명령을 받을 준비를 하게 된다. 이와 같은 제어는 단말이 부팅될 때 한번만 해주면 된다.

메뉴상에서 카메라 기능을 선택하면 MSM6500에 S/W에서 기본적으로 구현되어 있는 카메라 서비스(QCamera)를 통해서 카메라 기능이 동작하게 된다.

1) 카메라 인터페이스 정의

카메라 인터페이스는 MSM과 카메라모듈이 어떻게 연결되어 있는지를 이해하고 인터페이스 구성 파라미터를 정의해 주면 된다.

다음 [그림 3-16]은 MV3019 카메라 모듈의 블록 다이어그램이다. 카메라 제어기(CAMERA Controller)는 크게 MCU I/F, LCD I/F, 카메라 I/F, SDRAM으로 구성되어 있다. LCD I/F에는 두 개의 LCD를 연결할 수 있는데, CDMA 핸드폰시스템(ED-2947)에서는 메인 LCD 모듈만 연결하여 사용하고 있다. 카메라 제어기를 통하지 않고 MCU에서 직접 LCD를 제어할 수 있도록 BYPASS 기능이 있다.

인터페이스 정의는 디지털 베이스밴드 제어기와 카메라 제어기가 어떻게 연결되었는가와 어떻게 제어할 것인가를 정의하는 것이다.

카메라 인터페이스는 MSM과 카메라 모듈이 어떻게 연결되어 있는지를 이해하고, 인터페이스 구성 파라미터를 정의해 주면 된다.

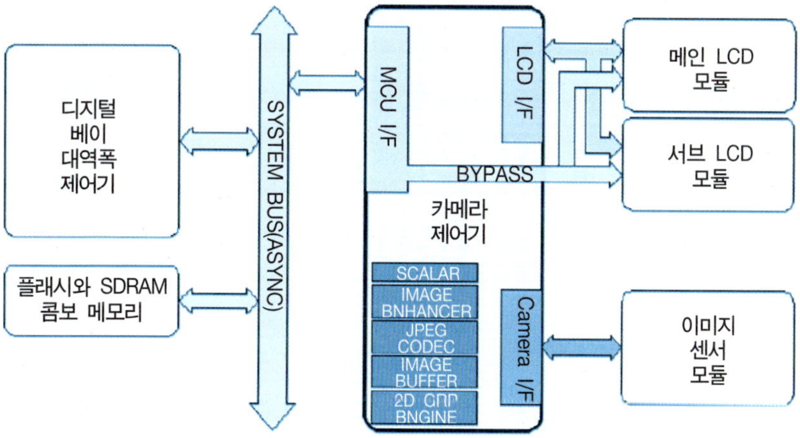

[그림 3-18] MV3019 카메라 모듈의 블록도

1 Memory mapped I/O 방식이므로 MV3019의 CS를 확인하고 이 CS가 활성화되는 메모리 시작 주소를 설정한다. 또한 메모리와 동일하게 MCU 인터페이스 방식에 따라 MV3019의 메모리 관련 파라미터를 정의한다(앞에서 설명한 LCD의 내용과 동일함).

```
#define EBI2_LCD_TYPE {                                          ₩
EBI_LCD_TYPE_EPSON_176x220,         /* Display type        */    ₩
EBI_DATA_WIDTH_16_BITS,             /* Data width          */    ₩
   0,                               /* CS setup time       */    ₩
   0,                               /* CS recovery time    */    ₩
 100,                               /* Read access time    */    ₩
  35,                               /* Read hold time      */    ₩
  35,                               /* Write access time   */    ₩
  25,                               /* Write hold time     */    ₩
   0,                               /* LCD_E read setup    */    ₩
   0,                               /* LCD_E write setup   */    ₩
   0,                               /* LCD_E read high     */    ₩
   0,                               /* LCD_E write high    */    ₩
 EBI_WRITE_PROTECT_DISABLED,        /* Write protect       */    ₩
 EBI_BYTE_MODE_DISABLED,            /* Byte mode enable    */    ₩
 EBI_LCD_INTERFACE_TYPE_INTEL       /* LCD interface type  */    ₩
}
```

위의 소스와 같이 MV3019는 16bit INTEL 타입의 인터페이스로 구성되어 있다.

```
#define  EBI2_MEMORY_BUS_CFG            ₩
{                                       ₩
         EBI2_SAMSUNG_KAG00J007M_NAND_FLASH,      ₩
         EBI2_SURF_FPGA,                ₩
         EBI2_CS_UNUSED,                ₩
         EBI2_CS_UNUSED,                ₩
         EBI2_LCD_TYPE       ₩          // MV3019 CS
}
```

MV3019는 EBI2 버스에 연결되어 있으며 LCD2_CS를 사용한다는 것을 알 수 있다.

② MV3019 입출력 포트의 주소와 그리고 명령어와 데이터를 전송하는 매크로를 정의한다.

```
#define MV3_BASE_ADDR              0x20000000    // ED-2947 MV3019 I/O port address
// write from MCU into MV301x
#define MV3_WRITE(addr, data)    outpw_(MV3_BASE_ADDR+(addr), data)
// read from MV301x into MCU
#define   MV3_READ(addr)            inpw_ (MV3_BASE_ADDR +(addr))
```


2) 카메라 드라이버 구현(카메라 모듈 포팅)

지금부터는 CAMERA Preview 기능이 동작하는 과정을 살펴보면서 QCAMERA의 카메라 기능이 어떻게 구현되어 있는지, MV3019 모듈의 어떤 API를 어떻게 사용하는지에 알아보는 것으로 카메라 드라이버 구현 방식을 이해해 보자.

① 다음은 카메라 모듈과의 센서의 초기화가 이루어지는 과정이다.

① 아래와 같이 ICAMERA 인터페이스의 instance을 생성하면 카메라 모듈과 센서의 초기화가 이루어진다.

```
ISHELL_CreateInstance(pme->a.m_pIShell, AEECLSID_CAMERA, (void **)&pme->m_pICam)
```

② AEE에서 Instance 생성시 OEM 계층(layer)의 OEMCamera_New() 함수가 호출된다.

- CameraDevice_Open()를 호출
- 카메라를 초기화하는 camera_start()를 호출
- CAMERA_FUNC_START command를 graph task로 보낸다.
- graph task는 camera_process_func()함수를 실행
- camera_process_func 함수는 다음과 같은 camera_process_start 호출

```
void camera_process_start(rex_tcb_type *tcb)
{
        MV3_RETURN_TYPE                              mv3ReturnStatus;
        mvUint16                                superimposeKeyValue;
        mv3InitMV400();
        mv3InitCamera();
        superimposeKeyValue = 0xf81f;
        mv3ReturnStatus=mv3PreviewPropSet(MV3_PROP_SUPERIMPOSE_CHROMA,
&superimposeKeyValue);
        CAM_ASSERT(mv3ReturnStatus == MV3_RET_SUCCESS);
```

```
        camera_capture_superimpose = NULL;
} /* camera_process_start */
```

- mv3InitMV400(), mv3InitCamera()와 같이 mv로 시작하는 함수는 MV3019 모듈의 API이다.
- superimposeKeyValue 투명처리를 위한 color값을 설정하는 것이다.

- mv3InitMV400()함수는 MV3019 모듈의 라이브러리(library)에서 사용되는 자료구조를 초기화하고 센서의 전원을 끈다.
- mv3InitCamera()함수는 모듈에 연결된 LCD의 폭(width), 높이(height) 등과 같은 속성을 설정, 센서의 폭(width), 높이(height), 색상(clock) 등과 속성 설정, 모듈의 PLL 클럭(clock)을 설정한다.

② 앞에서는 카메라 모듈과 센서가 어떤 과정을 거쳐서 초기화되는지를 알아보았다. 이와 같이 초기화된 상태에서 카메라의 preview(viewfinder) 기능이 어떻게 동작하는지 살펴보자.

1 ICamera_Preview()를 호출하면 카메라 센서에서 검출한 이미지 데이터를 LCD에 디스플레이하라는 것을 AEE에 요청하게 된다.

```
ICAMERA_SetSize(pme->m_pICam, AEESize captureSize = {1280, 1024});
ICAMERA_SetQuality(pme->m_pICam, MV3_ENCODE_NORMAL);
ICAMERA_SetZoom(pme->m_pICam, pme->m_bZooom);
ICAMERA_SetFlash(pme->m_pICam, TRUE);

ICAMERA_Preview(pme->m_pICam);
```

- ICAMERA_SetSize()는 촬영할 사진(capture picture)의 폭(width), 높이(height)를 설정한다.
- ICAMERA_SetQuality()는 센서로부터 들어오는 영상 데이터를 JPEG 형식으로 변환할 때의 질(quality)을 설정한다.
- ICAMERA_Preview()는 호출하면 OEMCamera_Start() 함수가 불리워진다. 이 함수의 매개변수 mode의 값이 CAM_MODE_PREVIEW로 해서 호출된다. (OEMCamera_Start는 AEE가 호출한다)

② OEMCamera_Start() 함수에서 camera_start_preview() 함수를 호출한다. 이 함수는 graph task에 CAMERA_FUNC_START_PREVIEW command를 보낸다. graph task의 camera_process_func() 함수에서는 camera_process_start_preview() 함수를 호출한다. 이 함수는 mv3PreviewPropSet() API를 호출하여

- Preview가 디스플레이될 LCD를 선택(LCD가 두 개일 경우)
- 이미지 상하 반전과 좌우 반전 상태, Rotation을 설정
- 특수효과속성, 투명처리 속성을 설정하고
- mv3PreviewWork() 함수를 호출한다.

③ mv3PreviewWork() 함수는 mv0Power(MV3_POWER_PREVIEW) 함수를 호출하여 MV3019을 구동시키고, mv0SensorPower(MV3_TRUE) 함수를 호출하여 카메라 센서를 구동시키고, mv0PreviewStart() 함수를 호출한다.

④ mv0PreviewStart() 함수는 MV3019 모듈에 preview command를 보낸다.

⑤ MV3019 모듈은 카메라 센서로부터 들어온 이미지 데이터를 LCD에 디스플레이한다.

4장 CDMA 2000 모바일 시스템의 운영체제

4.1 실시간 운영체제

요즘은 PC나 워크스테이션과 같이 많은 기능을 수행할 수 있도록 설계된 범용적 시스템과 달리, 특정한 작업과 기능만을 수행하도록 설계되어 있는 임베디드 시스템이 여러 분야에서 활용되고 있는 추세이다.

일반적인 OS가 하는 일을 살펴보면 CPU에서 수행되는 프로그램들을 관리하기 위한 태스크 관리메모리(task management), 태스크 스케줄(task scheduling), 통신(communication), 동기화(synchronization) 메모리(memory)를 관리하기 위한 메모리 관리(memory management), I/O를 관리하기 I/O 관리(management), 파일 시스템 관리(file system management) 들이 있다.

실시간 운영체제(RTOS)도 이와 같은 일들을 수행한다. 따라서 일반적인 OS를 이해하고 있다면 RTOS에 대한 개념을 쉽게 이해할 수 있을 것이다.

초기의 임베디드 시스템은 비교적 단순하게 OS가 필요 없이 인간이 순차적인 프로그램을 작성해서 수행하도록 했고, 중간에 인터럽트가 발생되는 경우에만 그 순차적인 프로그램에서 잠시 벗어나는 정도였다. 그러나 최근 들어 멀티미디어 정보를 처리해야 하는 임베디드 시스템이 늘어나면서 그 시스템이 해야 할 일들도 많아지고 복잡해졌기 때문에 순차적인 프로그램 작성이 매우 어렵게 되었다. 따라서 임베디드 시스템에서 OS의 개념이 필요하게 되었으며 임베디드 시스템의 특성상 실시간(real-time)이라는 요소를 만족해야 했다.

1 실시간(Real-time) 시스템

실시간(Real-time) 시스템이란 임의의 정보가 시스템에 입력되었을 때 주어진 시간 안에 작업이 완료되어 결과가 주어져야 한다는 것을 의미하며, 실시간(Real-time) 시스템은 크게 하드 실시간(Hard Real-time) 시스템과 소프트 실시간(Soft Real-time) 시스템이 있다.

1) 하드 실시간(Hard Real-time) 시스템

하드 실시간 시스템은 군사장비, 비행기 등에서 사용되는 시스템으로 어떤 작업을 일정 시간 안에 반드시 처리해야 하며, 그 시간이 지난 후의 결과 값은 정확해도 소용이 없는 경우이다.

2) 소프트 실시간(Soft Real-time) 시스템

소프트 실시간 시스템은 핸드폰(cellular phone), 라우터(router) 등에서 사용하는 시스템으로 어떤 시간 안에 처리하면 좋지만 그렇지 못한 경우에 그 시간에서 약간 경과한 후의 값도 인정하는 경우이다.

2 RTOS의 구조적 분류

RTOS는 구조적인 측면에서 두 가지로 분류할 수 있는데 하나는 멀티 스레드(Multi Thread) 모델이며, 다른 하나는 멀리 프로세스(Multi Process) 모델이다. 렉스(REX)는 멀티 스레드(Multi Thread) 모델 구조를 따르고 있다

1) 멀티 스레드(Multi Thread) 모델

OS 커널과 응용(Application)이 합쳐져서 서로의 구분이 없는 하나의 큰 프로그램이 되어 작동하는 구조로서 공통의 작업 영역(Memory)을 자유롭게 액세스할 수 있다.

OS의 크기가 작고, 비교적 작은 크기의 시스템에서 구현이 쉽고 빠르다는 장점이 있지만, 커널과 응용(Application)이 하나의 프로그램으로 동작하기 때문에 사소한 버그(Bug)가 시스템 전체를 파괴하는 단점이 있다.

2) 멀티 프로세스(Multi Process) 모델

OS 커널이나 각 응용(Application)들이 모두 독립적인 프로그램으로 동작하도록 설계되어 있다. 각 응용(Application)은 서로의 메모리(Memory)가 보호되어 있기 때문에 모듈 단위의 응용(Application) 개발이나 모듈(기능)의 추가, 변경이 쉽고 안정된 시스템의 개발이 가능하기 때문에 대규모의 시스템 개발에 용이하다. 그러나 RTOS의 크기가 멀티

스레드(Multi Thread) 모델에 비해 크기 때문에 작은 시스템의 개발에는 오히려 부담이 되는 단점이 있다.

3 임베디드 RTOS의 종류

RTOS 종류로는 다음과 같은 것들이 있으며, 최근에 국내에서 주로 사용하고 있는 임베디드 RTOS는 Embeded Linux 계열, Window CE, Symbian 등이다.

1) VxWorks

WindRiver사에서 판매하는 제품으로 세계 시장에서 점유율이 가장 높은 것으로 알려져 있다. 많은 종류의 마이크로프로세서를 지원하며 대부분의 상용 칩(Chip)에 대한 디바이스 드라이버(Device Driver)도 모두 지원하고 있다.

2) OSE

Enea OSE Systems에서 개발, 판매하는 RTOS로서 국내보다는 세계시장에서 훨씬 높은 인지도와 점유율을 가지고 있다.

3) VRTX

몇 년 전만 해도 국내에서 가장 높은 시장 점유율을 가졌던 멘토 그래픽스(Mentor Graphics)사의 RTOS이다.

4) Nucleus Plus

Accelerated Technology사에서 개발, 판매하는 RTOS이다. 다른 RTOS들과는 달리 풀 소스코드(Full Source Code)를 제공하며, 제품당 지불하는 로얄티(Royalty)가 없다. 국내에서는 휴대폰 단말기와 PDA 등 50여종의 제품에서 사용되고 있으며, 우리별 1호, 2호에도 탑재되었다고 한다.

5) microC/OS(uC/OS)

최근에 학교를 중심으로 많이 사용하면서 널리 알려진 RTOS이다. Jean J. Labrosse라는 사람이 개발하여 배포한 작은 크기의 RTOS이며, 책을 구입하면 부록에 소스코드(Source Code)가 포함되는 형태로 판매되며, 로얄티(Royalty) 역시 없다. 꾸준한 업그레이드(Upgrade)를 통하여 많은 종류의 프로세서를 지원하고 있다. 현재는 Upgrade된 uC/OS-II를 개발하여 배포하고 있으며, 이 책은 국내의 대형 서점에서도구입할 수 있다.

6) QNX

QNX Software Systems사에서 개발, 판매하고 있다. 국내보다는 해외에서 많이 알려져 있고 시장 점유율도 높다고 한다. UNIX와 호환이 가능하다고 하며, 현재 비상업용으로는 실시간 플랫폼 피키지(Real-Time Platform Package)를 무료로 다운받을 수 있다.

7) OS-9

Microware사에서 개발, 판매하는 RTOS로서 국내 보다는 세계시장에서 높은 인지도와 시장 점유율을 가지고 있다.

8) LynxOS

LinuxWorks사에서 개발, 판매하고 있는 Embedded Linux RTOS이다. UNIX와 호환이 가능하며 OS의 사이즈가 크고, 복잡하고 규모가 큰 Real-Time Application 개발에 적합하다.

9) RT Linux

Finite State Machine Labs 사에서 개발, 판매하는 Embedded Linux이다.

10) Windows CE

Microsoft에서 판매하는 Embedded Windows OS이다.

4.2 CDMA 2000 핸드폰 운영체제

REX(Real Time Executive)는 임베디드 시스템을 위해 제작된 단순하고, 능률적이며, 멀티 태스킹이 가능한 실시간 운영체제이다. 멀티 태스깅을 지원하기 위한 다음과 같은 기능이 있다.

- 태스크(Task) 생성과 관리 및 제어(task scheduling)
- 태스크간의 통신(signal & queue, synchronization)

- 인터럽트 핸들링
- 타이머(Timer)

멀티 태스킹이란 일반적인 컴퓨터에서는 각 태스크들이 대부분 무관한 프로그램들이지만 임베디드 시스템에서의 태스크들은 하나의 큰 응용 프로그램을 논리적으로 나눈 것이다. 즉, 어떤 응용 프로그램이 수행되기 위해서는 여러 기능들이 동시에(물리적으로는 아님) 수행되어야 할 필요가 있고 이를 순차적으로 프로그램을 하기 어렵기 때문에 사용자가 프로그램을 쉽게 하기 위해서 도입한 개념이다. 하나의 응용 프로그램을 논리적으로 나누었기 때문에 기능상 매우 밀접한 관계가 있기 때문에 태스크 사이에 이루어지는 작업들이 매우 많다.

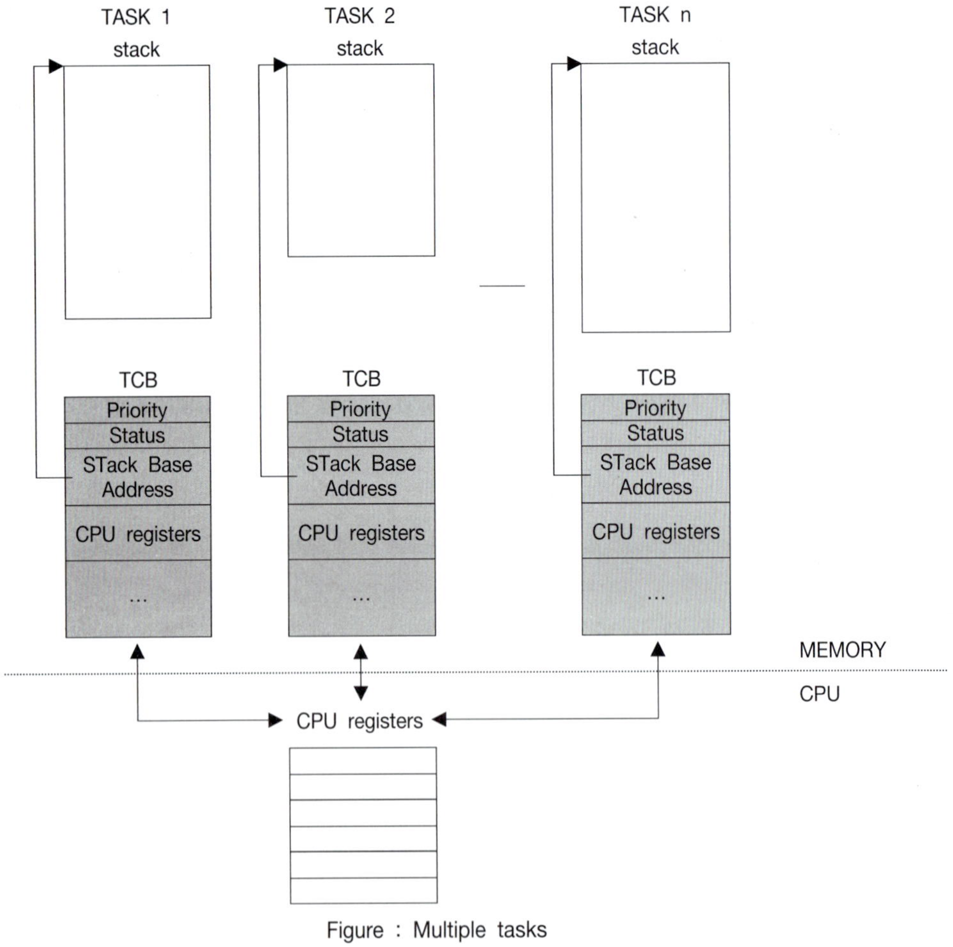

[그림 4-1] 태스크(Task)

1 태스크(Task)

렉스(REX)는 각각의 독립된 처리 개체인 태스크를 다루는데, 앞의 멀티플 태스크(Mulitple tasks) 그림과 같이 태스크들은 각각 자체의 스택, 시그널 플래그와 우선순위를 가지고 있다. 각 태스크(task)들은 각각 종속된 자료 구조를 갖는데 이를 TCB(task control block)라고 부른다. 다음과 같은 자료 구조이다.


```
typedef struct rex_tcb_struct {
void                    *sp;
// stack point이고 이것은 stack frame의 top 주소를 가르킨다.
// REX는 문맥교환이 일어날 때마다 이 스택 포인터를 이용해서 이전의 작업을
// 저장하고 복원한다.

void                    *stack_limit; // stack의 overflow 체크를 위한 제한값이다.
unsigned long           slices;       // 스케줄링된 카운터가 저장된다.
rex_sigs_type          sigs;          // task의 currently set signal 값을 가진다.
// 대부분의 OS처럼 큐가 아니라 bit mask이다.
rex_sigs_type          wait;            // none zero일 경우 특정 시그널을 기다리는
// suspend상태이다.
rex_priority_type      pri;          // task의 우선순위
struct{
struct rex_tcb_struct *next_ptr;
struct rex_tcb_struct *prev_ptr;
 }link;
}
```

이 TCB는 렉스(REX)가 태스크의 처리흐름을 유지하게 하는데 사용된다. 렉스(REX)는 태스크들의 목록을 가지고 있는데, 모든 태스크의 TCB들은 내림차순의 태스크 우선순위에 의해 연결되어져 있다. 다시 말해 목록의 처음은 가장 높은 우선순위를 가지고 있는 태스크의 TCB가 있고, 마지막 태스크의 TCB는 가장 낮은 우선순위를 갖는다. 커널 태스크의 우선순위는 0이다.

태스크 생성은 rex_def_task() 함수를 호출하여 정의하며 DMSS 초기화 과정에서 rex_init() 함수가 tmc 태스크를 생성하고, 이 태스크에서 rex_def_task() 함수를 사용하여 각각의 태스크를 정의하게 된다.

rex_def_task() 함수는 태스크의 스택 안에 context frame을 만들고, TCB를 초기화하고 생성한 태스크를 태스크 목록에 위치시키고 스케줄러를 호출한다.

태스크는 다음과 같은 상태를 가진다.

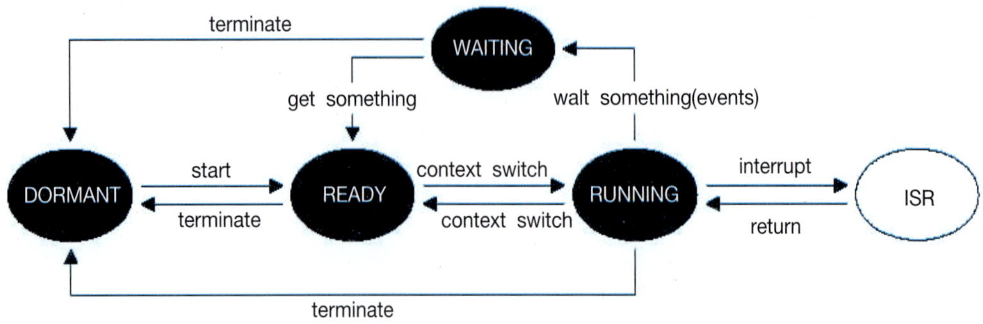

[그림 4-2] 태스크 상태(Task states)

✔ DORMANT

메모리에는 존재하나, 아직 실행할 수 없는 상태

태스크(Task)를 생성하면 본 상태로 되지만, 어떤 RTOS들은 이 상태가 존재하지 않고 생성시에 바로 READY 상태가 되는 것도 있다.

✔ RUNNING

CPU를 사용(점유)하고 있는 상태

Task의 코드가 동작하고 있는 상태

✔ READY

현재 CPU를 사용하고 있는 태스크보다 우선순위가 낮아서 CPU 사용 기회를 기다리고 있는 상태

✔ WAITING

어떤 이벤트를 기다리고 있는 상태

만약 기다리던 이벤트가 발생하면 READY 상태로 되어 CPU 사용기회를 기다리게 된다.

✔ ISR(Interrupt Service Routine)

인터럽트가 발생하면 RUNNING 상태에 있던 태스크(Task)가 CPU 제어권을 빼앗기고 ISR이 수행된다.

2 태스크 스케줄(Task Scheduling)

렉스(REX)의 각 태스크는 독립적인 실행 단위인 스레드이다. 스케줄링은 우선순위에 근거한 선점형(preemptive) 알고리즘에 의해서 우선순위가 가장 높은 READY 상태의 태스크를 먼저 실행한다. 만약 주어진 작업이 실행 중일 때 더 높은 우선순위의 작업이 준비하고 있다면 REX는 즉시 실행중인 작업을 비활성화하고 우선순위가 높은 작업을 활성화시킨다.

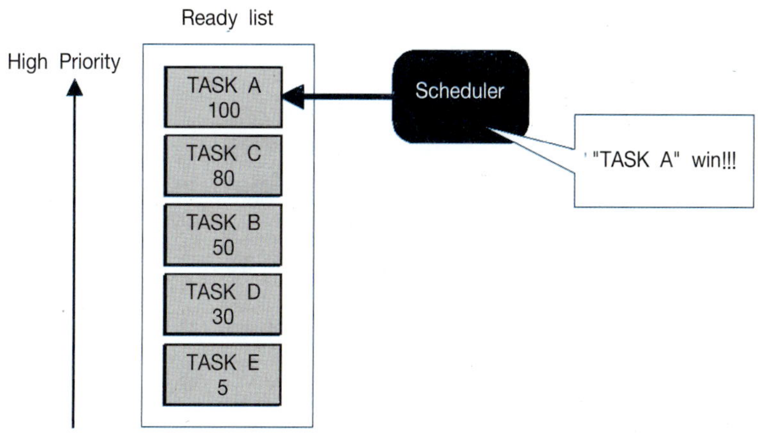

[그림 4-3] 우선순위 기반의 스케줄러(Priority based Scheduler)

스케줄러에 의해 CPU를 할당받은 태스크는 다음에 같은 이벤트가 발생하기 전까지 계속 수행되며, 다음의 이벤트가 발생하면 문맥교환(context switching) 이루어진다.

문맥교환이 된다는 것은 CPU를 다른 태스크에게 넘겨준다는 것을 의미한다.

- 태스크 실행 중에 rex_wait() 호출하여 자발적인 대기상태가 될 경우
  rex_wait()는 TCB 목록에 있는 태스크의 우선순위가 가장 높고 READY 상태의 태스크를 찾아 rex_best_task로 만든다.
- 더 높은 우선순위의 태스크에 신호를 set할 경우(rex_set_sigs())
- 더 높은 우선순위의 태스크를 생성할 경우
- 어떤 태스크의 우선순위를 현재 RUNNING 상태의 태스크 보다 높은 우선순위로 올릴 경우
- 인터럽트 서비스 루틴(ISR; Interrupt Service Routine)에서 인터럽트가 발생한 태스크 보다 우선순위가 높은 태스크를 READY 상태로 만든 경우

인터럽트는 비동기적인(간헐적인) 이벤트가 발생한 것을 CPU에게 알려주는 하드웨어 메커니즘이다. 인터럽트가 감지되면 CPU는 문맥의 전부 또는 일부를 저장하고 인터럽트 서비스 루틴(Interrupt Service Routine(ISR))이라 불리는 발생한 인터럽트에 해당하는 서비스 루틴으로 점프한다.

1) 선점형과 비선전형 커널의 차이점

(1) 선점형(preemptive)의 커널의 스케줄러

선점형(preemptive)의 커널의 스케줄러는 다음과 같이 동작한다.

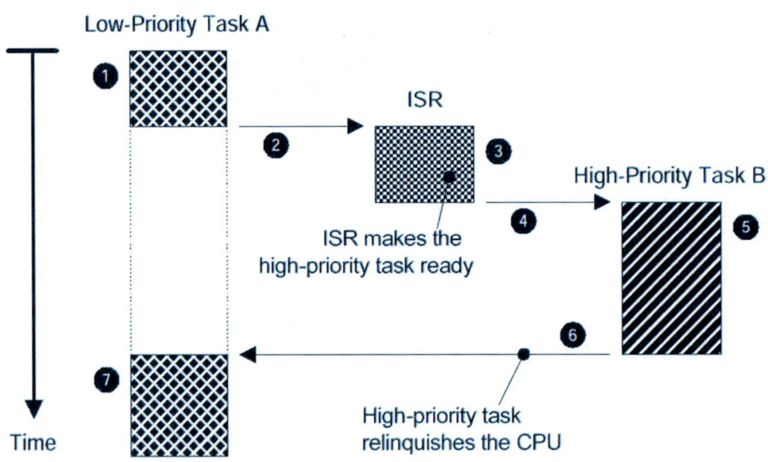

[그림 4-4] 선점형 커널

1 낮은 우선순위 태스크(Low priority task) A가 실행 중에

2 인터럽트가 발생하면

3 ISR에서 인터럽트를 처리하고 스케줄러를 호출하면 현재 태스크 보다 높은 우선순위를 가진 태스크를 READY 상태로 만든다(예를 들어 USB로부터 데이터가 수신되었다는 인터럽트가 발생하였고, 높은 우선순위 태스크(High priority task) B가 이를 처리해야 할 경우).

4 ISR 종료와 동시에 문맥교환(context switching)에 의해 ISR 이전에 수행하던 아닌 높은 우선순위 태스크(High priority task) B가 CPU 제어권을 가진다.

5 태스크B가 수행

6 taskB가 rex_wait()과 같은 시스템 함수를 호출하여 CPU 제어권을 포기하면 스케줄러에 의해 taskA가 선택된다.

⑦ taskA의 인터럽트 발생 직전의 코드부터 다시 수행

(2) 비선점형(non-preemptive)의 커널의 스케줄러

비선점형(non-preemptive)의 커널의 스케줄러는 다음과 같이 동작한다.

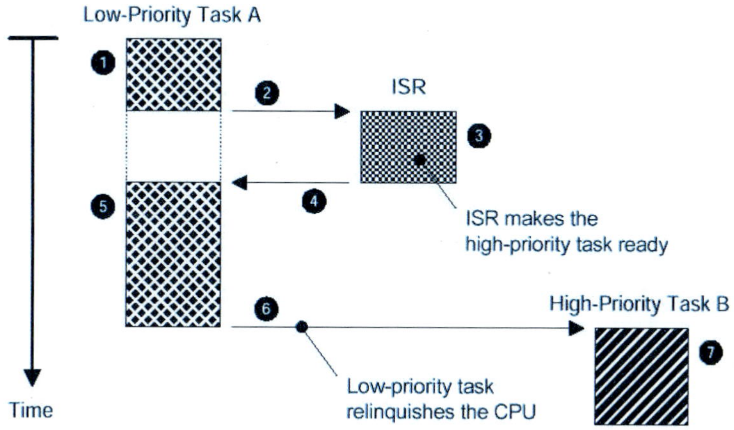

[그림 4-5] 비선점형 커널

① 낮은 우선순위 태스크(Low priority task)A가 실행 중에
② 인터럽트가 발생하면
③ ISR에서 인터럽트를 처리하고 스케줄러를 호출하면, 현재 태스크 보다 높은 우선순위를 가진 태스크를 READY 상태로 만듦.(예를 들어 USB로부터 데이터가 수신되었다는 인터럽트가 발생하였고, 높은 우선순위 태스크(High priority task)B가 이를 처리해야 할 경우
④ ISR의 수행이 종료되고, 인터럽트 발생 이전에 수행하던 낮은 우선순위 태스크(Low priority task)A로 돌아간다.
⑤ 인터럽트 발생 직전의 코드로부터 다시 수행
⑥ taskA가 rex_wait()과 같은 시스템 함수를 호출하여 CPU 제어권을 포기하면 스케줄러에 의해 taskB가 선택된다.
⑦ taskB가 수행

REX의 스케줄러는 rex_sched()로 구현로 되어 있으며, rex_sched() 함수가 실행될 때는 인터럽트 처리가 비활성화된다. 이 함수가 호출되기 전에 best_task를 설정해준다. 이 best_task는 READY 상태에서 가장 우선순위가 높은 태스크이다.

스케줄러의 알고리즘은

- rex_best_task와 rex_curr_task가 같은지 검사
- 같을 경우 단순히 리턴한다.
- 다를 경우 rex_curr_task를 rex_best_task로 문맥교환(context switching)

을 한다.

문맥교환(Context Switching)은 OS가 다른 태스크를 수행하고자 할 때 현재의 태스크의 문맥(CPU Registers)을 그 태스크의 문맥 보관의 영역(스택)에 저장하고, 새로운 태스크의 문맥을 태스크의 스택에서 꺼내어 CPU로 레지스터에 설정하여 태스크의 실행을 복구하는 작업을 말한다. 문맥교환을 위한 부하가 추가되며, 문맥교환의 부하는 저장해야 하는 CPU 레지스터들의 개수에 비례한다. 초당 수행할 수 있는 문맥교환 횟수는 OS의 성능 평가 척도가 된다.

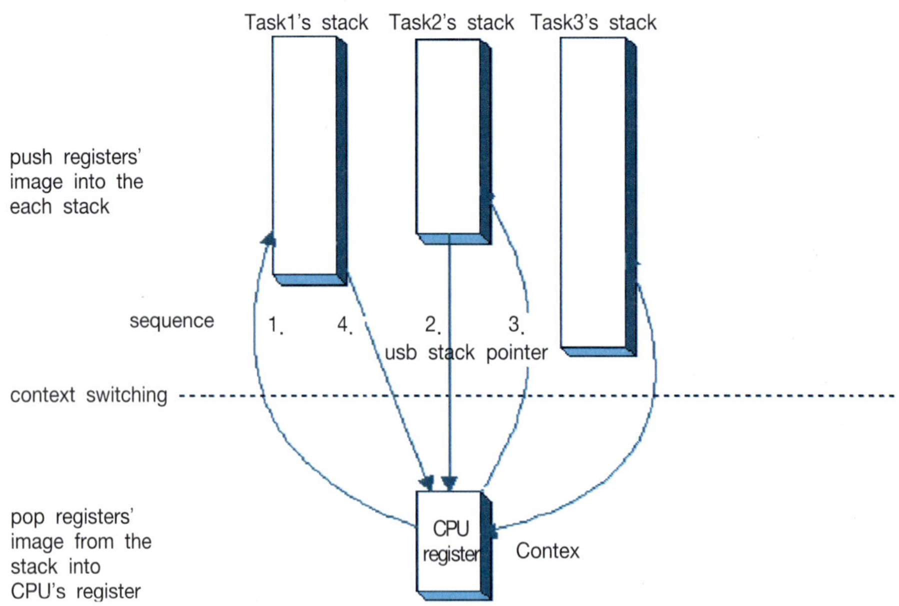

[그림 4-6] 문맥교환

3 동기화(Synchronization)(세마포어(Semaphore))

멀티 태스킹 환경에서 여러 태스크들에 의해 사용될 수 있는 자원(I/O 디바이스, 변수, 데이터 구조, 배열 등)의 공유에 있어서 동기화(synchronization)가 이루어지지 않으면 원하지 않은 결과를 초래할 수 있다. 예를 들어 한 대의 프린터를 여러 사용자가 사용할 경우 프린터가 출력하고 있을 때 또 다른 사람이 프린터로 출력 요청을 했을 경우이다.

먼저 프린터를 점유한 사용자의 출력이 완료될 때까지 뒤에 프린터를 요청한 출력은 대기해야 한다. 그렇지 않으면 두 사용자의 출력이 섞이게 된다.

이와 같은 문제를 해결하기 위해 프로그램상의 연속된 코드들의 일정 영역을 임계영역(critical section)으로 설정하는 것을 통해서 태스크가 이 영역을 수행하고 있는 도중에 ISR이나 다른 태스크가 이 임계영역을 실행할 수 없도록 한다. 이와 같은 것을 상호배제(Mutual Exclusion)라 한다.

이와 같은 상호 배제를 위한 방법으로는 세마포어, 인터럽트 활성화/비활성화, 스케줄링 활성화/비활성화, Test-and-Set 명령어와 같은 것을 사용한다. 상호배제로 인해 발생할 수 있는 문제로는 무한정 대기해야 하는 태스크 발생(starvation) 어떠한 태스크도 더 이상 수행을 못하고 계속해서 대기해야 되는 경우(deadlock) 우선순위 역전현상이 있다.

세마포어란 공유자원을 사용할 수 있는 열쇠 역할을 하며 이 열쇠를 획득한 태스크만이 독점적으로 자원을 사용할 수 있고 다른 태스크들은 열쇠를 획득하기까지 기다리게 된다. 세마포어 변수를 S라 하자. S > 0이면 태스크 열쇠 획득하는 것이고, S = 0이면 태스크는 대기 상태가 된다. 이와 같은 세마포어의 용도는 공유자원의 사용을 제어 (상호배제), 이벤트의 발생을 통보, 태스크들의 상호 실행 순서를 조절할 때이다.

REX는 동기화를 위해 다음과 같은 함수들을 제공한다.

- rex_init_crit_sect()   임계영역을 초기화
- rex_enter_crit_sect()   임계영역을 획득
- rex_leave_crit_sect()   임계영역 해제

다음의 그림을 통해서 세마포어를 이해해 보자.

[그림 4-7] 세마포어

위 그림은 두 대의 기차가 세마포어(Semaphore)가 올라가고 내려간 상태에 따라 상호 배제를 하며 특정 구간을 어떻게 점유하는지를 순서적으로 보여 주는 것이다. 여기서 기차는 태스크이고 구간은 특정 코드 영역(임계영역)을 의미한다.

- 기차가 트랙의 구간을 통과하면 "세마포어(Semaphore)"가 내려간다.
- 뒤에 오는 기차는 내려간 "세마포어(Semaphore)"를 보고 기차를 멈추고, 올라갈 때까지 기다린다.
- 앞서간 기차가 구간을 통과하면 "세마포어(Semaphore)"가 올라가고 뒤에 오는 기차가 안전하게 그 구간을 통과한다.

만약 임계영역을 획득하고 해제를 하지 않으면 어떻게 될까? 임계영역이 해제되기를 기다리는 태스크는 무한정 대기 상태가 되고 와치독(watch dog)에 의해 시스템 리셋이 발생할 것이다.

이것 외에 높은 우선순위의 태스크가 낮은 우선순위의 태스크 수행이 끝날 때까지 기다리는 상황을 의미하는 우선순위 역전(Priority Inversion) 현상이다. 이 문제를 해결하기 위한 방법 중의 하나는 높은 우선순위의 태스크가 대기(WAITING) 상태인 동안 그 태스크를 기다리도록 만든 태스크의 우선순위를 높은 레벨로 올리는 방법인 우선순위 상속(Priority Inheritance)이다.

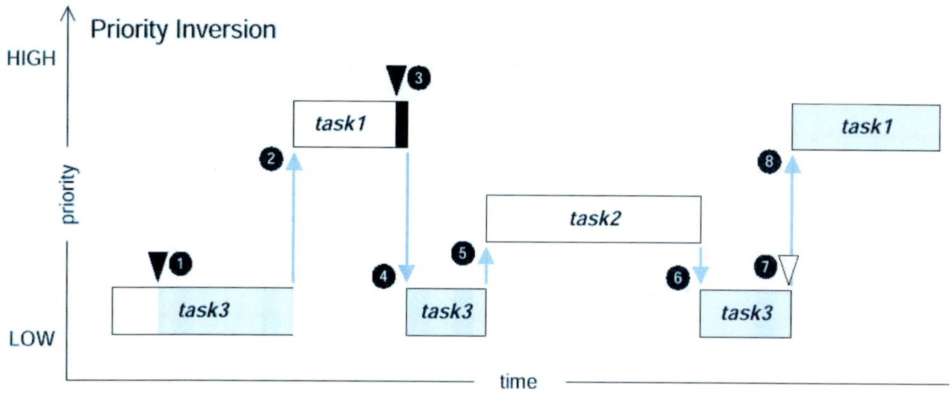

[그림 4-8] 우선 순위

위 그림에서 task1, 2, 3이 우선순위가 task1 > task2 > task3일 경우 우선순위 역전이 발생할 수 있다.

1. task3가 공유자원을 액세스하기 위해 세마포어(Semaphore)을 획득하고 수행된다.
2. 스케줄러에 의해 task1이 수행된다.
3. task1은 task3이 먼저 가진 세마포어(Semaphore)을 획득하려고 하고, task3이 그 세마포어(Semaphore)를 반환하기를 기다리는 WAITING 상태가 된다.
4. 스케줄러에 의해 task3이 수행된다.
5. 스케줄러에 의해 task2가 수행된다. 이 시점에서 task1의 우선순위가 task2보다 높음에도 불구하고 task2가 먼저 수행되는 우선순위 역전(Priority Inversion)이 발생한다.
6. task2의 수행이 종료되면 다시 task3이 수행된다.
7. task3이 세마포어(Semaphore)을 반환한다.
8. task1이 수행된다.

이와 같은 문제를 해결하는 방법을 그림으로 살펴보자.

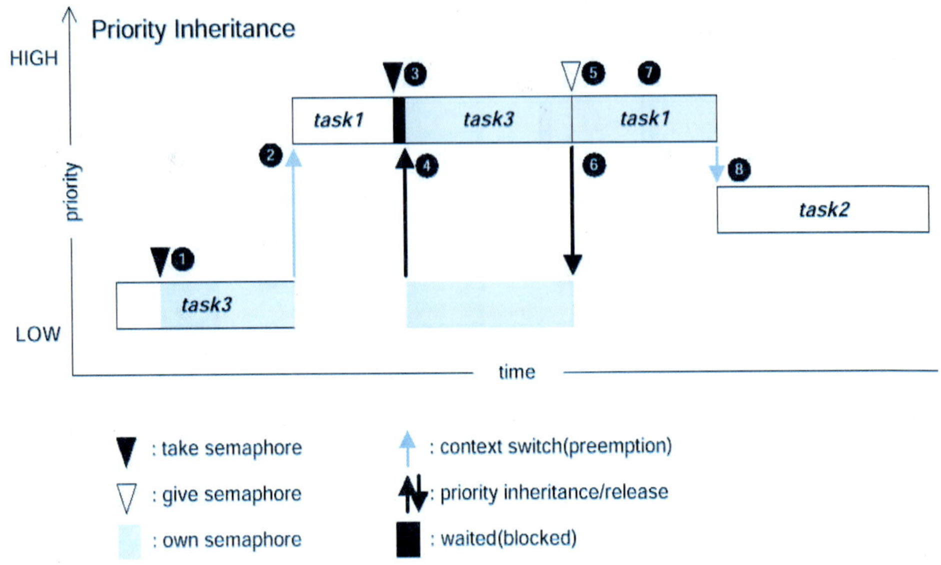

[그림 4-9] 우선순위 역전 및 우선순위 상속

1. 스케줄러에 의해 task3가 수행되는데, task3의 우선순위를 task1이 WAITING 상태인 동안 task1의 레벨로 높인다(Priority Inheritance). 이제는 task3의 우선순위가 task2 보다 높기 때문에 선점(preemption) 없이 수행된다.
2. task3이 세마포어(Semaphore)를 반환한다.
3. task1이 세마포어(Semaphore)를 얻어서 수행됨과 동시에 task3의 우선순위가 다시 예전의 값으로 돌아간다.
4. task1이 수행된다.
5. task2가 수행된다.

4 인터럽트(Interrupt)

인터럽트는 비동기(Asychronous) 이벤트가 발생했다는 사실을 CPU에게 통보하기 위해 사용하는 하드웨어적인 기법이며 그 처리 절차는 다음과 같다.

- 태스크 실행 중에 인터럽트가 발생하면 현재 태스크의 문맥을 스택에 저장하고
- 해당 인터럽트의 인터럽트 서비스 루틴(Interrupt Service Routine(ISR))로 점프하여 해당 이벤트 처리한다.
- ISR 완료 후 인터럽트 당시의 원래의 태스크로 복구하나, 원래의 태스크보다 높은 우선순위의 태스크가 준비되었을 경우 높은 우선순위의 태스크로 복구한다.

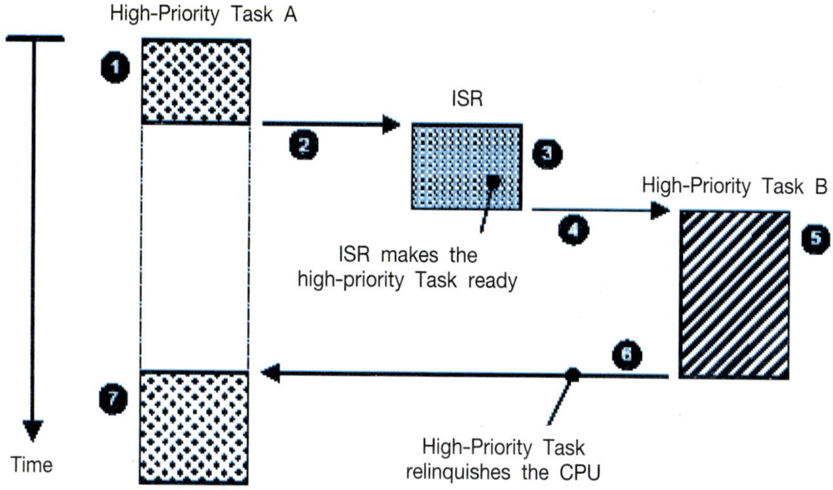

[그림 4-10] 인터럽트

인터럽트 방식은 해당 이벤트에 대한 폴링(polling)으로 인한 자원낭비 및 응답시간을 최소화할 수 있다. 임계영역 보호를 위해 인터럽트 비활성화 기간을 길게 하면 발생하는 인터럽트를 놓칠 수 있으므로 짧게 해야 하며, 인터럽트가 비활성화된 기간을 인터럽트 지연(latency)이라 한다.

- ISR(Interrupt Service Routine)
  - 인터럽트가 발생하면 정해진 내용을 처리하는 과정 나열한 함수를 말한다.
- IRQ(interrupt Request)
  - 인터럽트가 발생했다는 신호로 IRQ 사용
- IVT(Interrupt Vector Table)
  - 각각의 인터럽트 요청이 들어왔을 경우 어떤 루틴(ISR)을 실행할 것인가를 정의한 테이블

5 시그널(Signal)

시그널은 태스크 상호간 또는 태스크와 ISR사이에 정보를 주고받는 것을 말하며, DMSS의 모든 태스크들간의 통신은 시그널을 통해서 이루어진다. 따라서 DMSS 구조를 이해하기 위해서는 이 시그널과 큐(Queue)를 어떻게 활용하지를 이해하는 것이 무엇보다 중요하다.

시그널의 기능은 TCB의 두 가지 필드에서 이루어진다.

- sigs : 태스크에 설정된 시그널의 signal bit mask.
- wait : rex_wait()를 호출하여(자발적인 WAIT 상태에 있는) 태스크가 기다리고 있는 시그널의 signal bit mask.

태스크 TCB의 wait 필드가 0으로 되었을 때 스케줄링될 조건을 가진다(REX는 스케줄링을 위해 우선순위로 연결되어 있는 TCB 목록을 조사하다가 wait 필드가 non-zero 상태인 태스크는 스킵한다).

REX의 시그널 API에는 다음과 같은 것들이 있다.

- rex_get_sig()

  특정 태스크의 시그널 상태를 알아올 수 있다.
- rex_set_sig()

  특정 태스크에 원하는 시그널을 설정할 수 있다. 만약 해당 태스크가 설정한 시그널을 rex_wait()를 호출하여 기다리고 있다면, 해당 태스크는 READY 상태가 되어 CPU를 점유할 수 있는 자격을 가진다.
- rex_clr_sig()

  특정 태스크에 원하는 시그널을 해제할 수 있다.
- rex_wait()

  OR 연산을 이용해 특정 시그널을 대기(wating)할 수 있다. 기다리는 시그널이 아닌 경우 WAITING하고 있다가 특정 시그널이 설정되면 READY 상태가 되고, CPU를 점유하면 해당 태스크가 시그널을 처리하게 된다. 다시 말해서 원하는 시그널이 설정될 때까지 대기 상태를 유지하고 있다가 시그널이 설정되면 해당 태스크가 대기 상태에서 빠져 나와 설정된 시그널을 처리할 수 있게 된다는 것이다.

시그널은 태스크 사이에 동기화(순서를 정할 때)에 쓰인다. 일반적으로 동기화에는 세마포어를 쓸 수도 있고 이벤트 플래그나 시그널을 쓸 수도 있다. 예를 들어 어떤 task가 I/O를 초기화한 후 세마포어를 기다린다. ISR에서는 I/O 작업을 끝내고 세마포어를 통해 알려주므로써 그 태스크가 다시 실행될 수 있도록 하는 역할을 한다.

태스크간의 통신에 있어서 또 다른 하나의 메커니즘은 명령 큐를 사용한다는 것이다. 예를 들어 taskA에서 taskB에게 어떤 작업을 요청할 경우

- taskA에서는 taskB 명령 큐의 하나의 프리 엔트리를 얻는다(q_get()).
- 요청하는 명령에 대한 초기화한다.
- 이 엔트리를 taskB의 명령 큐에 연결시킨다(q_put).
- 처리해야 할 명령이 있다는 사실을 taskB에게 명령 시그널로 알린다(rex_set_sig()).
- taskB에서는 이 명령 시그널을 받으면 명령 큐에서 하나의 엔트리를 가져와서 명령이 무엇인지를 확인하고, 이 명령에 해당하는 처리를 한다.
- 처리를 완료하면 rex_clear_sig()로 해당 시그널을 해제시킨다.

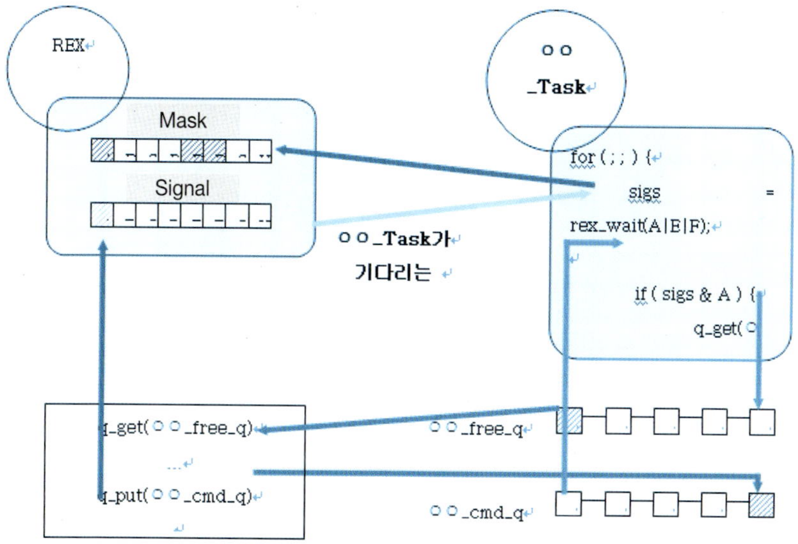

[그림 4-11] 시그널

[그림 4-11]에서 OO_task는 A, E, F 시스널이 설정되기를 기다리고 있는 상태이며, TCB의 mask에 A 시그널이 설정되면 OO_cmd_q에서 들어온 명령을 실행한다. 그리고 일반적으로 대부분의 task는 OO_cmd_q와 OO_free_q를 가지고 있으며, 명령을 보낼 때는 OO_cmd_q에 하나의 엔트리를 추가 한다. 처리 완료된 명령의 큐는 free_q에 연결한다. free-q는 명령을 보내기 위해 사용한다.

6 타이머(Timer)

타이머는 특정 시간에 어떤 작업을 수행해야 하는 경우에 소프트웨어 타이밍 간격을 조정하는데 사용된다. 태스크는 태스크 초기화 과정에서 사용할 타이머를 rex_def_timer를 사용하여 정의하며, 이 타이머를 사용할 때에는 rex_set_timer를 사용하여 기간(interval, 단위는 milisecond)을 지정하고 타이머가 만료되었을 때 어떤 태스크의 TCB에 시그널을 설정할 것인지, 그리고 어떤 시그널을 설정할 것인지를 지정한다. 이와 같이 설정된 타이머의 기간이 만료되면 지정된 태스크로 지정된 시그널을 보내게 된다.

타이머를 설정한 태스크는 타이머의 시그널이 발생하기를 대기하거나 다른 처리를 할 수도 있다.

REX는 모든 활성화 타이머(즉 종료되지 않은)들을 관리하기 위해 다음과 같은 자료 구조의 타이머 목록을 연결형 리스트로 유지한다.

<table>
<tr><td rowspan="2">tim_link</td><td>next</td></tr>
<tr><td>prev</td></tr>
<tr><td colspan="2">tim_cnt</td></tr>
<tr><td colspan="2">tim_tcb</td></tr>
<tr><td colspan="2">tim_sigs</td></tr>
</table>

위의 자료 구조에서

- tim_link

  타이머 목록에서 각 타이머들을 연결하기 위해 사용하며, TCB와 마찬가지로 next_ptr과 prev_ptr은 각각 다음 타이머와 이전 타이머를 가리킨다.

- tim_cnt

  REX는 일정한 time tick이 발생할 때마다 cnt 값을 감소시키며, 이 값이 0보다 작을 경우는 타이머가 만료(time out)된 것으로 간주한다.

- tim_tcb

  타이머 카운트가 만료되었을 때 시그널이 설정된 태스크의 TCB를 가리키는 포인터이다.

- tim_sigs

  타이머가 만료되었을 때 tim_tcb가 가리키는 태스크에 보낼 시그널이다.

REX의 타이머 관련 함수는 다음과 같은 것들이 있다.

- rex_set_timer()
  타이머를 동작시킨다.
- rex_get_timer()
  타이머의 잔여 시간을 얻어 온다. 잔여 시간에서 0은 타이머가 활성화되지 않았다는 것을 의미한다.
- rex_clr_timer()
  타이머의 동작을 비활성시킨다. count는 0으로 설정된다.
- rex_pause_timer()
  타이머를 일시 정지시킨다. 타이머는 비활성화되지만 현재의 count는 유지된다.
- rex_resume_timer()
  일시 정지된 타이머를 다시 동작시킨다.
- rex_timed_wait()
  함수는 타이머와 시그널을 함께 정의하고, 타이머로부터의 기간 만료되거나 정의된 시그널이 설정되기를 기다리는 대기(WAITING) 상태가 된다. 만약 타이머 만료와 시그널 설정 둘 중에 하나의 경우만이라도 이벤트가 발생하게 되면 대기 상태에서 벗어나게 된다.

4.3 태스크 추가 예제

지금까지 RTOS와 REX의 기본적인 개념에 대한 설명이 있었으며, 이제는 앞에서의 언급된 내용을 토대로 태스크를 정의하고, 태스크와 시그널이 어떻게 동작하는지를 알아보기 위해 단순한 메시지만을 출력하는 간단한 태스크를 추가해 보기로 하자.

태스크를 추가하는 과정은 다음과 같은 순서를 따르면 된다.

① 태스크의 우선순위, 스택과 스택의 크기, TCB를 정의한다.

```
[[Task.h]]
#define MYTASK_PRI 65                /* REX priority for the myTask task */
#define MYTASK_STACK_SIZ 1024        /* Size (words) of myTask Task stack */
```

```
extern word myTask_stack[ ];                 /* task stack */
extern rex_tcb_type myTask_tcb;              /* task control block */

[[Task.c]]
word myTask_stack [MYTASK_STACK_SIZ];        /* Task. Stack */
rex_tcb_type myTask_tcb;                     /* TCB */
```

- MYTASK의 우선순위는 65이다.
- 스택 영역의 크기는 word형은 2바이트의 크기를 가지므로 2*1024 = 2 kbytes가 된다.

2 watchdog report을 위한 mask 값을 정의한다. 이 mask 값은 dog 태스크에서 각 태스크의 watchdog report를 구별하기는 사용하므로 유일한 값으로 정의해야 한다.

```
[[dog.h]]
#define DOG_MYTASK_RPT                        79
dog.c
#define DOG_MYTASK_MASK DOG_MYTASK_RPT
```

3 앞에서 정의한 MYTASK를 생성하는 코드를 tmc 태스크에 추가한다.

```
[[tmc.c]]
rex_def_task(&myTask_tcb, (rex_stack_word_type*) myTask_stack, MYTASK_STACK_SIZ,
MYTASK_PRI, myTask_task, 0L);
(void) tmc_wait(TMC_ACK_SIG);
```

- rex_def_task() 함수는 REX에게 태스크 생성을 요청한다.
- myTask_task는 REX에서 MYTASK의 TCB를 초기화한 후에 호출되는 MYTASK의 시작 함수이다.
- tmc_wait() 함수는 dog 태스크에 주기적으로 watchdog report를 하면서 TMC_ACK_SIG 시그널이 설정되기를 기다리는 대기 상태가 된다. myTask_start 함수가 실행되면서 rex_set_sig(&tmc_tcb, TMC_ACK_SIG)로 tmc 태스크에서 TMC_ACK_SIG를 보낸다. 그럼 tmc 태스크는 대기 상태에서 벗어나 실행을 계속하게 된다.

④ 태스크의 시작 함수들은 대부분 동일한 구조를 가지고 있으며, 태스크를 초기화하는 부분과 무한 루프로 구성되어 있다. 무한 루프에서 태스크에서 처리해야 할 시그널을 정의하고, 이 정의된 시그널이 수신되었을 때 처리할 코드들이 나열되어 있다.

- myTask_init() 함수는 rex_def_timer()로 watchdog report에 필요한 report 타이머를 정의한다.
- task_start() 함수를 myTask의 report timer의 시그널, watchdog report mask 값, report timer의 포인터를 매개변수로 하여 호출한다. Task_start 함수는 TMC_ACK_SIG를 tmc 태스크로 보내고, TASK_START_SIG를 기다리면 WAITING 상태가 된다. 이와 같이 다른 태스크들도 WAITING 상태가 되었다가 모든 태스크들이 생성되었을 경우 tmc 태스크는 다른 모든 태스크에게 TASK_START_SIG를 보내서 태스크들이 WATING 상태에서 벗어나 실행이 되도록 해준다.
- 모든 태스크들은 무한 루프를 가지고 있으며, 이 루프 안에는 rex_wait()을 호출하여 자신이 처리해야 할 시그널이 도착할 때까지 대기 상태에 머무르게 된다. MYTASK에서 기다리고 있는 시그널은 MYTASK_RPT_TIMER_SIG, TASK_STOP_SIG, TASK_OFFLINE_SIG들이다.
- MYTASK_RPT_TIMER_SIG 시그널이 수신되면 dog_report()을 호출하여 dog 태스크에게 MYTASK가 정상적으로 동작하고 있음을 알린다. 만약 태스크가 수행 중에 무한 루프에 빠지게 되면, dog_report를 하지 못하게 될 것이고, 그러면 dog 태스크는 시스템을 리셋하게 된다.

watchdog report는 dog 태스크에게 주기적으로 태스크가 살아 있다는 것을 보고한다. dog 태스크 다른 태스크들을 상태를 감시하고 있으며, watchdog이 보고될 때마다 카운터를 정의된 값으로 재설정한다. 만약 특정 태스크가 watchdog report를 하지 않으면 카운터의 값이 일정한 시간 간격으로 감소하게 되는데, 이 카운터 값이 0이 되면 시스템이 리셋된다.

- TASK_STOP_SIG 시그널이 MYTASK를 종료시키고자 할 경우 다른 태스크에서 보내는데, 이 시그널을 받으면 task_stop()을 호출하여 태스크를 종료하게 된다.
- TASK_OFFLINE_SIG 시그널 Tmc 태스크를 서비스를 offline 모드로 변경할 경우 각각의 태스크에게 보내는 시그널이다.

```
void myTask_task( dword dummy ) {
static rex_sigs_type rex_signals_mask; /* Mask of signals returned by rex */
```

```
myTask_init(); /* Initialize queues, timers */
task_start(MYTASK_RPT_TIMER_SIG, DOG_MYTASK_RPT, &myTask_rpt_);
MSG_HIGH("MyTask Start", 0, 0, 0);
(void) rex_set_sigs(&myTask_tcb, MYTASK_RPT_TIMER_SIG);
for (;;){
rex_signals_mask=rex_wait( MYTASK_RPT_TIMER_SIG | TASK_STOP_SIG | TASK_OFFLINE_SIG
);
if ((rex_signals_mask & MYTASK_RPT_TIMER_SIG) != 0) {
MSG_HIGH("This is MyTask...!", 0, 0, 0);
dog_report(DOG_MYTASK_RPT); /* handle timer expiry */
(void) rex_set_timer( &myTask_rpt_timer, DOG_MYTASK_RPT_TIME );
}
if ((rex_signals_mask & TASK_STOP_SIG) != 0)
{   MSG_HIGH("This is MyTask...!", 0, 0, 0);
(void) rex_clr_sigs( &myTask_tcb, TASK_STOP_SIG ); task_stop();
}
if ((rex_signals_mask & TASK_OFFLINE_SIG) != 0) {
(void) rex_clr_sigs( &myTask_tcb, TASK_OFFLINE_SIG );
(void) rex_set_sigs( &tmc_tcb, TMC_ACK_SIG );
}
}/* end of myTask_task */
```

5 MYTASK가 정상적으로 수행되면 "This is MyTask...!"라는 메시지를 출력할 것이다. 이 메시지는 DM(Diagnostic Monitoring) Tool를 사용하여 볼 수 있다.

5장 핸드폰 SW의 구조 및 특징

5.1 핸드폰 SW의 구조

핸드폰 SW인 DMSS(Dual-Mode Subscriber Software)는 퀄컴에서 제공한 아날로그와 디지털 모드를 지원하는 가입자 소프트웨어를 말한다. 핸드폰의 소프트웨어라고 이해하면 된다.

핸드폰의 전체 소프트웨어(SW) 구조는 다음과 같다. 이 그림은 UI와 태스크들이 어떻게 연동되는지에 대한 개념을 도식화한 것이다.

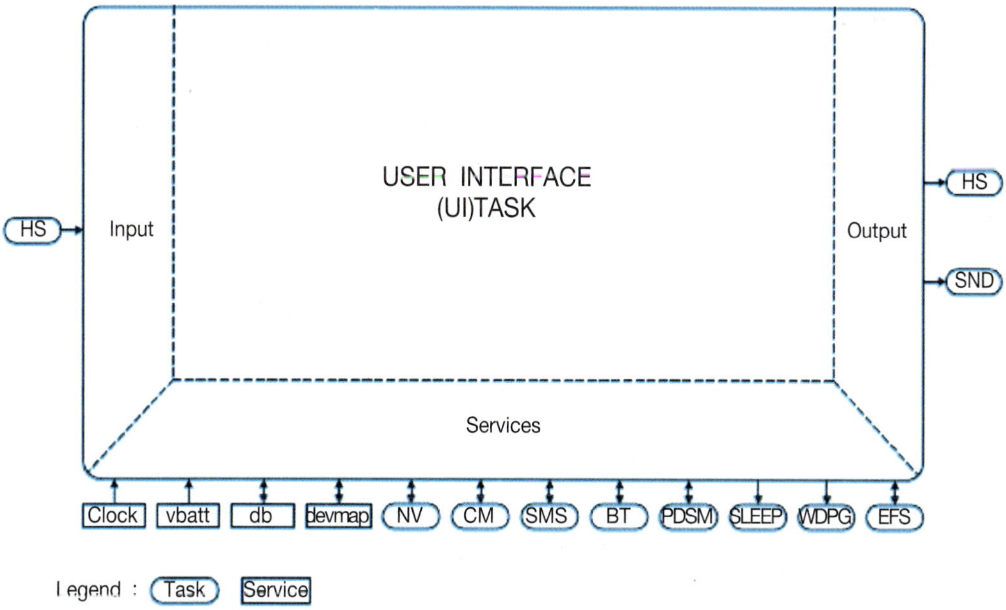

[그림 5-1] 핸드폰 소프트웨어 구조

태스크와 서비스는 차이점은 태스크는 개별적인 문맥(context)에서 수행되고 서비스는 특정 태스크의 문맥 내에서 호출되어 실행되는 루틴을 의미한다는 것이다.

DMSS를 구성하는 태스크들의 기능을 간단하게 살펴보자.

① UI(User Interface) task(태스크)

UI task는 단말의 사용자와 이 단말의 소프트웨어 사이를 인터페이스해주는 역할을 수행하며, 단말의 하드웨어가 키 입력을 받아들이고, 소리를 내고, 화면에 표시되는 기능을 수행할 수 있도록 인터페이스 역할을 해준다.

UI task는 전화를 걸 수 있도록 전화번호를 입력할 수 있고, 메뉴를 통해서 핸드폰의 설정을 변경할 수 있고, 핸드폰의 현재 동작 진행 상황을 디스플레이하고, 또 서비스 종류(아날로그/디지털)를 아이콘 형태로 표시하는 등의 기능을 제공한다.

UI task는 하나의 큰 루프이며, 이 루프 안에서 명령을 받아서 처리하고, 처리가 끝나면 루프의 처음으로 돌아가 다음 명령이 도착하기를 기다리고 있는다.

② HS(Hanset) task

HS task는 keypad로부터 입력되는 키를 처리하고, LCD에 데이터를 표시하는 것을 담당한다. 그리고 또 이폰의 탈·부착 상태, 파워가 켜지고 꺼지는 것을 확인한다. HS task는 이와 같은 이벤트를 UI task에 전달한다. UI task는 눌러진 키를 화면에 표시, 메시지를 표시, 백라이트 온/오프, 아이콘 변경 표시 등과 같은 명령을 HS task에게 보낸다.

UI는 하나의 키가 눌러졌다는 것을 하나의 이벤트로 본다. UI task는 hs_key_init() 함수를 호출하여 키 이벤트가 발생했을 경우 UI에 전달되어야 할 시그널이 무엇인지를 HS task에게 알려 준다.

LCD 표시가 변경되어야 할 경우마다 UI task는 draw function의 포인터를 매개 변수로 하여 display-screen update 함수를 한다.

③ 와치독 태스크(Watchdog task)

와치독 태스크(Watchdog task)는 하드웨어 와치독 타이머를 제어한다. 이 타이머는 주기적으로 소프트웨어에 의해 재설정되어야 한다. 그렇지 않으면 CPU가 리셋된다.

와치독 태스크(Watchdog task)는 다른 태스크들에게 이 태스크들이 정상적으로 동작하고 있다는 것을 나타낼 수 있는 루틴을 제공한다. 모든 태스크들은 비트 마스크를 가지고 있으며 이 report 마스크(mask)는 와치독 태스크(Watchdog task)에서 관리한다. 태스크들은 주기적으로 이 비트를 재설정될 수 있도록 주기적으로 보고를 해야 한다. 만약 주어진

기간 내에 이 비트가 설정되지 않으면 하드웨어 타이머를 재설정해주는 것이 멈춰져서 리셋이 발생하게 된다.

④ Sound task

Sound task는 Tone, Multi-tone, Sound를 재생하여 소리를 내준다. UI 태스크는 audio path 설정, ear/speaker/ring 볼륨 조절, sound play/stop 명령을 Sound 태스크로 보낸다.

⑤ NV(Nonvolatile memory) task

NV task는 단말에서 지속적으로 저장되어 할 데이터가 들어 있는 저장소를 관리한다. 태스크들은 NV에 데이터를 저장하거나 저장되어 있는 데이터를 읽기 위해 NV의 명령 큐를 통해서 NV에 요청하게 한다. NV 태스크는 이 명령을 실행하고, 명령 실행이 완료되면 명령을 보낸 태스크에게 응답 시그널을 보내준다.

⑥ Sleep task

Sleep task는 단말의 sleep 모드를 제어하며 가장 낮은 우선순위를 가진 태스크이다. 각각의 태스크에게 할당되어 있는 비트 마스크를 관리한다. 이 비트 마스크의 각 비트는 각 태스크의 sleep 모드 진입 여부를 나타내며, 해당 태스크에서는 이 비트를 설정하거나 해제한다. Sleep task는 모든 태스크들이 sleep 상태로 진입하면 단말을 sleep 모드로 진입시킨다. 하드웨어 인터럽트가 발생하면 sleep 모드를 빠져 나오게 된다.

⑦ CM(Call Manager) task

CM task는 UI와 Call-Processing 사이에 위치하고 있으며, UI와 lower level service의 dispatch의 요청을 처리한다. CM이 제공하는 함수를 호출하여 CM과 통신한다. 이 함수는 CM의 명령 큐에 명령을 집어넣고, CM이 처리해야 할 명령이 있다는 것을 알리기 위한 시그널을 설정한다. CM은 UI에게 정보를 전달하기 위해 이벤트를 사용한다.

UI에서 전호 전화 발신, 전원이 켜지거나 꺼질 때, 전화 종료, 전화 수신, DTMF 전송할 경우 CM 태스크로 명령을 보낸다. 또 시스템 모드 변경, NAM 변경, TX test시에도 명령을 CM 태스크로 보낸다.

CM 태스크는 전화 발신 실패, 전화가 연결되었을 때, 전화가 종료되었을 때, 또 다른 알림이 발생 등과 같은 경우에 UI task에게 이벤트나 응답을 보낸다.

⑧ SMS(Short Message Service)

SMS 송·수신 서비스를 제공한다. 이 서비스는 CM의 context에서 실행되며, 별도의 태스크로는 존재하지 않는다.

⑨ EFS(Embedded File System) task

EFS task는 비휘발성 메모리를 다른 태스크들이 액세스할 수 있도록 표준 인터페이스를 제공하는 장치 독립적인 파일 시스템으로 구성되어 있다. 디렉토리나 파일의 조작에 필요한 다양한 루틴과 파일의 open, close, read, write 루틴을 제공한다.

⑩ BT(Bluetooth) task

BT task는 UI가 블루투스(Bluetooth)의 여러 가지 기능을 사용할 수 있도록 인터페이스를 제공한다. BT가 제공하는 함수를 호출하여 BT와 통신한다. 이 함수는 BT의 명령 큐에 명령을 집어넣고, BT가 처리해야 할 명령이 있다는 것을 알리기 위한 시그널을 설정한다. BT는 UI에게 정보를 전달하기 위해 이벤트를 사용한다.

앞에서 언급한 태스크들의 우선순위는 watchdog > sound > Tx > Rx > searcher > … > MC > HS > UI > NV > EFS > Data > PS > Sleep 순이다. Watchdog이 가장 높은 우선순위를 가지는 것은 다른 태스크들의 동작 상태를 감시하기 때문이다. 그리고 사운드(Sound) 태스크가 두 번째 우선순위를 가지는 것은 ring sound를 출력하고 있을 때 다른 태스크에 의해 인터럽트되는 것을 방지하기 위함이다.

다음은 DMSS를 구성하는 서비스들의 기능을 간단하게 살펴보자.

① 클럭 서비스(Clock Service)

클럭 서비스(Clock Service)는 callback timer을 제공한다. UI는 주로 callback timer를 사용하기 위해 클럭 서비스(Clock Service)를 이용한다. callback timer가 만료되면 이 timer는 사용자가 정의한 callback 함수를 호출한다. callback 함수는 Interrupt context에서 수행되므로, 최소한을 일을 짧은 시간 내에 수행하여야 하고 태스크 스레드로 전환되어야 한다. 그렇지 않으면 단말 리셋이 발생한다. 모든 callback timer는 timer가 사용되기 전에 클럭 서비스(Clock Service)에 등록이 되어야 하며, 등록할 때 한 번만 실행하도록 또는 주기적으로 반복 실행하도록 설정할 수 있다.

② 데이터베이스 서비스(Database Service)

데이터베이스 서비스(Database service)는 모든 태스크들 사이에서 전역으로 공유되는 데이터를 가지고 있다. 이 데이터는 전원이 꺼지면 사라진다. 이 데이터베이스에 있는 각각의 아이템은 하나의 열거형 타입의 이름이 할당되어 있다. 데이터베이스의 액세스는

multithread safe를 보장한다. 이 데이터베이스에 있는 아이템은 db_get()으로 값을 가져올 수 있고, db_put()을 사용하여 변경할 수 있다.

③ 배터리 서비스(Battery Service)

Battery service는 현재의 배터리 레벨을 읽거나 조정할 수 있는 루틴을 제공한다. UI 태스크의 초기화 과정에서 clock service에 매 1초마다 디스플레이를 갱신하라는 callback timer를 등록한다. 이 callback 함수는 배터리의 현재 레벨을 읽고 HS 태스크에게 디스플레이를 갱신하라는 명령을 보낸다.

④ Device Mapper(devmap) Service(디바이스 매퍼 서비스)

Devmap service(디바이스 매퍼 서비스)는 UART와 같은 물리적인 디바이스에 적합한 서비스를 선택할 수 있는 루틴을 제공한다. 예를 들어 data service에는 UART2를 할당시킬 수 있다.

5.2 유저 인터페이스 태스크의 구조 및 기능

이 절에서는 UI 태스크 구조와 구성 요소들의 역할과 기능을 알아본다. UI 태스크를 이해함에 있어서 가장 중요한 것은 생태 머신(State Machine) 구조에서 상태의 천이가 어떻게 이루어지면서 이벤트가 처리되는가와 key pad에서 입력한 key가 어떤 과정을 거쳐서 상태 머신(State Machine)에 도달하게 되는지를 알아야 한다는 것이다.

먼저 UI 태스크의 구조와 구성 요소들의 역할과 가능을 살펴보고, 그 다음에 State Machine의 동작과 키 처리 과정을 알아보자.

1 유저 인터페이스 태스크의 구조

UI의 구조는 다음의 그림과 같다. UI는 미리 정의된 API를 통해서 앞에서 설명한 태스크나 서비스와 상호 통신을 한다.

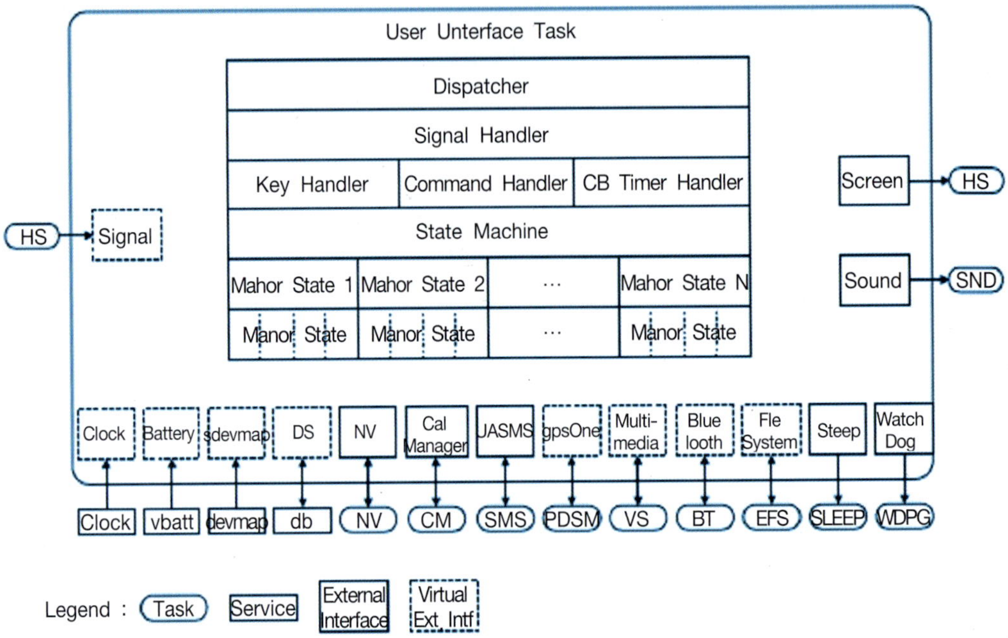

[그림 5-2] 유저 인터페이스 태스크 구조

UI 태스크는 통신지령자(Dispatcher), 신호 핸들러(Signal handler), 상태 머신(State Machine), 다른 태스크와 통신하기 위한 API 모듈들로 구성되어 있다.

① Dispatcher

UI 태스크의 최상위 계층이며, 입력을 받아서 이 입력에 해당하는 적당한 동작의 수행을 지시하는 큰 루프이다. 키 패드(Key pad)와 명령과 같은 입력을 받아들이는 부분은 이 입력을 처리는 루틴들의 위치보다 앞에 있어야 한다. 이 dispatcher는 UI 태스크가 시작할 때 호출되며 아래와 같이 초기화하는 부분과 큰 루프로 구성되어 있다.

```
ui_task() {
ui_init();   /* initialize UI */
for ( ; ; ) {          /* Infinnte Main Loop */
  wait for signal;
  feed to State Machine all pending events from the priority queue;
  ui_signal();          /* call handler layer to process all the signal */
  feef to State Machine the message from Base station;
  feed to state machine all the pending key events from event queue;
  refresh screen;
}
}
```

② Signal Handler

시그널은 UI 태스크의 기본적인 입력이다. 어떤 시그널들은 keypad의 입력과 다른 태스크로부터 온 명령 같은 부가적인 정보를 전달한다. 이와 같은 시그널을 받으면 이 시그널을 처리하는 루틴을 호출한다.

HS 태스크에서 보낸 UI_KEY_SIG 시그널을 받으면 handle_keys() 함수를 호출한다. handle_keys() 함수는 key를 이벤트로 변환하여 이벤트 큐에 추가한다. 이 이벤트 큐는 State Machine에서 순서적으로 처리된다.

- 다른 태스크에서 보낸 UI_CMD_Q_SIG 시그널을 받으면 ui_handle_cmd() 함수를 호출한다. Ui_handle_cmd() 함수는 명령 큐에 들어 있는 명령을 이벤트로 변환하여 State Machine에 전달한다.
- UI_TIMERS_SIG을 받으면 ui_timers() 함수를 호출한다. ui_timer()는 callback timer 시그널을 UI 이벤트로 변환하여 State Machine에게 전달한다.

③ 상태 머신(State Machine)

상태 머신(State Machine)은 UI의 현재 state에서 다른 태스크로부터 온 시그널이나 명령을 어떻게 처리할 것인가를 결정하는 구조를 의미한다. UI 태스크의 상태 머신(State Machine)은 여러 개의 major state로 구성되어 있으며, 이 major state는 또 여러 개의 minor state로 구성되어 있다. UI 태스크는 현재의 major state에서 어떤 이벤트가 들어오면 이 이벤트에 따라 minor state 또는 major state가 변경되거나 아니면 이벤트에 대한 적합한 일을 수행한다.

state stack으로 상태 머신(State Machine)을 제어한다. 각각의 state들은 이벤트에 해당하는 일을 처리한 후 다음의 값 중 하나를 리턴해야 한다.

④ 자신의 상태(state)

이 경우는 machine은 현재 state에 머무르게 된다.

⑤ 다른 상태(state)

이 경우는 machine은 현재의 상태를 state stack에 저장하고 새로운 state로 진입한다.

⑥ POP_STATE

Machine은 state stack의 top에 있는 state를 pop하며, 이 pop된 state의 이전 state가 현재 state가 된다.

2 상태 머신의 동작

상태 머신(State Machine)은 ui_do_event()로 구현되어 있으며, 그 내용은 다음과 같으며, 상태천이(State Transition)가 어떻게 이루어지는지를 알아보자.

```
ui_do_event(){
static ui_maj_type state=UI_OFF_S;
do {
 switch(state){
  case UI_STARTUP_S :
        new_state= uistate_startup();
        break;
  case  UI_IDLE_S :
        new_state= uistate_idle_s();
        break;
  case  UI_MENU_S :
        new_state= uistate_main_menu();
        break;
  case UI_OFFS_S :
        new_state= uistate_off();
        break;
  default :
        new_state=UI_OFF_S;
        break;
  }?end switch?
  if(new_state==UI_POP_S){
   state=new_state=ui_state_pop();
  }else if(new_state!=UI_NOSTATE_S){
   ui_state_push(state);
   state=new_state;
  }
 }?end do? While(new_state!=UI_NOSTATE_S);
}
```

- UI_STARTUP_S, UI_IDLE_S, UI_MENU_S, UI_OFF_S, UI_POP_S 등은 Major State들이다
- state 변수에는 현재의 major state 값이 저장되어 있다.
- new_state 변수에는 각각의 major state에서 이벤트를 처리하는 함수(uistate_startup(), uistate_idle_s(), …, 등)에서 리턴하는 값을 가지게 되는데, 이 값은 현재의 major state를 그대로 유지하거나 또는 다른 major state 값을 가질 수 있다.

- new_state가 UI_POP_S이면 state stack의 top에 있는 state를 제거하고, 그 다음 위치에 있는 state를 현재의 state로 저장한다(state = new_state = ui_state_pop())
- new_state가 UI_POP_S이 아니고 UI_NOSTATE_S도 아니면 현재의 state를 new_state 변경한다.
- 앞의 ui_do_event() 함수에서 state가 변경되면 각각의 state에 해당하는 처리 함수가 변경되는 것을 알 수 있다.
- 예를 들어 단말기 전원이 꺼져 있는 상태에서 power key를 누르면 단말의 전원이 켜지면서 major state가 UI_OFF_S에서 UI_IDLE_S로 천이하게 되는데 그 과정은 다음과 같다.
- UI_OFF_S는 단말의 전원이 켜지거나 꺼질 때의 state이며, UI_OFF_S의 minor state들을 다루는 uistate_off()는 ret_state를UI_STARTUP_S로 리턴한다.
- ui_do_event()에서는 UI_STARTUP_S를 state stack에 push하고 현재 state를 UI_STARTUP_S로 변경한다.
- UI_STATEUP_S state의 substate를 처리하는 uistate_startup()에서는 UI_STATEUP_S의 minor state를 ENTER_S ID_S IDLE_S SHUT_S 로 순서로 천이시키면서 ret_state를 UI_IDLE_S로 리턴한다.
- ui_do_event()에서는 UI_IDLE_S를 state stack에 push하고 현재 state를 UI_IDLE_S로 변경한다.
- 각각의 major state마다 substate machine을 가지고 있으며, 대부분의 이벤트는 이 substate에서 처리하게 된다. 예로 uistate_idle() 함수는 다음과 같은 형식으로 구현되어 있다.
  - uistate_idle() 함수는 UI_IDLE_S의 substate를 처리하는 State Machine이다.
  - new_state가 NONE_S이 아닐 때까지 이 state machine의 수행이 계속된다. new_state가 NONE_S가 아니다라는 것은 minor state 천이가 이루어진다는 것을 의미한다.
  - 각각의 minor state에서 UI의 이벤트를 처리하는 switch문을 가지고 있으며, 이 switch문에서 이벤트를 처리하고 minor state를 변경하거나 아니면 major state을 변경하기 위해 ret_state를 major state로 설정한다.

```
ui_maj_type uistate_idle(void) {
ret_state = UI_NOSTATE_S;        /* don't assume a return state */
new_state = state;
  while (new_state != NONE_S) [
state = new_state;
new_state = NONE_S
     switch (state) {
     case ENTER_S:
        switch (ui.event) {
        case HS_1_K: case HS_2_K … case HS_0_K:
          ui.event = UI_NONE_F;
          state = IDLING_S
          ret_state = UI_MESSAGE_S
          break
        case XXXX_F:
        }
     case XXXX_S:
     case XXXX_S:
     }
  }
}
```

3 Key 처리 과정

HS 태스크에서 key 입력을 받아들여 UI 태스크의 state machine인 ui_do_event() 함수까지 전달되는 과정을 살펴보자.

1. HS 태스크의 hs_init() 함수에서 keypad_init() 함수를 호출하여 Key Pad를 초기화한다. Key에 대한 상태를 keypad_key_state[ROW][COLUMN]에 저장하고, 사용하지 않는 Key는 KS_NO_KEY로, 사용하는 Key는 ks_KEY_UP으로 설정한다.

2. 일정한 시간 간격으로 키 패드의 값을 읽기 위해 clk_def()으로 clock의 callback timer를 정의하고, clk_reg()로 정의된 타이머를 clock service에 등록한다. clk_reg() 함수의 인자인 keypad_scan_keypad()가 정의한 시간 간격(KEYPAD_POLL_TIME)으로 호출되어 키 패드의 값을 읽는다.

```
clk_def( &keypad_clk_cb_keypad );          /* Init call-back */
clk_reg(&keypad_clk_cb_keypad,             keypad_scan_keypad,             KEYPAD_POLL_TIME,
KEYPAD_POLL_TIME, TRUE );
```

③ keypad_scan_keypad() 함수에서는 키 패드를 스캔하여 눌러진 키가 있으면, KEYPAD_PASS_KEY_CODE(keys[row][column], HS_NONE_K)를 호출한다.

④ KEYPAD_PASS_KEY_CODE()에서 눌러진 키 값을 키 버퍼에 넣고 발생한 키 이벤트를 keypad_event_cb(key_event)를 호출한다. keypad_event_cb() 함수는 UI 태스크를 초기화하는 과정에서 uikey_init()안의 kpd_reg_key_event()에 의해 HS 태스크에 등록된다.

⑤ ui_key_event_cb()에서는 HS 태스크에서 스캔한 키 이벤트를 UI 태스크의 ui_key_buffer에 저장하고, UI 태스크에게 UI_KEY_SIG을 보낸다.

⑥ UI 태스크의 dispatcher는 이벤트(시스널, 명령)가 발생하기를 대기하고 있다가 HS 태스크에서 보낸 UI_KEY_SIG를 받으면 ui_signal() 함수를 호출한다.

⑦ ui_signal()에서 UI_KEY_SIG를 처리하기 위해 handle_keys()를 호출한다. handle_eys()는 get_key()를 이용하여 버퍼에서 키 이벤트를 받아서 handle_hs_key ()를 호출한다.

⑧ handle_hs_key()는 해당 이벤트에 대한 처리가 있을 경우 ui_do_event()를 호출하여 처리하거나 없을 경우에는 ui_add_event()를 호출하여 이벤트 버퍼인 ui_event에 해당 이벤트를 저장한다.

⑨ ui_add_event() 함수에서는 UI 태스크의 이벤트 버퍼인 ui_event에 이벤트를 저장한다. 이 이벤트는 UI 태스크의 dispatcher에서 ui_event 버퍼를 읽어서 ui_do_event()의 매개변수로 전달한다.

⑩ ⑧과 ⑨에서 호출된 ui_do_event() 함수는 매개변수로 전달된 이벤트를 현재의 major state와 minor state에 따라 루틴이 결정되어 처리하게 된다.

6장 무선 단말기 플랫폼의 프로그래밍

6.1 무선 단말기 플랫폼의 구조

무선 단말기 플랫폼인 BREW(Binary Runtime Environment for Wireless)은 모바일 통신 사업자가 사용자에게 유선 인터넷과 같은 다양한 서비스를 무선으로 제공하기 위해 도입한 플랫폼이다.

현재 이와 같은 플랫폼으로는 WIPI, MAP, GVM, XVM 등이 있다.

무선 단말 플랫폼의 도입 목적 중의 하나는 무선 단말용 응용 프로그램을 개발함에 있어서 단말의 폼웨어(Firmware), OS, 응용 프로그램에 직접 접근하지 않고 플랫폼에서 제공하는 API를 이용하여 개발할 수 있다는 것이다.

이 API를 이용하여 개발된 응용 프로그램을 사용자의 단말에 무선으로 다운로드하여 실행시킬 수 있으며, 이를 통해 무선 단말 서비스의 다양화를 꾀할 수 있게 된다.

컨텐츠 제공자 입장에서 보면 단말에 이와 같은 무선 플랫폼이 이식되어 있다면 단말 제조사 독립적인 응용 프로그램 즉, 배경화면, 게임 등과 같은 서비스를 개발할 수 있는 잇점이 있다고 하겠다.

한발 더 나아가 이와 같은 무선 플랫폼이 표준화된다면 컨텐츠 제공자들은 하나의 서비스에 대해 각각의 사업자 무선 플랫폼에 맞게 각각 별도로 개발하던 응용 프로그램을 하나의 응용 프로그램 개발로 여러 사업자의 단말에서 이용할 수 있는 장점을 가진다. 이와 같은 취지로 만들어진 것이 국내의 WIPI(표준 무선 인터넷 플랫폼)이다.

이 문서는 BREW 플랫폼을 이용한 UI 개발에 초점을 맞춰져 있으며 일반적인 무선 인터넷 플랫폼에 대한 내용은 별도의 자료를 찾아보기 바란다.

이 장에서는 BREW의 구조를 살펴보고자 한다. BREW 구조를 제대로 이해하고 있으면 응용 프로그램 개발시에 프로그램의 오류가 발생했을 때 이 오류가 응용, 무선 플랫폼,

단말 중에 어느 부분에 해당되는 문제인지를 구분하는데 있어서 많은 도움을 준다. 단말의 BREW UI 개발에 있어서 먼저 BREW 플랫폼이 단말에 이식이 되어 있어야 하며, 단말 개발 초기 단계에서는 이 플랫폼의 안정화가 이루어지지 않은 경우도 있을 수 있으므로 모든 문제를 응용으로 국한시키는 것에 무리가 있지 않나 생각된다. 따라서 개발 단계 초기에 응용의 실행에 오류가 있을 경우는 응용에서 호출한 BREW API가 BREW 코어를 통해서 이 API에 해당 OEM 함수가 호출되고, 이 OEM 함수에서 DMSS의 서비스 함수를 호출하고, DMSS의 서비스 함수가 정상적으로 호출되는지를 확인해야 한다. 이 호출 과정에서 OEM 함수가 호출되지 않을 경우는 BREW 플랫폼(CORE)의 문제일 가능성이 높고, OEM 함수에서 DMSS의 서비스 함수를 호출하지 않으면 BREW 이식에 문제가 있는 것이고, DMSS 서비스 함수가 제대로 동작하지 않으면 단말의 서비스나 드라이버의 문제일 가능성이 높다. 이와 같은 현상은 실제 극히 드문 경우이므로 플랫폼 이식에 관련된 것은 언급하지 않는다.

1 무선 단말기 플랫폼(BREW)의 구조

BREW 플랫폼은 크게 응용(Application), AEE, OEM(MIL, ChIL), DMSS, H/W(MSM Processor)로 구성되어 있으며, 그 구조 다음의 그림과 같다.

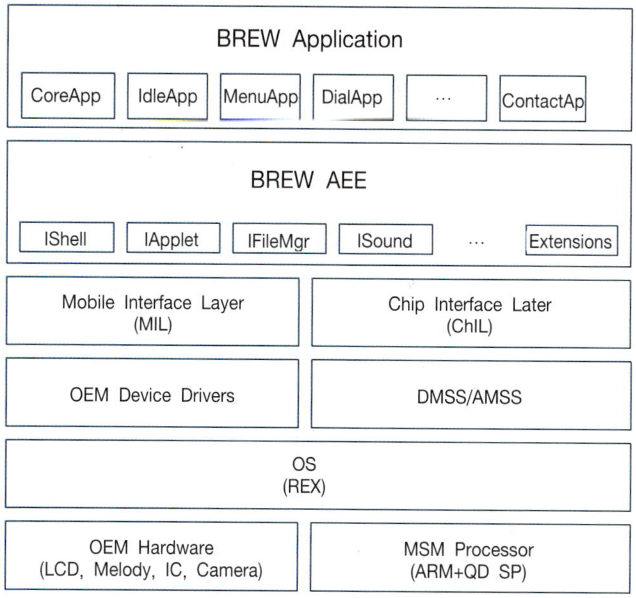

[그림 6-1] 무선 단말기 플랫폼(BREW) 구조

BREW 플랫폼은 응용 프로그램 개발자가 BREW가 이식되어 있는 단말에서 실행될 수 있는 응용을 개발할 수 있는 환경을 제공한다. BREW는 MSM의 DMSS 소프트웨어의 상위 레이어에 위치하고 있으며, 이와 같은 구조는 개발자가 단말의 소스코드 없이 심지어 단말 제조사의 디바이스에 대한 직접적인 이해 없이도 단말에서 실행 가능한 응용을 개발할 수 있게 해준다.

① BREW 응용

BREW AEE(Application Execution Environment)에서 제공하는 BREW API(IShell, IApplet, IFileMgr, … 등)을 이용하여 작성된 독립적으로 실행 가능한 응용 프로그램이다. 예를 들어 CoreApp는 BREW AEE(BREW 플랫폼의 Core)에서 제공하는 API를 이용하여 구현된 응용의 하나이다. 이 응용의 동작은 API를 통해 BREW AEE에게 특정한 작업을 요청하면 BREW AEE는 API에 상응하는 OEM 레이어의 함수를 호출하여 실행시킨 후, 처리 결과를 응용에게 이벤트나 callback 함수를 호출하는 것으로 응답한다.

② BREW AEE(Application Execution Environment)

일반적인 컴퓨터의 OS와 같이 파일 시스템, 네트워크, 데이터베이스 등과 같은 서비스를 제공한다. 오브젝트 기반의 애플릿(Applet)을 로드하고 실행하게 해주는 BREW 플랫폼의 코어이며, Event-Driven 방식과 API의 확장(BREW Extension)을 지원한다. 애플릿은 응용의 요청에 의해 AEE가 로드하게 된다.

③ BREW API

BREW AEE에서 제공하는 서비스를 사용하기 위해서는 이 BREW API를 사용해야 한다. 대부분의 플랫폼은 이와 같은 API를 제공한다. 따라서 플랫폼 기반의 응용 개발에 있어서 제공되는 API의 이해가 필수이므로 뒤에서 좀 더 자세하게 다루고자 한다.

④ ChIL(Chip Interface Layer)

MSM에서 제공하는 CMX, sockets, gpsOne, 그리고 Bluetooth 등과 같은 서비스를 AEE에서 사용할 수 있는 인터페이스 레이어이다. 이 레이어는 기본적으로 구현되어 있다. 만약 DMSS의 제공 서비스의 소스코드가 변경되었을 경우 이에 대응하는 인터페이스도 BREW 호환성이 유지되도록 ChIL의 인터페이스 함수도 변경되어야 한다.

⑤ MIL(Mobile Interface Layer)

ChIL에서 제공되지 않는 단말기 화면제어, 동적 메모리관리, 데이터베이스 서비스, 한글입력처리 등과 같은 기능을 위한 인터페이스를 제공한다. 이 레이어도 기본적으로 구현되어 있다. BREW 플랫폼을 이식한다는 것은 이 레이어에서 OEM Device Driver에 있는 함수를 정확하게 호출할 수 있도록 구현해주는 것을 의미한다.

⑥ OEM Device Driver

MSM과 인터페이스되는 LCD, Melody IC, Camera 모듈 등과 같은 하드웨어 드라이버로서 하드웨어를 제어한다.

2 무선 단말기 플랫폼의 개발 환경

퀄컴에서 정의한 ADS에서 서비스되는 상용 BREW 응용 배포 절차는 다음과 같으며, ED-2947의 경우는 이와 같은 상용 응용을 개발하는 것이 아니라 단말의 UI 응용을 개발하는 것에 초점이 맞춰져 있다. 따라서 아래 절차 중에서 응용 인증, 다운로드 서버에 등록, 사용자 다운로드 과정은 생략된다. 하지만 모든 단말 제조사에서도 이와 같은 배포 절차와 유사한 개발 프로세스가 정의되어 있다.

① BREW SDK를 이용한 응용 개발

퀄컴으로부터 응용의 CLASS ID를 부여받아야 한다. 이 CLASS ID는 ADS(Application Download Server)에 등록된 수많은 응용의 식별자로 사용된다.

② 단말에 적용

개발된 응용을 개발자가 테스트하고 보완하는 단계이다. 이와 같은 자체 검증이 된 응용은 퀄컴의 인증을 받아야 서비스를 할 수 있다.

③ 응용 인증

퀄컴의 ADS에 테스트 응용을 등록하면 퀄컴에서 이 응용을 검증하게 된다. 만약 검증이 실패한 경우는 그 결과를 개발자에게 알려 준다. 그러면 개발자는 이 문제를 해결하여 다시 인증을 의뢰하여야 한다.

④ 다운로드 서버(ADS)에 등록

검증된 상용 응용을 등록한다.

⑤ 사용자 다운로드

사용자 단말에서 상용 응용을 다운로드하여 실행한다.

BREW 응용 개발하기 위해서는 BREW SDK, ARM Compiler, Visual Studio, 다운로더 등과 같은 소프트웨어 개발 도구를 설치해야 하고 ED-2947 보드, 데이터 케이블, ICD 장비를 갖춰야 한다.

⑥ BREW SDK

퀄컴 사이트에서 다운로드하여 설치한다. PC상에서 응용을 실행시킬 수 있는 BREW Simulator, Document, Sample 프로그램 등이 설치된다. 또한 SDK Tool (BREW Resource Edior, BREW MIF Editor, BCI Authoring Tool)도 다운로드하여 설치한다.

⑦ ARM 컴파일러

단말에서 실행되는 응용은 ARM 컴파일러로 컴파일하여야 한다. 그리고 make 유틸리티를 사용하기 위해 Cygwin과 Perl을 설치해야 한다.

⑧ Visual Studio

BREW 시뮬레이터상에서 실행되는 응용을 컴파일할 경우에는 MS의 Visual Studio와 퀄컴에서 제공하는 BREW Visual Studio Add-ins이 설치되어야 한다.

⑨ 다운로드 프로그램

ARM 컴파일러로 컴파일한 코드를 단말에 다운로드하기 위해서는 별도의 USB 다운로드 프로그램을 설치해야 한다.

3 무선 단말기 플랫폼의 응용 개발 절차

BREW UI 응용 개발에 있어서 먼저 단말용 응용을 개발하기 보다는 BREW 시뮬레이터용으로 컴파일하여 BREW 시뮬레이터상에서 기능의 동작 여부를 확인한 후에 단말용으로 컴파일하기를 권한다. 왜냐하면, 시뮬레이터용 응용의 컴파일과 디버깅 환경이 단말용 응용의 컴파일 시간 보다 빠르고 사용자에게 친숙하며, 두 번째는 단말에서 기능상의 오류를 디버깅하는 것은 컴파일하여 다운로드하고ICD(In-Circuit Debugger : A-1000, Trace 32)를 사용하지만 시뮬레이터 환경에서 컴파일한 후에 다운로드 없이 바로 실행시켜 기능을 확인하고 디버깅할 수 있다는 것이다.

BREW 시뮬레이터용 응용을 개발하는 절차는 다음과 같다.

1. MS Visual Studio를 이용하여 BREW Project를 만든다. Visual Studio의 New Project 화면에서 BREW Application Wizard를 선택하고 프로젝트명을 TESTAPP로 하여 프로젝트를 만든다. 그러면 BREW 응용 생성에 필요한 AEEAppGen.c와 AEEModGen.c, 그리고 TESTAPP.c 파일이 생성된다.

2. MIF 편집기로 응용 로드에 필요한 모듈의 Class ID, Applet Title, Applet Icon Image, Copyright 등과 같은 MIF(Module Information File)을 생성한다.

3. Resource 편집기를 이용하여 응용에서 사용되는 String, Image, Dialog, Control 등과 같은 리소스를 만든다.

4. 앞에서 생성한 MIF(*, bid) 파일과 리소스(*.bar) 파일을 프로젝트에 추가하고 컴파일하여 DLL을 생성한다.

5. BREW 시뮬레이터에서 생성된 DLL을 실행시킨다. 시뮬레이터의 Applet Directory의 경로와 MIF 디렉토리의 경로를 New Project에 의해 생성된 프로젝트의 경로명으로 설정하면 만들어진 응용이 실행된다.

위와 같이 개발된 응용이 시뮬레이터상에서 정상적으로 동작할 경우는 이 응용을 단말용으로 컴파일하여 단말에 다운로드하고 실행시킨다.

BREW 응용은 응용 관리자에 의해 동적으로 로드되는 Dynamic Application과 단말의 소스코드과 함께 컴파일하여 실행 파일이 만들어지는 Static Application이 있다. Dynamic 응용 일반 사용자가 ADS(Application Download Server)에서 무선으로 응용을 다운로드하여 실행시키는 형태이고, Static 응용은 단말의 소스코드에 포함되는 컴파일되는 형태이다. 따라서 여기서 언급되는 내용은 Static 응용에 대한 내용이다. 그리고 앞의 시뮬레이터용 응용 개발에서 Visual Studio의 프로젝트명을 “TESTAPP”로 했다고 가정한다.

1. 프로젝트 디렉토리에 있는 AEEAppGen.c와 AEEModGen.c 두 파일을 제외하고 다른 나머지 파일들을 단말 소스코드의 apps 폴더 아래 TestApp라는 폴더를 만들고 이 폴더로 복사를 한다.

② TESTAPP.c 파일에 모듈을 로드하는 함수와 모듈 정보를 가져오는 함수를 추가한다. 시뮬레이터용 응용에서는 AEEModGen.c의 AEEMod_Load() 함수로 구현되어 있는 부분인데, 실제 단말에서는 여러 개의 모듈이 존재하므로 이 함수의 이름을 TestApp_Load로 변경하여 추가하여야 한다. 또한 TestApp_GetModInfo() 함수도 추가하여야 한다.

```
int TestApp_Load(IShell *ps, void * pHelpers, IModule ** pMod) {
    return(AEEStaticMod_New((int16)(sizeof(AEEMod)), ps, pHelpers, pMod,
            TestApp_CreateInstance, NULL));
} /* End TestApp _Load */

PFNMODENTRY PFNMODENTRY TestApp_GetModInfo(IShell * ps, AEECLSID ** ppClasses,
                        AEEAppInfo ** pApps, uint16 * pnApps, uint16 * pwMinPriv) {
    *pApps = (AEEAppInfo *)&gaiTestApp
    *pnApps = 1;
return((PFNMODENTRY)TestApp_Load);
}/* End TestApp_GetModInfo */

#ifdef AEE_STATIC
static AEEAppInfo gaiTestApp = {AEECLSID_TESTAPP_APP,
                    TESTAPP_RES_FILE,
                    IDS_TESTAPP_TITLE,
                    0, 0, 0, 0 , AFLAG_PHONE | AFLAG_STATIC | AFLAG_HIDDEN};
#endif /* AEE_STATIC */
```

③ TESTAPP.c 파일의 AEEClsCreateInstance 함수 이름을 앞의 TestApp_Load() 함수에서 호출하는 AEEStaticMod_New의 매개 변수에서 사용한 TestApp_CreateInstance로 변경해 준다.

```
[[변경전 소스파일]]
/*===========================================================================
FUNCTION: AEEClsCreateInstance
===========================================================================*/
int AEEClsCreateInstance(AEECLSID ClsId, IShell *pIShell, IModule *po, void **ppObj)
{
[[변경후 소스파일]]
/*===========================================================================
FUNCTION: AEEClsCreateInstance
===========================================================================*/
int TestApp_CreateInstance (AEECLSID ClsId, IShell *pIShell, IModule *po, void **ppObj)
{
```

④ OEMModTableExt.c 파일에 정의된 gOEMStaticModList에 변수에 다음과 같은 아이템을 추가한다. 추가되는 아이템은 모듈의 MIF 파일 경로명과 Static 모듈의 entry_point 정보이다.

```
const AEEStaticMod gOEMStaticModList[] =
{
                                            .
                                            .
                                            .
{AEEFS_MIF_DIR"testapp.mif", TestApp_Load}
}
```

⑤ 위와 같은 변경 작업 후에는 ARM 컴파일러로 컴파일을 해야 한다. 컴파일은 make 유틸리티를 사용한다. 소스코드의 build\ms 폴더에는 이 make의 입력 파일인 msm6500.mak 파일이 제공되어 있으며, make의 실행은 ed100.cmd를 DOS 커맨드 창에서 실행하면 된다.

ed100.cmd 실행시에 새로 추가한 TESTAPP 응용이 컴파일되게 하기 위해 TestApp 폴더에 make rule이 들어 있는 testspp.min 파일을 추가한다.

```
#----------------------------------------------------------------
# TESTAPP - TestApp Application
#----------------------------------------------------------------
TESTAPP_SOURCES=₩
        TestApp.c

vpath %.c $( TESTAPP)

TESTAPP_OBJS :=  $(addprefix $(TARGETDIR)/, $(TESTAPP _SOURCES:%.c=%.o))
TESTAPP_DEPS :=  $(addprefix $(TARGETDIR)/, $(TESTAPP _SOURCES:%.c=%.dep))
$( TESTAPP
```

단말의 소스코드의 다른 응용 min 파일을 복사하여 TESTAPP와 TestApp가 들어 간 위치에 있는 이름을 TESTAPP와 TestApp로 변경해주면 된다. 위 파일의 내용을 간단하게 설명하면, TESTAPP_OBJS는 TESTAPP_SOURCES에 정의된 *.c 파일을 *.o로 변경한 오브젝트와 dependency를 가진다는 것이다. 만약 TESTAPP_SOURCES에 나열된 파일 중에서 변경된 것이 있으면 그 파일을 다시 컴파일하라는 make 유틸리티의 규칙이다. addprefix는 *.o 파일의 이름 앞에 $(TARGETDIR)/ 경로를 추가하라는 것이며,

TARGETDIR 변수 값이 추가된다. 그리고 "APPFLAGS = -DBREW_STATIC_APP -DAEE_STATIC"는 컴파일시에 BREW_STATIC_APP와 AEE_STATIC이 정의되었다는 것을 의미하며, 이것은 소스코드상에서 #define BREW_STATIC_APP와 #define AEE_STATIC과 같이 정의하는 것과 동일하게 동작한다.

1. Inpaths.min 파일에 "TESTAPP = $(SRCROOT)/apps/testapp" 라인을 추가한다.

2. testapp.min에서 정의한 make 유틸리티의 규칙을 make에 추가하기 위해서는 Dmss_objects.min 파일에 "include $(TESTAPP)/testapp.min" 라인을 추가한다.

3. testapp.min 파일에서 정의한 TESTAPP_OBJ를 Dmss6500.mak 파일의 OBJECTS 변수에 "$(TESTAPP_OBJ)"를 추가한다.

4. 소스코드의 build\ms 폴더에 있는 ed100.cmd를 DOS 명령 창에서 실행시킨다. 추가된 TESTAPP 응용이 컴파일되고 실행 파일이 만들어진다.

5. 이와 같이 생성된 ed100.bin 파일을 다운로드 프로그램으로 ED-2947 단말에 다운로드하여 실행시키면 된다. 그런데 TESTAPP 응용을 동작시키라면 추가적으로 ED-2947의 MENU에서 하나의 메뉴 아이템을 추가하고 이 아이템이 선택되었을 때, ISHELL_StartApplet() 함수를 호출하여야 TESTAPP 응용이 실행된다. 이와 같은 작업은 실습 교재를 참고하기 바란다.

6.2 무선 단말기 플랫폼의 프로그래밍

이 절에서는 BREW Static Applet의 구조와 Event Handler에 대한 내용을 다룬다. 단말의 UI 대부분의 기능 구현은 사용자 입력과 같은 이벤트를 어떻게 처리할 것이냐를 코드로 나열한 것이라고 이해하면 된다. 이런 관점에서 보면 이벤트를 처리하는 Event Handler가 응용의 흐름을 제어하는 핵심이 아닌가 한다.

BREW 프로그래밍은 BREW API를 사용하여 응용을 개발한다는 것이다. 기존 DMSS UI 기능은 상태 머신 구조로 구현되어 있고, 이벤트를 상태 머신에서 처리하고 있다. 그러나 BREW 응용의 이벤트는 Window 프로그램과 같이 Event Handler에서 처리한다. 하지만 ED-2947의 응용 중에서 Event Handler 내에서 상태 머신이 구현되어 있는 응용도 있다.

1 무선 단말기 플랫폼의 Static Applet 구조

BREW 응용은 모듈로 구성되어 있고 모듈은 Applet Class와 단순히 서비스를 정의하는 클래스로 이루어져 있고 애플릿은 실행할 수 있는 Class로 정의되어진다. 여기서 클래스라는 것은 일반 오브젝트 기반 프로그램의 Class와 동일한 구조이지만 BREW에서는 상속을 지원하지 않는다는 차이점이 있다.

BREW는 오브젝트 기반의 프로그램을 지원하며 오브젝트는 클래스의 인스턴스를 말한다. 하나의 오브젝트는 여러 클라이언트가 공유하게 된다. 따라서 BREW에서는 메모리를 확보하기 위해서 오브젝트가 클라이언트에 참조되어질 때 reference count를 증가시키고 오브젝트 참조를 해제할 때 reference count를 감소시킨다. 만약 이 reference count가 0이 되었을 때 이 오브젝트를 소멸시킨다.

하나의 클래스에 대한 오브젝트는 인스턴스를 처음 생성 요청했을 때 한 번만 생성하고RefCnt를 1만큼 증가시킨다. 그 다음에 인스턴스 생성을 요청했을 때는 오브젝트가 별도로 생성되는 것이 아니고 RefCnt만 1만큼 증가하게 된다. 오브젝트를 릴리즈하게 되면 RefCnt를 1만큼 감소시키고 이 RefCnt가 0이 되면 오브젝트를 소멸시킨다.

BREW Applet의 구조는 생성, InitAppData, Event Handler, FreeAppData, 종료 부분으로 구성되어 있다. 생성과 종료는 플랫폼에 의해 이루어지므로 크게는 InitAppData,

Event Handler, FreeAppData로 구성되어 있다고 볼 수 있다.

1) 모듈 정보 등록

모듈 정보 등록은 BREW 플랫폼에서 모듈을 로드하기 위해 필요한 정보와 함수를 정의하는 것이다. 먼저 OEMModTableExt.c 파일에 정의된 gOEMStaticModList에 변수에 다음과 같은 아이템을 추가한다. 추가되는 아이템은 모듈의 MIF 파일 경로명과 Static 모듈의 entry_point 정보이다.

```
const AEEStaticMod gOEMStaticModList[] =
{
                                        .
                                        .
                                        .
{AEEFS_MIF_DIR"testapp.mif", TestApp_Load}
}
```

TestApp.c 파일에 Dynamic Application의 MIF에 해당하는 AEEAppInfo를 정의한다.

```
#ifdef AEE_STATIC
static AEEAppInfo gaiTestApp = {AEECLSID_TESTAPP_APP,
                               TESTAPP_RES_FILE,
                               IDS_TESTAPP,
                               0, 0, 0, 0 , AFLAG_PHONE | AFLAG_STATIC | AFLAG_HIDDEN};
#endif /* AEE_STATIC */
```

그리고 모듈 정보를 리턴해주는 TestApp_GetModInfo() 함수를 정의한다.

```
PFNMODENTRY PFNMODENTRY TestApp_GetModInfo(IShell * ps, AEECLSID ** ppClasses,
                        AEEAppInfo ** pApps, uint16 * pnApps, uint16 * pwMinPriv) {
    *pApps = (AEEAppInfo *)&gaiTestApp
    *pnApps = 1;
return((PFNMODENTRY)TestApp_Load);
} /* End TestApp App_GetModInfo */
```

플랫폼에서 호출할 모듈 로드 함수인 TestApp_Load() 함수를 정의한다.

```
int TestApp_Load(IShell *ps, void * pHelpers, IModule ** pMod) {
    return(AEEStaticMod_New((int16)(sizeof(AEEMod)), ps, pHelpers, pMod,
            TestApp_CreateInstance, NULL));
} /* End TestApp _Load */
```

2) 생성

플랫폼에 의해 TestApp_Load() 함수가 호출되면 이 함수에서는 AEEStaticMod_New() 함수를 호출하게 된다. 이 함수는 TestApp의 Class ID에 해당하는 Applet instance를 생성하는 TestApp_CreateInstance()을 호출한다.

```
int TestApp_ClsCreateInstance(AEECLSID ClsId, IShell *pIShell, IModule *po, void **ppObj) {
        *ppObj = NULL;
        if( ClsId == AEECLSID_TESTAPP ) {
                // Create the applet and make room for the applet structure
                if( AEEApplet_New(sizeof(TESTAPP),
                        ClsId, pIShell, po, (IApplet**)ppObj,
                        (AEEHANDLER)TESTAPP_HandleEvent,
                        (PFNFREEAPPDATA)TESTAPP_FreeAppData) ) {
                        if(TESTAPP_InitAppData((TESTAPP*)*ppObj)) {
                                //Data initialized successfully
                                return(AEE_SUCCESS);
                        } else {
IAPPLET_Release((IApplet*)*ppObj);
                                return EFAILED;
                        }
                } // end AEEApplet_New
        }
return
```

AEEApplet_New() 함수를 호출하면 플랫폼에서는 TestApp의 인스턴스를 생성하고, 이 생성이 정상적이면 TESTAPP_InitAppData()을 호출하여 Applet를 초기화한다. TestApp_HandleEvent는 TestApp의 Event Handler이고, TESTApp_FreeAppData()는 Applet이 종료될 때 호출되는 종료 함수이다.

3) InitAppData

AEEAppletNew() 함수가 플랫폼에서 정상적으로 실행되었다는 것을 리턴해 주면

TestApp_InitAppData()가 호출된다. 이 함수가 Applet의 인스턴스가 생성된 후에 처음 호출되는 함수이므로 개발자는 Applet의 멤버 변수 초기화와 같은 코드를 이 함수에 삽입하면 된다. 또한 Applet에서 사용하는 인터페이스의 초기화도 이 부분에 기술하면 된다.

4) Event Handler

단말에서 발생하는 키 패드 이벤트가 DMSS에서 입력으로 받아들여져 BREW 이벤트로 변환되어 BREW 플랫폼에 전달되는 이벤트가 발생할 경우, 플랫폼은 애플릿의 상태가 Active인 Applet의 Event Handler를 호출해 준다. Event Handler를 호출할 때 발생한 이벤트의 코드 값과 두 개의 매개변수 값을 넘겨준다. 애플릿의 Event Handler는 이 이벤트를 처리하게 된다. 그리고 Event Handler는 인터턴스 생성시에 호출되는 AEEApplet_New() 함수의 매개변수로 전달한 TESTAPP_HandleEvent() 함수를 플랫폼에서 호출해 준다.

```
static boolean TESTAPP_HandleEvent(TESTAPP* pMe, AEEEvent eCode, uint16 wParam,
uint32 dwParam) {
    switch (eCode) {
        case EVT_APP_START:         // App is told it is starting up
            // Add your code here...
            return(TRUE);
case EVT_APP_STOP:                  // App is told it is exiting
            // Add your code here...
return(TRUE);
case EVT_APP_SUSPEND:     // App is being suspended
            // Add your code here...
            return(TRUE);
case EVT_APP_RESUME:      // App is being resumed
            // Add your code here...
            return(TRUE);
case EVT_KEY:
// Add your code here...
            return(TRUE);
default:
break;
    }
    return FALSE;
}
```

5) FreeAppData

애플릿이 종료될 때 플랫폼에서 AEEApplet_New() 함수의 매개변수로 전달한 TESTAPP_FreeAppData() 함수를 플랫폼에서 호출해 준다. 애플릿 초기화에서 다른 인터페이스를 생성했거나 동적으로 할당한 메모리가 있을 경우 이 함수에서 그 메모리를 해제해주는 것과 같은 코드를 기술하면 된다.

6) 종료

플랫폼에서 애플릿의 FreeAppData을 실행한 후에 RefCnt가 0일 경우 AEEApplet_New()에 의해 생성된 인스턴스를 릴리즈한다.

2 Event Handler

앞의 애플릿 구조에서 이벤트 핸들러의 구조를 간단하게 살펴보았으며, 여기에는 BREW 이벤트 종류와 이 이벤트 중에서 Applet 이벤트와 키 패드의 키 이벤트 대해 알아보자.

이벤트의 종류는 크게 시스템 이벤트와 유저 이벤트로 나뉘어져 있으며, 플랫폼에서 정의한 이벤트들은 다음과 같다.

① Applet State Event

EVT_APP_START : 애플릿이 시작되었다는 이벤트

EVT_APP_STOP : 애플릿을 종료한다는 이벤트

EVT_APP_SUSPEND : 애플릿의 상태가 대기상태가 되었다는 이벤트

EVT_APP_RESUME : 애플릿이 대기상태에 있다가 Running 상태가 되었다는 이벤트

② Key Event

EVT_KEY : 키가 발생한다는 이벤트

EVT_KEY_PRESS : 키가 눌러졌을 때 발생하는 이벤트

EVT_KEY_RELEASE : 키가 눌러졌다가 다시 올라 왔을 때 발생하는 이벤트

③ Control Event

EVT_COMMAND : control이 선택되었을 때 사용하는 이벤트

EVT_CTL_TAB : control에서 focus가 변경되었을 때 보내주는 이벤트

EVT_CTL_SET_TITLE : title이 설정되었을 때 발생하는 이벤트

EVT_CTL_SET_TEXT : Text Control에서 Text가 입력되었을 때 발생하는 이벤트

EVT_CTL_ADD_ITEM : Menu Control에서 아이템이 추가되었을 때 발생하는 이벤트

EVT_CTL_CHANGING : control의 값이 변경되었을 때 발생하는 이벤트

EVT_CTL_MENU_OPEN : softkey menu가 활성화되기 전에 발생하는 이벤트

EVT_CTL_SKMENU_PAGE_FULL : Menu Control에서 menu page가 full 되었을 때 보내주는 이벤트

EVT_CTL_SEL_CHANGED : Menu Control에서 아이템이 선택되었을 때 발생

EVT_CTL_TEXT_MODECHANGED : Text Control에서 문자 모드 변경되었을 때 발생

④ Dialog Event

EVT_DIALOG_INIT : Dialog가 생성될 때 발생하는 이벤트

EVT_DIALOG_START : Dialog가 시작되었을 때 발생하는 이벤트

EVT_DIALOG_END : Dialog가 정상적으로 종료되었을 때 발생하는 이벤트

⑤ Shell Event

EVT_ALARM : 알람 시간이 만료되었을 때 발생하는 이벤트

EVT_NOTIFY : 등록된 notification 있을 경우 발생하는 이벤트

EVT_APP_NO_CLOSE : 애플릿이 종료되지 않았을 경우 발생하는 이벤트

EVT_APP_NO_SLEEP : 애플릿이 오래 동안 대기 상태로 천이되지 않을 경우

EVT_MOD_LIST_CHANGED : 모듈 리스트가 변경되었을 때 발생하는 이벤트

⑥ Device Event

EVT_FLIP : 단말의 상태가 변경되었을 때 발생하는 이벤트

EVT_HEADSET : 헤드셋이 탈·장착될 때 발생하는 이벤트

⑦ Clipboard event

EVT_CB_CUT : Clip Board의 내용을 잘라낼 때 사용하는 이벤트

EVT_CB_COPY : Clip Board의 내용을 복사할 때 사용하는 이벤트

EVT_CB_PASTE : Clip Board의 내용을 붙여넣기할 때 사용하는 이벤트

유저 이벤트는 플랫폼에 정의되어 있지 않고 사용자의 필요에 의해 정의한 이벤트이다. 이 이벤트로 Applet간에 통신을 할 수 있게 된다.

앞에서 나열한 모든 이벤트에 대한 처리 코드를 이벤트 핸들러에 기술해야 하는 것은 아니고 애플릿에 처리해야 하는 것만 기술하면 된다.

앞에서 설명한 TestApp 애플릿의 이벤트 핸들러는 TESTAPP_HandleEvent() 함수이다. 이 함수를 통해서 이벤트 핸들러의 구조를 이해할 수 있었을 것으로 판단된다. 이 핸들러에서 처리하는 Event와 그 의미를 살펴보면 다음과 같다.

⑧ EVT_APP_START

플랫폼에서 애플릿이 생성되었다는 것을 애플릿에게 알려 주는 이벤트이다. ISHELL_StartApplet()을 호출하면 발생하는 이벤트이다. 이 부분에는 애플릿이 처음 시작했을 때 처리해야 할 일들을 기술하면 된다.

⑨ EVT_APP_STOP

플랫폼에서 애플릿이 종료 직전에 애플릿에게 이 이벤트를 보내준다. ISHELL_ Close-Applet()을 호출하면 발생하는 이벤트이다. 이 부분에서 애플릿의 종료 전에 처리해야 할 일들을 기술하면 된다.

⑩ EVT_APP_SUSPEND

플랫폼에서 애플릿의 대기 상태가 되었다는 것을 애플릿에게 알려 주는 이벤트이다. 이 이벤트는 다른 애플릿이 Active되어 Running 상태가 되면 이 이벤트를 플랫폼에서 보내 준다. 만약 현재 running 상태인 애플릿에서 다른 애플릿의 생성을 ISHELL_ StartApplet() 함수로 플랫폼에 요청하면, 플랫폼에서는 새로운 애플릿을 생성하고 이를 요청한 애플릿에게는 EVT_APP_SUSPEND 이벤트를 보내준다. 이 부분에서는 애플릿이 일시 정지했을 때 처리해야 할 일들을 기술하면 된다. 애플릿이 중지되었을 경우 타이머를 중지시켜야 할 필요성이 있으면 이 부분에 그 코드를 기술하면 된다.

⑪ EVT_APP_RESUME

애플릿이 대기 상태에 있다가 다시 실행(Running) 상태가 되었을 때 플랫폼이 이 이벤트를 애플릿에게 보내준다. 이 부분에서는 애플릿이 대기 상태가 되었을 때 했던 작업을 원상태로 복구해야 할 일들을 기술하면 된다.

⑫ EVT_KEY

키 이벤트가 Applet의 Event Handler에게 전달되는 과정은 다음과 같다.

- 키 패드에서 키가 눌러지면 DMSS의 HS task에서 이 키 값을 DMSS의 key 코드로 변환하여 key buffer에 저장하고 UI_KEY_SIG 시그널을 UI task에 보낸다.
- UI task에서 이 시그널을 받으면 키에 대한 처리를 하고 이 키 코드를 BREW의 키 코드 값으로 변환하여 플랫폼의 이벤트로 등록한다.
- BREW 플랫폼은 UI에서 넘겨준 이벤트를 현재 실행중인 Active Applet에게 전달된다.
- 현재 실행중인 애플릿의 이벤트 핸들러는 전달된 이벤트를 처리하게 된다. 만약 이벤트 핸들러에서 처리 대상이 아닌 경우는 바로 플랫폼으로 리턴된다.

위와 같이 이벤트 핸들러가 플랫폼에 의해 호출될 때 매개 변수 wParam에는 이벤트가 발생한 키의 코드 값이 들어 있다. 현재 정의된 키 코드 값에는 AVK_0, AVK_1, AVK_2, AVK_3, AVK_4, AVK_5, AVK_6, AVK_7, AVK_8, AVK_9, AVK_SELECT, AVK_UP, AVK_DOWN, AVK_LEFT, AVK_RIGHT, AVK_STAR, AVK_POUND, AVK_SOFT1 등과 같은 것들이 있다.

대부분의 UI의 동작은 애플릿이 실행 상태에서 어떤 이벤트가 입력되면 어떤 처리를 해야 하는지로 설계되어 있으므로, AVK_KEY 이벤트를 받으면 이 이벤트의 wParam의 키 코드 값에 따라 정해진 기능이 실행되도록 코드를 기술하면 된다.

⑬ EVT_USER

개발자가 애플릿간의 상호 작용(Communication)을 위해 이벤트를 추가할 필요성이 있다. 이런 경우에는 EVT_USER 뒤에 사용자가 정의한 이벤트를 추가하면 된다.

⑭ EVT_NOTIFY

BREW 플랫폼에서 애플릿으로 보낼 Notification이 있을 경우 애플릿에 전달되는 이벤트이며, 애플릿이 이벤트를 받기 위해서는 먼저 애플릿 수신하고자 하는 Notification을 등록해야 한다.

3 개발자 권고 사항

BREW 프로그래밍에 있어서 실수와 개발 기간을 최소화하기 위해 몇 가지 권고 사항이 있으며 다음과 같다.

① NULL pointer 확인

BREW interface의 인스턴스를 생성했을 때 리턴 값이 NULL이면 인스턴스 생성이 실패했다는 것을 의미한다. 동적 메모리 할당받았을 때 리턴 값이 NULL이면 메모리 할당에 실패했다는 의미이다.

이와 같이 NULL을 확인하지 않으면 원하지 않은 결과나 단말이 리셋이 발생한다.

② 다국어 지원은 리소스 사용

다국어 지원하기 위한 스트링은 리소스 파일을 활용하면 다른 언어 처리를 위한 hard code를 하지 않아도 된다.

③ 메모리 해제

동적 메모리를 할당받아 사용한 경우는 더 이상 사용되지 않아도 될 시점에서는 필히 메모리를 해제해줘야 한다. 그러지 않으면 동적 메모리 부족 현상이 야기될 수 있다.

④ BREW에서 제공하는 standard library 사용

임베디드 시스템은 메모리 제약이 많으므로 컴파일된 코드 크기를 최소화하려면 BREW 제공하는 표준 라이브러리를 사용하는 것이 좋다. 그래서 strcpy, strcat 등을 이에 대응되는 STRCPY, STRCAT을 사용하면 된다. 보통 C 표준 라이브러리 함수는 소문자로 되어 있는데, 이 함수 대응되는 BREW 표준 라이브러리는 대문자로 되어 있다. BREW에서는 이와 같은 함수를 helper 함수라고 한다.

6.3 무선 단말기 플랫폼의 API

BREW 구조 및 개발 환경, 개발절차, Applet 구조, Event Handler 구조 등을 살펴보면서 BREW 프로그래밍 개념을 이해했을 것으로 본다.

앞 부분의 설명이 부족했다면 BREW SDK 매뉴얼이나 시중에 판매되고 있는 책을 참고하기 바란다.

이 절에서는 BREW Applet에서 사용하는 BREW API(Application Programming Interfcae)

에 대한 설명을 간략하게 하고자 한다. 인터페이스란 32 비트 ID를 가진 객체로서 같은 기능을 하는 함수들의 집합이다. 이 부분에서 설명된 것 보다 자세한 내용은 BREW SDK의 BREW API 문서를 참고하기 바란다.

1 ISHELL 인터페이스

ISHELL은 BREW의 핵심 인터페이스로서 Application Service, Timer & Alarm, Event, Preference, Registry, Notification, Resource와 같은 서비스를 제공한다.

1) Application Service

- ISHELL_CreateInstance()
  지정된 CLASS ID를 가진 인터페이스의 인스턴스를 생성
- ISHELL_StartApplet()
  애플릿을 실행시킴
- ISHELL_CloseApplet()
  애플릿을 종료시킴

2) Timer & Alarm

- ISHELL_SetTimer(), ISHELL_SetTimerEx()
  애플릿에서 Timer를 설정하는데 사용하는 인터페이스 함수이며, 지정된 시간이 경과된 후에는 callback 함수가 호출되어진다. 애플릿이 종료되면 Timer는 소멸된다.
- ISHELL_SetAlarm()
  애플릿에서 알람을 설정하는 함수이며, 설정 시간이 경과된 후에는 EVT_ ALARAM 이벤트가 애플릿에 전달된다.
- ISHELL_CancelTimer(), ISHELL_CancelAlarm()
  설정된 Timer와 알람의 설정을 취소시킨다.

3) Event

- ISHELL_SendEvent()
  특정 애플릿에게 지정한 이벤트를 전달하는 함수. 이 함수를 호출하면 지정한 이

벤트가 해당 애플릿으로 즉시 전달되며, 제어가 이벤트를 수신한 애플릿으로 넘어가고, 이 이벤트 수신한 애플릿에서 이벤트에 대한 처리가 완료되어 리턴될 때까지 이벤트를 보낸 애플릿은 대기하게 된다.

- ISHELL_PostEvent()

  특정 애플릿에게 지정한 이벤트를 전달하는 함수이다. 이 이벤트 전달 즉시 처리되는 것이 아니라 수신측 애플릿의 이벤트 큐에 저장되어 있다가 보낸 애플릿의 현재 처리 중인 이벤트나 callback 함수가 종료되었을 때 처리된다.

- ISHELL_PostEventEx()

  특정 애플릿에 지정한 이벤트를 전달하는 함수이다. 수신측 이벤트 큐에 새로 보낸 이벤트가 큐에 이미 저장되어 있더라도 이 이벤트 수신측 이벤트 큐에 저장한다.

4) Notification

- ISHELL_RegisterNofity()는 다른 클래스에 의해 발생되는 notification을 애플릿에서 처리하기 위해 notification을 등록하는 함수이다. 등록된 notification이 발생하면 EVT_NOTIFY 이벤트를 받게 된다.

- ISHELL_Resume()

  이 함수는 SHELL에 callback 함수를 등록하는 함수이다. SHELL은 이벤트 루프가 불리워진 다음에 이 callback 함수를 호출한다. 이 callback은 시간이 많이 소요되는 루프를 작은 단위로 나누어 처리할 경우에 사용한다. 이 함수를 사용하려면 먼저 CALLBACK_Init()을 호출하고 ISHELL_Resume() 함수를 호출하여야 한다.

5) BREW 리소스(Resource)

- ISHELL_LoadResString()

  지정한 리소스 파일로부터 스트링을 로드한다.

- ISHELL_LoadResImage()

  지정한 리소스 파일로부터 이미지를 로드한다. 이미지를 로드한 후 IImage 인터페이스의 포인트를 리턴해 준다.

- ISHELL_LoadResDataEx()

  지정한 리소스 파일에서 type과 id로 지정한 리소스를 지정된 버퍼에 로드한다. 이 버퍼가 동적으로 할당된 경우는 ISHELL_FreeResData() 함수로 릴리즈해야 한다.

- ISHELL_CreateDialog()
  지정한 리소스 파일에 있는 dialog를 생성한다.
- ISHELL_EndDialog()
  현재 Active 상태인 dialog을 close한다.

2 IDisplay 인터페이스

화면(LCD)에 간단한 도형, 텍스트, 비트맵을 이미지 등을 그리는 서비스를 제공하는 인터페이스이다. ISHELL_CreateInstance() 함수로 AEECLSID_DISPLAY 인터페이스의 인스턴스를 생성하면 font, color, bitmap, clipping rectangle 등과 같은 정보를 관리하는 애플릿의 글로벌 IDisplay의 인스턴스를 리턴해준다.

- IDISPLAY_DrawText()
  화면에 주어진 문자열을 출력한다.
- IDISPLAY_DrawRect()
  화면에 지정한 크기의 사각형을 그린다.
- IDISPLAY_MeasureText()
  주어진 문자열 중 라인에서 출력할 수 있는 최대 문자수를 구하는 함수이다.
- IDISPLAY_GetFontMetrics()
  지정한 폰트의 높이를 구하는 함수이다.
- IDISPLAY_Update()
  화면을 update하는 함수이다.
- IDISPLAY_SetClipRect()
  IDisplay의 특정 영역을 clipping 하는 함수이다.
- IDISPLAY_SetColor()
  지정한 color item의 color를 지정하는 함수이다.

3 IBitmap 인터페이스

디스플레이 드라이버를 직접 액세스할 수 있게 해주며, 스크린 버퍼, 디바이스와 호환이 되는 버퍼, 디바이스 독립적인 비트맵 형식을 지원한다.

- IBITMAP_RGBToNative(), IBITMAP_NativeToRGB()
  Color 값을 RGB에서 Native로, Native에서 RGB로 변환해주는 함수이다.
- IBITMAP_GetPixel(), IBITMAP_SetPixel()
  주어진 Bitmap의 지정된 위치에 Pixel의 color 값을 설정하거나 가져오는 함수이다.
- IBITMAP_CreateCompatableBitmap()
  주어진 DIB(Device-independent bitmap) 형식을 IBitmap 형식으로 변환하는 함수이다.
- IBITMAP_BltIn()
  주어진 입력 bitmap의 사각 영역을 주어진 목적 bitmap으로 복사(bit-block 전송).
- IBITMAP_BltOut()
  주어진 입력 bitmap의 사각 영역을 주어진 목적 bitmap으로 복사(bit-block 전송).

4 IMENUCTL 인터페이스

메뉴 컨트롤은 메뉴 목록 중에서 하나의 항목을 선택할 수 있게 해주며, 메뉴 종류는 표준 메뉴 컨트롤, 리스트 컨트롤, 소프트 키 컨트롤, 아이콘 뷰 컨트롤 4가지이다. SELECT 키가 눌러지면, 메뉴를 생성한 애플릿이나 다이얼로그에 EVT_COMMAND 이벤트가 보내진다.

IMENUCTL_HandleEent()는 UP, DOWN, LEFT, RIGHT 키와 SELECT 키를 처리한다. 다중선택, 체크 박스, 아이템 정렬 등을 지원한다.

5 ITEXTCTL 인터페이스

텍스트 컨트롤은 단말의 키 패드를 사용하여 텍스트를 입력할 수 있게 해준다. 텍스트 컨트롤은 사용자가 입력한 키를 문자로 변환하는 것을 제어한다. 애플릿에서는 텍스트 컨트롤이 활성화되어 있는 동안에 입력하는 키를 텍스트 컨트롤로 전달해 주면 되고, 입력이 끝났을 때 텍스트 컨트롤로부터 텍스트를 가져가면 된다. 변환은 단말에서 지원하는 문자 모드에 따라 동작하게 된다.

6 IIMAGECTL 인터페이스

이미지 컨트롤은 이미지의 스크롤 뷰를 디스플레이할 수 있게 해준다. IIMAGECTL_SetImage()는 이미지 컨트롤에 하나의 이미지를 설정하는 것이다. 이미지의 스크롤은 UP, DOWN, LEFT, RIGHT 키로 동작한다.

7 IFILEMGR 인터페이스

IFileMgr는 파일시스템의 파일 또는 디렉토리의 생성, 삭제, 이름 변경 그리고 정보 획득을 지원하는 인터페이스이다. IFILEMGR 인터페이스의 사용은 먼저 ISHELL_Cerate-Instance() 함수로 IFILEMGR 인터페이스의 인스턴스를 생성하고, 아래에 나열된 인터페이스 함수들을 호출하면 된다.

- IFILEMGR_EnumInit()과 IFILEMGR_EnumNext()

주어진 디렉토리 내에 있는 모든 디렉토리나 파일들의 목록을 구하는데 사용한다. 먼저 IFILEMGR_EnumInit()으로 목록을 구하고자하는 디렉토리를 지정하고, IFLEMGR_EnumNext()로 작성된 목록 하나 하나를 읽어 올 수 있다. 이 함수를 얻을 수 있는 정보는 파일의 이름, 크기, 생성일자와 속성이다. IFLEMGR_EnumNext() 호출했을 때 더 이상의 목록이 없을 경우는 NULL을 리턴해 주고, 그렇지 않은 경우는 IFile의 인스턴스를 리턴해 준다. 이 인스턴스로 파일을 액세스하면 된다.

- IFILEMGR_GetFreeSpace()

단말의 파일 시스템에서 사용 가능한 여유 공간의 바이트수를 리턴해 준다.

- IFILEMGR_GetLastError()

IFILEMGR 함수에 의해 발생한 에러의 코드를 리턴해 준다. 이 코드로 함수를 에러 발생 원인을 알 수 있다.

- IFLEMGR_MkDir()

새로운 디렉토리를 생성하는 함수이다.

- IFILEMGR_RmDir()

주어진 디렉토리에 있는 모든 디렉토리나 파일을 삭제하는 함수이다.

- IFILEMGR_OpenFile(), IFILEMGR_Release()

새로운 파일을 생성하거나, 존재하는 파일을 읽기나 쓰기로 열어 주는 함수이다. 이 함수는 IFILE의 인스턴스를 리턴해 준다. 열린 파일을 닫기 위해서는 IFILEMGR_Release() 함수를 사용한다.

- IFILEMGR_Rename()

파일 이름을 변경할 때 사용하는 함수이다.

- IFILEMGR_Remove()

주어진 파일을 삭제하는 함수이다.

8 IFILE 인터페이스

IFILE 인터페이스는 ISHELL_CreateInstance() 함수에 의해 생성되는 것이 아니고 IFILEMGR 인터페이스를 통해서만 얻을 수 있다. IFILE 인터페이스는 파일로부터 데이터를 읽거나 파일에 데이터를 쓰고, 파일의 내용 잘라내고, 파일의 포인터를 다른 위치로 이동시키고, 파일의 정보를 가져오는 등과 같은 기능을 제공한다.

IFILE 인터페이스의 함수를 사용하기 위해서는 ISHELL_CreateInstance() 함수로 IFILEMGR의 인스턴스를 얻는다. 이 이 존재하는 파일을 액세스하려면 IFILEMGR_OpenFile() 함수로 해당 파일을 열면 이 함수는 IFILE의 인스턴스를 리턴해 준다. 이 리턴된 IFILE 인스턴스를 통해서 IFILE_Read(), IFILE_Write(), IFILE_Seek(), IFILE_Truncate() 등과 같은 함수를 사용한다.

9 IDBMGR 인터페이스

IDBMGR 인터페이스는 하나 이상의 필드를 가진 레코드의 집합인 데이터베이스를 생성하고, 열고, 삭제하는 기능을 제공한다. 데이터베이스를 열고, 이 데이터베이스내에 레코드를 생성하거나 읽기 위해서는 IDataBase의 인터페이스 함수를 사용하고, 이 각각의 레코드의 각 필드를 액세스하기 위해서는 IDBRecord 인터페이스를 사용해야 한다.

IDBMGR 인테페이스의 함수를 사용하기 위해서는 ISHELL_CreateInstance() 함수로 IDBMGR의 인스턴스를 생성한다. IDBMGR_OpenDatabase() 함수를 사용하여 존재하는 데이터베이스를 열거나 새로운 데이터베이스를 생성한다. 이 함수는 IDatabase의 인스턴스를 리턴해 준다. 데이터베이스에 레코드를 추가하거나 갱신하기 위해 IDatabas의 인터페이스 함수를 호출한다. 그리고 이 레코드의 각각의 필드를 액세스하기 위해서는 IDBRecord의 인터페이스 함수를 사용한다. 데이터베이스의 액세스를 종료하고 데이터베이스를 닫기 위해서는 IDATABASE_Release() 함수를 사용한다.

10 IADDRBOOK 인터페이스

IADDRBOOK 인터페이스는 단말에 있는 전화번호부를 액세스할 수 있게 해준다. 이 인터페이스로 주소 필드를 구성된 Address Record의 집합을 액세스할 수 있으며, 각각의 address record는 하나의 주어진 카테고리(개인, 친구, 등)에 속하게 된다. 이 카테고리의 목록은 IADDRBOOK_EnumCategroryInit()과 IADDRBOOK_EnumNextCategory() 함수로 제어할 수 있으며, 이와 같은 카테고리는 단말에서 지원하는 것이어야 한다. 하나의 address record는 FieldID와 FieldType을 가진 address field의 집합으로 구성된다.

IADDRBOOK 인터페이스는 지원되는 address category 목록을 열거하고, 지원되는 field type을 열거할 수 있고, address book에 새로운 레코드를 추가하고, 주어진 필드와 카테고리로 Address Book을 검색하고, address book에 있는 모든 레코드를 열람할 수 있다. address book에 있는 각 레코드의 각 필드는 IADDRREC의 인터페이스 함수로 제어한다.

11 IIMAGE 인터페이스

IIMAGE 인터페이스는 스크린에 bitmap 이미지를 그리거나 움직이는 bitmap을 디스플레이하는데 사용한다. 지원되는 이미지 형식은 PNG(Portable Network Graphics), WBMP (Windows Bitmap), JPEG, BCI(Brew Compressed Image)이다. BCI는 BREW SDK에 함께 제공되는 BCI Authoring Tool을 이용하여 만든다. 움직이는 bitmap은 한 개 이상의 프레임으로 구성되어 있다.

IIMAGE 인터페이스를 사용하기 위해서는 먼저 디스플레이하고자 하는 bitmap 이미지의 IIMAGE 인스턴스를 얻어야 한다. 인스턴스를 얻기 위해서는 bitmap이 리소스 파일에 있는 경우는 ISHELL_LoadResImage() 함수를 이용하고, bimap 파일일 경우는 ISHELL_LoadImage() 함수를 사용한다. 이미지 디코딩이 완료되면 다음 스텝으로 넘어가야 할 경우(PNG, JPEG)는 IIMAGE_Notify() 함수로 이미지 디코딩이 완료되면 알려 달라는 notification을 등록하여 한다. 이와 같은 방법으로 디스플레이할 이미지가 디코딩되었으면, IIMAGE_Draw()나 IIMAGE_Start() 함수를 호출하여 스크린에 디스플레이시킨다.

- IIMAGE_Draw()

스크린의 지정된 위치에 bitmap 이미지를 그린다.

- IIMAGE_DrawFrame()

Animated bitmap 중에서 하나의 프레임을 그린다. Animated bitmap의 정보를 얻기 위해서는 IIMAGE_GetInfo를 사용하며, 이미지의 width, height, color 수, 프레임수를 알 수 있다.

- IIMAGE_Start()

스크린의 지정된 위치에 animated bitmap의 디스플레이를 시작시킨다. 이 함수를 호출하기 전에 먼저 bitmap의 프레임수를 IIMAGE_SetParm() 함수로 설정해야 한다.

12 ITELEPHONE 인터페이스

ITELPHONE 인터페이스 전화 관련하여 전화 걸기, 전화 받기, SMS 전송, 단말의 전화 상태, 수신된 전화의 자세한 정보, 전화 상태 변경에 따른 notification 설정 등과 같은 함수를 제공한다.

II부

CDMA 2000 핸드폰 시스템의 응용 프로그램

7장 CDMA 2000 핸드폰 시스템의 실습환경 구축

실습목적

- 이 교재 실습에 필요한 프로그램을 설치해본다.
- 각 프로그램의 용도를 확인한다.
- 각 프로그램의 기본적인 사용법을 숙지한다.

7.1 설치 프로그램

이 교재의 실습을 위해선 다음과 같은 프로그램이 설치되어 있어야 한다.
각 프로그램의 용도와 명칭은 아래와 같다.

1) **컴파일러** : 내용을 변경, 수정한 Source를 ED-2947(Arm Processer)용으로 Compile 한다.
   - ADS1.2, Cygwin, ActivePerl

2) **BREW SDK** : BREW기반의 개발 환경을 구축한다. BREW API Reference, MIF Editor, Resource Edtior, BREW Simulator 등을 포함한다.
   - BREW SDK v3.0.1(한글버전)

3) **BREW SDK Tool** : 2)의 편집기외에 Visual Studio 상에서 Plug in 형태로 추가하여 Visual Studio Project 단위로 Project를 관리할 수 있다.
   - BREW SDK Tool 1.0.1

4) **다운로드 툴(Download Tool)** : 컴파일하여 생성된 bin 파일을 ED-2947 타깃보드에 다운로드하는 용도로 사용된다.
   - ED-2947_DLoad

7.2 각 프로그램 설치

실습을 위해 각 프로그램을 설치한다. 대부분 인스톨 실행 후 순서에 따라 진행하면 무난하게 설치되나 컴파일러(Compiler) 경우에는 동일경로에 설치하도록 한다. 별도의 경로에 설치될 경우 환경변수 설정시 경로 미확인으로 인한 컴파일 오류가 발생하기 때문이다.

1 컴파일러 설치

컴파일러 설치시에는 모든 프로그램을 동일 경로(예 C:\apps\)안에 설치하도록 한다. (C 드라이브상에서 apps 폴더를 생성한다.) 기본적으로 설치시 (C:\ProgramFiles\)로 설정되는 경우가 많은데 그대로 설치하지 말고 경로를 변경해야 한다.

1) ADS 1.2

1 Set up icon을 실행한다.

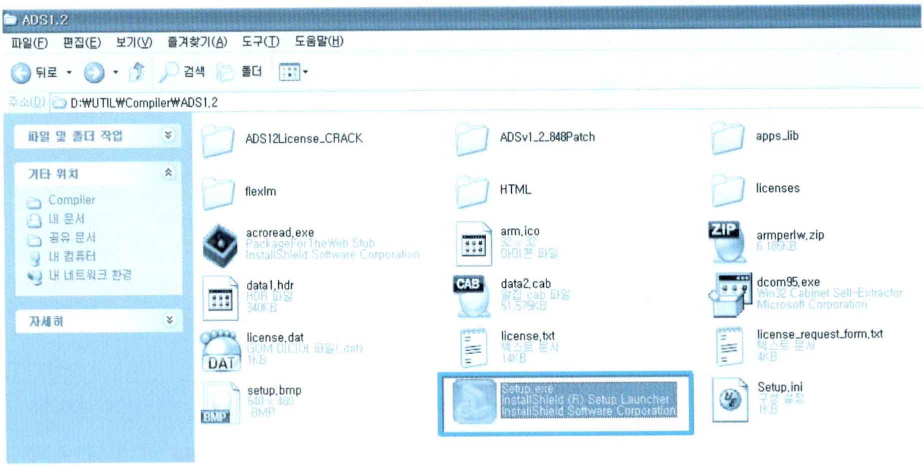

② 설치화면이 시작된다. 조항에 동의한 후 설치경로를 지정한다.

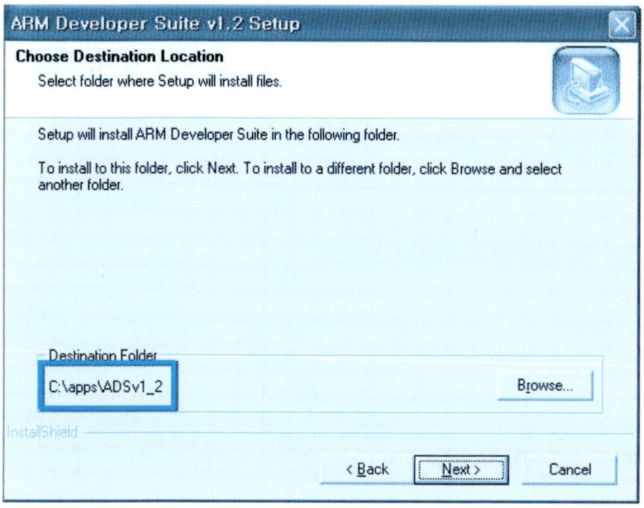

③ 설치타입을 설정한다. Typical로 정한다.

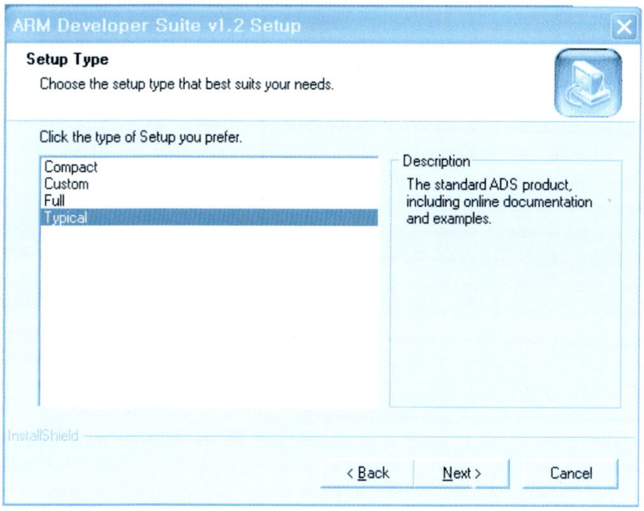

④ 설치할 폴더 및 포함할 파일 타입을 결정한 후 설치를 시작한다.

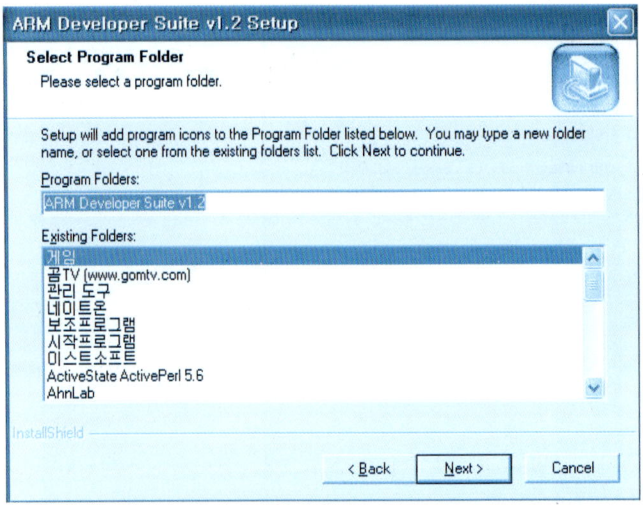

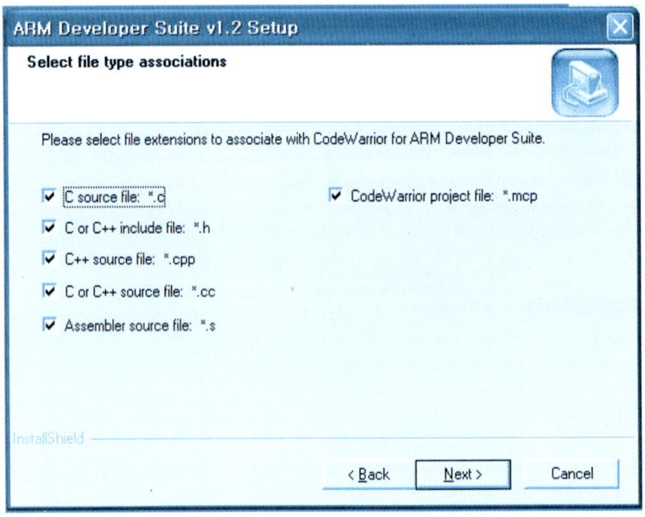

⑤ 설치에 필요한 파일이 복사된 후에 라이센스 경로를 묻는다.

install license를 선택한 후 Location은 ADS 설치한 폴더 내에 있는 ADS12License_CRACK 폴더에서 LICENSE.DAT 파일을 선택한다.

(..\ADS1.2\ADS12License_CRACK\LICENSE.DAT)

코드는 공백으로 넘겨도 무방하다.

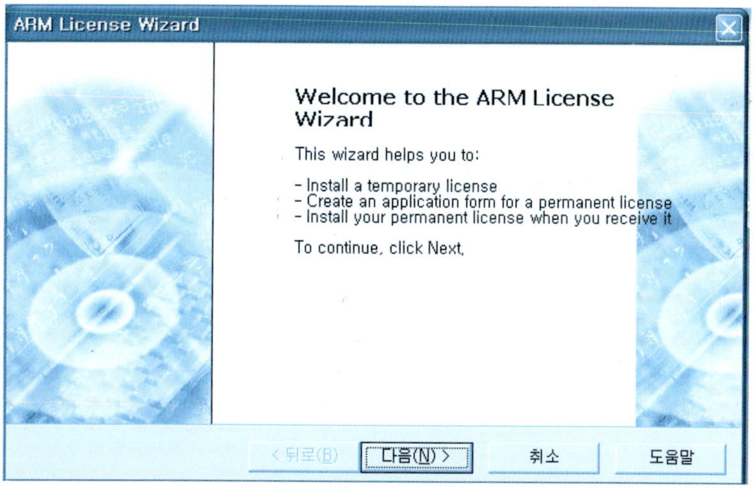

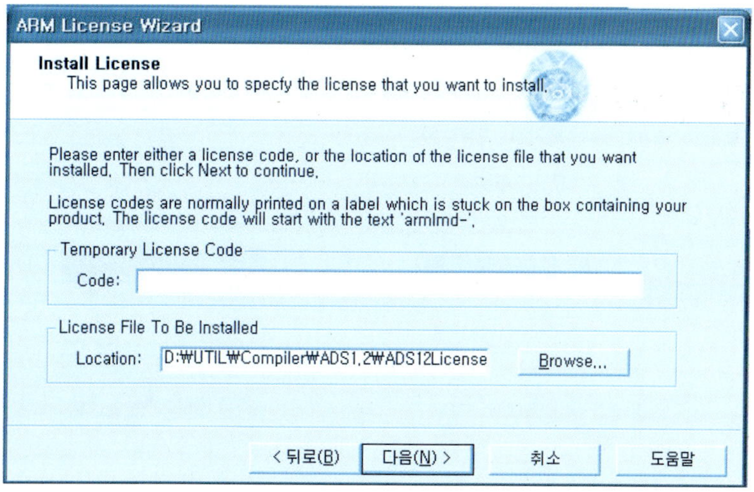

⑥ 라이센스를 입력한 후에는 설치가 완료된다. 그러나 이를 그냥 사용하면 컴파일시 오류가 발생하기 때문에 패치를 해야 한다. 설치파일이 있는 폴더 중 patch_848.exe를 선택한 후 Ads 1.2가 설치된 경로에 Unzip하여 준다.

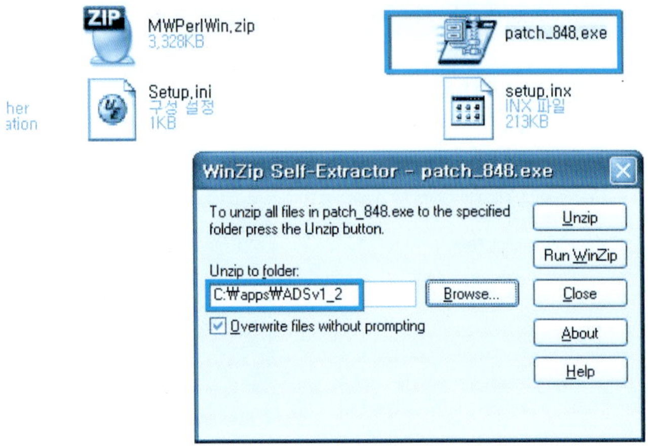

7 패치는 Ads 폴더내에서 Bin, Lib, Stationery에 Overwrite된다.

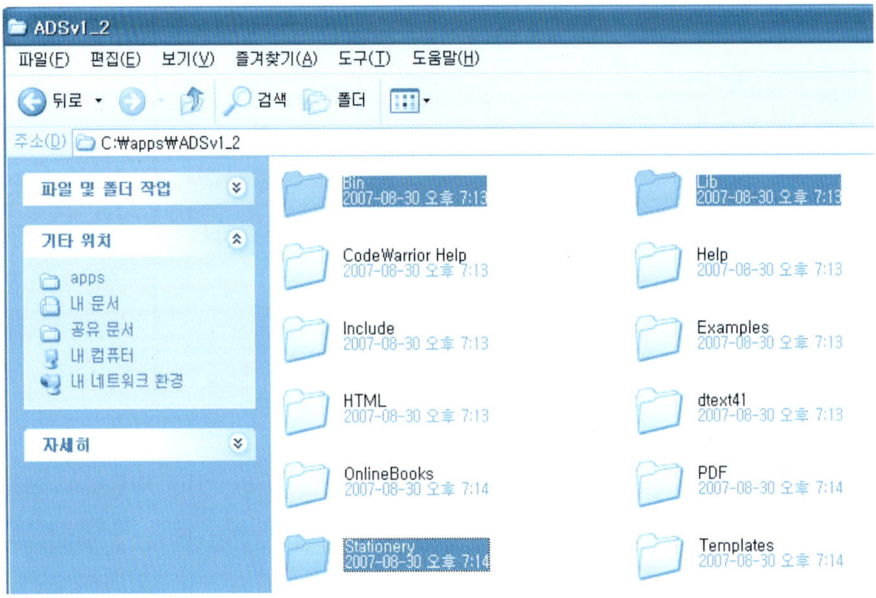

2) ActivePerl

① 설치파일 실행 후 조약에 동의한 후 설치경로에서 ADS와 동일한 경로를 선택한다.

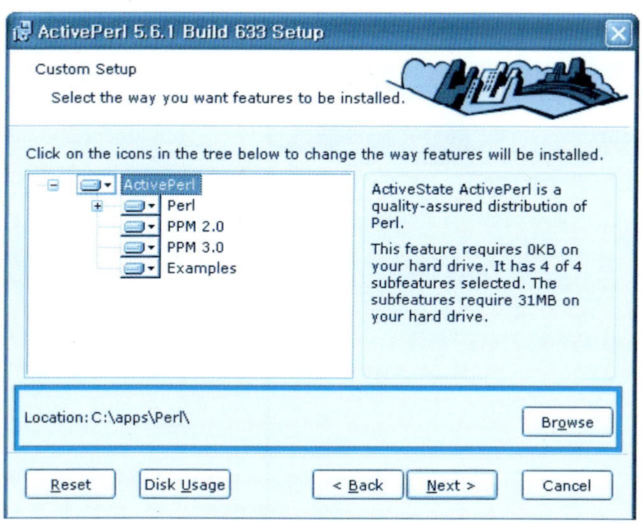

2 다음 단계를 진행하고 옵션을 체크한다. 이때 경로가 자동으로 환경변수에 등록된다.

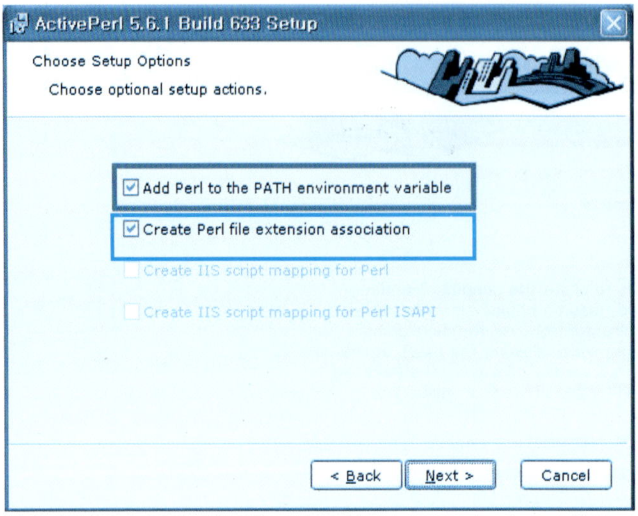

3 설치바가 진행되고 설치가 완료된다.

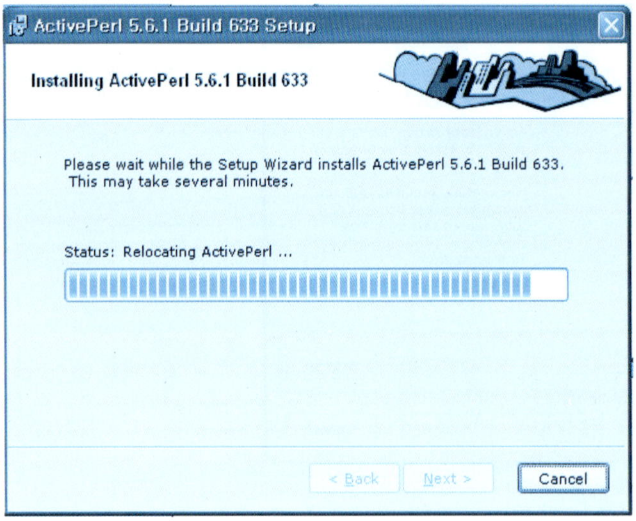

3) Cygwin

① 설치파일을 실행하면 버전과 관련 홈페이지가 기록된 다이얼로그 박스가 뜬다. 다음 단계로 넘기면 어디로부터 설치하는지를 묻는다. Install from Local Directory를 선택한다.

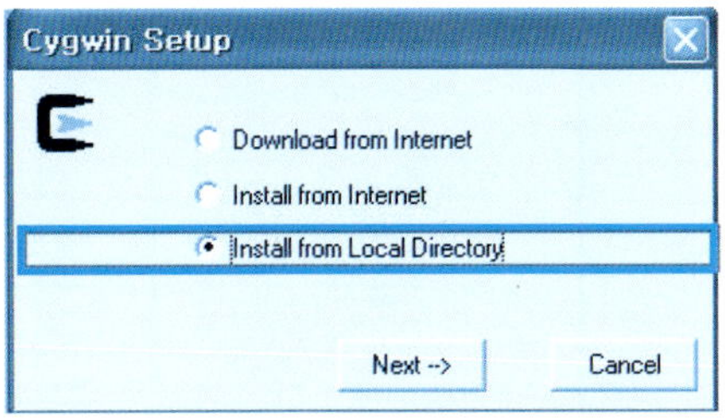

② 선택 후 설치파일이 존재하는 경로를 묻는다. Browse 버튼을 눌러서 경로를 지정하여 준다.

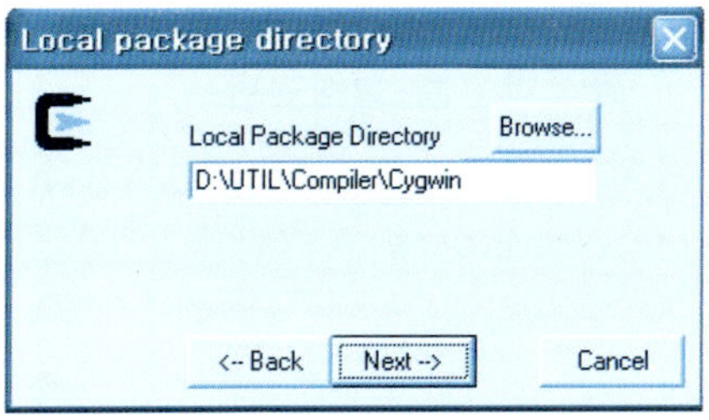

③ 설치할 경로와 기본 txt file type, install 방식을 묻는다. 경로는 ADS, Perl과 동일 경로를, Typc는 DOS를, install 방식은 All을 선택한다.

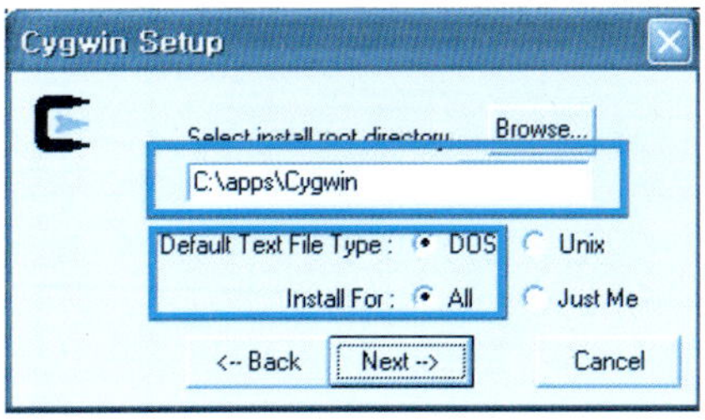

④ 설치할 packages를 묻는다. 그대로 다음 단계로 진행한다.

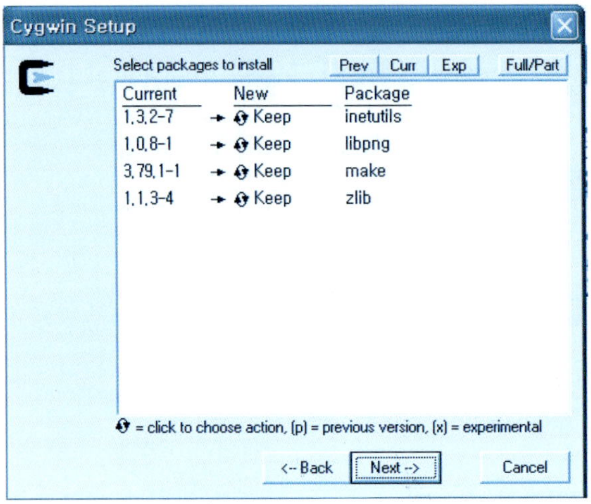

⑤ 단축 아이콘과 시작 메뉴 추가 여부를 결정하면 설치가 완료된다.

프로그램을 설치하였으면 ADS와 Cygwin의 환경변수를 설정한다. (Perl은 설치시 자동으로 지정되었다.) 내컴퓨터 > 속성 > 고급탭을 선택한다. 이 중 환경변수를 선택한다.

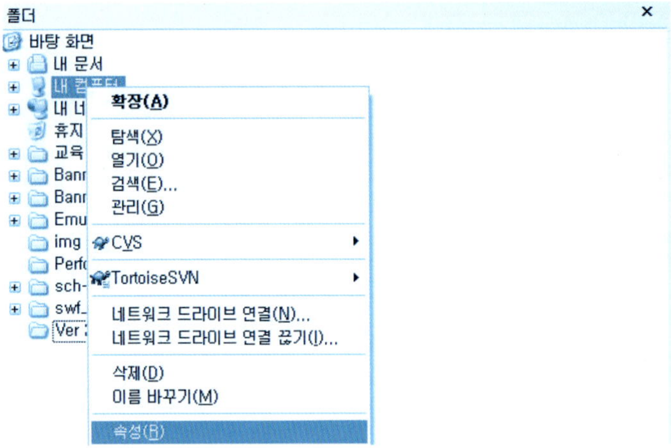

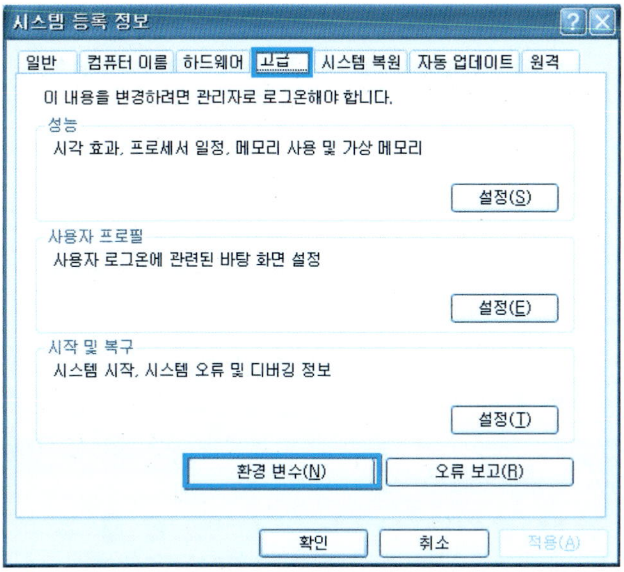

⑥ 환경변수 항목 중 시스템 변수에서 Path를 더블클릭한다. 그리고 변수 값의 끝 부분에 C:\apps\util\;C:\apps\cygwin\bin\;을 추가한다.

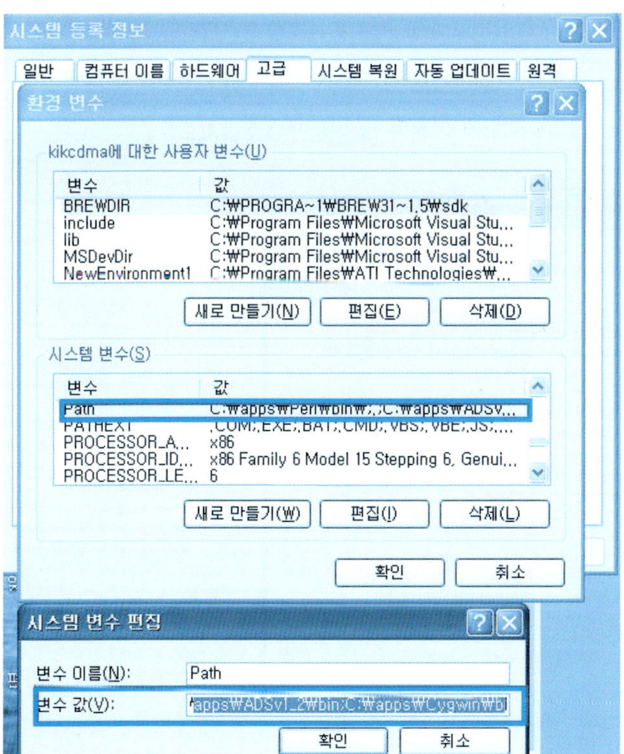

2 BREW SDK v3.0.1 설치

API Reference, 리소스, MIF 편집기를 포함한 BREW SDK를 설치한다. 더 상위의 버전도 존재하지만 v3.0.1이 한글버전 중 최상위이므로 개발상의 편의를 위해 선택하였다.

① 인터넷 익스플로러에서 다음 주소를 입력한다.
https://BREWx.qualcomm.com/bws/content/gi/products/sdk/3.0/ko/3.0.1.12/web_install/install.htm 해당 페이지로 이동하면 화면 중앙에 있는 설치를 시작하려면 클릭하십시오. 메시지를 클릭한다. 몇 분간 시간 경과 후 인스톨 화면으로 넘어간다.

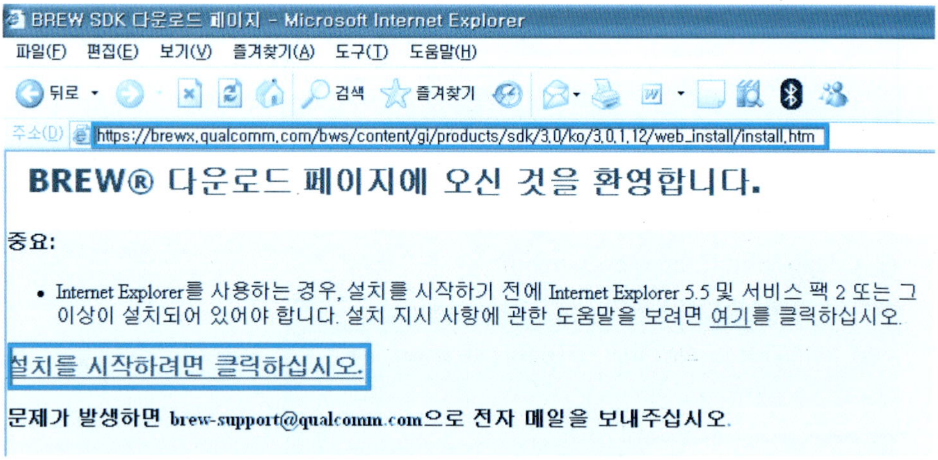

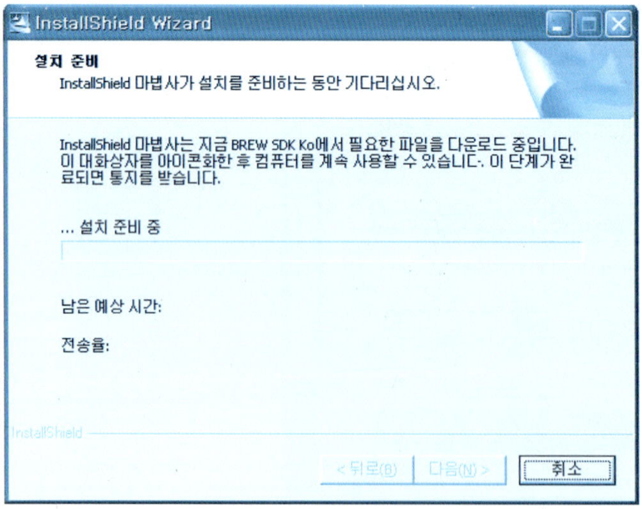

② SDK의 설치, 삭제 여부를 묻는 항목에서 수정을 선택하면 구성 요소 선택을 선택한다. 기본 상태(모두 선택)로 다음 단계를 진행한다.

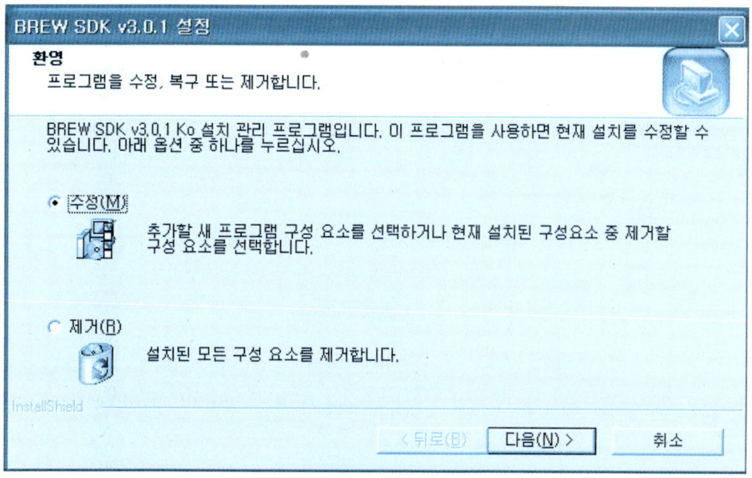

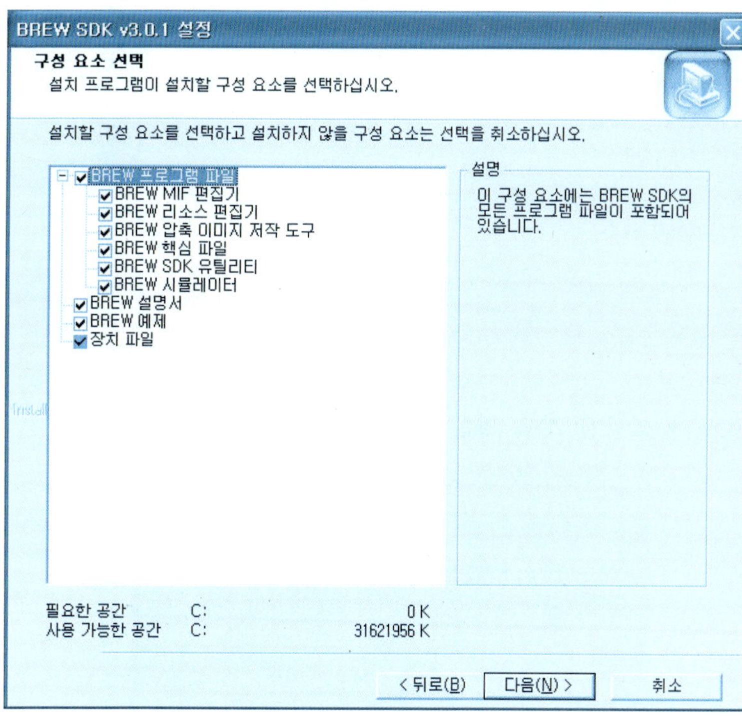

③ 웹으로부터 지정된 경로로 파일이 복사된다.

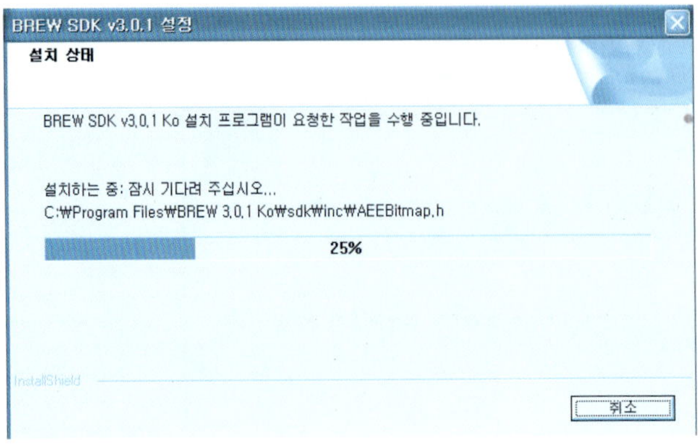

④ 환경변수 업데이트 설정을 한 후 다음 단계로 넘기면 설치가 완료된다.

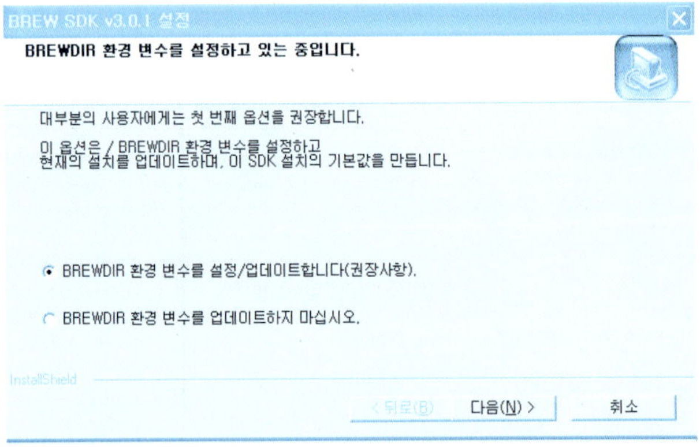

⑤ 다음과 같이 SDK가 설치된 것을 확인할 수 있다.

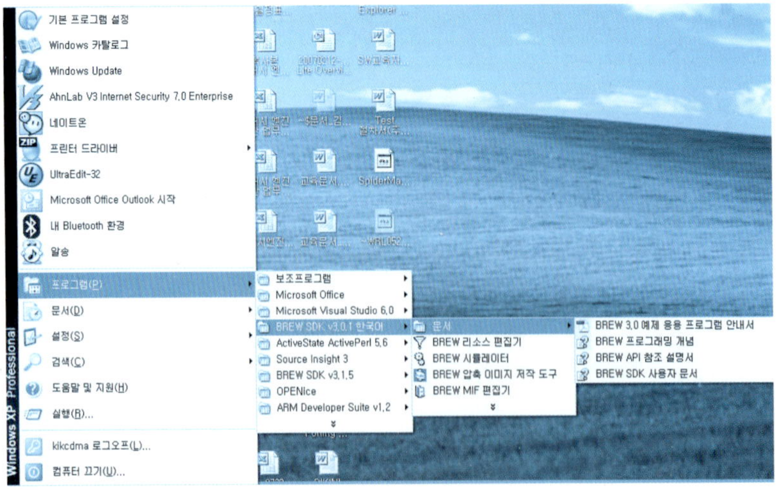

3 BREW SDK Tool 1.0.1 설치

Visual Studio 상에서 BREW SDK의 Tool 사용 및 프로젝트 단위로 파일 관리가 가능하여진다.

① 인터넷 익스플로러에서 다음 주소를 입력한다. https://BREWx.qualcomm.com/bws/content/gi/products/sdktools/1.0/en/1.0.1.7/web_install/install.htm?agree=0 해당 페이지로 이동하면 중앙에 있는 Click to start installation 메시지를 클릭한다. 몇 분간 시간 경과 후 인스톨 화면으로 넘어간다.

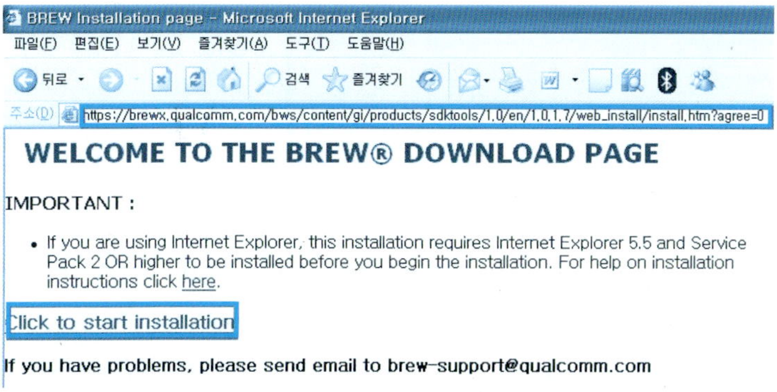

② 후 진행은 앞서 설치한 BREW SDK 3.0.1과 크게 다르지 않다. 다만 구성요소 선택에서 Visual Studio 관련 항목 즉, Addins for Visual Studio을 필히 체크하여야 한다. 설치경로, 폴더를 지정한 후 설치를 시작한다.

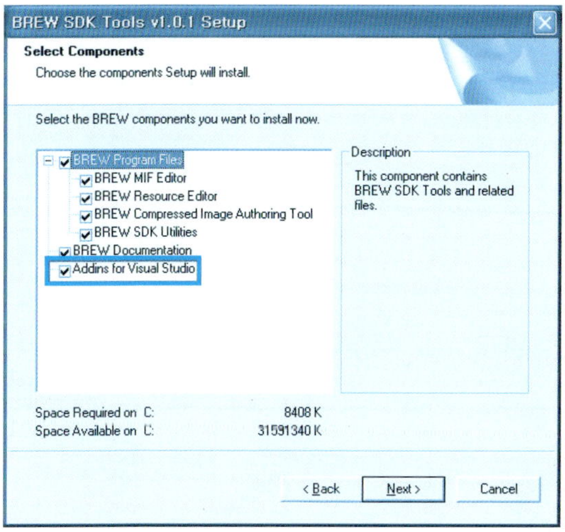

③ 설치경로, 폴더를 지정한 후 설치를 시작한다.

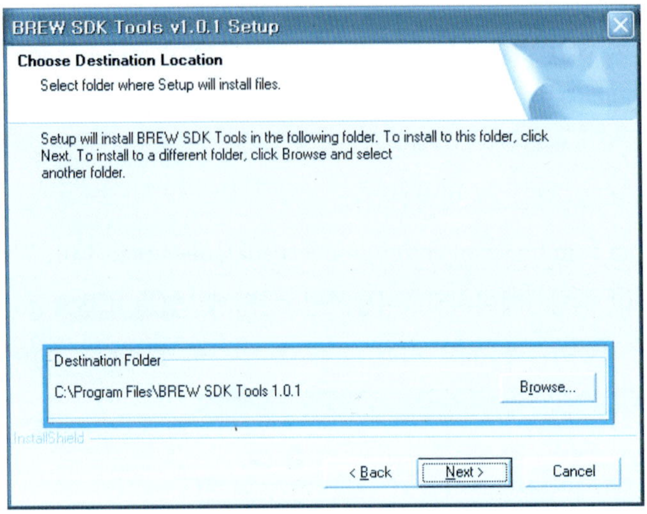

④ 파일이 복사되고 자동으로 설치가 완료된다. Visual Studio를 실행 후 File>New를 실행하면 Projects Tab에서 BREW Application Wizard를 확인할 수 있다.

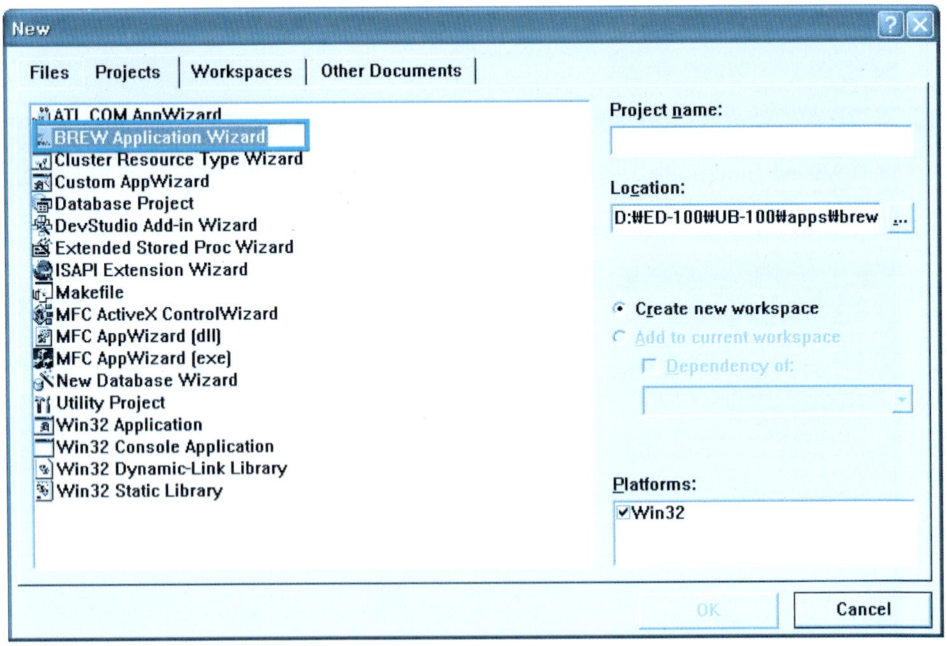

5 이름을 결정한 후 다음 항목으로 넘어가면 어떤 항목을 지원할지를 묻는다. File, Network, Database, TAPI/SMS, Sound의 항목이 있는데 개발조건에 따라 선택한다.

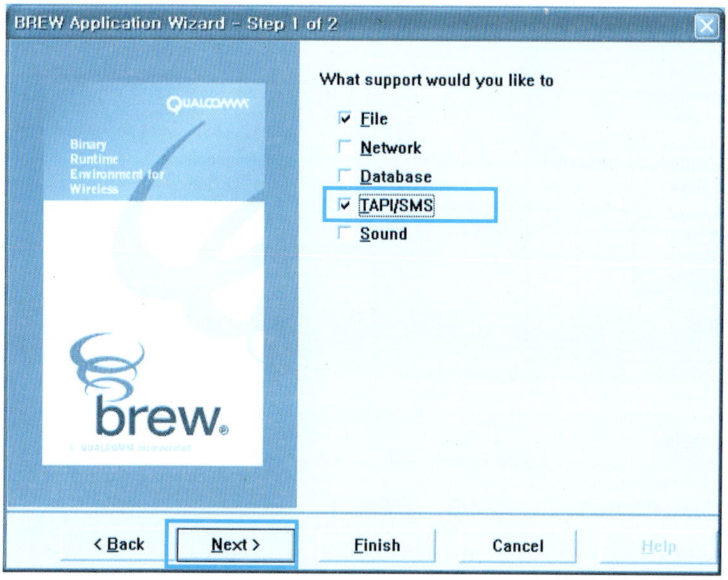

6 다음 단계에서는 MIF Editor에 대한 간략한 설명과 실행 버튼, 그리고 프로젝트 내에 BREWAppWizard에 대한 주석을 추가여부를 묻는 체크 버튼이 나온다. 적절히 선택하고 다음 단계로 넘어가면 프로젝트가 생성된다.

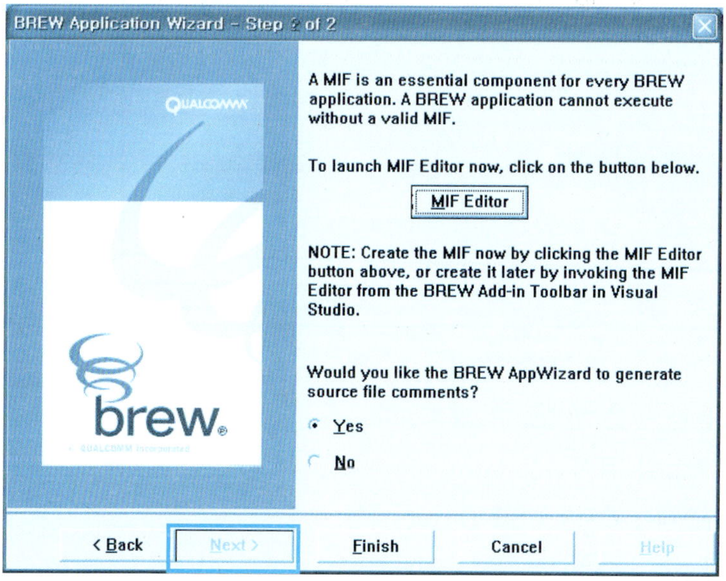

7 프로젝트를 생성하면 FileView 탭에서 BREW에서 사용되는 기본적인 함수가 정의된 AEEAppGen.c, AEEModGen.c, 그리고 프로젝트 이름으로 구성된 c파일이 추가된 것을 확인할 수 있다.

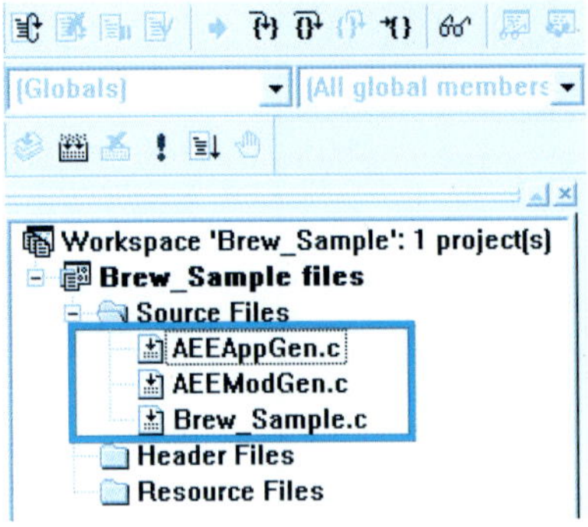

4 n Load Tool 설치

1 파일인 ED100_Dload_V100.exe 파일을 실행한다.

- 설치파일을 실행시 다음과 같은 화면이 실행된다.
- 설치하고자 하는 폴더를 선택 후에 [설치]버튼을 선택하여 설치한다.

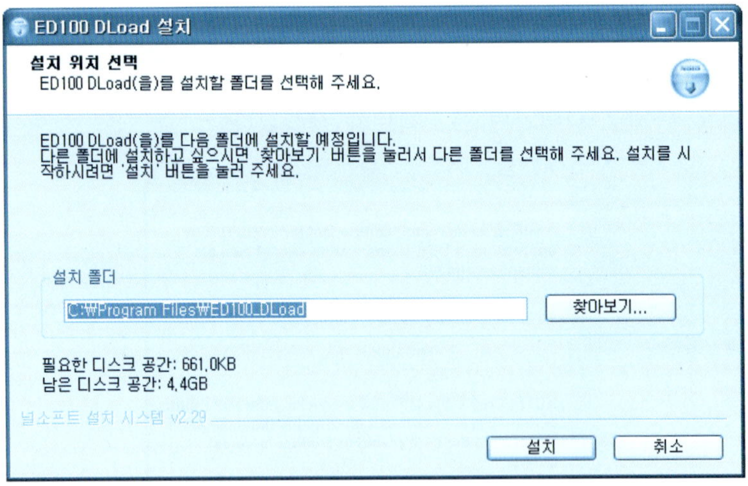

2 설치 완료시 다음과 같은 파일들이 생성된다.

- [Doc]폴더 : 메뉴얼 문서
- [USB_Driver]폴더 : OS별 USB Driver 파일
- ED100_Dload.exe : 다운로드 툴 실행파일

- Uninstall.exe : 다운로드 툴 언 인스톨 실행파일
- Load.dat : 다운로드 관련 데이터 파일

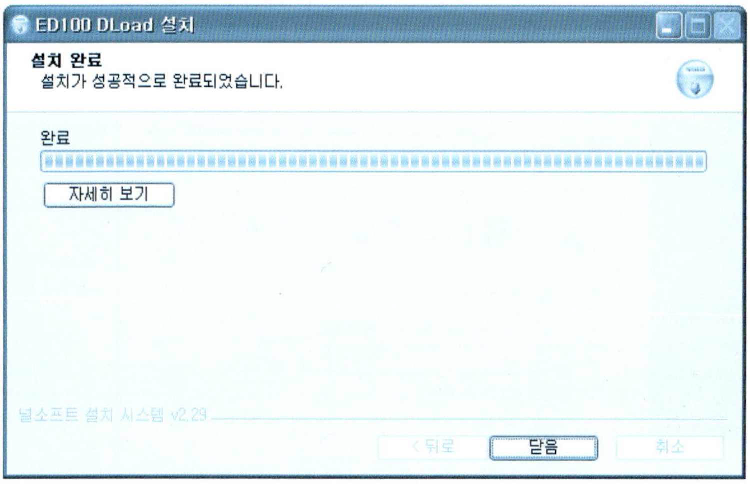

3 ED-2947_DLoad 설치 후에는 CDMA 핸드폰시스템(ED-2947)을 인식할 USB 드라이버(Qualcomm USB CDC Modem 3100)를 설치하여야 한다. 이는 bin 파일을 다운로드할 Target을 인식하는 역할을 한다. 우선 단말기와 데이터 케이블을 연결한다.

- 단말기와 연결시 새 하드웨어검색을 시작한다.
- 첫 번째 라디오 버튼을 선택 후 [다음]버튼을 선택한다.

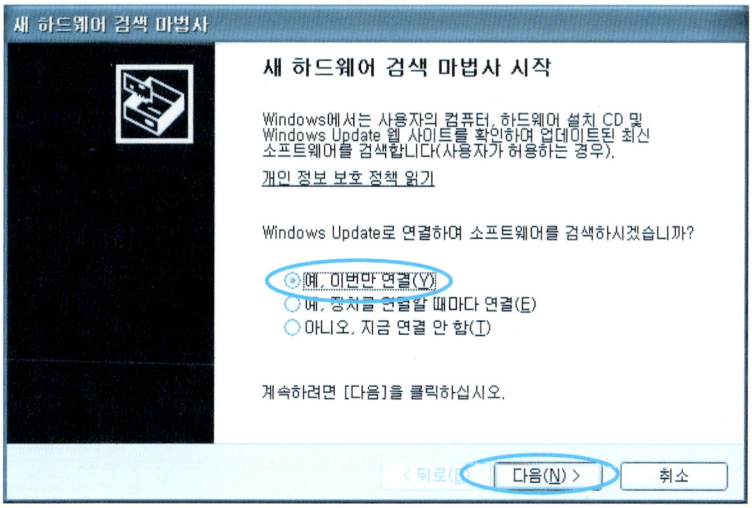

④ 아래와 같이 [목록 및 특정 위치에서 설치(고급)]을 선택한 후에 [다음]을 선택하여 진행한다.

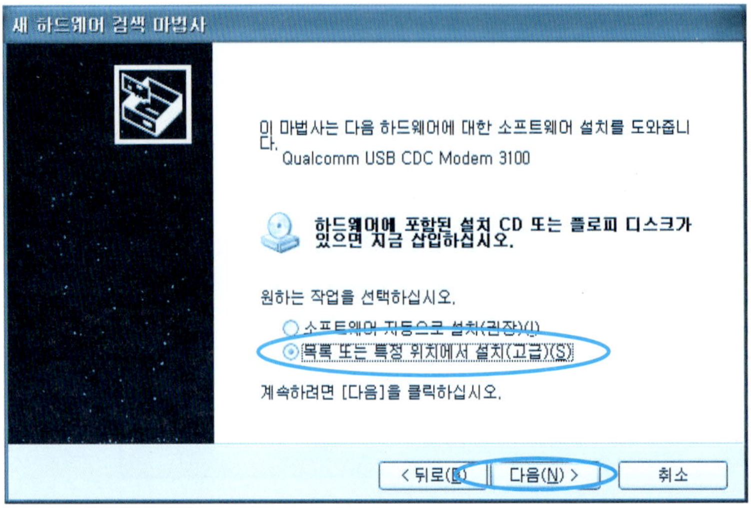

- [이 위치에서 가장 적합한 드라이버 검색]을 체크한다.
- [검색할 때 다음 위치 포함]을 체크한다.
- 검색할 위치는 인스톨된 폴더 안에 있는 [USB_Driver] 폴더에 사용하고 있는 OS에 따라 폴더를 선택하여 지정한다(WINXP, WIN2000).
- [다음]버튼을 선택하면 Driver 검색이 시작된다.

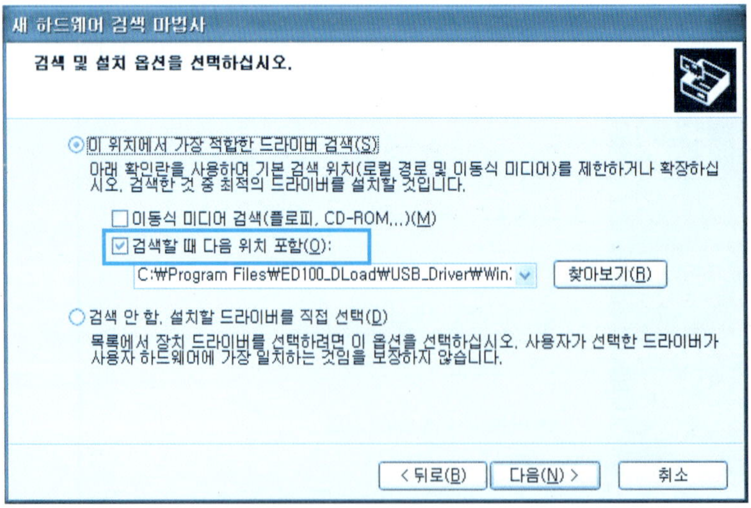

- 검색 완료시 아래와 같이 찾은 Qualcomm USB modem Driver 소프트웨어 설치 여부를 묻는 메시지 박스에서 [계속]을 선택하여 설치를 계속한다.

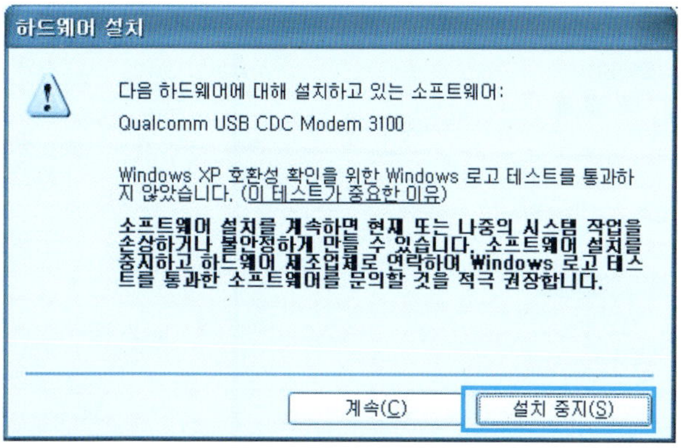

- 아래와 같이 Qualcomm USB CDC Modem 3100이 설치 완료된다.

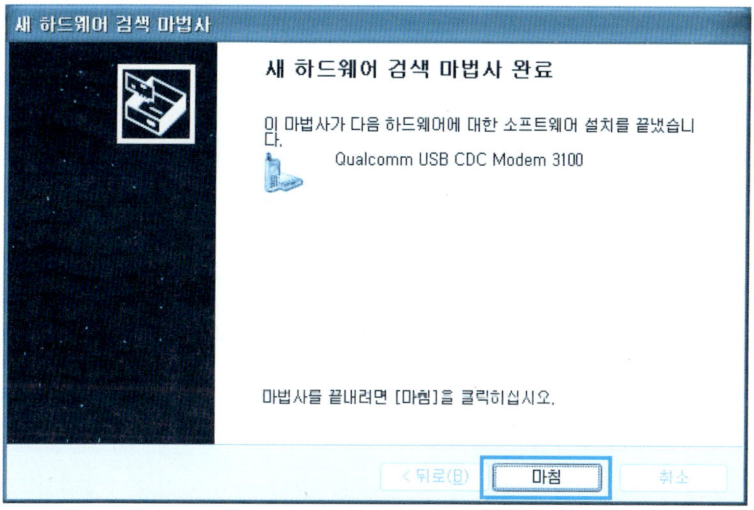

5 설치가 완료되었다면 다음과 같이 설치 상태를 확인한다.
- 단말기가 연결되어 있는 상태에서 확인한다.
- 내 컴퓨터>속성>하드웨어 탭>장치관리자>모뎀 순으로 이동한다.
- 확인된 내용이 다음과 같이 존재하여야 한다.
- 모뎀 속성에서 사용하고 있는 Com Port 또한 확인한다.

– Download 툴은 Com8 Port까지만 지원하므로 그 이상일 경우 Com1~8사이로 재지정한다.

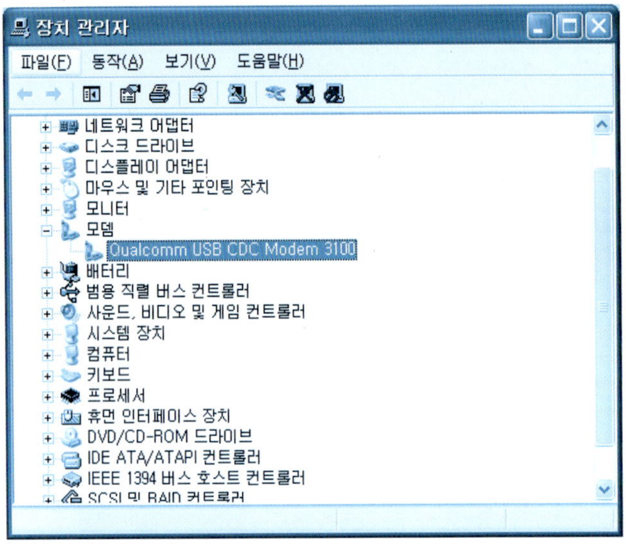

7.3 각 프로그램 사용방법

1 컴파일러(Compiler)

타깃 보드에 Load하기 위한 파일 생성을 위해서는 Arm Compiler(Ads, Cygwin, ActivePerl) 상에서 컴파일을 하여야 한다. 컴파일 커맨드는 cmd 파일을 실행시키면 된다. 먼저 실행 – cmd 창을 생성 후 소스가 설치된 경로로 이동을 한다. 예 ..\ED-2947\Build\ ms) 그리고 다음과 같이 ED-2947이라고 커맨드를 입력 후(ED-2947.cmd 파일을 실행한다.) 엔터를 친다.

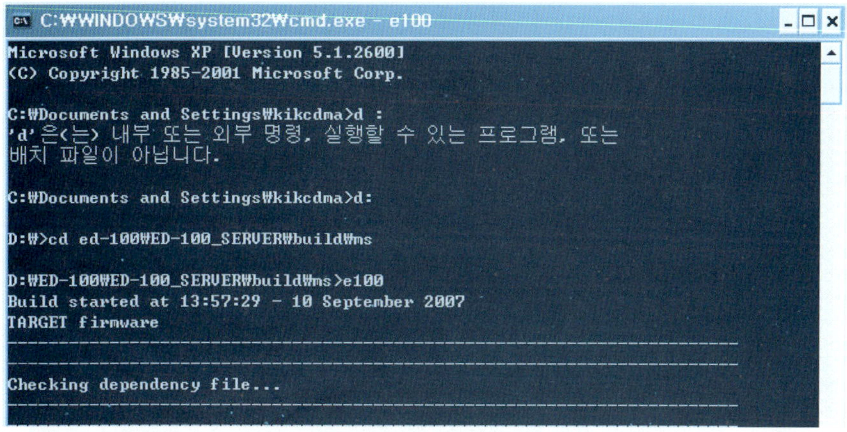

의존성 파일을 확인 후 문법 체크를 한 후 Object 파일을 생성한다.

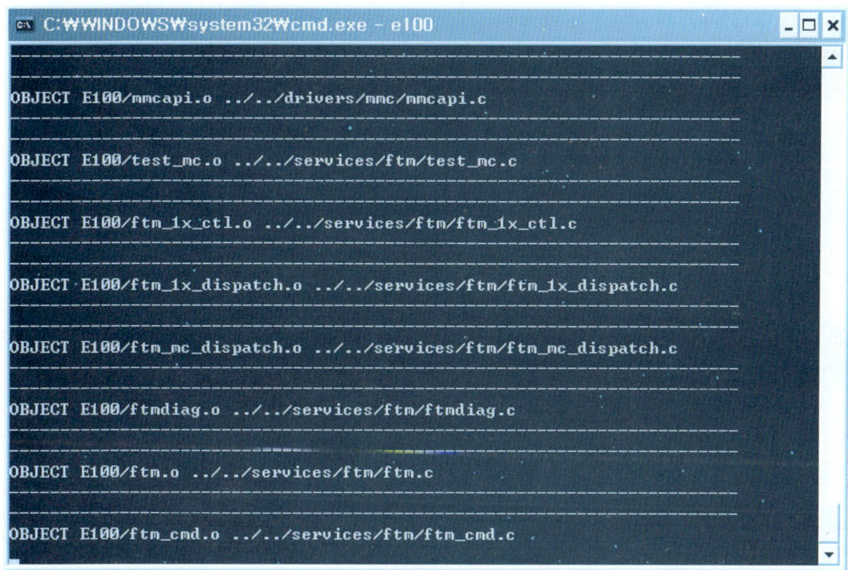

특별한 에러가 없으면 elf 파일을 생성한 후, 이로부터 bin파일을 생성한 후 컴파일이 완료된다.

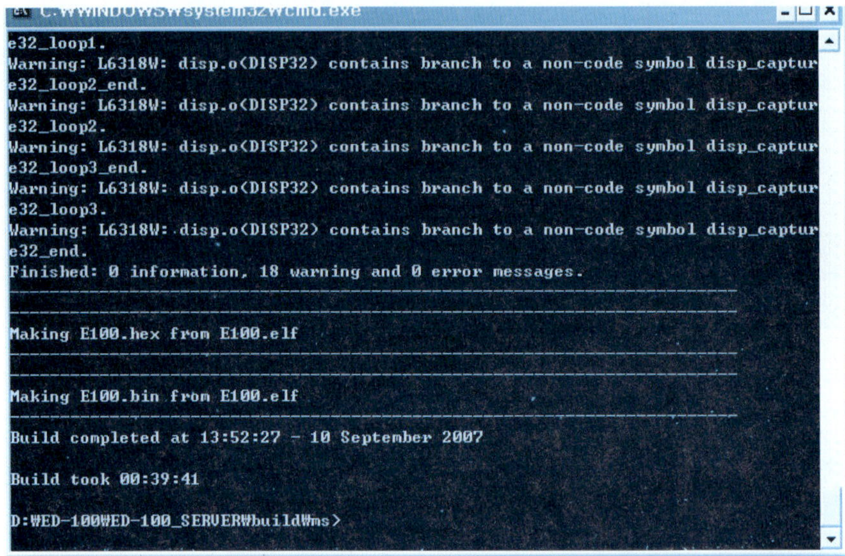

2 BREW SDK v3.0.1

BREW SDK에서는 다음 네 가지 프로그램의 사용법을 설명한다.

- BREW 시뮬레이터
- BREW MIF 편집기
- BREW 리소스 편집기
- BREW 압축 이미지 저작 도구

1) BREW 시뮬레이터

현재 시중에 발매된 핸드폰 종류는 상당히 많다. 이에 따라 디바이스 환경(액정 종류, 액정 크기, 메모리 용량)도 다양하다. 이런 핸드폰 환경에 맞추어 응용을 개발할 경우 응용이 실행되는 환경을 가정하여 동작여부를 확인할 환경이 필요하다. BREW 시뮬레이터가 바로 이런 환경을 제공한다. 간단한 응용의 테스트 경우 핸드폰에 bin 파일을 다운로드하지 않고 시뮬레이터상에서 동작 확인이 가능하다.

시뮬레이터를 실행하면 다음과 같은 화면을 확인할 수 있다.

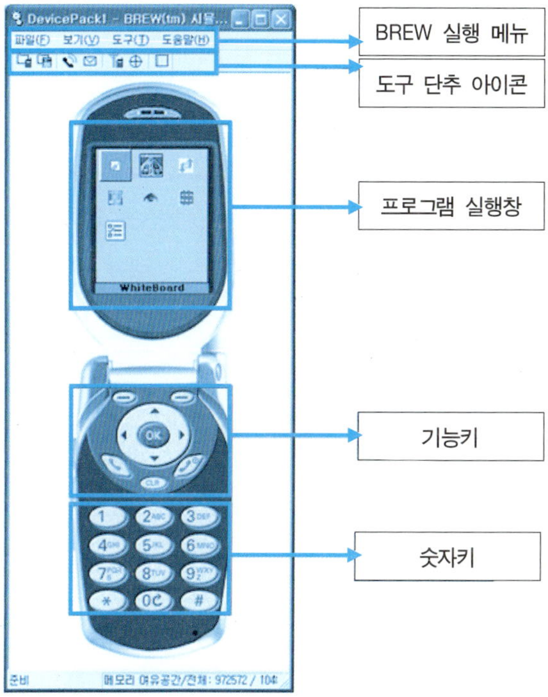

각 부분은 다음과 같은 역할을 수행한다.

- **BREW 실행 메뉴** : 장치 로드, 가상 환경 설정, 애플릿 경로 변경등의 작업을 실행한다. 주로 파일과 도구 메뉴가 많이 사용된다.
- **도구 단축 아이콘** : BREW 실행 메뉴 중 도구 메뉴를 단축 아이콘화하였다(도구 메뉴와 유사한 작업을 수행한다.).
- **프로그램 실행창** : 애플릿 실행 결과를 출력한다. 초기 상태에는 애플릿 관리자가 실행되어 윈도우 기본 아이콘처럼 화면에 배치되어 있다.
- **기능키** : 애플릿에서 자주 사용되는 방향키, 선택, 시작, 종료, 지우기 등의 기능을 등록된 키가 모여 있다.
- **숫자키** : 영문 및 숫자를 입력할 수 있다. 현재 버전에서 숫자키를 이용한 한글 입력은 불가능하다.

이 중에서 BREW의 주요 실행 메뉴에 대해 확인하여 본다.

✔ 우선 파일 메뉴는 다음과 같은 목록으로 구성된다.

- 장치 로드 : BREW에서는 여러 가지 기종의 모양과 기능에 맞게 장치를 만들고 설정할 수 있다. 해당 장치는 qsc나 dpk 확장자 형태의 파일로 저장된다. 읽어들이는 장치에 따라 다양한 핸드셋 환경에서 응용을 테스트할 수 있다.
- 애플릿 디렉토리 변경 : BREW 응용 매니저가 읽어올 애플릿 디렉토리를 변경할 수 있다. BREW SDK에서는 Example에 애플릿 정보가 저장되어 있기 때문에 최초 설치시 Example 폴더로 경로가 지정된다. 만일 응용이 저장되어 있지 않은 경로를 지정한다면 응용 실행시 다음과 같은 실행불가 메시지를 출력한다.
- DevicePack1.dpk : 가장 최근에 불러들인 장치를 표시한다.

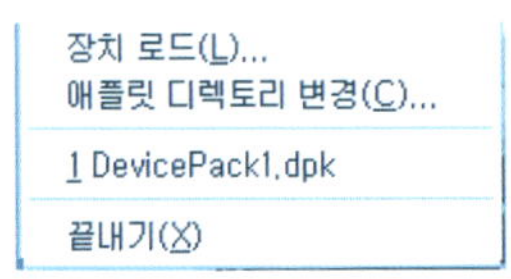

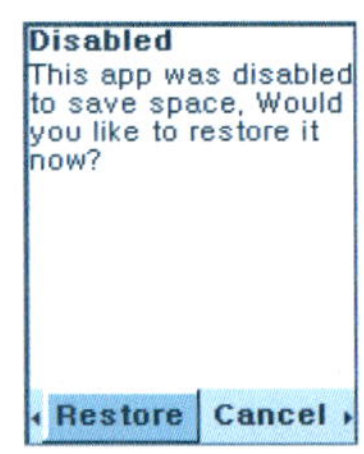

✔ 보기 메뉴는 다음과 같이 출력된다.

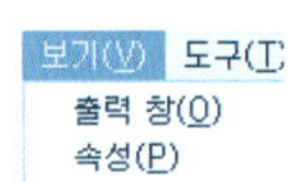

- 출력 창 : 디버그 스크린 같이 핸드셋상에서 일어난 모든 이벤트에 대한 ID값이 출력된다. 응용의 결과 확인 및 원인 분석에 편리하다.

- 속성 : 단말기 속성을 확인할 수 있는 다이얼로그를 출력한다. 애플릿, MIF경로나 memory, display, font, audio, keypad 등 장치적 속성값을 확인하거나 필요에 의해 변경할 수 있다.

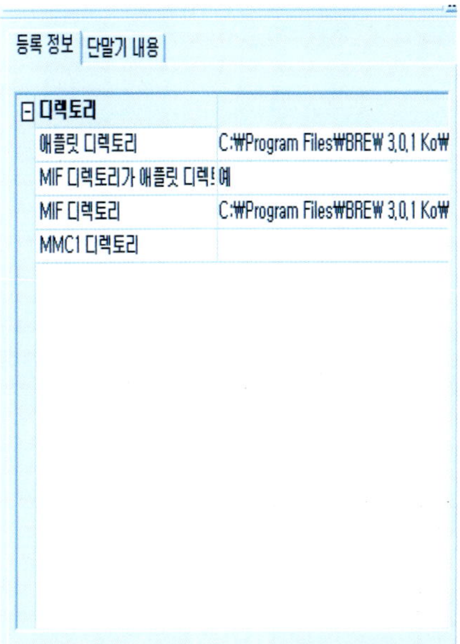

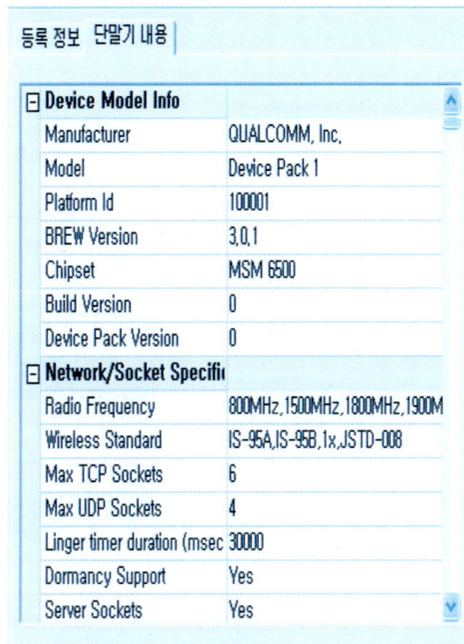

✔ 도구 메뉴는 다음과 같이 출력된다.

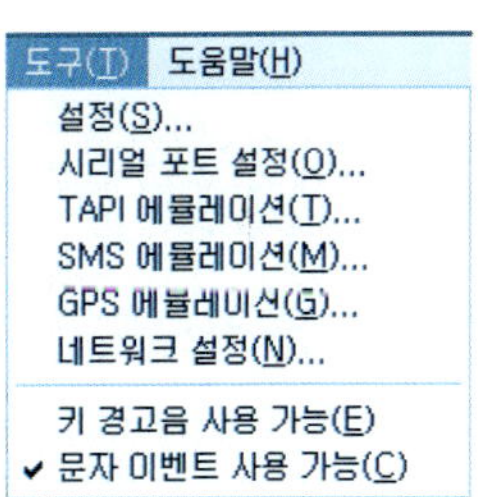

- 설정 : BREW 시뮬레이터 실행시 참조하는 MIF 디렉토리 경로 지정, 힙 유효성, DNS 서버 지정 항목을 체크하거나 변경할 수 있다. 여기서 기록된 정보는 Bin 폴더에BREW_Emu.dat 파일에 저장된다.

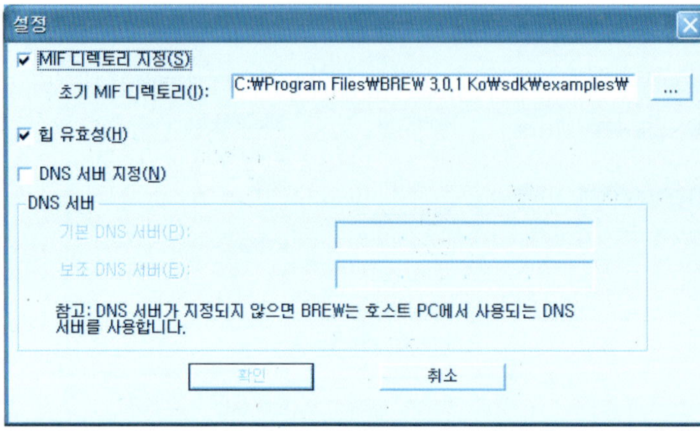

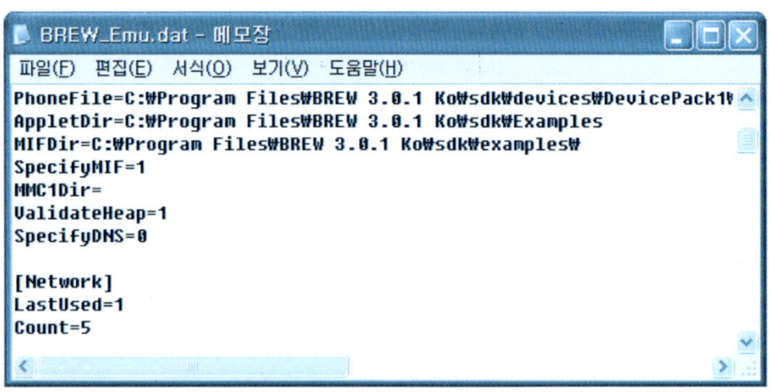

- 시리얼 포트 설정 : 단말기상의 포트 관련 설정(통신 포트, 전송 속도, 데이터 비트, 패리티, 정비 비트, 흐름 제어)값을 가상으로 설정한다.

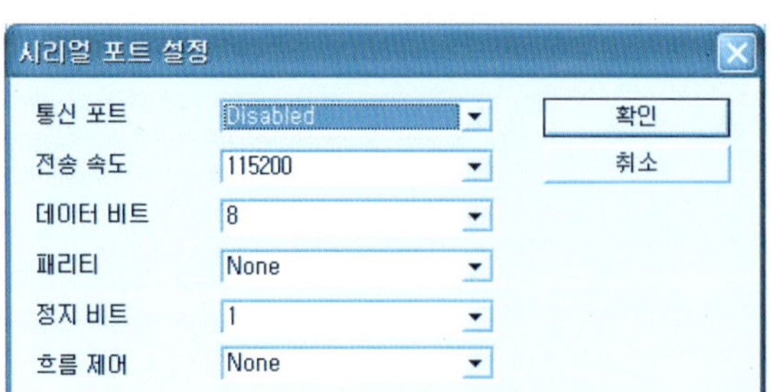

• TAPI 에뮬레이션 : BREW 애뮬레이터에서 전화가 오는 상황을 테스트한다. 장치 호출 버튼을 누르면 프로그램 화면창에 실행 중인 응용 프로그램은 중단되고 경고 메시지(BREW Suspended)가 출력된다. 끊기를 누르면 초기 화면으로 돌아오나 EVT_APP_SUSPEND나 EVT_APP_RESUME에서 처리 코드를 추가하면 응용 프로그램을 중단 지점에서 계속 수행할 수 있다.

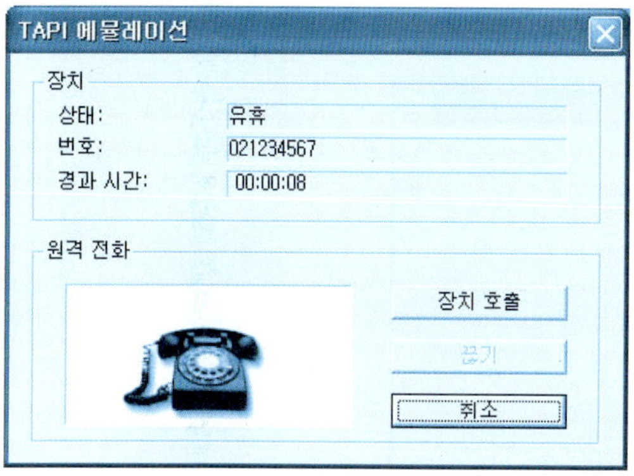

• SMS 에뮬레이션 : BREW 애뮬레이터에서 문자 메시지가 수신되는 상황을 테스트한다. 이 메시지는 다음 조건을 만족하는 응용을 실행할 때 수신이 가능하다.

- 메시지의 Telseervice에 따라 특정 IS-637 메시지를 받기 위해 등록된다.
- 모든 IS-637 CMT 95(4099) 텍스트 메시지를 받기 위해 등록된다.
- CMT 95 텍스트 메시지가 지정된 BREW 응용이다.

※ IS-637 : 문자 메시지 송수신을 위해 정해진 프로토콜이다.

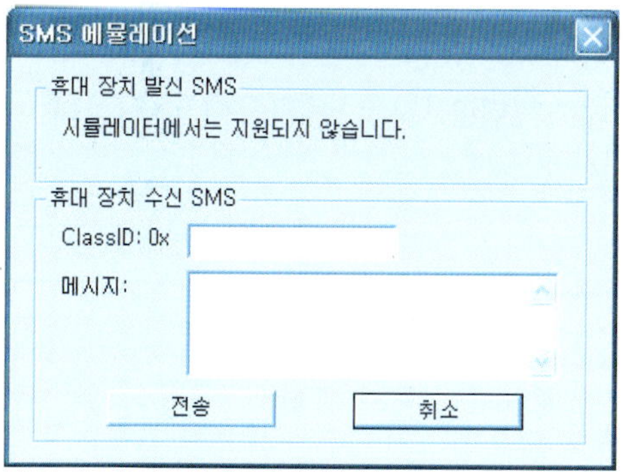

7장

시뮬레이트 방법은 다음과 같다.

- SMS 에뮬레이션 메뉴를 실행한다.
- 단말기에 전송하려는 애플릿의 ClassID(MIF 에디터에서 생성)와 메시지를 입력한다.
- 전송을 클릭한다.

• GPS 에뮬레이션 : BREW 애뮬레이터에서 GPS 수신 상황을 테스트한다.

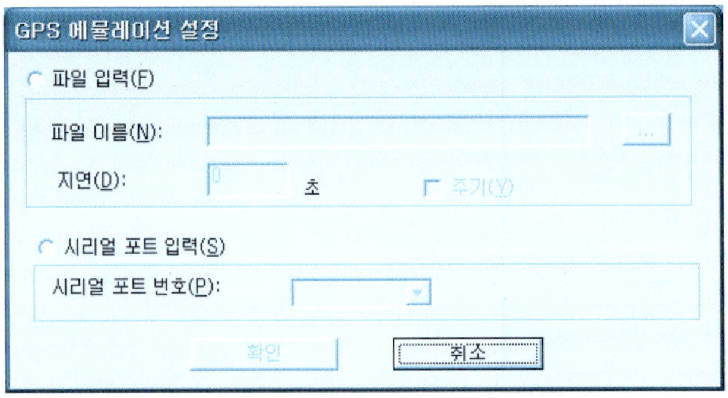

GPS 정보 수신은 다음과 같은 방법으로 가능하다.

- 파일로부터의 수신 : GPS 입력 활동을 기록하기 위해 NMEA 로거 유틸리티나 다른 도구를 사용한 것으로 가정한다. 다음과 같은 과정을 거친다.
  - 위의 대화 상자에서 파일 입력을 선택한다.
  - GPS 입력을 포함하는 파일을 찾는다. 확장자는 BGP(Brew Geographic Position) 이다.
  - 입력 지연을 위해 적절한 지연시간(초)를 입력하고 확인을 누른다.
- 시리얼 포트 입력 : GPS 단말기와 데스크탑을 직접 연결하여 수신한다.

- 네트워크 설정 : IS-95B, CDMA 2000 1X 등의 단말기용 네트워크의 트래픽, PPP, 전송, 수신 속도를 가상으로 설정한다.

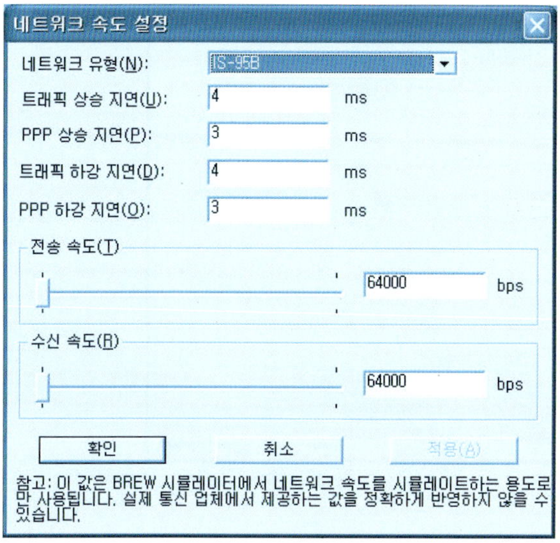

- 키 경고음 사용 설정 : DTMF(Dual Tone Multi Frequency)톤을 발생하도록 설정, BREW 시뮬레이터상에서 키를 누를 때 소리가 나도록 설정한다.

- 문자 이벤트 사용 가능 설정 : 컴퓨터 키보드를 이용하여 BREW 시뮬레이터상에서 키 입력을 받도록 설정한다.

2) MIF Editor

MIF(Module Information File)은 BREW 모듈에 대한 정보를 담고 있다. BREW 모듈은 응용과 서비스를 정의하는 클래스(Extension 클래스)로 구성되어 있다. 또한 이러한 구성 요소는 애플릿의 클래스 ID를 포함하고 있는데, MIF는 이 클래스 ID 정보를 관리한다. BREW 응용 관리자는 이 ID를 통해 클래스 정보를 인식하고 응용을 실행한다. 즉, 이 ID를 인식하지 못하면 응용은 실행되지 않는다. 이런 이유로 인해 MIF 파일에서 클래스 정보는 BREW 응용을 실행시키는 데 있어서 중요한 역할을 담당한다.

1 여기서는 "BREWTEST"라는 MIF를 생성한 후 BREW 시뮬레이터에서 결과를 확인한다. 먼저 MIF 에디터를 실행한 후 새로 만들기를 클릭한다.

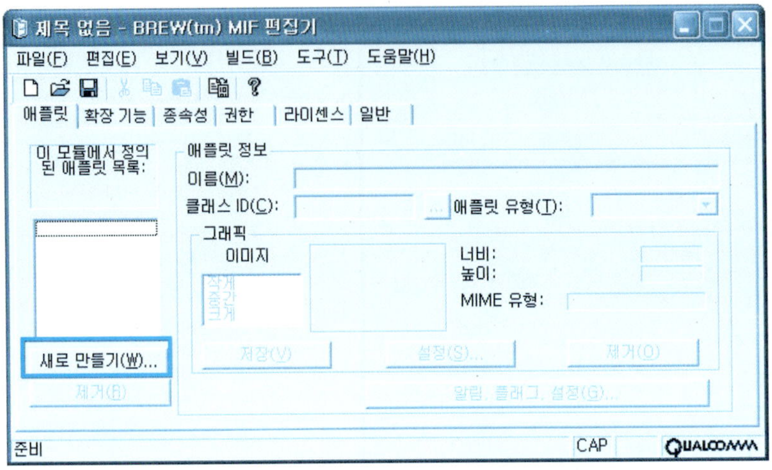

2 새로 만들기를 클릭하면 다음과 같은 창이 생성된다. 이 중 새로 생성 메뉴에서 ClassID를 BREW 웹사이트에서 발급받을지, 로컬에서 생성할지를 결정한다. 실습용으로 작성하는 MIF 파일이므로 로컬에서를 선택한다.

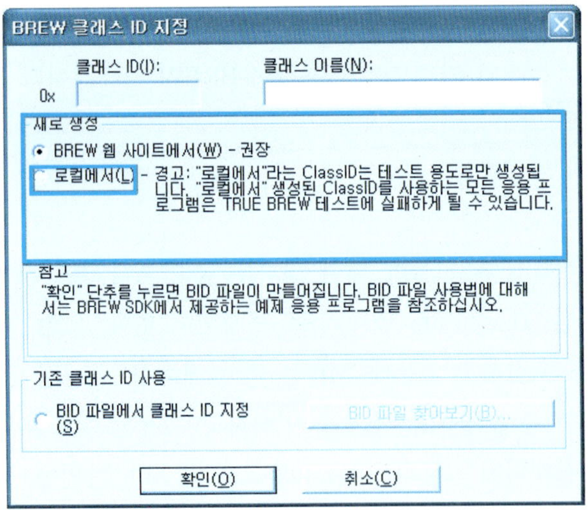

③ 로컬에서를 선택하면 클래스 ID 입력 창이 활성화된다. ID와 클래스 이름을 입력하되, MIF 파일을 두개 이상 생성시 ID값이 중복되지 않도록 주의한다.

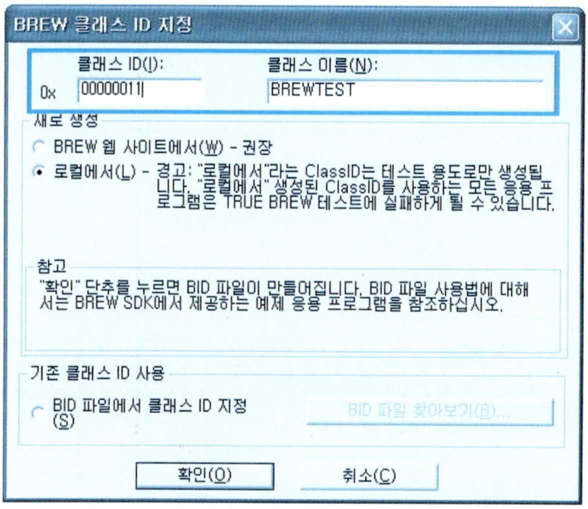

④ 확인을 누르면 bid 파일 생성 여부를 묻는다. 기존에 응용이 정의된 경로를 선택, 저장하도록 한다.

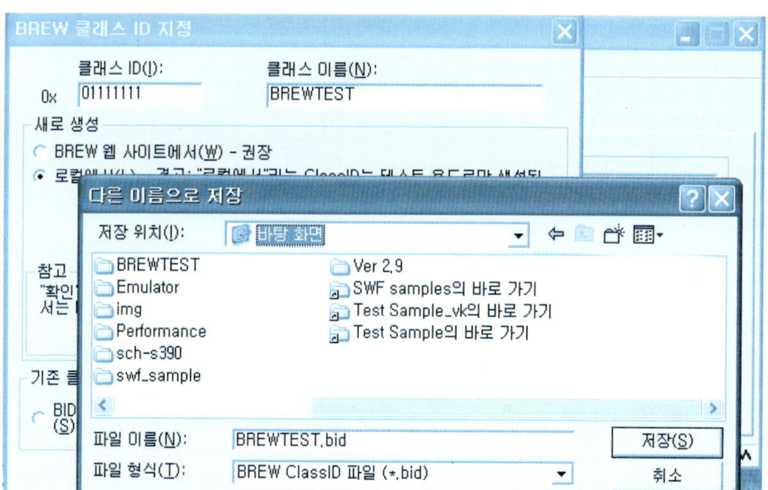

5 bid 생성 후 mif를 생성한다. 애플릿 유형에서 적절한 유형(여기서는 도구로 선택)을 선택한 후 확장자를 mif로 선택하여 bid가 저장된 경로와 같은 곳에 저장한다.

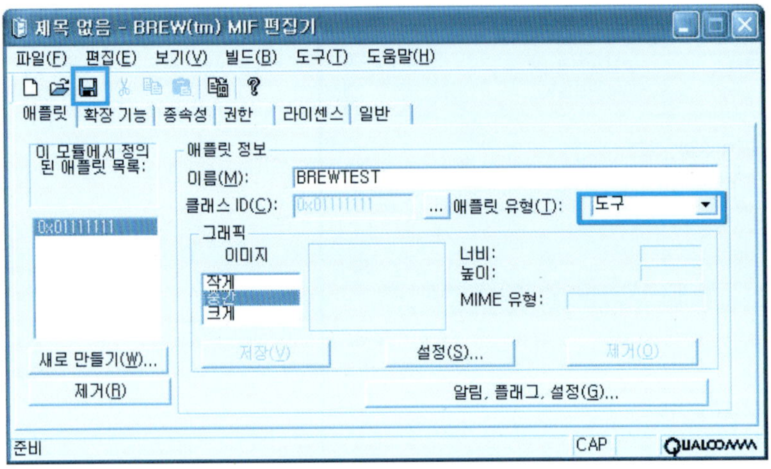

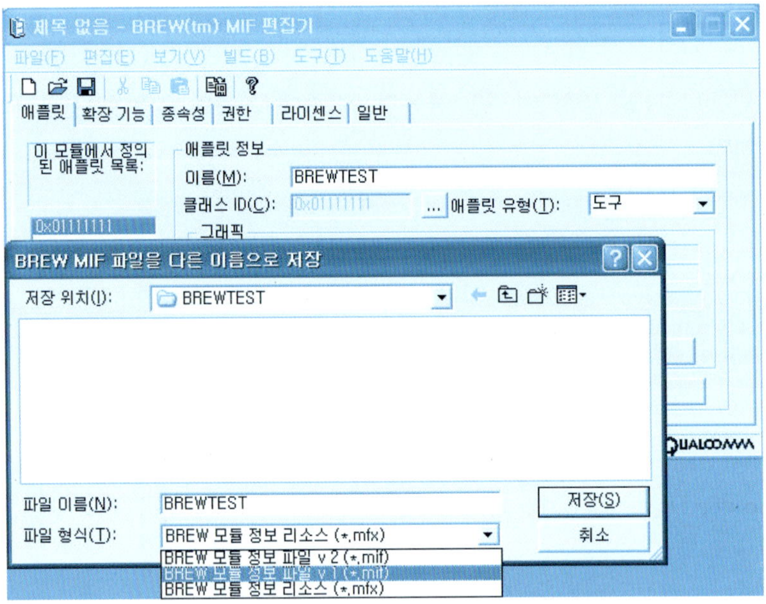

⑥ 시뮬레이터를 실행시키면 다음과 같이 BREWTEST라는 애플릿이 추가되어 있는 것을 확인할 수 있다.

3) Resource Editor

리소스 편집기는 BREW 응용에서 사용하는 문자열이나 이미지 등과 같은 리소스를 만들거나 수정하는 역할을 한다. 이를 위해서 리소스 편집기는 메뉴, 리스트와 같은 컨트롤을 제공한다. 여기서는 각 리소스 및 컨트롤 생성 방법에 대하여 알아보도록 한다.

1 먼저 리소스 편집기를 실행하여 보자. 다음과 같은 사용자 인터페이스를 볼 수 있다. 편집기에서 제공하는 주요 메뉴의 용도를 확인하면 도표와 같다.

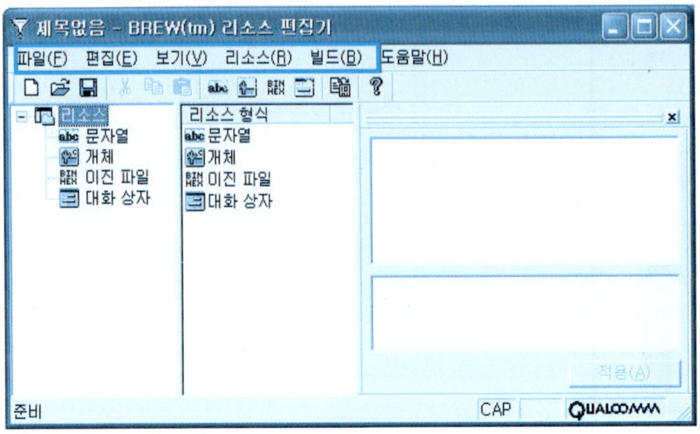

명칭	용 도
파일	리소스 파일 생성, 저장, 로드, 종료 동작을 수행한다.
편집	리소스의 복사, 잘라내기, 붙이기 작업을 수행한다.
보기	도구모음, 속성 메뉴의 활성화 여부를 정한다.
리소스	문자열, 개체, 이진파일, 대화상자 리소스를 생성한다.
빌드	생성한 리소스를 컴파일한다.

2 이제 각 리소스를 생성하는 방법을 확인한다. 문자열의 경우 리소스에서 문자열을 선택하거나 메뉴상에서 문자열에 마우스 오른쪽 버튼을 눌러 새 문자열을 선택, 클릭한다.

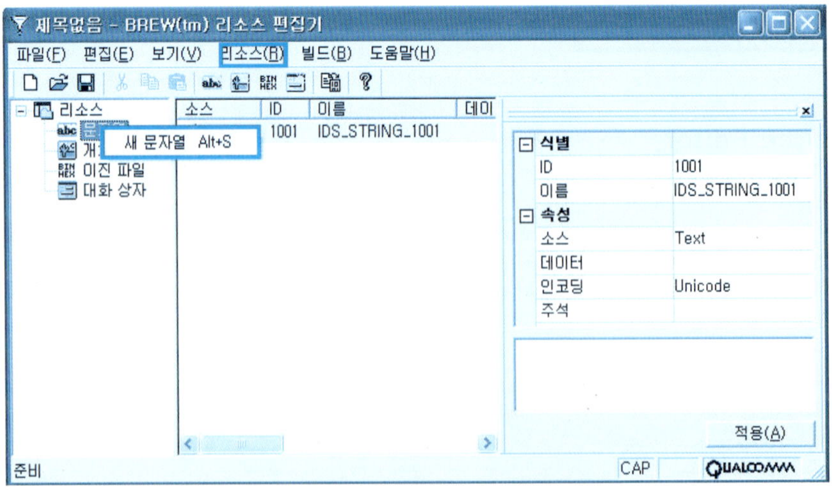

③ 클릭하면 오른쪽에서 다음과 같은 속성을 볼 수 있다. 각 속성은 아래 표와 같다. 속성에 맞게 각 값을 채우고 적용을 누른다.

명칭	용 도
ID	리소스 ID 값으로 숫자로 표현된다. 1~65535 사이의 값으로 저장하되 중복되지 않도록 한다.
이름	프로그램 소스에서 사용될 이름을 지정한다.
소스	파일 속성을 나타낸다. Text로 설정되어 있다.
데이터	문자열 리소스를 통해 실제로 나타낼 값을 입력한다.
인코딩	리소스 데이터의 인코딩 형식을 지정한다.
주석	리소스 선택적 주석을 추가한다.

④ 문자열 리소스의 삭제나 편집은 중앙 속성 탭에서 마우스 오른쪽 버튼을 눌러서 선택할 수 있다.

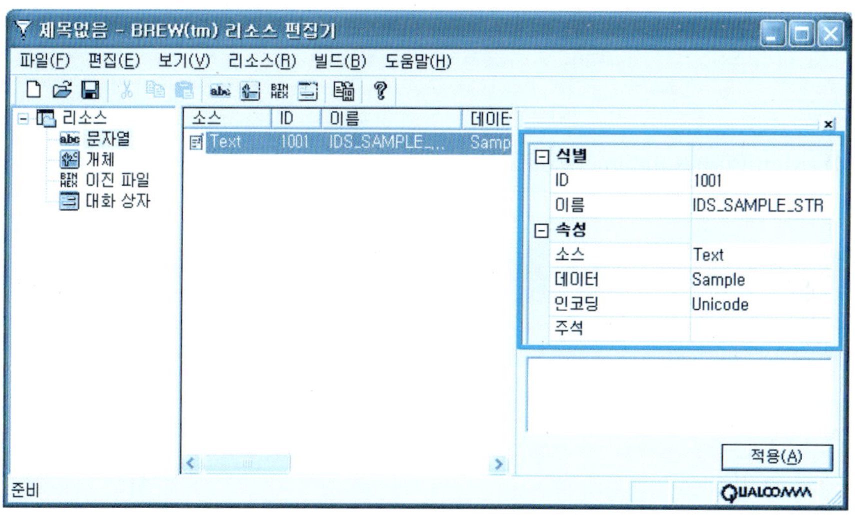

5 개체(이미지) 리소스의 경우 생성 방법은 문자열과 동일하다. 다만 속성창에서 문자열과 메뉴 구성이 틀림을 확인할 수 있다. 각 속성을 확인하면 아래표와 같다.

명칭	용 도
ID	리소스의 ID값으로 숫자로 표현된다. 1~32767사이의 값으로 저장하되 중복되지 않도록 한다.
이름	프로그램 소스에서 사용될 이름을 지정한다.
소스	파일 속성을 나타낸다. File나 Hex로 설정할수 있다.
데이터	이미지 파일을 불러온다. 미리보기로 확인할수 있다.
인코딩	리소스 데이터의 인코딩 형식을 지정한다.
주석	리소스의 선택적 주석을 추가한다.
MIME 형식	리소스 관련 MIME 형식을 지정한다.
너비	개체 리소스의 너비(픽셀)을 지정한다.
높이	개체 리소스의 높이(픽셀)을 지정한다.
비트/픽셀	bmp 개체 리소스의 픽셀당 비트수를 지정한다.
개체 미리보기	데이터로 불러온 이미지를 확인한다.

※ MIME(MultiPurposeInternetMailExtension) : 인터넷상에서 사용되는 다목 장자의 약자이다.

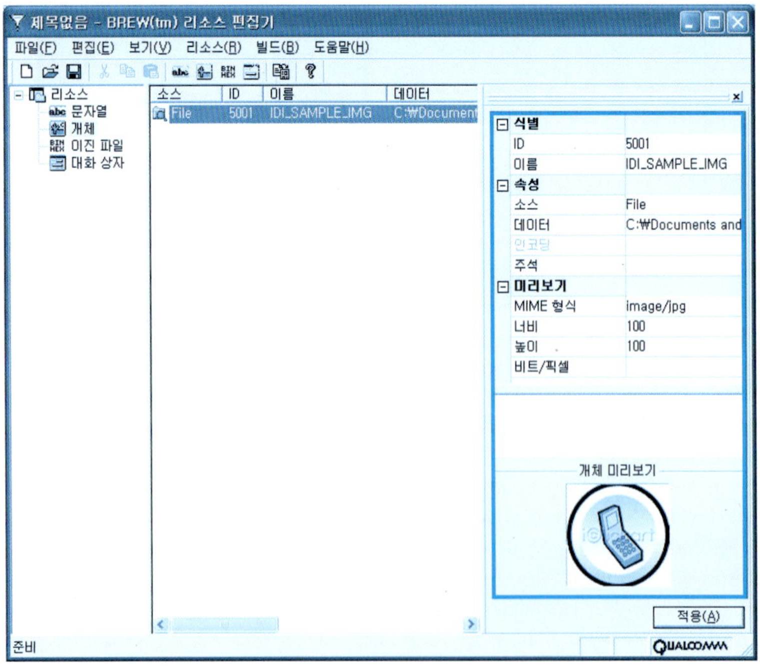

⑥ 대화 상자 또한 추가와 삭제 방법은 앞의 문자열과 이미지와 동일하다. 대화 상자내의 속성 구성과 대화 상자내에서 컨트롤 배치를 추가로 해주어야 한다. 각 속성의 용도는 다음과 같다.

명칭	용 도
ID	리소스의 ID값으로 숫자로 표현된다. 1~32767사이의 값으로 저장하되 중복되지 않도록 한다.
이름	프로그램 소스에서 사용될 이름을 지정한다.
왼쪽	좌표값. 대화 상자 리소스의 왼쪽 여백을 지정한다.
맨위	좌표값 .대화 상자 리소스의 위쪽 여백을 지정한다.
너비	좌표값. 대화 상자 리소스의 너비를 지정한다.
높이	좌표값. 대화 상자 리소스의 높이를 지정한다.
플래그	대화 상자의 속성값을 지정한다.
포커스	대화 상자 실행시 포커스가 놓일 컨트롤 ID를 지정한다. 보통 최초에 생성된 컨트롤 ID값을 사용한다.
컨트롤	대화 상자에서 사용된 컨트롤 수를 지정한다.
주석	리소스의 선택적 주석을 추가한다.

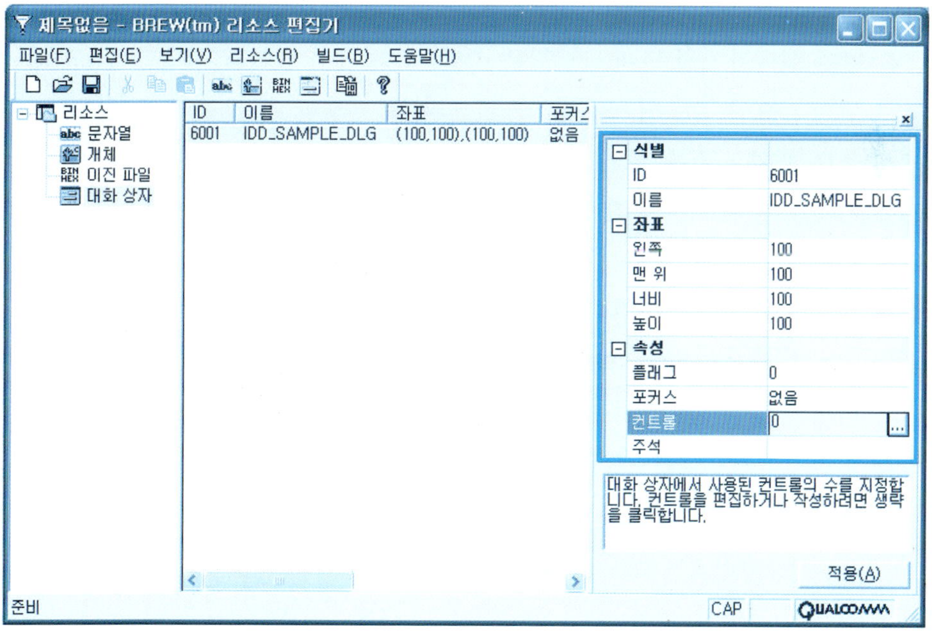

7 생성한 대화 상자 위에는 컨트롤을 배치할 수 있다. 이 컨트롤 배치로 메뉴의 구성이나 아이콘 배치, 문자열 표시 등이 가능하다. 속성 버튼 중 컨트롤을 누르면 다음과 같은 메뉴가 생성된다. 대화 상자 컨트롤이라는 박스안의 아이콘들이 컨트롤인데 번호별로 용도를 나타내면 다음과 같다.

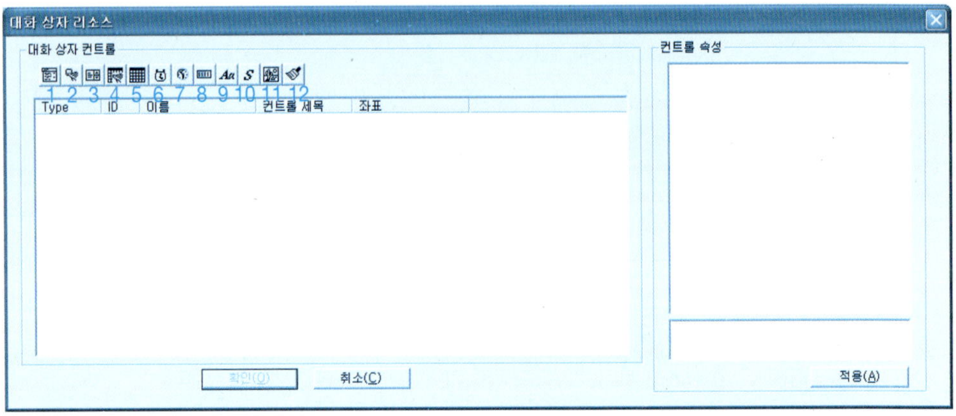

① 메뉴 : 메뉴를 선택할 수 있는 항목을 제공한다.

② 소프트키 : 가로로 이동하며 항목을 선택할 수 있도록 한다.

③ 목록 : 세로로 이동하며 항목을 선택할 수 있도록 한다.

④ 날짜 선택기 : 월 단위의 달력을 출력, 이 중에서 날짜를 선택할 수 있도록 한다.

⑤ 날짜 : 요일, 연, 월, 일 형식으로 날짜를 선택할 수 있도록 한다.

⑥ 스톱 워치 : 스톱 워치 기능을 제공한다.

⑦ 시계 : 현재 시간의 확인 및 시간 지정이 가능하다.

⑧ 카운터 다운 : 임의의 시간에서 0으로 카운트 다운이 가능하다.

⑨ 텍스트 : 문자열 입력이나 수정이 가능하다.

⑩ 정적(Static) : static 박스를 형성한다.

⑪ 아이콘보기 : 아이콘으로 항목을 볼 수 있다.

⑫ 이미지 : 이미지를 볼 수 있다.

8 이제 생성한 대화 상자에 앞서 생성한 이미지 개체와 텍스트를 배치하여 보자. 먼저 대화 상자 리소스에서 다음과 같이 이미지와 텍스트를 추가한다.
이미지 컨트롤에서 컨트롤 이미지 항목은 앞서 추가한 이미지 ID값 IDI_SAMPLE_IMG를 추가하고, 텍스트 컨트롤에서 컨트롤 제목과 텍스트 또한 역시 앞서 추가한 IDS_SAMPLE_STR을 추가한다.

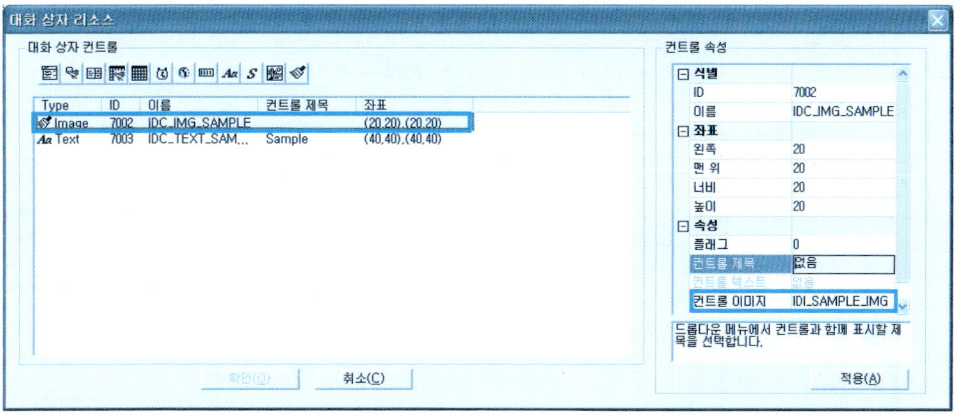

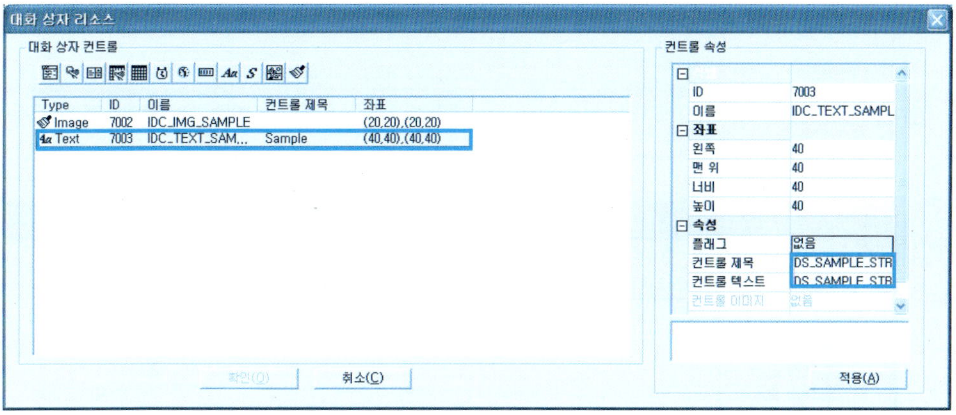

⑨ 각 ID값과 이미지를 추가한 후에는 brx 파일 포맷으로 작성 내용을 저장한다. 허나 이 포맷만으로는 BREW 응용내에서 사용할 수 없다. 때문에 BREW 내에서 사용하는 포맷으로 변경하여야 한다.(이진 파일이 없이 컴파일을 시도하면 컴파일 오류를 일으킨다.) 다음과 같이 ID, 이름, (16진수기준)데이터를 작성 후 저장한다.

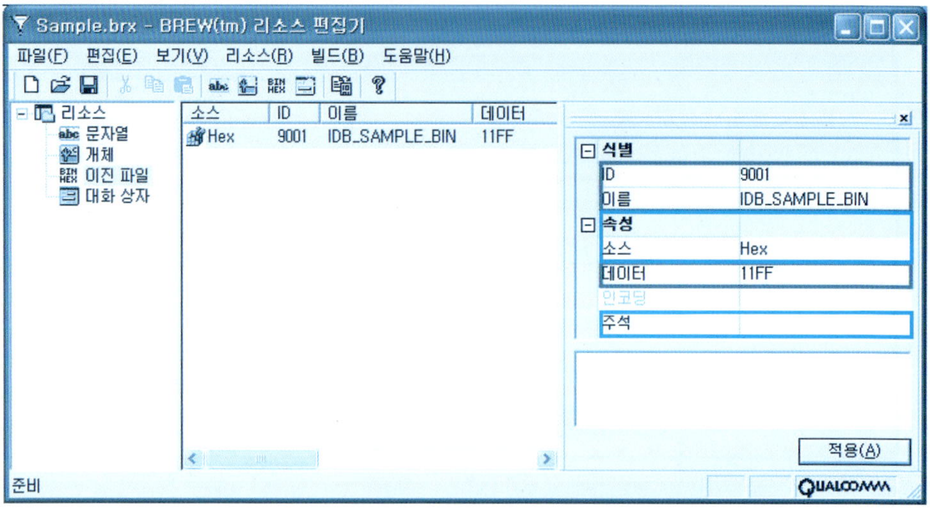

⑩ 이진 파일이 작성이 되었다면 빌드 > 리소스 스크립트 컴파일을 통해 컴파일을 시도한다. 성공시 특정 경로에 bar와 brh 파일이 생성되는 것을 확인할 수 있다.

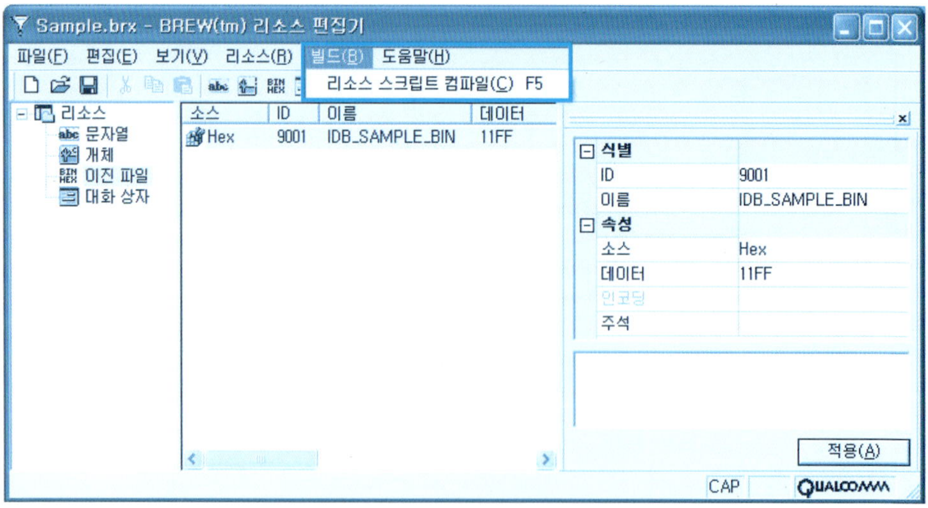

⑪ 다음은 Sample.brh 파일을 워드패드로 연 것이다. 이 파일은 앞서 리소스 편집기에서 추가한 리소스의 이름, ID 값을 볼 수 있다. 이를 응용 소스에 추가시킨다. 다음 Sample.bar에서 추가한 리소스 중 원하는 것을 참조하는 형식으로 사용할 수 있다.

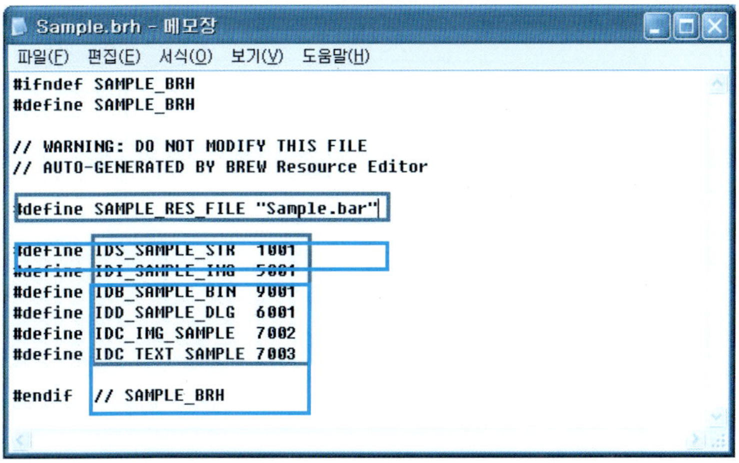

4) BREW 압축 이미지 저작 도구

이 프로그램은 복수개의 이미지를 BCI(BREW Compression Image) 포맷으로 압축, 결합한다. 이를 통해 이미지의 용량이 줄어들고, 핸드셋에서 사용되는 애니메이션 파일을 작성하는데 용이하다. 여기서는 이미지 저작 도구를 이용한 BCI 파일 생성 방법을 알아본다.

1 우선 프로그램을 시작한 후 마우스 오른쪽 버튼을 눌러 항목을 불러낸 후 이미지 삽입을 선택하여 압축할 이미지를 선택한다.

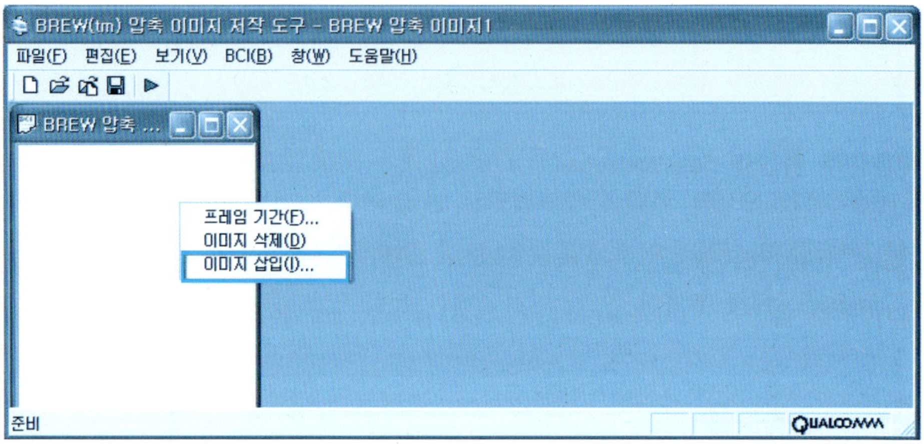

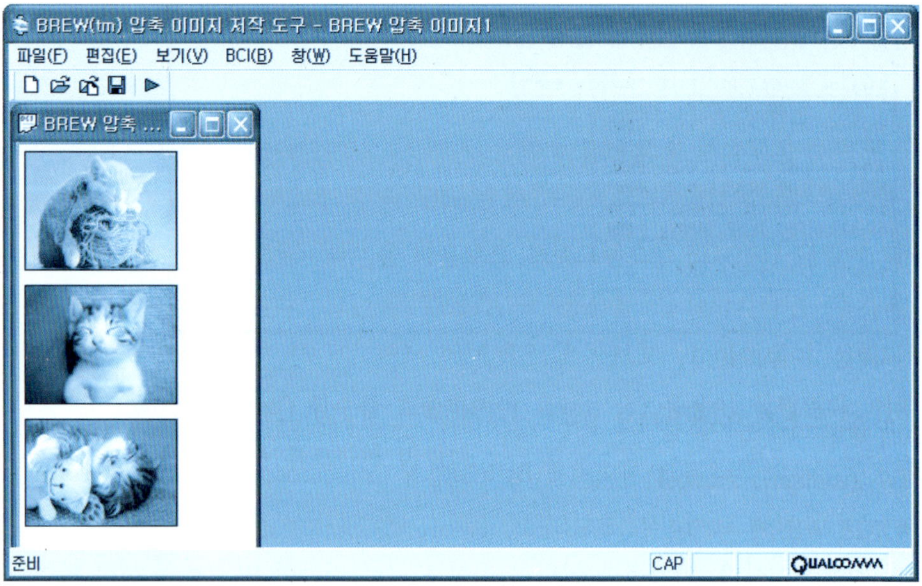

② 이후 메뉴 > BCI > 애니메이트(혹은 빨간 삼각형 아이콘)을 실행하면 선택한 이미지를 BCI로 저장하고자 경로를 묻는다. 경로를 지정하고 저장하면 생성된 BCI 파일의 동작을 보여준다.

7.4 BREW SDK Tool v1.0.1

BREW SDK Tool에서는 Visual Studio에서 BREW 응용을 제작 및 프로젝트 관리가 가능하다. 여기서는 "It's BREW Test!"라는 문장을 출력하는 응용을 제작한 후, BREW 시뮬레이터에서 그 동작을 확인하는 과정을 설명한다.

1 Visual Studio를 실행하고 Project에서 BREW Application Wizard를 선택하고 프로젝트명을 작성한다. 이후 지원항목으로 파일을 선택한다.

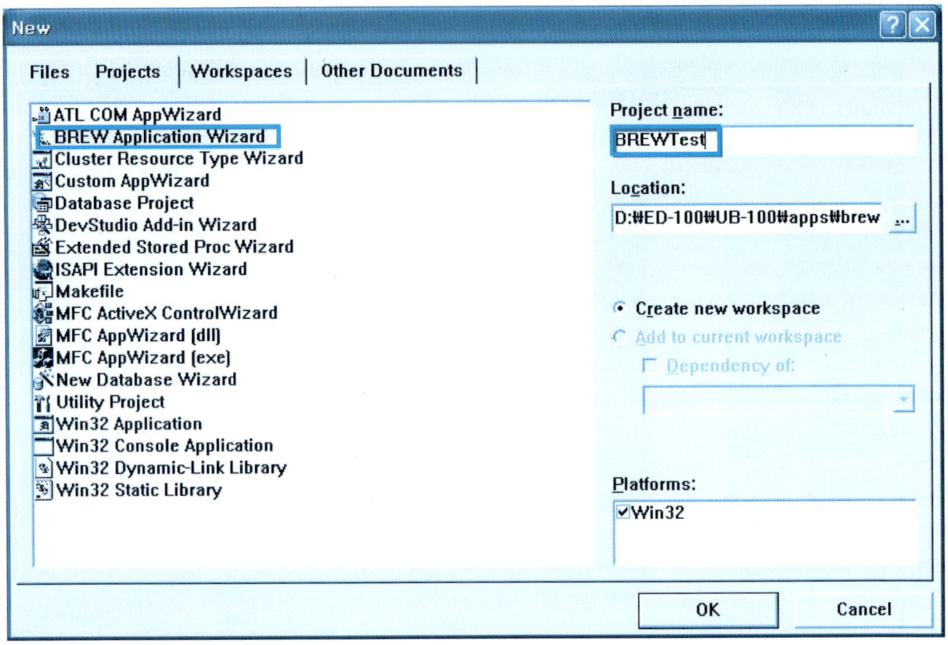

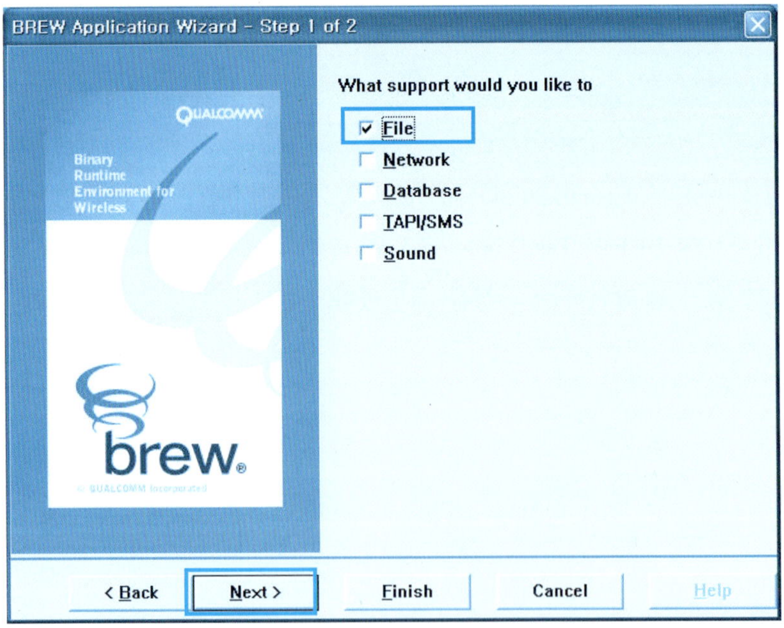

② 앞서 설명한 mif 에디터에서 이 응용에 대한 mif 파일을 생성한 후에 프로젝트를 시작한다.

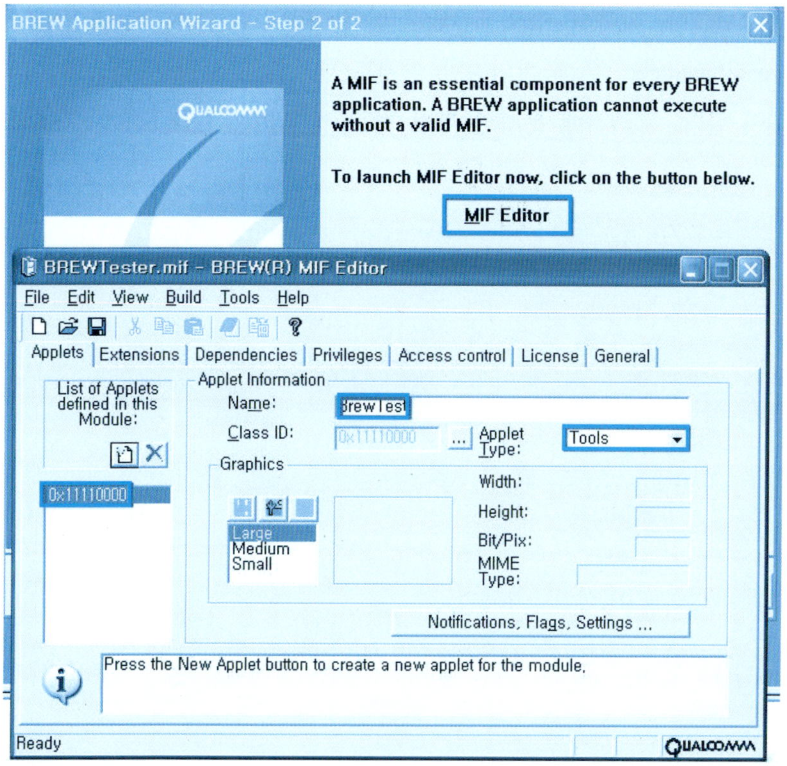

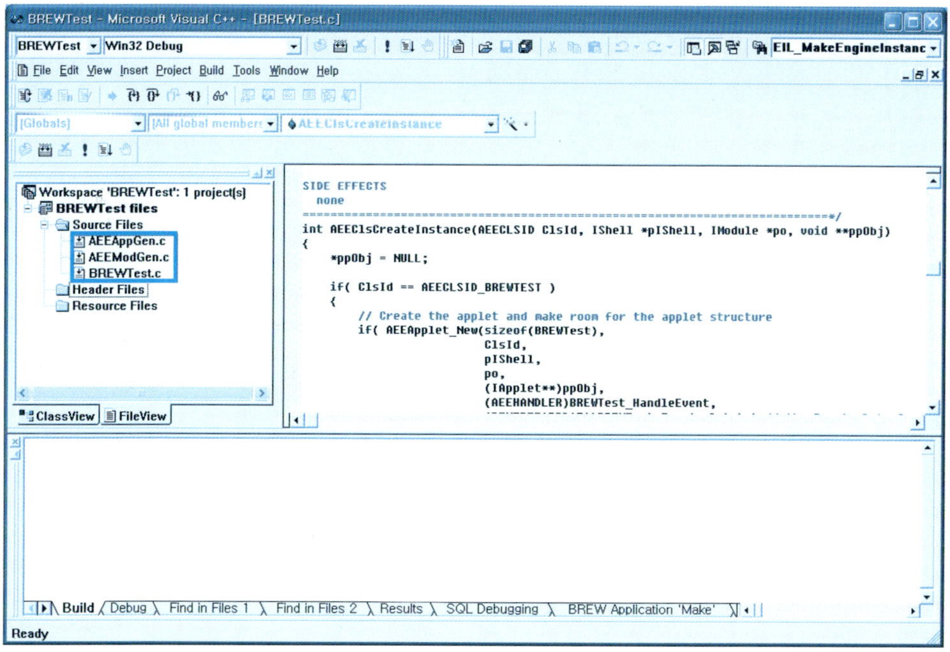

7장

③ 본 응용은 처음 시작할 때 “It’s BREW Test!”라는 메시지를 출력하여야 한다. 이를 위해서는 객체를 생성하는 ISHELL_CreateInstance( )와 이벤트 핸들러 함수 중 EVT_APP_START에 대하여 정의를 해야 한다. BREW SDK Tool 1.0.1에서는 ISHELL_CreateInstance( )은 작성되지만 이벤트 핸들러의 해당 이벤트에 대해서는 직접 작성해야 한다. 시작시에 문자열 버퍼 및 EVT_APP_START에서 다음과 같이 추가하자.

```
static boolean BREWTest_HandleEvent(BREWTest* pMe, AEEEvent eCode, uint16 wParam,
uint32 dwParam)
{

   AEEDeviceInfo di; //장치 정보 구조체 AEEDeviceInfo를 선언한다.
   AECHAR szBuf[] = {
   // 문자열 내용을 추가한다.
   'I', 't', ''', 's', 'B', 'R', 'E', ' ', 'T', 'E', 'S', 'T', '!', '₩0'};
    AEEApplet * paMe = (AEEApplet *)pMe
    switch (eCode)
         {
        case EVT_APP_START:
        ISHELL_GetDeviceInfo (paMe->m_pIShell, &di);// di값을 얻어온다.
         //문자열 버퍼 szBuf의 내용을 그려낸다. 여기서 위치, 정렬, 굵기를 지정한다.
         //Bold 설정, 좌표 : -1, 0, 0, 0, 가운데 정렬
        IDISPLAY_DrawText (paMe->m_pIDisplay,
        AEE_FONT_BOLD, szBuf, -1, 0, 0, 0, IDF_ALIGN_CENTER |
        IDF_ALIGN_MIDDLE);
       //디스플레이에 텍스트 내용을 적용한다.
        IDISPLAY_Update (paMe->m_pIDisplay);
        return(TRUE);
:
:
         default:
            break;
   }
   return FALSE;
}
```

④ 소스가 작성되었으면 컴파일을 시도한다. 단, 프로젝트내에 미리 생성한 BREWTEST.bid와 BREWTEST.mif가 없으면 응용을 인식할 수 없어서 오류가 발생한다. 필히 이를 확인하고 만일 동일 경로내에 파일이 없으면 프로젝트 내로 파일을 복사해온다.

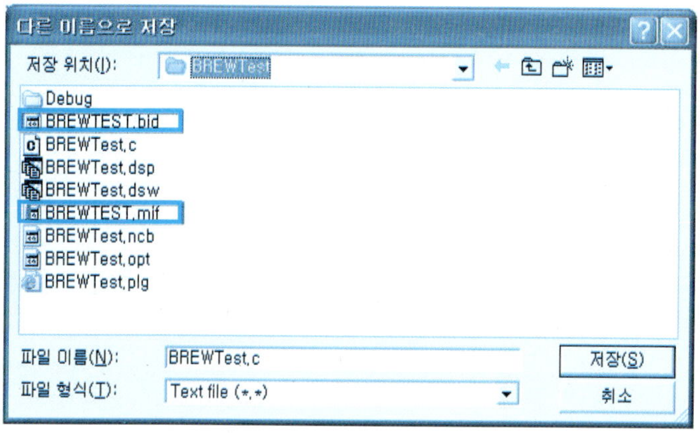

⑤ 컴파일에 성공한다면 시뮬레이터 실행 후 애플릿 경로를 프로젝트가 작성된 곳으로 변경하자. 이후 프로그램 화면에 아이콘이 추가되어 있는 걸 확인할 수 있다. OK 키를 눌러서 It's BREW TEST 메시지가 출력된다면 성공이다.

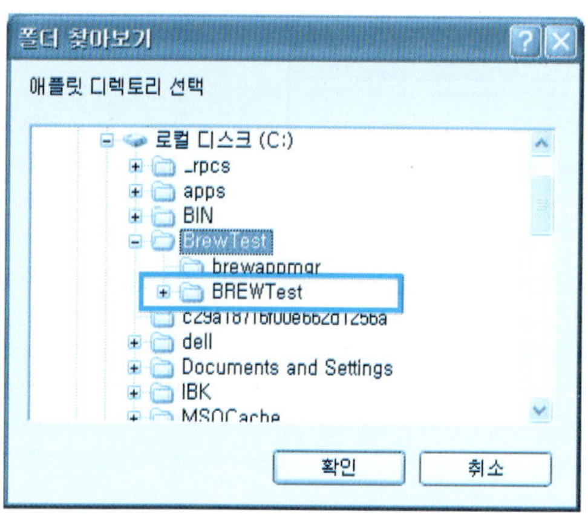

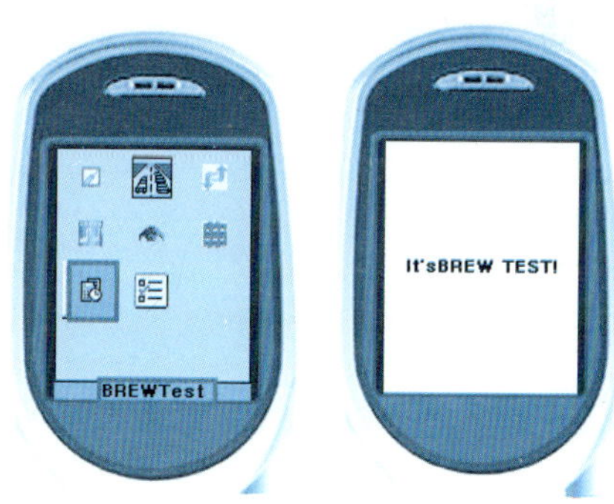

7.5 다운로드 툴(Down Load Tool)

1 환경설정 파일 초기화

처음 설치하여 실행시 자동으로 환경설정 파일인 DloadTool.cfg가 생성되며 다음과 같은 메시지가 출력된다.

환경설정 초기화 메시지

2 초기화 화면(Port/Model 검색)

① 단말기와 PC의 Com Port가 연결되어 있는 상태이면 자동으로 Port를 검색한다.
② [Port Scan] 버튼은 현재 연결된 Com Port를 검색할 때 사용한다.
③ 검색 가능한 Port는 Com1~Com8이다.

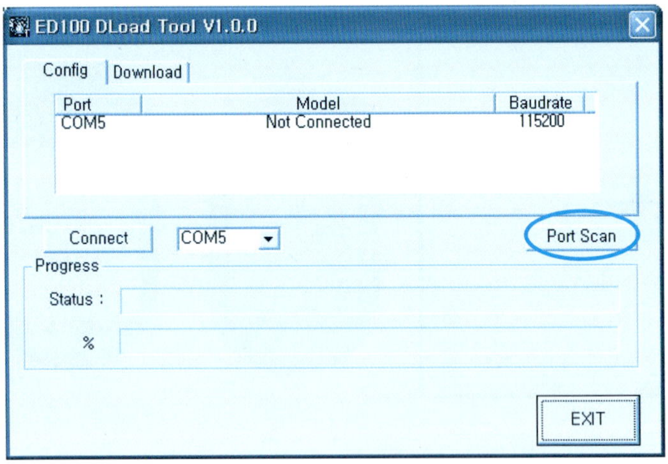

④ 현재 연결된 Port가 확인되었다면 [Connect] 버튼을 선택하여 단말기와 통신을 위해 초기화 작업을 진행한다. 이후 단말기 정보를 가져온 후 아래와 같이 연결 상태를 유지한다.

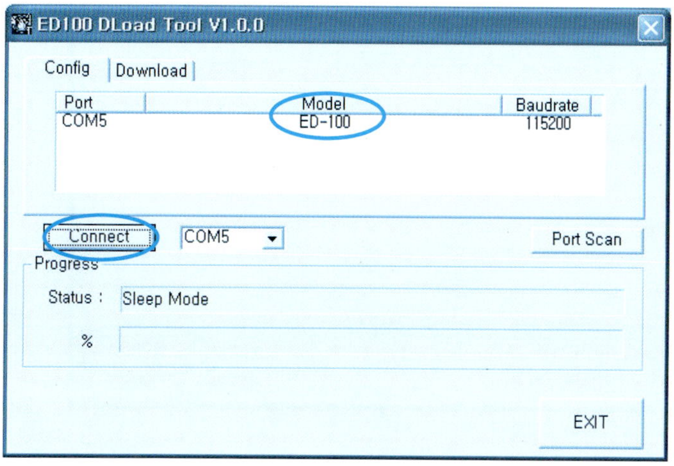

3 다운로드 화면(Bin 파일 선택 및 다운로드)

① [Download]탭을 선택하여 다운로드 화면으로 진입한다.

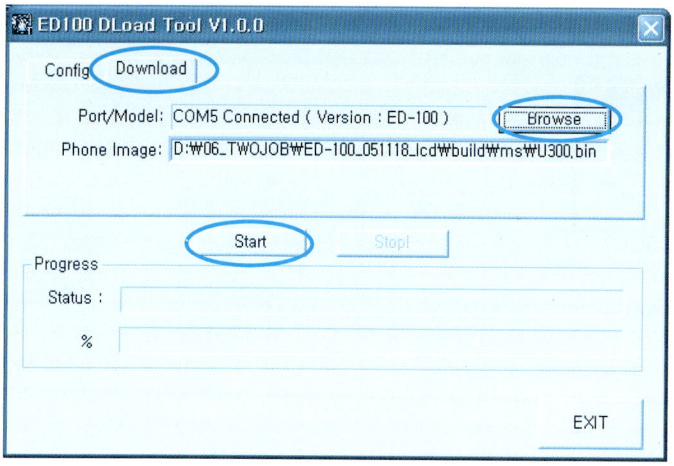

② [Browse] 버튼을 선택하여 다운로드하기 위한 Bin 파일을 선택한다.

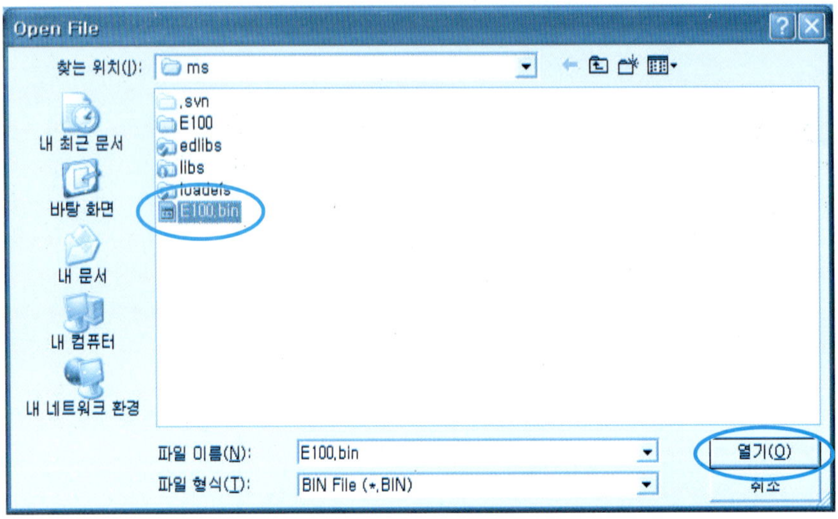

③ Bin파일 선택시 [Phone image]에 bin 파일 선택 경로가 출력된다.

④ [Start] 버튼 클릭시 단말기에 다운로드를 위한 커맨드를 보내며 이 커맨드가 정상적으로 전송시 다운로드 시작을 알리는 메시지 창이 생성된다.

⑤ [확인] 선택시 다운로드 진행을, [취소] 선택시 다운로드 취소가 실행되며 이 때 단말기는 Reset된다.

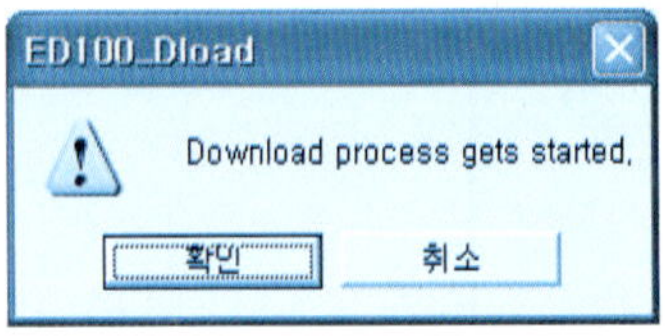

⑥ 다운로드가 완료시 단말기는 자동적으로 Reset 명령을 실행한다.

8장 대기화면 이미지설정 응용 프로그램

실습목적

- 리소스 파일에 이미지 추가방법을 이해한다.
- 대기화면에서 애니메이션 이미지설정을 위해 타이머 기능을 이해한다.
- 소스에서 이미지를 불러오고 설정하는 방법을 이해한다.

8.1 대기화면 이미지설정

이번 장에서는 리소스 파일에 이미지를 추가하는 방법과 핸드폰에서 부팅 후 나타나는 대기화면의 뒷 배경을 여러 이미지를 연속으로 보여주는 애니메이션을 보여주는 기능을 추가하기 위한 방법을 설명하고자 한다.

1 이미지 작업을 위한 리소스 스크립트 파일 사용법

CDMA 핸드폰에서 구동하는 애플릿에서 글자, 이미지, 다이로그(Dialog)를 보여주기 위해 퀄컴(Qualcomm)사에서는 BREW Resource Editor라는 개발 프로그램을 제공한다. 이 프로그램을 통해 글자나 이미지 다이로그(Dialog) 관련 내용을 추가하고 컴파일하면 이미지나 텍스트, 다이로그(Dialog) 등이 합쳐진 리소스 파일이 생성되며, BREW Resource Editor에서 리소스 관련 작업 내용을 저장하면 모든 정보가 확장자가 .brx(혹은 .bri)인 리소스 스크립트 파일로 저장된다. 그래서 개발 후에도 brx 파일을 통해 리소스 관련 정보를 볼 수 있고, 다시 이 파일을 사용해서 다른 내용을 추가할 수 있다.

brx 파일에서는 하나의 이미지에 대해서 이미지를 호출하기 위한 이름과 ID(숫자)로 관리하는 형식을 취한다. 그래서 BREW Resource Editor에서 xxx.bar 파일로 생성된 리소스 파일에서 이 파일에 포함된 이미지 파일 중에 원하는 이미지 파일을 사용하기 위해서는 이미지 파일을 정의한 이름을 알고 있어야 한다.

예를 들면, menu.bar 리소스 파일에서 이미지 파일을 불러온다고 한다면 menu.brx 파일에서 원하는 이미지 파일(확장자가 .bmp나 .bci형식의 파일)이 menu.bmp라면, menu.bmp파일을 애플릿에서 사용하기 위한 이름인 IDS_MENU라는 지정된 이름으로 불러와서 사용해야 한다.

리소스 관련 파일은 BREW Resource Editor에서 brx 파일을 편집하고 저장 후 컴파일을 하면 확장자가 .brh 파일과 .bar 파일이 생성된다. .brh 파일은 header 파일과 유사한 용도로 사용하며 위에서 언급한 이미지 파일을 정의한 이미지의 이름과 ID값이 정의된 파일이며, 이 brh 파일을 통해서 소스에서 리소스 파일에 포함된 리소스 이미지의 정의된 이름을 알 수 있다.

그리고 bar 파일은 BREW Resource Editor에서 컴파일을 통해 생성된 바이너리 형태의 파일로 이미지나 텍스트 Dialog가 합쳐진 리소스 파일이다. 그래서, brx 파일에서 편집한 모든 이미지들이 하나의 bar 파일에 저장된다. bar 파일에 추가된 이미지 관련 정보를 확인하려면 BREW Resource Editor에서 idle.bri 파일을 열어서 왼쪽의 개체 아이콘을 누르면 프로그램 오른쪽에 이미지 정보들이 나타난다.

다음 그림은 앞의 상태에서 프로그램 화면을 캡쳐한 것이다. 이 화면에서 ID로 나타난 부분이 리소스 파일에서 하나의 이미지의 번호를 의미하는 ID이고, 이름으로 표시된 부분은 핸드폰 소스상에서 이미지를 호출하기 위해 정의된 이름이다. 실제로 이 이름을 소스에서 호출하면 리소스 파일에서 이름과 같이 정의된 ID를 찾아서 원하는 이미지를 보여주게 된다. Data로 나타난 부분은 이미지 파일의 경로와 이름이 나타난다.

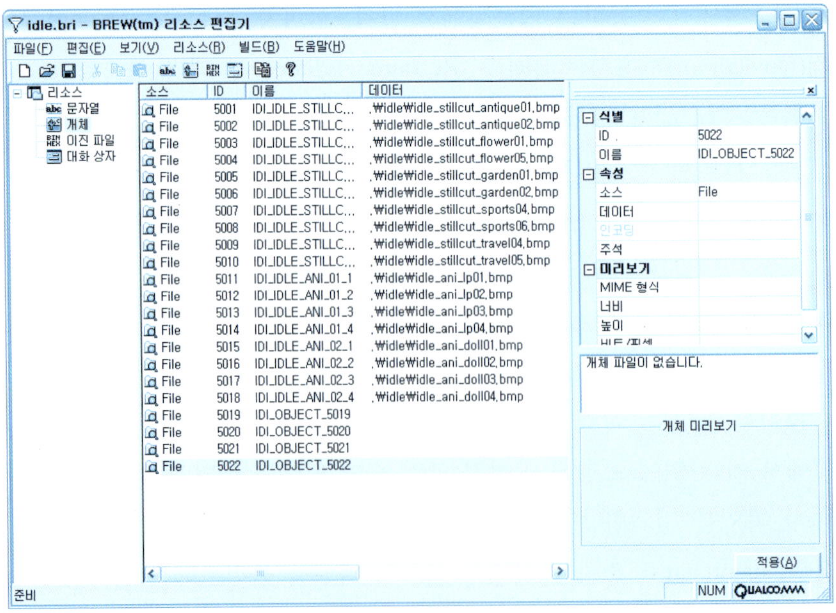

8.2 대기화면 애니메이션 이미지 추가

대기 화면을 애니메이션 화면으로 설정하기 위해 이미지를 추가하기로 한다. 이미지는 Contents\1장_대기화면_이미지_표시\애니메이션 이미지 추가\apps\resources\idle 폴더에 존재하는 모든 bmp 파일을 apps\resources\idle 폴더내에 넣고, BREW Resource Editor 프로그램을 실행 후 apps\resources\idle있는 idle.bri 파일을 열어서 실행한다. 해당 파일을 열고 왼쪽에 리소스 아이콘 아래에 있는 개체 아이콘을 누르면 이미지 ID와 해당 이미지의 경로가 보인다. 이미지를 추가하기 위해 메뉴에서 새 개체 아이콘을 누르면 임의의 값으로, 이미지의 ID값이 지정되고 소스에서 이미지 파일을 불러오기 위해 필요한 이미지 이름이 임의로 지정된다. 이런 방법으로 4개의 id를 생성 후 저장한다. 저장한 다음 아래 그림처럼 보기 메뉴에서 스크립트 소스 메뉴를 눌러서 텍스트 파일 형태에서 bri 파일을 수정한다.

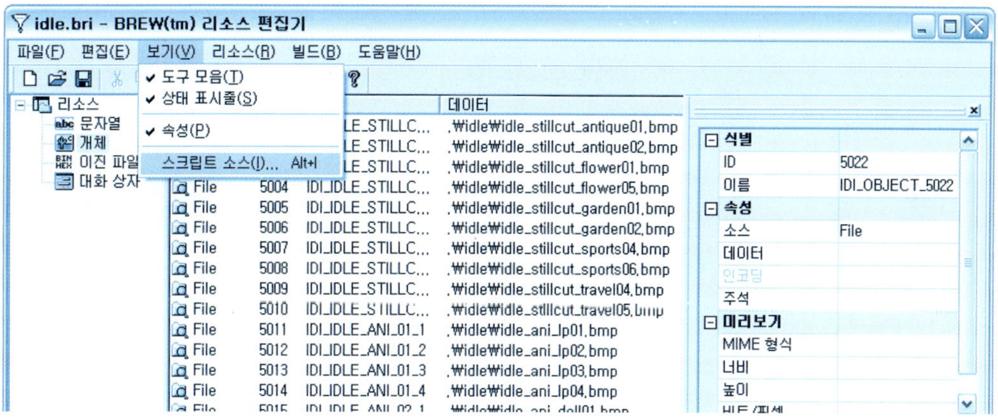

이렇게 4개를 추가하면 아래와 같이 저장된다.

```
<Object Id="5019" Name="IDI_OBJECT_5019">
        <File></File>
    </Object>
    <Object Id="5020" Name="IDI_OBJECT_5020">
        <File></File>
    </Object>
    <Object Id="5021" Name="IDI_OBJECT_5021">
        <File></File>
    </Object>
    <Object Id="5022" Name="IDI_OBJECT_5022">
        <File></File>
    </Object>.
```

이미지 이름에는 프로그램 내부적으로 임의로 정해진 이름이 저장되며, 이미지 파일의 경로는 지정되지 않고 저장된다. 이렇게 임의로 지정된 내용을 아래의 ID와 데이터 이미지 이름으로 지정한다. 지정할 내용은 아래와 같다.

ID	데이터	이미지 이름
5019	idle_ani_soc01.bmp	IDI_IDLE_ANI_03_1
5020	idle_ani_soc02.bmp	IDI_IDLE_ANI_03_2
5021	idle_ani_soc03.bmp	IDI_IDLE_ANI_03_3
5022	idle_ani_soc04.bmp	IDI_IDLE_ANI_03_4

위의 내용을 적용하기 위해 아래와 같이 편집한다.

```
<Object Id="5019" Name="IDI_IDLE_ANI_03_1">
        <File>.₩idle₩idle_ani_soc01.bmp</File>
    </Object>
    <Object Id="5020" Name="IDI_IDLE_ANI_03_2">
        <File>.₩idle₩idle_ani_soc02.bmp</File>
    </Object>
    <Object Id="5021" Name="IDI_IDLE_ANI_03_3">
        <File>.₩idle₩idle_ani_soc03.bmp</File>
    </Object>
    <Object Id="5022" Name="IDI_IDLE_ANI_03_4">
        <File>.₩idle₩idle_ani_soc04.bmp</File>
```

편집이 끝난 후 자신이 수정한 파일과 Contents\1장_대기화면_이미지_표시\애니메이션 이미지 추가\apps\resources 폴더에 있는 idle.bri 파일의 내용이 동일한지 확인하고, 결과가 다를 경우 Contents 폴더의 bri 파일의 내용과 동일하게 수정하고, 저장하여 bri 파일의 편집 작업을 종료한다. 다음에는 아래 그림처럼 메뉴 탭 중에서 빌드 메뉴 아래에 있는 리소스 스크립트 컴파일 메뉴를 실행하여 컴파일을 실행한다.

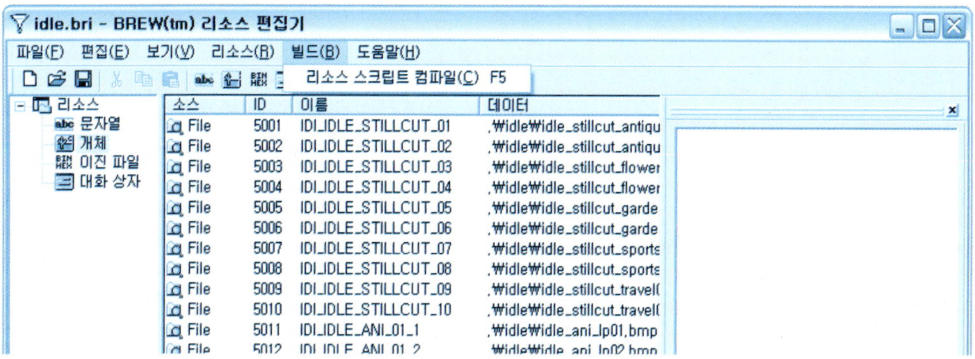

이렇게 컴파일을 실행하면 idle.bri 파일이 있는 같은 폴더에 bri 파일과 동일한 이름인 idle로 idle.brh 파일과 idle.bar 파일이 생성된다. 추가된 이미지 파일을 사용하기 위해서 소스 파일에서는 idle.brh 파일에 추가된 이미지 이름을 참조해서 idle.bar 파일에 추가된 이미지 파일을 불러올 수 있게 된다.

8.3 대기화면 애니메이션 구현을 위한 루틴 추가

핸드폰의 전원을 켜고 부팅하면 모든 초기 작업을 마치고, 통화가 가능한 상태가 되면 ProcessSubscriptionStatus 함수에서 대기화면이 설정되었는지 확인하고, 대기화면이 없을 경우 대기화면을 그리기 위해 아래처럼 대기화면을 활성화하기 위한 IIDLECTRL_SetActive 함수를 호출한다.

```
static void ProcessSubscriptionStatus (CCoreApp *pMe)
{
………………………………………………………………생략………………………………………………………………

/* Create idle screen */
            if(pMe->m_pIdleCtrl==NULL)
```

```
                {
if(CIdleCtrl_New(&pMe->a, 0, (void **)&pMe->m_pIdleCtrl)==SUCCESS)
{
                                IIDLECTRL_SetEventHandler(pMe->m_pIdleCtrl, NULL, pMe);
                        IIDLECTRL_SetActive(pMe->m_pIdleCtrl, TRUE);
                }
        }
……………………………………………………생략……………………………………………………
}
```

대기화면의 애니메이션 동작을 위해서는 대기화면을 활성화시키는 함수인 IIDLECTRL_ SetActive 함수에서 애니메이션을 위한 이미지를 설정하고, 타이머를 동작시켜서 대기화면에서 고정 이미지를 주기적으로 교체해서 애니메이션이 동작되도록 루틴을 추가해야한다. 그래서, 아래처럼 IIDLECTRL_SetActive 함수에서 저장된 이미지를 불러와서 기존의 대기화면으로 설정된 이미지로 대기화면 이미지를 설정하고, 대기화면을 애니메이션으로 동작하게 하기 위해 타이머를 설정해서 CoreIdleCtrl_pfnNotiyfy 함수가 주기적으로 호출되어 애니메이션으로 대기화면이 동작되도록 루틴을 추가한다.

```
static void CoreIdleCtrl_SetActive(IIdleCtrl * po, boolean bActive)
//Booting후 Idle화면을 그리는 루틴  //iphong
{
CIdleCtrl * pme = (CIdleCtrl *)po
CCoreApp   * pCore = (CCoreApp *)pme->m_pData;

#if 1 //1장 애니메이션 이미지 추가
const uint16 wBackgroundId[]= //대기화면을 이미지 배열
{
IDI_IDLE_ANI_01_1, IDI_IDLE_ANI_02_1, IDI_IDLE_ANI_03_1,
IDI_IDLE_STILLCUT_01, IDI_IDLE_STILLCUT_02, IDI_IDLE_STILLCUT_03,
IDI_IDLE_STILLCUT_04, IDI_IDLE_STILLCUT_05, IDI_IDLE_STILLCUT_06,
IDI_IDLE_STILLCUT_07, IDI_IDLE_STILLCUT_08, IDI_IDLE_STILLCUT_09,
IDI_IDLE_STILLCUT_10,
}
#endif

#ifndef AEE_SIMULATOR
const uint16 wCBackgroundId[]= //배터리 충전을 표시하기 위한 이미지 배열
{
IDI_CHARGING_8001, IDI_CHARGING_8005, IDI_CHARGING_8006
}
```

```
#endif

if ( pme->m_bActive == bActive )
return;

ILABEL_SetActive(pme->m_mainForm, bActive);
pme->m_bActive = bActive;

if ( bActive ) //대기화면을 활성화해야 할 경우
{
#ifndef AEE_SIMULATOR
AEERect rect;
SETAEERECT(&rect, 0, 0, 0, 0); //초기 좌표 설정
IANNUNCIATOR_SetAnnunciatorBarSize(pme->m_pIAnn, rect);
//Annunciator 크기 설정
#endif

#if 1 //1장 애니메이션 이미지 추가
for ( pCore->m_MenuDepth=0 ; pCore->m_MenuDepth < 7 ; pCore->m_MenuDepth++ )
{
if ( pCore->m_pSubMenu[pCore->m_MenuDepth] != NULL )
{
IMENUCTL_Release(pCore->m_pSubMenu[pCore->m_MenuDepth]);
pCore->m_pSubMenu[pCore->m_MenuDepth] = NULL;
}

pCore->m_SelDepthID[pCore->m_MenuDepth] = 0;
//메뉴 진입 경로 초기값 설정
}
pCore->m_MenuDepth = 0; //현재 메뉴 depth 설정

#if defined(AEE_SIMULATOR)
pme->m_wBackgorundID = (uint16)GetBackground(pCore)%13;
ILABEL_SetBitmap(pme->m_mainForm, gpszIdleResourceFile,
wBackgroundId[pme->m_wBackgorundID], NULL);
IANNUNCIATOR_SetBackground(pme->m_pIAnn, gpszIdleResourceFile,
wBackgroundId[pme->m_wBackgorundID], NULL);
#else

if ( (pCore->m_ChargingInProgress == FALSE)
&& (pCore->m_ChargingFullInProgress == FALSE)
&& (pCore->m_ChargingNoBallProgress == FALSE) )
{
```

8장

```
pme->m_wBackgorundID = (uint16)GetBackground(pCore);
//기존에 대기화면으로 설정된 이미지를 부르기 위해 저장된 값을 불러온다.
pme->m_decodedPhoto = NULL;
if ( pme->m_wBackgorundID & 0x8000 )
{
pme->m_decodedPhoto = EDCAM_Album_ReadDecode(pme->m_pIShell, ALBUM_TYPE_PHOTO,
pme->m_wBackgorundID & 0x7FFF);
if ( pme->m_decodedPhoto == NULL )
{
pme->m_wBackgorundID = 0;
SetBackground(pCore, 0);
}
}

if ( pme->m_decodedPhoto )
{
IANNUNCIATOR_SetBackground(pme->m_pIAnn, NULL, 0, NULL);
ILABEL_SetBitmap(pme->m_mainForm, NULL, 0, NULL);
}
else
{
pme->m_decodedPhoto = NULL;
pme->m_wBackgorundID = pme->m_wBackgorundID%13;
ILABEL_SetBitmap(pme->m_mainForm, gpszIdleResourceFile,
wBackgroundId[pme->m_wBackgorundID], NULL);
IANNUNCIATOR_SetBackground(pme->m_pIAnn, gpszIdleResourceFile,
wBackgroundId[pme->m_wBackgorundID], NULL);
}
}
else
{
if ( pCore->m_ChargingInProgress == TRUE )
pme->m_wBackgorundID = (uint16)80;
else if ( pCore->m_ChargingFullInProgress == TRUE )
pme->m_wBackgorundID = (uint16)81;
else
pme->m_wBackgorundID = (uint16)82;
ILABEL_SetBitmap(pme->m_mainForm, gpszChargingResourceFile,
wCBackgroundId[pme->m_wBackgorundID%80], NULL);
IANNUNCIATOR_SetBackground(pme->m_pIAnn, gpszChargingResourceFile,
wCBackgroundId[pme->m_wBackgorundID%80], NULL);
}
#endif
```

```
pme->m_timeKeyGuard = (uint16)GetReleaseKeyGuard(pCore);
pme->m_typeClock = (uint16)GetClockType(pCore);
pme->m_nBannerScroll = 0;
pme->m_bBannerFull = (IDISPLAY_MeasureText(pme->m_pIDisplay, AEE_FONT_BOLD,
pCore->m_pszBanner) > 172);
pme->m_byDateFormat = (uint8)GetDateFormat(pCore);
pme->m_byTimeFormat = (uint8)GetTimeFormat(pCore);
pme->m_bIdleCalendar=(boolean)GetIdleCalendar(pCore);

if ( GetSecNVLock(pCore) )
{
gbPhoneLock = TRUE;
}
else
{
gbPhoneLock = FALSE;
}

if ( gbFromDialer == TRUE )
{
gbPhoneLock = TRUE;
}

if ( pme->m_pISoftkey ) //소프트키를 그리도록 설정된 경우 소프트키를 그린다.
ISOFTKEY_SetField(pme->m_pISoftkey, SOFTKEY_MENU, SOFTKEY_NULL, SOFTKEY_FIND);
CALLBACK_Init(&pme->m_cbDraw , CoreIdleCtrl_Redraw, pme);
ISHELL_Resume(pme->m_pIShell, &pme->m_cbDraw);
ISHELL_SetTimer(pme->m_pIShell, IDLE_DISPLAY_EVENT_INTERVAL, CoreIdleCtrl_pfnNotiyfy,
(void*)pme);
// 타이머를 설정해서 CoreIdleCtrl_pfnNotiyfy 함수가 주기적으로 호출되어 애니메이션 동작//되도
록 구현한다.
#endif
}

else
{
if ( pme->m_pIAnn ) // Annunciator가 설정된 경우 Annunciator를 그린다.
{
IANNUNCIATOR_EnableAnnunciatorBar(pme->m_pIAnn, AEECLSID_DISPLAY1, TRUE);
IANNUNCIATOR_SetBackground(pme->m_pIAnn, NULL, 0, NULL);
IANNUNCIATOR_Redraw(pme->m_pIAnn);
}
```

8장

```
CALLBACK_Cancel(&pme->m_cbDraw);
ISHELL_CancelTimer(pme->m_pIShell, NULL, (void*)po);

HANDLERWIZ_Free(&pme->m_hdrUnlock);
HANDLERWIZ_Free(&pme->m_hdrKeyTone);
ISHELL_CancelTimer(pme>m_pIShell, (PFNNOTIFY)CoreApp_PopupMessage_FreeHandler,
(void*)pme);

CoreApp_PopupMessage_FreeHandler(pme);
}
}
```

CoreIdleCtrl_pfnNotiyfy 함수에서는 이미지를 주기적으로 교체해서 애니메이션을 기능을 구현하는 루틴을 아래와 같이 추가하도록 한다.

```
static void CoreIdleCtrl_pfnNotiyfy(void * pData)
{
  CIdleCtrl * pme = (CIdleCtrl *)pData;
  static int nOneMin= 0;

#if //1장 애니메이션 이미지 추가
            if ( is_display_on()
              && (ILABEL_HaveYouChild(pme->m_mainForm) == FALSE)
             && IIDLECTRL_IsActive((IIdleCtrl *)pme) )
        {
             nOneMin += IDLE_DISPLAY_EVENT_INTERVAL;
             if ( nOneMin >= 30*1000 )
                   nOneMin = 0;

             if ( pme->m_wBackgorundID == 0 )
             {
                   static uint16 IdleAniCnt1 = 1; //첫번째 이미지를 위한 번호
                   const   uint16   IdleAniID1[]   =   {IDI_IDLE_ANI_01_1,   IDI_IDLE_ANI_01_2,
IDI_IDLE_ANI_01_3, IDI_IDLE_ANI_01_4};
                 //리소스 파일에서 이미지 이름으로 설정된 이미지 파일을 불러온다.
  ILABEL_SetBitmap(pme->m_mainForm, gpszIdleResourceFile, IdleAniID1[IdleAniCnt1], NULL);
                 IANNUNCIATOR_SetBackground(pme->m_pIAnn,                gpszIdleResourceFile,
IdleAniID1[IdleAniCnt1], NULL);

       if ( IdleAniCnt1 >= 3 ) //애니메이션을 위한 이미지수 만큼 증가되면
                   IdleAniCnt1 = 0;  //초기화시켜서 처음부터 이미지를 다시 그린다.
       else
```

```
                IdleAniCnt1++; //값을 증가시키며 애니메이션을 위한 이미지를 교체한다.
        }

        if ( pme->m_wBackgorundID == 1 )
        {
            static uint16 IdleAniCnt2 = 1;
const   uint16   IdleAniID2[]   =   {IDI_IDLE_ANI_02_1,   IDI_IDLE_ANI_02_2,   IDI_IDLE_ANI_02_3,
IDI_IDLE_ANI_02_4};

            ILABEL_SetBitmap(pme->m_mainForm, gpszIdleResourceFile,
            IdleAniID2[IdleAniCnt2], NULL);
      IANNUNCIATOR_SetBackground(pme->m_pIAnn,
      gpszIdleResourceFile, IdleAniID2[IdleAniCnt2], NULL);

            if ( IdleAniCnt2 >= 3 )
        IdleAniCnt2 = 0;
            else
                IdleAniCnt2++;
        }

        if ( pme->m_wBackgorundID == 2 )
        {
            static uint16 IdleAniCnt3 = 1;
            const uint16 IdleAniID3[] =
            {IDI_IDLE_ANI_03_1, IDI_IDLE_ANI_03_2, IDI_IDLE_ANI_03_3, IDI_IDLE_ANI_03_4};

            ILABEL_SetBitmap(pme->m_mainForm, gpszIdleResourceFile, I
            dleAniID3[IdleAniCnt3], NULL);
      IANNUNCIATOR_SetBackground(pme->m_pIAnn,
      gpszIdleResourceFile, IdleAniID3[IdleAniCnt3], NULL);

         if ( IdleAniCnt3 >= 3 )
             IdleAniCnt3 = 0;
         else
             IdleAniCnt3++;
        }

#ifndef AEE_SIMULATOR
    if ( pme->m_wBackgorundID == 80 ) //충전 중 이미지를 표시해야 할 경우
    {
       static uint16 IdleAniCnt80 = 1;
       const uint16 IdleAniID80[] = {IDI_CHARGING_8001,
IDI_CHARGING_8002, IDI_CHARGING_8003, IDI_CHARGING_8004};
```

```
        ILABEL_SetBitmap(pme->m_mainForm,
        gpszChargingResourceFile, IdleAniID80[IdleAniCnt80], NULL);
        IANNUNCIATOR_SetBackground(pme->m_pIAnn,
        gpszChargingResourceFile, IdleAniID80[IdleAniCnt80], NULL);

        if ( IdleAniCnt80 >= 3 )
          IdleAniCnt80 = 0;
        else
          IdleAniCnt80++;
      }
#endif
      {
        ILABEL_Invalidate(pme->m_mainForm, NULL);
        CALLBACK_Init(&pme->m_cbDraw , CoreIdleCtrl_Redraw, pme);
        ISHELL_Resume(pme->m_pIShell, &pme->m_cbDraw);
      }
  }
#endif

   if ( is_display_on()
      && IIDLECTRL_IsActive((IIdleCtrl *)pme) )
   {
      ISHELL_SetTimer(pme->m_pIShell, IDLE_DISPLAY_EVENT_INTERVAL, CoreIdleCtrl_pfnNotiyfy,
(void*)pData);
   }
}
```

위의 함수의 내용을 살펴보면 pme->m_wBackgorundID 변수에 따라서 리소스 파일에서 이미지를 부르기 위한 이미지 이름을 저장해서, 이미지를 주기마다 다시 그려주는 것을 볼 수 있다. 대기화면에 여러 개의 이미지를 주기적으로 교체하는 기능을 위해 다음 그림처럼 ISHELL_SetTimer 함수를 통해 IDLE_DISPLAY_EVENT_INTERVAL이라는 이름으로 정의된 타이머 주기마다 CoreIdleCtrl_pfnNotiyfy 함수를 호출해서 지정한 타이머 주기마다 대기화면을 다시 그려주는 기능을 추가했다.

그리고 ILABEL_SetBitmap 함수를 통해 리소스 파일에서 위의 배열의 이름을 바꾸면서 주기적으로 호출해서 대기화면에서 애니메이션 기능을 동작시킨다. 그리고 애니메이션 동작을 위해 다음 그림처럼 이미지가 4컷일 경우, 이미지를 호출하기 하기 위한 값을 0부터 3까지 값을 증가시키고, 값이 3이면 값을 다시 0으로 만들어서 다음 주기에서 호출할 이미지 변수를 초기화해서 처음 이미지부터 그리도록 구현한다.

```
if ( IdleAniCnt80 >= 3 )
    IdleAniCnt80 = 0;
else
    IdleAniCnt80++;
```

그리고 유의할 점은 CoreIdleCtrl_pfnNotiyfy 함수는 이미지를 그리는 루틴이며, 화면에 이미지를 그린다는 개념은 LCD 내부적으로 이미지를 화면의 좌표에 그리는 것이고, 화면을 새로 업데이트해야 실제로 보이는 LCD의 화면이 이미지를 그리기 전 화면에서 새로 그린 화면으로 교체하는 것을 의미한다. 그래서 마지막으로 CoreIdleCtrl_Redraw 함수에서 IDISPLAY_Update 함수를 통해 화면을 업데이트한다.

```
static void CoreIdleCtrl_Redraw(IIdleCtrl * po)
{
  CIdleCtrl * pme = (CIdleCtrl *)po;
  CCoreApp   * pCore = (CCoreApp *)pme->m_pData;

  if ( pme->m_pIAnn )
  {
    if ( ILABEL_HaveYouChild(pme->m_mainForm) == FALSE )
    {
      IANNUNCIATOR_EnableAnnunciatorBar(pme->m_pIAnn, AEECLSID_DISPLAY1, TRUE);
    }
  }

  if ( pme->m_bActive == FALSE )
return;

  ILABEL_Redraw(pme->m_mainForm);     //해당 이미지를 그려준다.
  IDISPLAY_Update(pme->m_pIDisplay);  //화면을 업데이트한다.

  if ( bIdleFirstStart )
  {
    SetBackLight(pCore, GetBackLight(pCore));
    bIdleFirstStart = FALSE;
  }
}
```

위에서 설명한 내용을 확인하기 위해 Contents\1장 대기화면_이미지_표시\애니메이션 이미지 추가\apps\Core 폴더내에 CoreIdle.c 파일에서 위에서 설명한 내용을 apps\Core 폴더내에 CoreIdle.c 파일에 추가한다.

이 상태에서 컴파일을 실행해서 확인하면 대기화면이 애니메이션으로 동작하는 것을 알 수 있다.

8.4 대기화면 관련 함수에 추가한 이미지 관련 루틴 추가

앞에서 추가했던 이미지를 기존 루틴에 적용하기 위해 배터리 확인 후 대기화면을 그려주는 함수와 메뉴 진입 후 다시 대기화면을 그릴 경우에 대기화면을 그리는 함수에 위에서 추가했던 이미지가 나타나도록 루틴을 추가해주어야 한다.

첫번째로, 대기화면에서 배터리 확인 후 대기화면을 그려주는 함수에 이미지를 추가하는 내용에 대해서 설명하도록 한다. 대기화면에 배터리 상태를 표시하기 위해 호출되는 함수인 CoreApp_ProcessIBatteryEvents 함수는 배터리 상태를 체크하고, 배터리가 없을 경우 충전이 필요하다는 대기화면에 경고 메시지를 보여주거나, 배터리 상태에 대한 확인이 이상이 없을 경우 다시 기존에 그렸던 대기화면을 그리게 된다. 이때 대기화면의 내용을 다시 그리기 위해 호출되는 함수가 IIDLECTRL_SBG 함수이다. IIDLECTRL_SBG 함수는 인터페이스 함수이기 때문에, IDLECTRL_SBG 함수가 가리키는 원형 함수인 CoreIdleCtrl_SwitchBG 함수에서 위에서 추가한 이미지를 보여주도록 루틴을 추가해야 한다. CoreIdleCtrl_SwitchBG 함수에서 기존의 대기화면을 그릴 경우 pme->m_wBackgorundID 값으로 기존에 대기화면의 이미지를 불러온다.

그래서 기존에 설정된 이미지를 정의한 배열인 wBackgroundId 배열에 위에서 리소스 파일에 추가했던 이미지의 이름 중에서 애니메이션의 첫 번째 컷 이미지인 IDI_IDLE_ANI_03_1을 추가한다.

```
static void CoreIdleCtrl_SwitchBG(IIdleCtrl * po, uint16 bID)
{
        CIdleCtrl * pme = (CIdleCtrl *)po;
        CCoreApp  * pCore = (CCoreApp  *)pme->m_pData;
#if 1   // IDI_IDLE_ANI_03_1 로 정의한 이미지 이름을 추가한다.
        const uint16 wBackgroundId[]=
        {
        IDI_IDLE_ANI_01_1, IDI_IDLE_ANI_02_1, DI_IDLE_ANI_03_1,   IDI_IDLE_STILLCUT_01,
```

```
            IDI_IDLE_STILLCUT_02, IDI_IDLE_STILLCUT_03, IDI_IDLE_STILLCUT_04,
                IDI_IDLE_STILLCUT_05,   IDI_IDLE_STILLCUT_06,   IDI_IDLE_STILLCUT_07,
            IDI_IDLE_STILLCUT_08, IDI_IDLE_STILLCUT_09,
              IDI_IDLE_STILLCUT_10,
        };
#endif
        const uint16 wCBackgroundId[]=
        {
            IDI_CHARGING_8001, IDI_CHARGING_8005, IDI_CHARGING_8006
        };

        if(pme->m_bActive == FALSE)
                return;

        if(bID >= 80)    // 배터리 관련 이미지를 업데이트할 경우
        {
          pme->m_wBackgorundID=(uint16)bID;
          ILABEL_SetBitmap(pme->m_mainForm, gpszChargingResourceFile,
wCBackgroundId[pme->m_wBackgorundID%80], NULL);
          IANNUNCIATOR_SetBackground(pme->m_pIAnn, gpszChargingResourceFile,
           wCBackgroundId[pme->
             m_wBackgorundID%80], NULL);
        }
        else            //상태 변화가 없을 경우 기존에 대기화면 이미지를 다시 그린다.
        {
            //기존의 설정된 대기화면 이미지를 읽어온다.
           pme->m_wBackgorundID = (uint16)GetBackground(pCore)
           pme->m_decodedPhoto = NULL;

           if ( pme->m_wBackgorundID & 0x8000 )
           {
                pme->m_decodedPhoto = EDCAM_Album_ReadDecode(pme->
                                          m_pIShell, ALBUM_TYPE_PHOTO,
                                          pme->m_wBackgorundID & 0x7FFF);
               if ( pme->m_decodedPhoto == NULL )
               {
                   pme->m_wBackgorundID = 0;
                   SetBackground(pCore, 0);
               }
           }
```

```
            if ( pme->m_decodedPhoto )
            {
                IANNUNCIATOR_SetBackground(pme->m_pIAnn, NULL, 0, NULL);
                 ILABEL_SetBitmap(pme->m_mainForm, NULL, 0, NULL);
            }
            else
            {
                 pme->m_decodedPhoto = NULL;
                 pme->m_wBackgorundID = pme->m_wBackgorundID%13;
                    ILABEL_SetBitmap(pme->m_mainForm, gpszIdleResourceFile,
                                    wBackgroundId[pme->m_wBackgorundID], NULL);
                                    IANNUNCIATOR_SetBackground(pme->m_pIAnn,
                                    gpszIdleResourceFile,
                                    wBackgroundId[pme->m_wBackgorundID], NULL);
                 }
        }
}
```

두번째로, 대기화면에서 메뉴 진입후 메뉴에서 다시 대기화면 이미지를 보여줘야 할 경우 호출되는 함수인 CoreMenu_DrawSettingBackGround 함수에서 기존에 대기화면 이미지가 애니메이션으로 설정된 경우 아래처럼 CoreMenu_DrawSettingAniBG 함수를 호출한다.

```
void CoreMenu_DrawSettingBackGround(CCoreApp *pMe, byte byBg)
{
        IImage *pImage = NULL;
        IDialog *pIDlg;
        uint16 wDlgID;

        if (byBg >= 13)
                pImage = ISHELL_LoadResImage(pMe->a.m_pIShell, "fs:/shared/idle.bar",
                                            IDI_IDLE_STILLCUT_01);
        else if (byBg < 3)
        {
                wSettingBG = byBg;
                byAniCnt = 0;
                CoreMenu_DrawSettingAniBG(pMe);
```

```
        }
        else
                pImage = ISHELL_LoadResImage(pMe->a.m_pIShell, "fs:/shared/idle.bar",
                            IDI_IDLE_STILLCUT_01 + byBg - 3);

……………………………………………………생략……………………………………………………
}
```

그래서, CoreMenu_DrawSettingAniBG 함수에서 위에서 추가한 이미지를 애니메이션으로 동작하기 위한 루틴을 추가해야 한다. 아래와 같이 wSettingBG 변수가 2로 설정된 경우 IDI_IDLE_ANI_03_1부터 이미지를 호출하도록 추가해서 추가한 이미지로 애니메이션 기능이 동작하도록 기능을 추가한다.

```
void CoreMenu_DrawSettingAniBG(CCoreApp *pMe)
{
        IBitmap * pIBitmap = NULL;

        if (wSettingBG == 0)
                pIBitmap = ISHELL_LoadResBitmap(pMe->a.m_pIShell, "fs:/shared/idle.bar",
                                    IDI_IDLE_ANI_01_1 + byAniCnt);
        else if (wSettingBG == 1)
                pIBitmap = ISHELL_LoadResBitmap(pMe->a.m_pIShell, "fs:/shared/idle.bar",
                                    IDI_IDLE_ANI_02_1 + byAniCnt);

#if 1 // 추가한 이미지를 애니메이션으로 동작하도록 아래 루틴을 추가
        else if (wSettingBG == 2)
                pIBitmap = ISHELL_LoadResBitmap(pMe->a.m_pIShell, "fs:/shared/idle.bar",
                        IDI_IDLE_ANI_03_1 + byAniCnt);
#endif
        if(pIBitmap != NULL)
        {
                IDISPLAY_BitBlt(pMe->a.m_pIDisplay, SETTING_BG_START_X,
                                        SETTING_BG_START_Y, SETTING_BG_WIDTH,
                                        SETTING_BG_HEIGHT, pIBitmap,
                                        SETTING_BG_OFFSET_X, SETTING_BG_OFFSET_Y,
                                        AEE_RO_COPY);
                IDISPLAY_Update(pMe->a.m_pIDisplay);
                IBITMAP_Release(pIBitmap);
```

```
                    pIBitmap = NULL;
          }

          byAniCnt++;
    if (byAniCnt >= 4)
                    byAniCnt = 0;

                      ISHELL_SetTimer(pMe->a.m_pIShell, 300, (PFNNOTIFY)
                                      CoreMenu_DrawSettingAniBG, (uint32*)pMe); }
```

위의 내용들을 적용하기 위해 Contents\1장_대기화면_이미지_표시\애니메이션 루틴 추가\apps\Core 폴더에서 CoreIdle.c 파일과 CoreMenu.c 파일에서 위에서 추가한 내용을 apps\Core 폴더의 CoreIdle.c 파일과 CoreMenu.c 파일에 추가하고, 컴파일한 후에 대기화면 애니메이션 이미지를 위에서 추가한 이미지로 설정한 뒤 정상적으로 동작하는지 확인한다.

참고 소스 및 리소스

Contents₩ 1장_대기화면_이미지_표시

Label.c

9장 대기화면에서 Annunciator 설정/날짜표시 응용 프로그램

실습목적

- Annunciator에서 RSSI bar를 그리는 함수를 이해한다.
- Annunciator에서 Battery 상태를 그리는 함수를 이해한다.
- 대기화면에 날짜 표시하는 함수를 통해서 현재 날짜를 화면에 표시하는 방법을 이해한다.
- GETJULIANDATE 함수의 사용법을 이해한다.

지난 장에 설명했던 대기화면에 이미지를 설정하는 과정을 통해서 이미지를 화면에 그리기 위해 리소스 파일에서 원하는 이미지를 지정한 이미지 이름으로 이미지를 불러와서 그 이미지를 화면에 그리고, 화면을 업데이트하는 내용에 대해서 설명했다. 이번 장에서는 핸드폰 LCD 화면에서 제일 윗부분에 나타나는 Annunciator를 그리는 함수인 IAnnunciator_Redraw 함수를 통해서 망에서 RF 신호의 세기를 받아서 주기적으로 RSSI bar를 업데이트하며 그려주는 함수를 추가하고, Battery의 남은 양을 주기적으로 읽어오는 함수를 통해서 배터리의 변화가 있을 경우 배터리 이미지를 변경하는 함수에 대해서 설명하도록 한다.

9.1 Annunciator를 화면에 표시하기 위한 루틴 추가

Annuciator 함수는 배터리의 상태나 망의 신호의 세기 등이 변화될 때마다 대기화면에서 상태를 나타내는 이미지를 변경해서 보여주어야 한다. 그래서, 대기화면 이미지 위에 Annuciator를 그리기 위한 함수를 주기적으로 호출해서 배터리의 상태나 망의 신호의 세기가 변할 때마다 화면을 다시 그리기 위한 변경할 수 있는 함수를 추가해야 한다. 그래서, 대기화면을 위한 애플릿이 처음 실행될 때 호출되는 CoreIdleCtrl_MainFrame_InitHandler 함수에서 SETAEERECT 함수로 가로 176픽셀, 세로 220픽셀로 영역을 잡아서 LCD 전체 영역만큼 좌표를 설정하는 루틴 아래에, 대기화면 위에 Annuciator를 주기적으로 그리기 위한 함수인 CoreApp_OwnerDraw 함수를 호출해서 대기화면이 활성화되어 있는 동안 주기적으로 Annunciator를 업데이트하도록 루틴을 추가한다.

```
static boolean CoreIdleCtrl_MainFrame_InitHandler(void * po)
{
  CIdleCtrl * pme = (CIdleCtrl *)po;
  AEERect rc;
  int nReturnStatus;

  if ( pme->m_mainForm )
    return FALSE;

  nReturnStatus = Label_New(pme->m_pApp, 0, (void **)&pme->m_mainForm);
  if ( nReturnStatus != SUCCESS )
    return FALSE;

  SETAEERECT(&rc,  0, 0, 176, 220);
  ILABEL_SetRect(pme->m_mainForm, &rc);
ILABEL_SetOwnerDrawCB(pme->m_mainForm, CoreApp_OwnerDraw, pme);
  HANDLERWIZ_Init(&pme->m_hdrMain, pme, CoreIdle_MainFrame_EventHander, NULL);
ILABEL _SetHandler(pme->m_mainForm, &pme->m_hdrMain);

  return TRUE;
}
```

CoreApp_OwnerDraw 함수는 부팅 후 대기화면 이미지 위에 IANNUNCIATOR_Redraw 함수를 호출해서 대기화면이 활성화되어 있는 동안 주기적으로 Annunciator 화면에 정보가 변경될 경우 화면을 다시 그리게 된다.

```
static void CoreApp_OwnerDraw(void * po)
{
  CIdleCtrl * pme = (CIdleCtrl *)po;

  if ( po == NULL )
    return;

  CoreIdleCtrl_DrawPhoto(po);

 if ( pme->m_pIAnn )
 IANNUNCIATOR_Redraw(pme->m_pIAnn);
```

```
    if ( ILABEL_HaveYouChild(pme->m_mainForm) )
        CoreIdleCtrl_DarkAnnunciate(po);
}
```

위에서 설명한 기능을 추가하기 위해 Contents\2장_대기화면_Annunciator_표시\대기화면 Annunciator 표시\apps\core 폴더에 CoreIdle.c 파일에서 위에서 추가한 루틴을 apps\core 폴더에 CoreIdle.c 파일에 적용하여 컴파일 후 테스트한다. 확인 시 Annunciator 영역에 정보가 나타나는 것을 볼 수 있다.

9.2 대기화면에서 Annunciator 영역에 Battery 표시

배터리 상태를 Annunciator에 표시하기 위해서는 먼저 부팅시 배터리의 현재 상태을 읽어와야 한다. 그래서 먼저 부팅시 배터리 상태를 읽어오는 루틴을 설명하기로 한다. 부팅 후 대기화면 진입시 배터리 상태를 표시하는 함수인 CoreAppDisplayBatteryStatus 함수가 호출되어 배터리 상태를 체크하고, 배터리 상태에 따라 대기화면의 Annunciator 영역의 배터리 상태 이미지를 표시하게 된다. CoreAppDisplayBatteryStatus 함수의 자세한 내용은 아래와 같으며, 자세한 설명은 주석으로 대신한다.

```
Boolean CoreAppDisplayBatteryStatus(CCoreApp *pMe,    AEEBattStatus battStatus)
{
  AEEBattLevel level;
  AEECLSID                    activeID;

  switch(battStatus)
  {
    case AEEBATTSTATUS_NORMAL:
    if ( pMe->m_bUserPwrDown == TRUE )
    {
        //대기화면이 살아있지 않은 경우
        if (pMe->m_pIdleCtrl && IIDLECTRL_IsActive(pMe->m_pIdleCtrl) == FALSE )
        {
            //대기화면을 보여주기 위한 작업 수행
IIDLECTRL_SetActive(pMe->m_pIdleCtrl, TRUE);
        }
```

9장

```
        //annunciator를 그릴 수 있는 상태로 만든다.
        IANNUNCIATOR_EnableAnnunciatorBar(pMe->m_pIAnn, AEECLSID_DISPLAY1, TRUE);
HandleBacklights( TRUE, pMe->m_byBacklight );
          EnableUIKeys(TRUE);
#ifndef AEE_SIMULATOR
ED100_ClearSysMsg();
#endif
        }

        pMe->m_bLowBatt = FALSE;
        RemoveLowBatteryWarning((void*) pMe);
        //Cancel the powerdown timer.

#ifndef AEE_SIMULATOR
                        gbPowerOff = FALSE;
#endif

       ISHELL_CancelTimer(pMe->a.m_pIShell, (PFNNOTIFY) StartPwrDn, (void*) pMe);
//Booting하자마자 처음 annunciator를 그리기 위해 begin_annu
        //annunciator를 그린다.
if(begin_annun) {
#ifndef AEE_SIMULATOR
        (void) OEMBatt_StartAnnunciator();
#endif
              begin_annun=FALSE;
        }
        //battery 상태값을 읽어온다.
        (void) IBATT_GetBattStatus(pMe->m_pIBatt, &level); return TRUE;
      ...
```

위의 함수 내용중에서 IANNUNCIATOR_EnableAnnunciatorBar 함수의 인자값을 TRUE로 설정하는 이유는 실질적으로 Annunciator를 그리는 함수인 IAnnunciator_Redraw 함수에서 화면을 그리기 위한 권한 변수를 TRUE로 만들어야 Anuunciator를 그릴 수 있기 때문이다. IAnnunciator_EnableAnnunciatorBar 함수에서 위에서 설명한 부분은 소스의 내용은 아래와 같다.

```
static int IAnnunciator_EnableAnnunciatorBar(IAnnunciator * pMe, AEECLSID clsid, boolean bOn)
```

```
{
   boolean bLastState;
#ifdef FEATURE_MDP
#error code not present
#endif /* FEATURE_MDP */

   if(!pMe)
   {
         return EFAILED;
   }

   switch(clsid)
   {
         case AEECLSID_DISPLAY1:
                  bLastState = pMe->bAnnunciatorOn;
                  //IAnnunciator_Redraw 함수에서 화면을 그리기 위한 flag 셋팅
                  pMe->bAnnunciatorOn = bOn;
…………………………………………………생략…………………………………………………
```

그리고, CoreAppDisplayBatteryStatus 함수에서 마지막에 호출된 함수인 IBATT_GetBattStatus 함수는 인터페이스 함수이며, IBATT_GetBattStatus 함수 호출시 원형 함수인 OEMBatt_GetBattStatus 함수가 호출되게 된다.

OEMBatt_GetBattStatus 함수의 내용은 아래와 같으며 이 함수를 통해서 실제 Battery의 남아 있는 상태를 읽어온다. 함수 내에서 반환되는 sBatt.m_lastStatus값은 OEMBattPriv_PeriodicBattCheck 함수를 통해서 주기적으로 배터리 상태가 저장되는 전역변수이기 때문에 이 값을 통해 배터리 상태를 읽어오게 된다.

```
AEEBattStatus OEMBatt_GetBattStatus(void)
{
   return sBatt.m_lastStatus;
}
```

두번째로 배터리 상태를 Annuciator에 표시하기 위한 루틴을 추가하도록 한다. 배터리 상태를 표시하기 위해서는 배터리 상태를 읽어와서 Annuciator에 표시하는 루틴을 추가해야 한다. 그래서, Contents\2장_대기화면_Annunciator_표시\Battery 상태 설정\apps\Core 폴더의 CoreApp.c 파일에서 CoreApp_UpdateBatteryAnnunciator 함수 관련 내용을 apps\Core 폴더의 CoreApp.c 파일에 추가한다. CoreApp_UpdateBatteryAnnunciator 함수의 내용은 아래와 같다.

```
static void CoreApp_UpdateBatteryAnnunciator(CCoreApp *pMe, unsigned int annunState)
{
#ifndef AEE_SIMULATOR
        if(lcd_display_test_entry || FTM_GetState(FTM_ST_LCD_COLOR))
                return;
#endif

   if(pMe->m_pIAnn)
   {
      if(annunState > ANNUN_STATE_BATT_FULL)
         annunState = ANNUN_STATE_BATT_FULL;

      if(annunState < ANNUN_STATE_BATT_LOW)
         annunState = ANNUN_STATE_BATT_LOW;

      if(pMe->m_bLowBatt)
         annunState = annunState | ANNUN_STATE_BLINK;

      IANNUNCIATOR_SetField(pMe->m_pIAnn, ANNUN_FIELD_BATT, annunState);
   }
}
```

CoreApp_UpdateBatteryAnnunciator 함수에서는 IBATT_GetBattStatus 함수에서 읽어온 배터리 상태 값을 읽어와서 이미지를 그리기 위한 배터리 레벨을 설정하고, IANNUNCIATOR_SetField 함수를 통해 현재 배터리(Battery) 상태를 체크한다. 마지막으로 IAnnunciator_Redraw 함수를 통해 화면을 업데이트하게 된다. 이 함수를 기존에 배터리 상태를 읽어오는 부분마다 추가해 배터리 상태를 표시하는 이미지를 화면에 나타내는 루틴에 추가하도록 한다.

배터리 상태를 읽어오기 위한 함수인 CoreApp_ProcessIBatteryEvents 함수에서 아래 주석 표시한 부분에 CoreApp_UpdateBatteryAnnunciator 함수를 호출하는 루틴을 추가한다.

```
static boolean CoreApp_ProcessIBatteryEvents(CCoreApp *pMe, uint16 wParam, uint32
dwParam)
/*lint -esym(715, wParam)*/
        {
    AEENotify *pNotifyInfo = (AEENotify*) dwParam;
    AEEBattLevel level;

    switch (pNotifyInfo->dwMask)
    {

    case NMASK_BATTNOTIFIER_BATTSTATUS_CHANGE:
    {
        AEEBattStatus battStatus = (*(AEEBattStatus*)(pNotifyInfo->pData));
        // Do not do anything when the phone is being charged.
        if(pMe->m_bExtPwr)
        {
            return TRUE;
        }
        return(CoreAppDisplayBatteryStatus(pMe, battStatus));
  }
    return TRUE; //lint !e527 unreachable

    case NMASK_BATTNOTIFIER_BATTLEVEL_CHANGE:
    {
      //Do not update annuciator if charger is plugged in. The Annunciator is //already being
       updated every second!
 if(!pMe->m_bExtPwr)
        {
          AEEBattLevel *battLevel = (AEEBattLevel*) (pNotifyInfo->pData);
        // OEM returns battery levels from 0 to 4. Annunciatros values (LOW - //FULL) are 1
          - 5.
 // So just add 1 to it.
 #if 1 //  Battery 상태 표시 루틴 추가
          CoreApp_UpdateBatteryAnnunciator(pMe, battLevel->level+1);
 #endif
        }
      }
```

9장

```
      return TRUE;

    case NMASK_BATTNOTIFIER_CHARGERSTATUS_CHANGE:
    {
      AEEChargerStatus chargerStatus = (*(AEEChargerStatus*)(pNotifyInfo
                                                        ->pData));
  switch(chargerStatus)
        {
        case AEECHG_STATUS_CHARGING:
          pMe->m_nlastIcon = ANNUN_STATE_BATT_FULL;
          CoreApp_AnimateBatteryAnnunciator(pMe);
  #ifndef AEE_SIMULATOR
                    pMe->m_ChargingNoBattProgress = FALSE;
                    pMe->m_ChargingFullInProgress = FALSE;
                    pMe->m_ChargingInProgress = TRUE;
  #endif
          return TRUE;
  case AEECHG_STATUS_NO_CHARGER:
          ISHELL_CancelTimer(pMe->a.m_pIShell, CoreApp_AnimateBatteryAnnunciator, (void*)
pMe);
          // We don't care about the actual status, so cast function as void
          (void)IBATT_GetBattStatus(pMe->m_pIBatt, &level);
  #if 1 //  Battery 상태 표시 루틴 추가
          CoreApp_UpdateBatteryAnnunciator(pMe, level.level+1);
  #endif
  #ifndef AEE_SIMULATOR
                  pMe->m_ChargingNoBattProgress = FALSE;
                pMe->m_ChargingFullInProgress = FALSE;
                pMe->m_ChargingInProgress = FALSE;
  #endif
                  return TRUE;

        case AEECHG_STATUS_FULLY_CHARGE:
        ISHELL_CancelTimer(pMe->a.m_pIShell,  CoreApp_AnimateBatteryAnnunciator,  (void*)
         pMe);
  #if 1 //  Battery 상태 표시 루틴 추가
      CoreApp_UpdateBatteryAnnunciator(pMe, ANNUN_STATE_BATT_FULL);
  #endif
  #ifndef AEE_SIMULATOR
```

```
            pMe->m_ChargingNoBattProgress = FALSE;
            pMe->m_ChargingFullInProgress = TRUE;
            pMe->m_ChargingInProgress = FALSE;
#endif
            return TRUE;

    // The battery is very weak or The charger may not be supplying sufficient //power. Go
      to LPM
case AEECHG_STATUS_DEAD_BATT:
        case AEECHG_STATUS_NO_CHARGE_NO_BATT:

#ifndef AEE_SIMULATOR
      pMe->m_ChargingNoBattProgress = FALSE;
      pMe->m_ChargingFullInProgress = FALSE;
      pMe->m_ChargingInProgress = FALSE;
#endif

        if(!pMe->m_bLPM && !pMe->m_bLPMTimer)
        {
            pMe->m_bLPMTimer = TRUE;

            ISHELL_SetTimer(pMe->a.m_pIShell, 20000,
                            (PFNNOTIFY) CheckForEmergencyCall,
                            (uint32*) pMe);
        }
        break;
        case AEECHG_STATUS_NO_BATT:
          // Display the warning message that there is no battery
          if(!pMe->m_bSuspended)
#if defined(AEE_SIMULATOR)
        {
            uint32 nBufSize;
            AECHAR *pMessage;
            (void) ISHELL_LoadResDataEx(pMe->a.m_pIShell, gpszResourceFile,
            IDS_NO_BATTERY, RESTYPE_STRING, (void*)-1, &nBufSize);

            nBufSize = (nBufSize+1)*sizeof(AECHAR);

            pMessage = (AECHAR*) MALLOC(nBufSize);
            if(pMessage == NULL)
```

9장

```
                {
                  CORE_ERR("Unable to allocate", 0, 0, 0);
                  return FALSE;
                }

                (void) ISHELL_LoadResString(pMe->a.m_pIShell, gpszResourceFile,
                    IDS_NO_BATTERY, pMessage, (int)nBufSize);
                (void)SetIdleMenuText(pMessage);
                ISHELL_SetTimer(pMe->a.m_pIShell, 2000, RemoveNoBatteryWarning,
(void*) pMe);
  FREE(pMessage);
          }
  #else
        {
  #ifndef AEE_SIMULATOR
            pMe->m_ChargingNoBattProgress = TRUE;
            pMe->m_ChargingFullInProgress = FALSE;
            pMe->m_ChargingInProgress = FALSE;
  #endif
        }
  #endif

          //fall through
          case AEECHG_STATUS_UNKNOWN_BATT:
          case AEECHG_STATUS_OVERVOLTAGE:
            ISHELL_CancelTimer(pMe->a.m_pIShell, CoreApp_AnimateBatteryAnnunciator, (void*)
pMe);
            CORE_ERR("Bad battery: %d", chargerStatus, 0, 0);
  #if 1 //  Battery 상태 표시 루틴 추가
            CoreApp_UpdateBatteryAnnunciator(pMe, ANNUN_STATE_OFF);
  #endif
            return TRUE;

          default:
            return FALSE;
          }
        }
        return TRUE; //lint !e527 unreachable

      default:
```

```
      CORE_ERR("Unhandled event for IBattNotifier", 0, 0, 0);
      return FALSE;
    }
}
```

그리고, 충전 중에 배터리 상태를 표시하기 위한 함수인 CoreApp_AnimateBatteryAnnunciator 함수에도 아래 그림처럼 CoreApp_UpdateBatteryAnnunciator 함수를 호출하는 루틴을 추가한다.

```
static void CoreApp_AnimateBatteryAnnunciator(void *pUser)
{
  CCoreApp *pMe = (CCoreApp*) pUser;
  if(pMe->m_nlastIcon == ANNUN_STATE_BATT_FULL)
    pMe->m_nlastIcon = ANNUN_STATE_BATT_LOW;
  else
    pMe->m_nlastIcon++;
#if 1 //  Battery 상태 표시 루틴 추가
  CoreApp_UpdateBatteryAnnunciator(pMe, pMe->m_nlastIcon);
#endif
  ISHELL_SetTimer(pMe->a.m_pIShell, 1000, CoreApp_AnimateBatteryAnnunciator, pUser);
}
```

위의 내용을 적용하기 위해 Contents\2장_대기화면_Annunciator_표시\Battery 상태 설정\apps\Core 폴더에서 CoreApp.c에 함수 내용을 현재 함수에 추가하여 컴파일 실행 후 결과를 확인하면 대기화면에 배터리 이미지가 나타나는 것을 볼 수 있다.

9.3 대기화면에서 Annunciator 영역에 RSSI bar 표시

이번에는 Annunciator 영역에 망의 신호의 세기를 나타내는 RSSI bar 이미지를 보여주는 루틴을 설명하기로 한다. 부팅시에 IANNUNCIATOR_SetBackground 함수를 통해 Annunciator를 그리기 위한 좌표를 설정되고, 그 영역에 IAnnunciator_Redraw 함수를 통해서 이미지를 그리게 된다. IANNUNCIATOR_SetBackground 함수에서 SETAEERECT 함수를 통해 화면에 이미지를 그리기 위한 좌표를 설정한다. X, Y 좌표가 0이고, 가로의 길이는 ANNUN_PRIMARY_WIDTH값이 176으로 정의되어 있고, 세로의 길이는 ANNUN_PRIMARY_HEIGHT값이 16으로 정의되어 있으므로 LCD의 좌표의 맨 위에서 16픽셀 사이즈를 갖는 영역에 Annunciator를 그린다는 것을 알 수 있다.

IANNUNCIATOR_SetBackground 함수의 내용은 아래와 같다.

```
static int IAnnunciator_SetBackground(IAnnunciator * pMe, const char * pszResFile, uint16 
wResID, IBitmap *pBmp)
{
        AEERect Rect;
        IBitmap *pReadBmp;

        if(pszResFile)
        {
                pReadBmp = ISHELL_LoadResBitmap(pMe->m_piShell, pszResFile, 
wResID);

          if(pReadBmp)
          {
              IBITMAP_BltIn(pMe->m_pBmpBackground,  0,  0,  ANNUN_PRIMARY_WIDTH, 
            ANNUN_PRIMARY_HEIGHT, pReadBmp , 0, 0, AEE_RO_COPY);
            IBITMAP_Release(pReadBmp);

            return TRUE;
        }
        return FALSE;
      }

      if(pBmp)
      {
            IBITMAP_BltIn(pMe->m_pBmpBackground,  0,  0,  ANNUN_PRIMARY_WIDTH, 
                          ANNUN_PRIMARY_HEIGHT, pBmp , 0, 0, AEE_RO_COPY);
            return TRUE;
      }

      SETAEERECT(&Rect, 0, 0, ANNUN_PRIMARY_WIDTH, ANNUN_PRIMARY_HEIGHT);
      IBITMAP_FillRect (pMe->m_pBmpBackground, &Rect, 0xFFFF, AEE_RO_COPY);
      return TRUE;
}
```

이런 Annuciator 영역을 위한 좌표설정을 마치고 나면, IAnnunciator_Redraw 함수에서 Annunciator 영역을 그리는 루틴을 수행하게 된다. 그래서 Annunciator 영역에 RSSI bar 이미지를 추가하기 위해서는 Annunciator 영역을 그리는 함수인 IAnnunciator_Redraw 함수에 RSSI bar를 그리기 위한 함수를 추가해야 한다.

그래서 아래와 같이 IAnnunciator_Redraw 함수에 RSSI bar를 그리기 위한 함수를 추가한다. 소스의 자세한 내용은 아래와 같다.

```
static int IAnnunciator_Redraw(IAnnunciator *pMe)
{
    Boolean    bIsBmpInvalidated = FALSE;      // Primary bmp invalidated?
    int           nRetVal = EFAILED;              // Return code
    PACONTEXT       pac;                  // Calling context

    if (NULL == pMe)
    {
         MSG_LOW("Null object ptr in annunciator redraw.", 0, 0, 0);
         return EBADPARM;
    }

    /* Run in the system context */
#if MIN_BREW_VERSION(3, 0)
    pac = AEE_EnterAppContext(NULL);
#else
    pac = AEE_SetAppContext(NULL);
#endif // MIN_BREW_VERSION(3, 0)

    if(pMe->bAnnunciatorOn)          // Annunciator 그리도록 설정된 경우
    {
        OEMState_data* data_ptr;
        IBitmap *pBmp = NULL;
        uint32 nAnnunID;
        uint32 nState;
        int nWidth, nHeight;
        uint32 j;
        uint32 rssi1=0, rssi2=0;

        if(pMe->m_pBmpBackground)
```

```
{
    IDISPLAY_BitBlt (pMe->m_piDisplay, 0, 0, ANNUN_PRIMARY_WIDTH,
                                ANNUN_PRIMARY_HEIGHT,
                                pMe->m_pBmpBackground, 0, 0, AEE_RO_COPY);
}

for ( nAnnunID=0; nAnnunID < (int)ARR_SIZE(Annunciators); nAnnunID++ )
{
        if(nAnnunID == ANNUN_FIELD_RSSI)
{
      rssi1 = Annunciators[nAnnunID].pcontent->nCurrState;
      continue;
}

if(nAnnunID == ANNUN_FIELD_HDR_RSSI)
{
        rssi2 = Annunciators[nAnnunID].pcontent->nCurrState;
        continue;
}

if(ANNUN_STATE_OFF == Annunciators[nAnnunID].pcontent
                ->nCurrState)
continue;

if(pMe->bAnnunciatorBlink)
{
  if(Annunciators[nAnnunID].pcontent->nCurrState & ANNUN_STATE_BLINK)
            continue;
}

nState = Annunciators[nAnnunID].pcontent->nCurrState &
            ANNUN_STATE_BLINK_UNMASK;
nWidth = (int)Annunciators[nAnnunID].width;
nHeight = (int)Annunciators[nAnnunID].height;
data_ptr = (OEMState_data *) Annunciators[nAnnunID].pcontent->data;
if(data_ptr==NULL)
continue;

for (j=0; j < (int)Annunciators[nAnnunID].pcontent->nMaxStates; j++)
{
```

```
            if(nState == data_ptr->nStateID)
                break;
            else
                data_ptr++;
         }

         if(j == Annunciators[nAnnunID].pcontent->nMaxStates)
              pBmp = NULL;
         else
              pBmp = data_ptr->pBmp;

         if (pBmp == NULL)
              continue;

        IDISPLAY_BitBlt (pMe->m_piDisplay,
                              (int)Annunciators[nAnnunID].x_pos,
                               (int)Annunciators[nAnnunID].y_pos,
                              nWidth, nHeight, pBmp, 0, 0,
                                AEE_RO_TRANSPARENT);//AEE_RO_COPY);
      }
#if 1 //RSSI Bar를 그리기 위한 함수 추가
        IAnnunciator_RedrawRSSI(pMe, rssi1, rssi2, 1, 1);
#endif
IDISPLAY_Update(pMe->m_piDisplay);
    }
    else
    {
        bIsBmpInvalidated = TRUE;
    }

    if (bIsBmpInvalidated)
    {
        nRetVal = SUCCESS;
    }

   /* Change back to App context */
#if MIN_BREW_VERSION(3, 0)
   AEE_LeaveAppContext(pac);
#else
   AEE_SetAppContext(pac);
```

```
#endif // MIN_BREW_VERSION(3, 0)

    return nRetVal;
}
```

IAnnunciator_Redraw 함수에서는 pMe→bAnnunciatorOn 변수가 TRUE인 조건일 경우만 Annunciator 영역을 그리는데, 위에서 언급했던 것처럼 부팅시 IANNUNCIATOR_EnableAnnunciatorBar 함수의 인자값을 TRUE로 설정해서 IAnnunciator_Redraw 함수에서 화면을 그리기 위한 조건을 TRUE로 만들었기 때문에, 부팅시 Anuunciator 영역를 그릴 수 있게 된다.

신호의 세기 정보를 얻기 위해 전역 구조체 Annunciators에서 nAnnunID값을 증가시키면서 구조체에서 nAnnunID값에 해당하는 변수의 정보를 읽어오는데, nAnnunID값이 ANNUN_FIELD_RSSI인 경우 1x망의 현재 상태 정보가 rssi1로 저장되고, ANNUN_FIELD_HDR_RSSI은 EVDO망의 현재 상태 정보가 rssi2로 저장된다.

이렇게 저장된 rssi1와 rssi2값을 IAnnunciator_RedrawRSSI 함수에 인자값으로 넘겨줘서 두 값을 비교하여 IAnnunciator_RedrawRSSI 함수에서 망의 세기를 나타내게 된다. 소스의 자세한 내용은 아래와 같다.

```
static void IAnnunciator_RedrawRSSI(IAnnunciator *pMe, uint32 rssi1, uint32 rssi2, int x, int y)
{
        uint32 i;
        uint32 rssi_min, rssi_max;
        static const uint16 rssi_r[]={
                IDI_IND_RSSI_R01, IDI_IND_RSSI_R02, IDI_IND_RSSI_R03,
                IDI_IND_RSSI_R04, IDI_IND_RSSI_R05, IDI_IND_RSSI_R06};
        static const uint16 rssi_g[]={
                IDI_IND_RSSI_G01, IDI_IND_RSSI_G02, IDI_IND_RSSI_G03,
                IDI_IND_RSSI_G04, IDI_IND_RSSI_G05, IDI_IND_RSSI_G06};
        static const uint16 rssi_b[]={
                IDI_IND_RSSI_B01, IDI_IND_RSSI_B02, IDI_IND_RSSI_B03,
                IDI_IND_RSSI_B04, IDI_IND_RSSI_B05, IDI_IND_RSSI_B06};
```

```
        rssi_min = MIN(rssi1, rssi2);
        rssi_max = MAX(rssi1, rssi2);
        ASSERT( rssi_max < ANNUN_STATE_RSSI_MAX);

        if(rssi_max == ANNUN_STATE_OFF)
                return;

        if(rssi_max == ANNUN_STATE_RSSI_NO_SVC)
        {
                _IAnnunciator_DrawBitmap(pMe, IDI_IND_RSSI_NOSVC, x, y,
                                                        AEE_RO_TRANSPARENT);
                return;
        }

                _IAnnunciator_DrawBitmap(pMe, IDI_IND_RSSI, x, y, AEE_RO_TRANSPARENT);
    for( i = ANNUN_STATE_RSSI_0; i < rssi_min; i++)
                _IAnnunciator_DrawBitmap(pMe, rssi_g[i-ANNUN_STATE_RSSI_0], x+3+i*3, y,
                                                        AEE_RO_TRANSPARENT);

        for( ; i < rssi_max; i++)
        {
            if(rssi1 > rssi2)
                _IAnnunciator_DrawBitmap(pMe, rssi_b[i-ANNUN_STATE_RSSI_0], x+3+i*3, y,
                                                        AEE_RO_TRANSPARENT);
            else
              _IAnnunciator_DrawBitmap(pMe, rssi_r[i-ANNUN_STATE_RSSI_0], x+3+i*3, y,
                                                        AEE_RO_TRANSPARENT);
        }
    }
```

IAnnunciator_RedrawRSSI 함수는 rssi1, rssi2 변수 중 어떤 값이 크고 작은지를 비교하여 신호의 강도별로 이미지를 구분하여 신호의 세기를 그린다. 그리고 이 함수에서 IAnnunciator_DrawBitmap 함수가 호출되어 oemannunciator.bar 파일에서 위에서 배열로 정의된 ID값을 불러와서 이미지를 그려주며 AEE_RO_TRANSPARENT 옵션이 있어서 이미지의 뒷배경을 투명처리하게 된다.

```
static void    _IAnnunciator_DrawBitmap(IAnnunciator *pme, uint16 wId, int x, int y, AEERasterOp
                                                                  op)
 {
          IBitmap *pBmp;

          pBmp = ISHELL_LoadResBitmap(pme->m_piShell, "fs:/shared/oemannunciator.bar" ,
                                                                  wId);
          if(pBmp)
          {
                    if(op == AEE_RO_TRANSPARENT)
                    IBITMAP_SetTransparencyColor(pBmp,
                                        IBITMAP_RGBToNative(pBmp, RGB_MASK_COLOR));
                    IDISPLAY_BitBlt (pme->m_piDisplay, x, y, -1, -1, pBmp, 0, 0, op);
                    IBITMAP_Release(pBmp);
          }
 }
```

Contents 폴더내에 2장_대기화면_Annunciator_표시\RSSI Bar 설정\apps\StaticExtensions\OEM\Src 폴더에 OEMAnnunciator.c 파일에 있는 RSSI bar 함수 추가루틴을 apps\StaticExtensions\OEM\Src 폴더에 OEMAnnunciator.c 파일에 추가해서 컴파일 후 결과를 확인화면 Annunciator에 RSSI bar가 나타나는 것을 확인할 수 있다.

참고 소스 및 리소스
Contents₩2장_대기화면_Annunciator_표시
OEMAnnunciator.c, OEMBatt.c

9.4 대기화면 날짜 이미지 추가

앞에서는 화면에 LCD에 이미지를 그리는 내용을 위주로 설명하였다. 여기서는 대기화면을 그리는 함수인 CoreApp_OwnerDraw에 날짜를 추가하는 루틴의 내용을 설명하도록 한다.

Contents 폴더에 3장_대기화면_날짜_표시\apps\resources\clock\digital01 폴더에 있는 날짜를 표시하기 위한 요일 이미지를 이미지를 apps\resources\clock\digital01 폴더에 넣

는다. 그리고 apps\resources 폴더에 있는 clock.bri 파일을 BREW Resource Editor 프로그램으로 열고, 메뉴에서 새 개체아이콘 눌러서 추가할 이미지만큼 ID를 추가하고, 저장한다. 그리고, 보기 메뉴 아래에 있는 스크립트 소스 메뉴를 눌러서 텍스트 파일로 추가된 내용을 확인하면 아래와 같다.

```
<Object Id="5024" Name="IDI_OBJECT_5024">
              <File></File>
      </Object>
      <Object Id="5025" Name="IDI_OBJECT_5025">
              <File></File>
      </Object>
      <Object Id="5026" Name="IDI_OBJECT_5026">
              <File></File>
      </Object>
      <Object Id="5027" Name="IDI_OBJECT_5027">
              <File></File>
      </Object>
      <Object Id="5028" Name="IDI_OBJECT_5028">
              <File></File>
      </Object>
      <Object Id="5029" Name="IDI_OBJECT_5029">
              <File></File>
      </Object>
      <Object Id="5030" Name="IDI_OBJECT_5030">
              <File></File>
      </Object>
```

이 상태에서 임의로 저장된 ID값과 이미지 이름을 수정하고, 새로 추가한 이미지를 가리키도록 수정한다. 이미지 파일에 지정할 ID와 이미지 이름은 다음과 같다.

ID	데이터	이미지 이름
5024	idle_date_mon.bmp	IDI_IDLE_CLOCK_MON
5025	idle_date_tue.BMP	IDI_IDLE_CLOCK_TUE
5026	idle_date_wed.BMP	IDI_IDLE_CLOCK_WED
5027	idle_date_thu.BMP	IDI_IDLE_CLOCK_THU
5028	idle_date_fri.BMP	IDI_IDLE_CLOCK_FRI
5029	idle_date_sat.BMP	IDI_IDLE_CLOCK_SAT
5030	idle_date_sun.BMP	IDI_IDLE_CLOCK_SUN

위의 내용을 적용하기 위해 파일을 수정하면 아래와 같다.

```
<Object Id="5024" Name="IDI_IDLE_CLOCK_MON">
            <File>.₩clock₩digital01₩idle_date_mon.bmp</File>
    </Object>
    <Object Id="5025" Name="IDI_IDLE_CLOCK_TUE">
            <File>.₩clock₩digital01₩idle_date_tue.bmp</File>
    </Object>
    <Object Id="5026" Name="IDI_IDLE_CLOCK_WED">
            <File>.₩clock₩digital01₩idle_date_wed.bmp</File>
    </Object>
    <Object Id="5027" Name="IDI_IDLE_CLOCK_THU">
            <File>.₩clock₩digital01₩idle_date_thu.bmp</File>
    </Object>
    <Object Id="5028" Name="IDI_IDLE_CLOCK_FRI">
            <File>.₩clock₩digital01₩idle_date_fri.bmp</File>
    </Object>
    <Object Id="5029" Name="IDI_IDLE_CLOCK_SAT">
            <File>.₩clock₩digital01₩idle_date_sat.bmp</File>
    </Object>
    <Object Id="5030" Name="IDI_IDLE_CLOCK_SUN">
            <File>.₩clock₩digital01₩idle_date_sun.bmp</File>
    </Object>
```

수정된 내용을 저장하고, BREW Resource Editor에서 빌드 메뉴 아래에 리소스 스크립트 컴파일 메뉴를 눌러서 컴파일을 실행하면 새로 생성된 clock.brh 파일과 clock.bar 파일이 생성된다. 이 상태에서 핸드폰 소스를 다시 컴파일하면 새로 생성된 brh 파일을 참고로 새로 생성된 리소스 파일에서 이미지 ID를 참고하여 화면에 날짜 이미지를 표시하게 된다.

9.5 대기화면에 날짜 표시

대기화면에 날짜를 표시하기 위해 Coreidle.c 파일에 있는 CoreApp_OwnerDraw 함수에 날짜를 추가하는 내용을 설명하도록 한다.

```
static void CoreApp_OwnerDraw(void * po)
{
CIdleCtrl * pme = (CIdleCtrl *)po;
……………………………………………………중략……………………………………………………
if ( pme->m_pIAnn )
      IANNUNCIATOR_Redraw(pme->m_pIAnn);
   if ( ILABEL_HaveYouChild(pme->m_mainForm) )
      CoreIdleCtrl_DarkAnnunciate(po);
}
```

기존에 CoreApp_OwnerDraw 함수에는 Annunciator만 표시하도록 되어 있기 때문에 대기화면에는 배경 이미지와 Annunciator만 나타난다. 이 상태에서 날짜를 추가하는 함수를 추가하면 아래와 같다.

```
static void CoreApp_OwnerDraw(void * po)
{
   CIdleCtrl * pme = (CIdleCtrl *)po;

#if 1 //날짜를 읽어오기 위한 변수 선언
   JulianType julian;
#endif
   if ( po == NULL )
      return;

CoreIdleCtrl_DrawPhoto(po);
#if 1 //날짜를 읽어온다.
   GETJULIANDATE(0, &julian);
#endif
……………………………………………………중략……………………………………………………

#if 1 //지정한 좌표에 날짜를 표시한다.
   CoreIdleCtrl_IdleCtrl_DrawDate(po, 1, 27, &julian);
#endif
……………………………………………………중략……………………………………………………

   if ( pme->m_pIAnn )
      IANNUNCIATOR_Redraw(pme->m_pIAnn);
```

```
    if ( ILABEL_HaveYouChild(pme->m_mainForm) )
      CoreIdleCtrl_DarkAnnunciate(po);
  }
```

먼저 라이브러리로 제공되는 GETJULIANDATE 함수로 현재 날짜를 읽어온다. GETJULIANDATE 함수로 현재 시간을 읽어오기 위한 함수를 사용하기 위해서 JulianType의 구조체 형식의 변수를 선언하고, 이 변수를 GETJULIANDATE의 인자값으로 넘겨주면 GETJULIANDATE 함수에서 시간 값을 계산해서 변수에 값을 넣어주게 된다. JulianType의 구조체에 포함되는 변수는 아래와 같다.

```
typedef struct
{
    uint16    wYear
    uint16    wMonth;
    uint16    wDay;
    uint16    wHour;
    uint16    wMinute;
    uint16    wSecond;
    uint16    wWeekDay;
} JulianType;
```

GETJULIANDATE 함수로 날짜를 읽어오고 읽어온 값을 통해 아래의 CoreIdleCtrl_IdleCtrl_DrawDate 함수를 추가하여 현재의 날짜와 요일을 이미지로 표시한다. 날짜와 요일을 표시하기 위해 함수의 인자값으로 LCD의 좌표값을 넘겨받아서 화면에 그려준다. 이때 날짜와 요일이 텍스트가 아닌 이미지로 표시되기 때문에 함수에 처음의 이미지 ID를 숫자와 요일별로 배열을 선언한다. 현재의 날짜의 월과 일을 가지고 계산을 해서 idigit 변수의 값을 설정하고 이 값으로 digit_table 배열에서 이미지 ID를 설정해서 현재 월과 일 이미지를 설정하기 위한 숫자 이미지를 설정하고, week_table에서 요일을 나타내는 글자 이미지를 설정한다. 그리고, 함수에서 인자값으로 받은 x, y 좌표값을 이용해서 CoreIdleCtrl_DrawDigit 함수를 통해 화면에 이미지를 해당 좌표에 그리게 된다.

```
static boolean    CoreIdleCtrl_IdleCtrl_DrawDate(IIdleCtrl * po, int x, int y, JulianType *p_juli)
{
        CIdleCtrl * pme = (CIdleCtrl *)po;
         CCoreApp   * pCore = (CCoreApp   *)pme->m_pData;
        int   idigit;
        uint16     d1, d2;
        const uint16 digit_table[]= //날짜를 나타내기 위한 숫자 이미지 배열
        {
                IDI_IDLE_CLOCK_0, IDI_IDLE_CLOCK_1, IDI_IDLE_CLOCK_2,
            IDI_IDLE_CLOCK_3, IDI_IDLE_CLOCK_4,    IDI_IDLE_CLOCK_5,
            IDI_IDLE_CLOCK_6, IDI_IDLE_CLOCK_7, IDI_IDLE_CLOCK_8, IDI_IDLE_CLOCK_9
        }
        const uint16 week_table[]= //요일 이미지 배열
        {
                IDI_IDLE_CLOCK_MON, IDI_IDLE_CLOCK_TUE, IDI_IDLE_CLOCK_WED,
            IDI_IDLE_CLOCK_THU, IDI_IDLE_CLOCK_FRI, IDI_IDLE_CLOCK_SAT,
            IDI_IDLE_CLOCK_SUN, };

        if(pme->m_byTimeFormat == 0)
        {
                d1 = p_juli->wMonth;
                d2 = p_juli->wDay;
        }
        else
        {
                d2 = p_juli->wMonth;
                d1 = p_juli->wDay;
        }

        idigit = (d1/10)%10;
        if(idigit)
        {
                x += 1 + CoreIdleCtrl_DrawDigit(po, x, y, digit_table[idigit]);
                idigit = (d1)%10;
                x += 1 + CoreIdleCtrl_DrawDigit(po, x, y, digit_table[idigit]);
        }
        else
        {
                x += 5;
```

```
            idigit = (d1)%10;
            x += 1+5+ CoreIdleCtrl_DrawDigit(po, x, y, digit_table[idigit]);
        }

        x += 1 + CoreIdleCtrl_DrawDigit(po, x, y, IDI_IDLE_CLOCK_DOT_01);


        idigit = (d2/10)%10;
        if(idigit)
        {
            x += 1 + CoreIdleCtrl_DrawDigit(po, x, y, digit_table[idigit]);
            idigit = (d2)%10;
            x += 1 + CoreIdleCtrl_DrawDigit(po, x, y, digit_table[idigit]);
        }
        else
        {
            x += 5;
            idigit = (d2)%10;
            x += 1+5+ CoreIdleCtrl_DrawDigit(po, x, y, digit_table[idigit]);
        }

        idigit = (p_juli->wWeekDay%7);
        if ( pCore->m_byLanguage == 1 )
            x += CoreIdleCtrl_DrawDigit(po, x, y, week_table[idigit]);
        return TRUE;
}
```

CoreIdleCtrl_DrawDigit 함수를 통해서 설정된 경로의 리소스파일에서 ID로 이미지를 찾아서 IBITMAP_SetTransparencyColor 함수로 이미지 뒷배경을 투명처리하고 화면에 그려준다.

```
static int CoreIdleCtrl_DrawDigit(IIdleCtrl * po, int x, int y, uint16 wId)
{
        AEEBitmapInfo info;
        IBitmap *pBmp;
        CIdleCtrl * pme = (CIdleCtrl *)po;

        pBmp = ISHELL_LoadResBitmap(pme->m_pIShell, gpszClockResourceFile, wId);
```

```
        if(pBmp)
        {
                IBITMAP_SetTransparencyColor(pBmp,          IBITMAP_RGBToNative(pBmp,
                                                         RGB_MASK_COLOR));
                IBITMAP_GetInfo(pBmp, &info, sizeof(AEEBitmapInfo));
                IDISPLAY_BitBlt (pme->m_pIDisplay, x, y, info.cx, info.cy, pBmp, 0, 0,
                                        AEE_RO_TRANSPARENT);
                IBITMAP_Release(pBmp);
                return info.cx;
        }
        return 0;
}
```

위의 내용을 적용하기 위해 Contents\3장_대기화면_날짜_표시\apps\core 폴더에 CoreIdle.c 파일을 apps\core 폴더에 CoreIdle.c 파일에 날짜 관련 루틴을 추가하고, 컴파일 실행 후 확인하면 대기화면에 날짜가 나타나는 것을 확인할 수 있다.

참고 소스 및 리소스

Contents₩3장_대기화면_날짜_표시

10장 대기화면에서 시간 · 달력 · 다이얼링 폰트 표시 응용 프로그램

실습목적

- 대기화면에 시간 표시하는 함수를 통해서 현재 시간을 화면에 표시하는 방법을 이해한다.
- 대기화면에 시간 표시하는 함수를 통해서 달력을 화면에 표시하는 방법을 이해한다.
- 대기화면에 원하는 배너 글씨를 표시하는 방법을 이해한다.
- IDISPLAY_SetColor함수 사용법을 이해한다.
- IDISPLAY_DrawText함수의 사용법을 이해한다.
- NV에 변수를 저장하는 방법을 이해한다.

10.1 대기화면 시간 이미지 추가

이번 절에서는 지난 장에서 다루었던 대기화면에 날짜를 표시하는 내용에 이어서 대기화면을 주기적으로 그리기 위한 함수인 CoreApp_OwnerDraw 함수에 날짜와 오전 오후 및 시간을 표시하는 루틴을 추가하는 내용을 설명하도록 한다.

Contents\4장_대기화면_시간_표시\apps\resources\clock\digital01 폴더에 있는 이미지를 apps\resources\clock\digital01 폴더에 넣는다. 그리고 apps\resources 폴더에 있는 clock.bri 파일을 BREW Resource Editor 프로그램으로 열고, 메뉴에서 새 개체 아이콘을 눌러서 추가할 이미지만큼 ID를 추가하고, 저장한다. 그리고, 보기 메뉴 아래에 있는 스크립트 소스 메뉴를 눌러서 텍스트 파일로 추가된 내용을 확인하면 아래와 같다.

```
<Object Id="5011" Name="IDI_OBJECT_5011">
            <File></File>
    </Object>
    <Object Id="5012" Name="IDI_OBJECT_5012">
            <File></File>
    </Object>
    <Object Id="5013" Name="IDI_OBJECT_5013">
            <File></File>
```

```
</Object>
<Object Id="5014" Name="IDI_OBJECT_5014">
        <File></File>
</Object>
<Object Id="5015" Name="IDI_OBJECT_5015">
        <File></File>
</Object>
<Object Id="5016" Name="IDI_OBJECT_5016">
        <File></File>
</Object>
<Object Id="5017" Name="IDI_OBJECT_5017">
        <File></File>
</Object>
<Object Id="5018" Name="IDI_OBJECT_5018">
        <File></File>
</Object>
<Object Id="5019" Name="IDI_OBJECT_5019">
        <File></File>
</Object>
<Object Id="5020" Name="IDI_OBJECT_5020">
        <File></File>
</Object>

........................................생략........................................
<Object Id="5031" Name="IDI_OBJECT_5031">
        <File></File>
</Object>
<Object Id="5032" Name="IDI_OBJECT_5032">
        <File></File>
</Object>
........................................생략........................................
```


이 상태에서 임의로 저장된 ID값과 이미지 이름을 수정하고, 새로 추가한 이미지를 가리키도록 수정한다. 이미지 파일에 지정할 ID와 이미지 이름은 다음과 같다.

ID	데이터	이미지 이름
5011	idle_clock_big_0.bmp	IDI_IDLE_CLOCK_BIG_0
5012	idle_clock_big_1.bmp	IDI_IDLE_CLOCK_BIG_1
5013	idle_clock_ big_2.bmp	IDI_IDLE_CLOCK_BIG_2
5014	idle_clock_ big_3.bmp	IDI_IDLE_CLOCK_BIG_3
5015	idle_clock_ big_4.bmp	IDI_IDLE_CLOCK_BIG_4
5016	idle_clock_ big_5.bmp	IDI_IDLE_CLOCK_BIG_5
5017	idle_clock_ big_6.bmp	IDI_IDLE_CLOCK_BIG_6
5018	idle_clock_ big_7.bmp	IDI_IDLE_CLOCK_BIG_7
5019	idle_clock_ big_8.bmp	IDI_IDLE_CLOCK_BIG_8
5020	idle_clock_ big_9.bmp	IDI_IDLE_CLOCK_BIG_9
5031	idle_clock_am.bmp	IDI_IDLE_CLOCK_AM
5032	idle_clock_pm.bmp	IDI_IDLE_CLOCK_PM

위의 내용을 적용하기 위해 파일을 수정하면 아래와 같다.

```
<Object Id="5011" Name="IDI_IDLE_CLOCK_BIG_0">
                <File>.₩clock₩digital01₩idle_clock_big_0.bmp</File>
        </Object>
        <Object Id="5012" Name="IDI_IDLE_CLOCK_BIG_1">
                <File>.₩clock₩digital01₩idle_clock_big_1.bmp</File>
        </Object>
        <Object Id="5013" Name="IDI_IDLE_CLOCK_BIG_2">
                <File>.₩clock₩digital01₩idle_clock_big_2.bmp</File>
        </Object>
        <Object Id="5014" Name="IDI_IDLE_CLOCK_BIG_3">
                <File>.₩clock₩digital01₩idle_clock_big_3.bmp</File>
        </Object>
        <Object Id="5015" Name="IDI_IDLE_CLOCK_BIG_4">
                <File>.₩clock₩digital01₩idle_clock_big_4.bmp</File>
        </Object>
        <Object Id="5016" Name="IDI_IDLE_CLOCK_BIG_5">
                <File>.₩clock₩digital01₩idle_clock_big_5.bmp</File>
</Object>
        <Object Id="5017" Name="IDI_IDLE_CLOCK_BIG_6">
                <File>.₩clock₩digital01₩idle_clock_big_6.bmp</File>
        </Object>
        <Object Id="5018" Name="IDI_IDLE_CLOCK_BIG_7">
                <File>.₩clock₩digital01₩idle_clock_big_7.bmp</File>
        </Object>
```

```
        <Object Id="5019" Name="IDI_IDLE_CLOCK_BIG_8">
                <File>.₩clock₩digital01₩idle_clock_big_8.bmp</File>
        </Object>
        <Object Id="5020" Name="IDI_IDLE_CLOCK_BIG_9">
                <File>.₩clock₩digital01₩idle_clock_big_9.bmp</File>
        </Object>
……………………………………………생략……………………………………………….
<Object Id="5031" Name="IDI_IDLE_CLOCK_AM">
                <File>.₩clock₩digital01₩idle_clock_am.bmp</File>
        </Object>
        <Object Id="5032" Name="IDI_IDLE_CLOCK_PM">
                <File>.₩clock₩digital01₩idle_clock_pm.bmp</File>
        </Object>
……………………………………………생략……………………………………………….
```

수정된 내용을 저장하고, BREW Resource Editor에서 빌드 메뉴 아래에 리소스 스크립트 컴파일 메뉴를 눌러서 컴파일을 실행하면 새로 생성된 clock.brh 파일과 clock.bar 파일이 생성된다. 이 상태에서 핸드폰 소스를 다시 컴파일하면 새로 생성된 brh 파일을 참고로 새로 생성된 리소스 파일에서 이미지 ID를 참고하여 화면에 오전 오후 이미지 및 시간 이미지를 표시하게 된다.

10.2 대기화면에 오전-오후 표시

대기화면이 활성화된 상태에서 대기화면 위에 Annuciator와 날짜를 보여주기 위한 함수인 CoreApp_OwnerDraw 함수에 날짜와 오전 오후 및 시간을 표시하는 함수를 추가하기 위한 루틴을 설명하도록 하겠다. 먼저 대기화면에 시간을 표시하기 위해 메뉴에서 설정한 시계의 종류를 pme→m_typeClock 변수로 읽어와서, 사용자가 설정한 스타일의 시계를 대기화면에 표시한다. 이번 장에서는 pme→m_typeClock 변수가 0x0100인 경우 설정되는 시계를 추가하는 루틴에 대해서 설명하기로 한다. 시간을 표시하기 위해 CoreApp_OwnerDraw 함수에 추가할 내용은 다음과 같다.

```
static void CoreApp_OwnerDraw(void * po)
{

  CIdleCtrl * pme = (CIdleCtrl *)po;
JulianType julian;

  GETJULIANDATE(0, &julian);

switch ( pme->m_typeClock )
  {
    case 0:
     break;
case 0x0100:
       CoreIdleCtrl_IdleCtrl_DrawDate(po, 1, 27, &julian);
       CoreIdleCtrl_IdleCtrl_DrawAMPM(po, 48, 44, &julian);
     //오전, 오후 표시
CoreIdleCtrl_IdleCtrl_DrawBigTime(po, 71, 27, &julian);
     //시간 표시
        break;
case 0x0101:
       CoreIdleCtrl_IdleCtrl_DrawDate(po, 96, 49, &julian);
       CoreIdleCtrl_IdleCtrl_DrawAMPM(po, 142, 66, &julian);
       CoreIdleCtrl_IdleCtrl_DrawBigTime(po, 65, 82, &julian);
        break;
case 0x0102:
       CoreIdleCtrl_IdleCtrl_DrawDate(po, 1, 142, &julian);
       CoreIdleCtrl_IdleCtrl_DrawAMPM(po, 48, 162, &julian);
       CoreIdleCtrl_IdleCtrl_DrawBigTime(po, 71, 142, &julian);
       break;
    case 0x0200:
       CoreIdleCtrl_DrawDigitalClock2(po, 9, 27, &julian);
       break;
    case 0x0201:
       CoreIdleCtrl_DrawDigitalClock2(po, 9, 90, &julian);
       break;
    case 0x0202:
       CoreIdleCtrl_DrawDigitalClock2(po, 9, 142, &julian);
        break;
case 0x0300:
    case 0x0301:
```

```
        case 0x0302:
        case 0x0303:
        CoreIdleCtrl_DrawAnalogClock( po, 0, ptAnalog1[pme->m_typeClock&0x3], julian.wHour,
                                                    julian.wMinute);
            break;
    case 0x0400:
        case 0x0401:
        case 0x0402:
        case 0x0403:
        CoreIdleCtrl_DrawAnalogClock( po, 1, ptAnalog2[pme->m_typeClock&0x3], julian.wHour,
                                                    julian.wMinute);
          break;
        default:
          CoreIdleCtrl_DrawDulalClock( po, pme->m_typeClock, &julian);
          break;
      }

      if ( ILABEL_HaveYouChild(pme->m_mainForm) )
        CoreIdleCtrl_DarkAnnunciate(po);
    }
```

이 기능을 추가하기 위해 Contents\4장_대기화면_시간_표시\apps\core 폴더에 있는 CoreIdle.c에 있는 CoreIdleCtrl_IdleCtrl_DrawAMPM 함수와 CoreIdleCtrl_IdleCtrl_Draw BigTime 관련 내용을 추가하고, CoreApp_OwnerDraw 함수에 위의 내용이 있는 루틴을 추가한다. 그리고, 아래에서는 pme→m_typeClock 변수의 값이 0x0100인 경우 호출되는 함수의 내용을 설명하기로 한다. 오전과 오후를 나타내는 함수인 CoreIdleCtrl_IdleCtrl_DrawAMPM 함수는 오전인지 오후인지 p_juli→wHour값을 읽어와서 현재 시간이 오전인지 오후인지 계산하고, 현재 설정에 따라 ampm_table에 저장된 오전 이미지와 오후 이미지 중 어떤 이미지를 그릴지 결정하게 된다.

```
static boolean   CoreIdleCtrl_IdleCtrl_DrawAMPM(IIdleCtrl * po, int x, int y, JulianType *p_juli)
{
        CIdleCtrl * pme = (CIdleCtrl *)po;
        int   idigit;
        const uint16 ampm_table[]={ IDI_IDLE_CLOCK_AM, IDI_IDLE_CLOCK_PM };
        if(pme->m_byTimeFormat == 0)
```

```
        {
                idigit = (p_juli->wHour < 12)? 0: 1;
                CoreIdleCtrl_DrawDigit(po, x, y, ampm_table[idigit]);
                return TRUE;
        }
        return FALSE;
}
```

시간을 나타내는 함수인 CoreIdleCtrl_IdleCtrl_DrawBigTime 함수는 p_juli→wHour 변수와 p_juli→wMinute로 현재 시간을 나타내기 위한 이미지를 찾고, CoreIdleCtrl_DrawDigit 함수를 통해서 찾은 이미지를 화면에 보여준다.

```
static boolean   CoreIdleCtrl_IdleCtrl_DrawBigTime(IIdleCtrl * po, int x, int y, JulianType *p_juli)
{
        const uint16 digit_table_L[]=
        {
                  IDI_IDLE_CLOCK_BIG_0, IDI_IDLE_CLOCK_BIG_1, IDI_IDLE_CLOCK_BIG_2,
                IDI_IDLE_CLOCK_BIG_3, IDI_IDLE_CLOCK_BIG_4, IDI_IDLE_CLOCK_BIG_5,
                IDI_IDLE_CLOCK_BIG_6, IDI_IDLE_CLOCK_BIG_7,
                  IDI_IDLE_CLOCK_BIG_8, IDI_IDLE_CLOCK_BIG_9
        }
        CIdleCtrl * pme = (CIdleCtrl *)po;
        int  idigit;

        idigit = p_juli->wHour;
        if(pme->m_byTimeFormat == 0)
        {
                if(idigit > 12)
                        idigit = idigit-12;
                if(idigit==0)
                        idigit = 12;
        }

        x += 6;
        if((idigit/10)%10)
        x += 1 + CoreIdleCtrl_DrawDigit(po, x, y, digit_table_L[(idigit/10)%10]);
        else
                x += 11;
```

```
        x += 1 + CoreIdleCtrl_DrawDigit(po, x, y, digit_table_L[idigit%10]);
        x += 1 + CoreIdleCtrl_DrawDigit(po, x, y, IDI_IDLE_CLOCK_DOT_BIG);

        idigit = (p_juli->wMinute/10)%10;
        x += 1 + CoreIdleCtrl_DrawDigit(po, x, y, digit_table_L[idigit%10]);

        idigit = (p_juli->wMinute)%10;
        x += 1 + CoreIdleCtrl_DrawDigit(po, x, y, digit_table_L[idigit%10]);
        return TRUE;
}
```

앞 내용을 적용하기 위해 Contents\4장_대기화면_시간_표시\apps\core 폴더에 CoreIdle.c 파일을 apps\core 폴더에 CoreIdle.c 파일에 시간 관련 루틴을 추가하고, 컴파일 실행 후 확인하면 대기화면에 메뉴에서 자신이 설정한 스타일의 시계로 시간이 표시되는 것을 확인할 수 있다.

> **참고 소스 및 리소스**
> Contents₩4장_대기화면_시간_표시

10.3 대기화면 달력 이미지 추가

이번 절에서는 지난 장에서 대기화면에 날짜와 시간를 표시하는 내용에 이어서 대기화면에 달력을 표시하는 함수인 CoreApp_OwnerDraw에 날짜와 오전 오후 및 시간을 표시하는 루틴을 추가하는 내용을 설명하도록 한다.

대기화면에 달력 이미지를 보여주기 위해 달력을 보여주기 위한 이미지를 추가하는 내용에 대해서 설명하기로 한다. apps\ resources 폴더 내에 있는 idle_calendar.brx 파일을 BREW Resource Editor 프로그램으로 열어서 왼쪽의 리소스 아이콘 아래에 있는 개체 아이콘을 눌러 이미지 관련 리소스를 확인한다. 그리고, 메뉴에 있는 새 개체 아이콘을 실행해서 추가할 이미지 개수만큼 ID를 추가하고, 저장한다. 이 상태에서 임의로 저장된 ID값과 이미지 이름을 수정하고, 새로 추가한 이미지를 가리키도록 수정한다. 이미지 파일에 지정할 ID와 이미지 이름은 다음과 같다.

ID	데이터	이미지 이름
1201	idle_calendar_01.bmp	IDB_BLACK_DAY_1
1202	idle_calendar_02.bmp	IDB_BLACK_DAY_2
1203	idle_calendar_03.bmp	IDB_BLACK_DAY_3
1204	idle_calendar_04.bmp	IDB_BLACK_DAY_4
1205	idle_calendar_05.bmp	IDB_BLACK_DAY_5
1206	idle_calendar_06.bmp	IDB_BLACK_DAY_6
1207	idle_calendar_07.bmp	IDB_BLACK_DAY_7
1208	idle_calendar_08.bmp	IDB_BLACK_DAY_8
1209	idle_calendar_09.bmp	IDB_BLACK_DAY_9
1210	idle_calendar_10.bmp	IDB_BLACK_DAY_10
1211	idle_calendar_11.bmp	IDB_BLACK_DAY_11
1212	idle_calendar_12.bmp	IDB_BLACK_DAY_12
1213	idle_calendar_13.bmp	IDB_BLACK_DAY_13
1214	idle_calendar_14.bmp	IDB_BLACK_DAY_14
1215	idle_calendar_15.bmp	IDB_BLACK_DAY_15
1216	idle_calendar_16.bmp	IDB_BLACK_DAY_16
1217	idle_calendar_17.bmp	IDB_BLACK_DAY_17
1218	idle_calendar_18.bmp	IDB_BLACK_DAY_18
1219	idle_calendar_19.bmp	IDB_BLACK_DAY_19
1220	idle_calendar_20.bmp	IDB_BLACK_DAY_20
1221	idle_calendar_21.bmp	IDB_BLACK_DAY_21
1222	idle_calendar_22.bmp	IDB_BLACK_DAY_22
1223	idle_calendar_23.bmp	IDB_BLACK_DAY_23
1224	idle_calendar_24.bmp	IDB_BLACK_DAY_24
1225	idle_calendar_25.bmp	IDB_BLACK_DAY_25
1226	idle_calendar_26.bmp	IDB_BLACK_DAY_26
1227	idle_calendar_27.bmp	IDB_BLACK_DAY_27
1228	idle_calendar_28.bmp	IDB_BLACK_DAY_28
1229	idle_calendar_29.bmp	IDB_BLACK_DAY_29
1230	idle_calendar_30.bmp	IDB_BLACK_DAY_30
1231	idle_calendar_31.bmp	IDB_BLACK_DAY_31

위의 내용을 적용하기 위해 brx 파일을 수정하면 아래와 같다.

```
<Object Id="1201" Name="IDB_BLACK_DAY_1">
    <File>.₩idle_calendar₩S_number black₩idle_calendar_01.bmp</File>
</Object>
<Object Id="1202" Name="IDB_BLACK_DAY_2">
    <File>.₩idle_calendar₩S_number black₩idle_calendar_02.bmp</File>
</Object>
<Object Id="1203" Name="IDB_BLACK_DAY_3">
```

```
    <File>.\idle_calendar\S_number black\idle_calendar_03.bmp</File>
  </Object>
  <Object Id="1204" Name="IDB_BLACK_DAY_4">
    <File>.\idle_calendar\S_number black\idle_calendar_04.bmp</File>
  </Object>
  <Object Id="1205" Name="IDB_BLACK_DAY_5">
    <File>.\idle_calendar\S_number black\idle_calendar_05.bmp</File>
  </Object>
  <Object Id="1206" Name="IDB_BLACK_DAY_6">
    <File>.\idle_calendar\S_number black\idle_calendar_06.bmp</File>
  </Object>
  <Object Id="1207" Name="IDB_BLACK_DAY_7">
   <File>.\idle_calendar\S_number black\idle_calendar_07.bmp</File>
  </Object>
  <Object Id="1208" Name="IDB_BLACK_DAY_8">
   <File>.\idle_calendar\S_number black\idle_calendar_08.bmp</File>
  </Object>
  <Object Id="1209" Name="IDB_BLACK_DAY_9">
   <File>.\idle_calendar\S_number black\idle_calendar_09.bmp</File>
  </Object>
  <Object Id="1210" Name="IDB_BLACK_DAY_10">
   <File>.\idle_calendar\S_number black\idle_calendar_10.bmp</File>
  </Object>
  <Object Id="1211" Name="IDB_BLACK_DAY_11">
   <File>.\idle_calendar\S_number black\idle_calendar_11.bmp</File>
  </Object>
  <Object Id="1212" Name="IDB_BLACK_DAY_12">
   <File>.\idle_calendar\S_number black\idle_calendar_12.bmp</File>
  </Object>
  <Object Id="1213" Name="IDB_BLACK_DAY_13">
   <File>.\idle_calendar\S_number black\idle_calendar_13.bmp</File>
  </Object>
  <Object Id="1214" Name="IDB_BLACK_DAY_14">
   <File>.\idle_calendar\S_number black\idle_calendar_14.bmp</File>
  </Object>
  <Object Id="1215" Name="IDB_BLACK_DAY_15">
   <File>.\idle_calendar\S_number black\idle_calendar_15.bmp</File>
  </Object>
  <Object Id="1216" Name="IDB_BLACK_DAY_16">
```

```
 〈File〉.₩idle_calendar₩S_number black₩idle_calendar_16.bmp〈/File〉
〈/Object〉
〈Object Id="1217" Name="IDB_BLACK_DAY_17"〉
 〈File〉.₩idle_calendar₩S_number black₩idle_calendar_17.bmp〈/File〉
〈/Object〉
〈Object Id="1218" Name="IDB_BLACK_DAY_18"〉
 〈File〉.₩idle_calendar₩S_number black₩idle_calendar_18.bmp〈/File〉
〈/Object〉
〈Object Id="1219" Name="IDB_BLACK_DAY_19"〉
 〈File〉.₩idle_calendar₩S_number black₩idle_calendar_19.bmp〈/File〉
〈/Object〉
〈Object Id="1220" Name="IDB_BLACK_DAY_20"〉
 〈File〉.₩idle_calendar₩S_number black₩idle_calendar_20.bmp〈/File〉
〈/Object〉
〈Object Id="1221" Name="IDB_BLACK_DAY_21"〉
 〈File〉.₩idle_calendar₩S_number black₩idle_calendar_21.bmp〈/File〉
〈/Object〉
〈Object Id="1222" Name="IDB_BLACK_DAY_22"〉
 〈File〉.₩idle_calendar₩S_number black₩idle_calendar_22.bmp〈/File〉
〈/Object〉
〈Object Id="1223" Name="IDB_BLACK_DAY_23"〉
 〈File〉.₩idle_calendar₩S_number black₩idle_calendar_23.bmp〈/File〉
〈/Object〉
〈Object Id="1224" Name="IDB_BLACK_DAY_24"〉
 〈File〉.₩idle_calendar₩S_number black₩idle_calendar_24.bmp〈/File〉
〈/Object〉
〈Object Id="1225" Name="IDB_BLACK_DAY_25"〉
 〈File〉.₩idle_calendar₩S_number black₩idle_calendar_25.bmp〈/File〉
〈/Object〉
〈Object Id="1226" Name="IDB_BLACK_DAY_26"〉
 〈File〉.₩idle_calendar₩S_number black₩idle_calendar_26.bmp〈/File〉
〈/Object〉
〈Object Id="1227" Name="IDB_BLACK_DAY_27"〉
 〈File〉.₩idle_calendar₩S_number black₩idle_calendar_27.bmp〈/File〉
〈/Object〉
〈Object Id="1228" Name="IDB_BLACK_DAY_28"〉
 〈File〉.₩idle_calendar₩S_number black₩idle_calendar_28.bmp〈/File〉
〈/Object〉
〈Object Id="1229" Name="IDB_BLACK_DAY_29"〉
```

```
        <File>.₩idle_calendar₩S_number black₩idle_calendar_29.bmp</File>
       </Object>
       <Object Id="1230" Name="IDB_BLACK_DAY_30">
        <File>.₩idle_calendar₩S_number black₩idle_calendar_30.bmp</File>
       </Object>
       <Object Id="1231" Name="IDB_BLACK_DAY_31">
        <File>.₩idle_calendar₩S_number black₩idle_calendar_31.bmp</File>
```

이렇게 수정한 내용을 저장하고, BREW Resource Editor에서 빌드 메뉴 아래에 있는 리소스 스크립트 컴파일 메뉴를 눌러서 컴파일을 실행하면 새로 생성된 idle_calendar.brh 파일과 idle_calendar.bar 파일이 생성된다. 이 상태에서 핸드폰 소스를 다시 컴파일하면 새로 생성된 brh 파일을 참고로 새로 생성된 리소스 파일에서 이미지 ID를 참고하여 화면에 달력 이미지를 표시하게 된다.

10.4 대기화면에 달력 표시

지난 절에서 대기화면에 날짜와 시간을 표기했던 것처럼 이번 절에서는 달력을 대기화면에 그리기 위해 CoreApp_OwnerDraw 함수에 달력을 표시하는 함수인 CoreIdleCtrl_DrawCalendar 함수를 추가하기 위한 루틴을 추가해야 한다. 이 내용은 아래와 같다.

```
static void CoreApp_OwnerDraw(void * po)
{

  CIdleCtrl * pme = (CIdleCtrl *)po;
  JulianType julian;
const AEEPoint ptAnalog1[]={{176-50, 50}, {176-50, 155}, {50, 50}, {50, 155}};
const AEEPoint ptAnalog2[]={{176-50, 60}, {176-50, 140}, {50, 60}, {50, 140}};

  if ( po == NULL )
    return;

  CoreIdleCtrl_DrawPhoto(po);

  GETJULIANDATE(0, &julian);
```

```
switch ( pme->m_typeClock )
{
  case 0:
    break;
  case 0x0100:
    CoreIdleCtrl_IdleCtrl_DrawDate(po, 1, 27, &julian);
    CoreIdleCtrl_IdleCtrl_DrawAMPM(po, 48, 44, &julian);
    CoreIdleCtrl_IdleCtrl_DrawBigTime(po, 71, 27, &julian);
    break;
  case 0x0101:
    CoreIdleCtrl_IdleCtrl_DrawDate(po, 96, 49, &julian);
    CoreIdleCtrl_IdleCtrl_DrawAMPM(po, 142, 66, &julian);
    CoreIdleCtrl_IdleCtrl_DrawBigTime(po, 65, 82, &julian);
    break;
  case 0x0102:
    CoreIdleCtrl_IdleCtrl_DrawDate(po, 1, 142, &julian);
    CoreIdleCtrl_IdleCtrl_DrawAMPM(po, 48, 162, &julian);
    CoreIdleCtrl_IdleCtrl_DrawBigTime(po, 71, 142, &julian);
    break;
  case 0x0200:
    CoreIdleCtrl_DrawDigitalClock2(po, 9, 27, &julian);
    break;
  case 0x0201:
    CoreIdleCtrl_DrawDigitalClock2(po, 9, 90, &julian);
    break;
  case 0x0202:
    CoreIdleCtrl_DrawDigitalClock2(po, 9, 142, &julian);
    break;
  case 0x0300:
  case 0x0301:
  case 0x0302:
  case 0x0303:
  CoreIdleCtrl_DrawAnalogClock( po, 0, ptAnalog1[pme->m_typeClock&0x3], julian.wHour,
                              julian.wMinute);
    break;
  case 0x0400:
  case 0x0401:
  case 0x0402:
  case 0x0403:
```

```
        CoreIdleCtrl_DrawAnalogClock( po, 1, ptAnalog2[pme->m_typeClock&0x3], julian.wHour,
                                      julian.wMinute);
          break;
        default:
          CoreIdleCtrl_DrawDulalClock( po, pme->m_typeClock, &julian);
          break;
      }

   // pme->m_bIdleCalendar 변수가 설정되서 달력을 화면에 표시하기로
   //설정된 달력을 표시한다.
   #if 1
    if ( pme->m_bIdleCalendar )
     {
       CoreIdleCtrl_DrawCalendar(po, &julian);
     }
   #endif

   if ( pme->m_pIAnn )
       IANNUNCIATOR_Redraw(pme->m_pIAnn);

     if ( ILABEL_HaveYouChild(pme->m_mainForm) )
       CoreIdleCtrl_DarkAnnunciate(po);
   }
```

CoreIdleCtrl_DrawCalendar 함수의 내용은 다음과 같다. 설정된 시계의 종류를 읽어오기 위한 pme→m_typeClock 변수는 GetClockType 함수를 통해 기존 설정을 읽어오고 SetClockType 함수를 통해 시계 종류가 설정되고, 이 함수를 통해 달력이 그려질 위치가 정해진다. GetTimeFormat 함수를 통해 시계의 기준이 12시간 기준인지 24시간 기준으로 설정되어 있는지 설정값을 읽어오고, SetTimeFormat 함수를 통해 변경된 시간 설정이 저장된다. 이렇게 시간 설정이 저장된 변수인 pme→m_byTimeFormat를 통해서 요일의 이미지가 변경되게 된다. 조금 더 자세한 설명은 주석을 참고하기 바란다.

```
static boolean CoreIdleCtrl_DrawCalendar(IIdleCtrl * po, JulianType *pJulian)
{
   #define IDLE_CALENDAR_WIDTH    (20) // 달력의 가로 길이 설정
   #define IDLE_CALENDAR_HEIGHT   (13) // 달력의 세로 길이 설정
   #define IDLE_CALENDAR_TODAY_X_ADJUST    (-1)
```

```
#define IDLE_CALENDAR_TODAY_Y_ADJUST    (-1)

CIdleCtrl * pme = (CIdleCtrl *)po;
CCoreApp   * pCore = (CCoreApp   *)pme->m_pData;
IImage * pImage = NULL, * pTodayImage = NULL;
AEEPoint ptCalendarBase = {20, 60};
uint8 nIndex, nWhichWeek = 0, nDayofWeek = 0, nSunIndex, nSatIndex;
word ImgIndex[7], nDayImage, nMonthImage;
int nMonthLength;

if ( pme == NULL || pJulian == NULL )
    return FALSE;

switch ( pme->m_typeClock ) //Clock 설정에 따라 좌표 위치 설정
{
    case 0x0100:
    case 0x0200:
        ptCalendarBase.x = 20;
        ptCalendarBase.y = 73;
        break;

    case 0x0102:
    case 0x0202:
        ptCalendarBase.x = 20;
        ptCalendarBase.y = 27;
        break;

    case 0x0300:
        ptCalendarBase.x = 10;
        ptCalendarBase.y = 83;
        break;

    case 0x0301:
        ptCalendarBase.x = 10;
        ptCalendarBase.y = 23;
        break;

    case 0x0302:
        ptCalendarBase.x = 30;
        ptCalendarBase.y = 83;
```

```
            break;

        case 0x0303:
            ptCalendarBase.x = 30;
            ptCalendarBase.y = 23;
            break;
    }

    nMonthImage = IDB_JANUARY_EN + pJulian->wMonth - 1;
    //달의 이미지를 설정하기 위해 pJulian->wMonth 변수를 통해 몇 월인지 읽어온다.

  if ( (pImage = ISHELL_LoadResImage(pme->m_pIShell, gpszIdleCalendarResourceFile,
                              nMonthImage)) != NULL )
    {
    //리소스 파일에서 위에서 설정된 변수를 가지고 해당되는 달의 이미지를 읽어온다.
        IIMAGE_SetParm(pImage, IPARM_ROP, AEE_RO_TRANSPARENT, 0);
        IIMAGE_Draw(pImage, ptCalendarBase.x, ptCalendarBase.y - 3);
        IIMAGE_Release(pImage);
    }
  // AEE_RO_TRANSPARENT 변수를 통해 이미지 뒷배경을 투명처리하고, 위에서 이미지 //좌표를
위해 설정된 ptCalendarBase 변수값을 통해 이미지를 그린다.

    for ( nIndex = 0; nIndex < 7; nIndex++ )
    {
        if ( pme->m_byTimeFormat == 0 )
        {
            if ( nIndex == 0 )
            {
                ImgIndex[nIndex] = IDB_SUN_EN;
            }
            else
            {
                ImgIndex[nIndex] = IDB_MON_EN + nIndex - 1;
            }
        }
        else
        {
                ImgIndex[nIndex] = IDB_MON_EN + nIndex;
     }
    }
```

```
    for ( nIndex = 0; nIndex < 7; nIndex++ )
    {
     if ( (pImage = ISHELL_LoadResImage(pme->m_pIShell, gpszIdleCalendarResourceFile,
                          ImgIndex[nIndex])) != NULL )
        {
            IIMAGE_SetParm(pImage, IPARM_ROP, AEE_RO_TRANSPARENT, 0);
          IIMAGE_Draw(pImage, ptCalendarBase.x+nIndex * IDLE_CALENDAR_WIDTH,
                               ptCalendarBase.y+IDLE_CALENDAR_HEIGHT);
IIMAGE_Release(pImage);
        }
    }

    nMonthLength = GetMonthLength(pJulian->wYear, pJulian->wMonth);
    nDayofWeek = ((pJulian->wWeekDay - (pJulian->wDay % 7) + 1) +7) % 7;


//해당되는 달의 날짜 수와 요일을 읽어온다.
    if ( pme->m_byTimeFormat == 0 )
  // 시간 표시가 12시간 기준인지 24시간 기준인지 읽어온다.
    {
        nDayofWeek = (nDayofWeek + 1) % 7;
        nSatIndex = 6;
        nSunIndex = 0;
    }
    else
    {
        nSatIndex = 5;
        nSunIndex = 6;
    }

    for ( nIndex = 1; nIndex <= nMonthLength; nIndex++ )
    {
        if ( nDayofWeek == nSunIndex )
            nDayImage = IDB_RED_DAY_1 + nIndex - 1;
        else if ( nDayofWeek == nSatIndex )
            nDayImage = IDB_BLUE_DAY_1 + nIndex - 1;
        else
            nDayImage = IDB_BLACK_DAY_1 + nIndex - 1;
```

```
    if ( (pImage = ISHELL_LoadResImage(pme->m_pIShell, gpszIdleCalendarResourceFile,
                                nDayImage)) != NULL )
        {
            IIMAGE_SetParm(pImage, IPARM_ROP, AEE_RO_TRANSPARENT, 0);

            if ( nIndex == pJulian->wDay ) //오늘의 요일인 경우
            {
             if ( (pTodayImage = ISHELL_LoadResImage(pme->m_pIShell,
                gpszIdleCalendarResourceFile, IDB_CALENDAR_TODAY)) != NULL )
                {
                    IIMAGE_SetParm(pTodayImage, IPARM_ROP, AEE_RO_COPY, 0);
                I I M A G E _ D r a w ( p T o d a y I m a g e ,
                                        ptCalendarBase.x+nDayofWeek*IDLE_CALENDAR_WIDTH
                                        +IDLE_CALENDAR_TODAY_X_ADJUST,
                                        (ptCalendarBase.y+IDLE_CALENDAR_HEIGHT*2)+(nWhic
                                        hWeek)*IDLE_CALENDAR_HEIGHT+IDLE_CALENDAR_TO
                                        DAY_Y_ADJUST);
                                         //오늘의 요일 이미지를 그린다.
IIMAGE_Release(pTodayImage);
                }
            }

          IIMAGE_Draw(pImage,          ptCalendarBase.x+nDayofWeek*IDLE_CALENDAR_WIDTH,
           (ptCalendarBase.y+IDLE_CALENDAR_HEIGHT*2)+(nWhichWeek)*IDLE_CALENDAR_HEI
           GHT);
             //다른 요일 이미지를 그린다.
IIMAGE_Release(pImage);

            nDayofWeek++;
            if ( (nDayofWeek % 7) == 0 )
            {
                nWhichWeek++;
                nDayofWeek = 0;
            }
        }
    }

    return TRUE;
}
```

이 달력과 관련된 루틴을 추가하기위하여 Contents\5장_대기화면_달력_표시\apps\core 폴더 내에 있는 CoreIdle.c 파일에 있는 내용을 apps\core 폴더 내에 있는 CoreIdle.c 파일에 추가한다.

참고 소스 및 리소스
Contents₩5장_대기화면_달력_표시

10.5 대기화면에서 보여주기 위한 배너 글자 읽어오기

이번 절에서는 대기화면에서 원하는 글자를 보여주는 기능인 배너 기능을 추가하기로 한다. 핸드폰이 전원을 켜고 부팅 후 원하는 글자를 보여주기 위해서는 원하는 글자를 원하는 초기 글자를 설정 후 원하는 글자를 핸드폰에서 기억하고 있어야 하며, 사용자가 배너 글자를 변경하고 변경된 글자를 전원이 꺼지더라도 기억하고 있어야 한다. 이 기능을 위해서 배너를 위한 글자는 전원이 꺼져도 정보가 저장되고, 부팅 후 다시 정보를 불러올 수 있는 NV(Non Volitile) 메모리인 FLASH Memory에 저장되어야 한다. 여기에서는 대기화면에 배너를 위한 글자를 NV메모리에서 불러오는 루틴과 화면에 배너를 보여주고, 원하는 글자를 설정 후 NV메모리에 저장하는 루틴을 추가하기로 한다.

먼저 대기화면에 배너 글자를 보여주기 위해 NV메모리에서 글자를 불러오는 루틴을 추가하기로 한다. NV메모리에서 배너 글자를 불러오기 위한 함수는 CoreUtils.c 파일에 있는 GetBanner 함수이다. GetBanner 함수에서는 ui_get_nv 함수를 통해 NV메모리에서 저장된 글자를 불러온다. 이 함수에서는 NV메모리에서 배너 글자를 읽어와서 전역변수에 저장한다. GetBanner 함수의 자세한 내용은 아래와 같다.

```
AECHAR * GetBanner(CCoreApp * pMe)
{
  nv_item_type nvi;
  nv_stat_enum_type result;
  byte pbyBannerBuf[BANNER_BUFFER_SIZE+1];

  if ((pMe == NULL) || (pMe->m_pIAnn == NULL))
  {
    CORE_ERR ("Null pointer", 0, 0, 0);
```

```
        return NULL;
    }

//NV메모리에서 ID값을 통해 NV메모리에 저장된 글자를 불러온다.
    result = ui_get_nv(NV_BANNER_I, &nvi);

//NV메모리에서 읽기 실패한 경우 기본글자 설정 후 저장한다.
    if (result == NV_NOTACTIVE_S) {
        (void) STRTOWSTR("ED-2947", pMe->
                                m_pszBanner, (BANNER_BUFFER_SIZE+1)*sizeof(AECHAR));
    (void) WSTRTOSTR(pMe->m_pszBanner, (char *) pbyBannerBuf,
    (BANNER_BUFFER_SIZE+1)*sizeof(AECHAR));
    (void) MEMCPY((void *) nvi.banner.letters, pbyBannerBuf, sizeof(pbyBannerBuf));
(void) ui_put_nv(NV_BANNER_I, &nvi);

        if (pMe->m_phInfo.oprt_mode != AEECM_OPRT_MODE_OFFLINE) {
        IANNUNCIATOR_SetFieldEx(pMe->m_pIAnn, ANNUN_FIELD_BANNER,
                                        pMe->m_pszBanner);
        }
        return pMe->m_pszBanner;
    }

    if(result == NV_DONE_S) { /* successfully obtain from NV */
        //NV메모리에서 읽어오는게 성공한 경우 pMe->m_pszBanner 변수에
        // 저장된 글자를 복사한다.
(void) STRTOWSTR((char *) nvi.banner.letters,
                pMe->m_pszBanner, (BANNER_BUFFER_SIZE+1)*sizeof(AECHAR));

        if (pMe->m_phInfo.oprt_mode != AEECM_OPRT_MODE_OFFLINE) {
IANNUNCIATOR_SetFieldEx(pMe->m_pIAnn, ANNUN_FIELD_BANNER,
                                        pMe->m_pszBanner);
        }
        return pMe->m_pszBanner;
    }

    return NV_VALUE_ERROR_AECHAR;
}
```

10장

이 함수를 전원을 켜고 처음 부팅시에 핸드폰의 초기 정보를 읽어오는 함수인 InitMenuSettings 함수에 포함시켜서 대기화면이 나타나기 전에 NV메모리에서 글자를 읽어오도록 GetBanner 함수를 호출한다. GetBanner 함수를 호출하는 루틴을 추가한 내용을 소스로 나타내면 아래와 같다.

```
static void InitMenuSettings(CCoreApp *pMe)
{

  /*==========================
          Non NV items
  ==========================*/

#if defined (FEATURE_PMIC_LCDKBD_LED_DRIVER)
  if (!SetBackLightIntensity(pMe, LCD_BACKLIGHT_LVL_DEFAULT)) {
  /* initialize backlight intensity to mid range */
CORE_ERR("Cant set backlight", 0, 0, 0);
  }
#endif

  // default value - Always on
  SetLCDValue(pMe, 0);

  /*==========================
          NV items
  ==========================*/

  RestoreStoredContrast(pMe);          /* contrast */

        pMe->m_byBacklight = UI_BKLT_TIME_MAX;
        CoreTask_SetBackDuration(UI_BKLT_TIME_MAX);   /* backlight */

        GetLanguage(pMe);
  (void)GetAutoHyphen(pMe);            /* auto hyphen */
  (void)GetPrivacy(pMe);               /* privacy */
  (void)GetAutoRetry(pMe);             /* auto retry */
  (void)GetAutoAnswer(pMe);            /* auto answer */
 (void)GetOneTouch(pMe);              /* one touch */
 #if 1 //초기 부팅시 배너 글자를 보여주기 위해 호출한다.
 (void)GetBanner(pMe);                /* banner */
 #endif
```

```
        GetAnswerType(pMe);
```

10.6 대기화면에 배너 표시하기

GetBanner 함수로 NV메모리에서 읽어온 배너 글자를 대기화면에서 보여주는 기능을 구현하기 위해 날짜와 시간, 달력을 표시하는 것과 마찬가지로 CoreApp_OwnerDraw 함수에서 대기화면에 배너를 그려주는 루틴을 추가하기로 한다. IDLE_BANNER_Y_POS 라는 문구를 183으로 정의해서 배너를 보여주기 위한 함수인 CoreIdleCtrl_DrawBanner 함수의 인수값으로 설정하며, 배너 표시는 메뉴의 설정에 상관없이 모두 배너를 표시해야하기 때문에, pme→m_typeClock 조건에 상관없이 모든 스타일에 배너가 나타나도록 배너를 그리기 위한 함수를 모든 조건에 추가한다.

```
static void CoreApp_OwnerDraw(void * po)
{

  #define IDLE_BANNER_Y_POS      (183)

  CIdleCtrl * pme = (CIdleCtrl *)po;
  JulianType julian;
const AEEPoint ptAnalog1[]={{176-50, 50}, {176-50, 155}, {50, 50}, {50, 155}};
const AEEPoint ptAnalog2[]={{176-50, 60}, {176-50, 140}, {50, 60}, {50, 140}};

  if ( po == NULL )
    return;

  CoreIdleCtrl_DrawPhoto(po);

  GETJULIANDATE(0, &julian);

  switch ( pme->m_typeClock )
  {
    case 0:
    CoreIdleCtrl_DrawBanner(po, IDLE_BANNER_Y_POS);
  break;
case 0x0100:
      CoreIdleCtrl_IdleCtrl_DrawDate(po, 1, 27, &julian);
```

```
        CoreIdleCtrl_IdleCtrl_DrawAMPM(po, 48, 44, &julian);
        CoreIdleCtrl_IdleCtrl_DrawBigTime(po, 71, 27, &julian);
        CoreIdleCtrl_DrawBanner(po, IDLE_BANNER_Y_POS);
    break;
  case 0x0101:
        CoreIdleCtrl_IdleCtrl_DrawDate(po, 96, 49, &julian);
        CoreIdleCtrl_IdleCtrl_DrawAMPM(po, 142, 66, &julian);
        CoreIdleCtrl_IdleCtrl_DrawBigTime(po, 65, 82, &julian);
      CoreIdleCtrl_DrawBanner(po, IDLE_BANNER_Y_POS);
    break;
  case 0x0102:
        CoreIdleCtrl_IdleCtrl_DrawDate(po, 1, 142, &julian);
        CoreIdleCtrl_IdleCtrl_DrawAMPM(po, 48, 162, &julian);
        CoreIdleCtrl_IdleCtrl_DrawBigTime(po, 71, 142, &julian);
        CoreIdleCtrl_DrawBanner(po, IDLE_BANNER_Y_POS);
    break;
  case 0x0200:
        CoreIdleCtrl_DrawDigitalClock2(po, 9, 27, &julian);
      CoreIdleCtrl_DrawBanner(po, IDLE_BANNER_Y_POS);
    break;
  case 0x0201:
        CoreIdleCtrl_DrawDigitalClock2(po, 9, 90, &julian);
      CoreIdleCtrl_DrawBanner(po, IDLE_BANNER_Y_POS);
    break;
  case 0x0202:
        CoreIdleCtrl_DrawDigitalClock2(po, 9, 142, &julian);
      CoreIdleCtrl_DrawBanner(po, IDLE_BANNER_Y_POS);
    break;
  case 0x0300:
      case 0x0301:
      case 0x0302:
      case 0x0303:
      CoreIdleCtrl_DrawAnalogClock( po, 0, ptAnalog1[pme->m_typeClock&0x3], julian.wHour,
                                                                  julian.wMinute);
        CoreIdleCtrl_DrawBanner(po, IDLE_BANNER_Y_POS);
    break;
  case 0x0400:
      case 0x0401:
      case 0x0402:
```

```
      case 0x0403:
      CoreIdleCtrl_DrawAnalogClock( po, 1, ptAnalog2[pme->m_typeClock&0x3], julian.wHour,
                                        julian.wMinute);
      CoreIdleCtrl_DrawBanner(po, IDLE_BANNER_Y_POS);
    break;
      default:
        CoreIdleCtrl_DrawDulalClock( po, pme->m_typeClock, &julian);
      CoreIdleCtrl_DrawBanner(po, IDLE_BANNER_Y_POS);
      break;
    }

    if ( pme->m_bIdleCalendar )
    {
      CoreIdleCtrl_DrawCalendar(po, &julian);
    }

  if ( pme->m_pIAnn )
  IANNUNCIATOR_Redraw(pme->m_pIAnn);

    if ( ILABEL_HaveYouChild(pme->m_mainForm) )
      CoreIdleCtrl_DarkAnnunciate(po);
}
```

위에서 대기화면에 배너 글자를 표시하기 위해 추가한 CoreIdleCtrl_DrawBanner 함수의 자세한 내용은 아래와 같다. IDISPLAY_SetColor 함수를 통해서 글자를 흰색으로 표시하고, IDISPLAY_DrawText 함수를 통해서 폰트를 굵은 폰트로 설정하고, 글자의 위치를 LCD 좌표의 중앙의 가운데로 설정하고, 글자의 뒷배경을 투명처리하게 된다. 그리고, pme→m_bBannerFull 변수의 값에 따라서 글자가 일정한 수를 넘어서면 슬라이딩 처리하여 글자의 내용이 계속 슬라이딩되며 보여지도록 처리된다. CoreIdleCtrl_DrawBanner 함수의 자세한 내용은 아래와 같다.

```
static void CoreIdleCtrl_DrawBanner(IIdleCtrl * po, int yp)
{
  CIdleCtrl  * pme = (CIdleCtrl *)po;
  CCoreApp * pCore = (CCoreApp *)pme->m_pData;
  int           i, j;
  AEERect    rc;
```

```
AECHAR    pszBuffer[30+1];

if ( pCore == NULL )
  return;

SETAEERECT(&rc, 0, yp, 176, 20);

IDISPLAY_SetColor(pme->m_pIDisplay, CLR_USER_TEXT, RGB_WHITE);

if ( pme->m_bBannerFull == FALSE ) //글자가 한 화면을 넘지 않을 경우
{
  IDISPLAY_DrawText(pme->m_pIDisplay, AEE_FONT_BOLD,
                              pCore->m_pszBanner , -1, 0, 0, &rc,
                           IDF_ALIGN_CENTER|IDF_ALIGN_MIDDLE|IDF_TEXT_TRANSPA
                           RENT);
}
else
{
  for ( i=0 ; i < 30 ; i++ )
  {
    if ( pCore->m_pszBanner[pme->m_nBannerScroll+i] )
      pszBuffer[i] = pCore->m_pszBanner[pme->m_nBannerScroll+i];
    else
      break;
  }

  if ( i ) //버퍼의 글자를 끝까지 보여줄 때까지 반복한다.
    pme->m_nBannerScroll ++;
  else //전부 보여준 경우 초기화한다.
    pme->m_nBannerScroll = 0;

  for ( j=0 ; (j < 5) && ( i < 30) ; j++, i++ )
  {
    pszBuffer[i] = ' ';
  }

  for ( j=0 ; i < 30 ; i++, j++ )
  {
    pszBuffer[i] = pCore->m_pszBanner[j];
  }
```

```
      pszBuffer[i] = 0x00;

   IDISPLAY_DrawText(pme->m_pIDisplay, AEE_FONT_BOLD, pszBuffer , -1, 0, 0, &rc,
                            IDF_ALIGN_LEFT|IDF_ALIGN_MIDDLE|IDF_TEXT_TRANSPARENT
                            );
   }

   IDISPLAY_SetColor(pme->m_pIDisplay, CLR_USER_TEXT, RGB_BLACK);
}
```

이와 같은 내용을 구현하기 위해 Contents\6장_대기화면_배너_표시\apps\core\ CoreIdle.c 파일에 있는 내용을 apps\core\CoreIdle.c 파일에 추가하여 테스트하면 대기화면에 글자가 나타나는 것을 확인할 수 있다.

10.7 배너 메뉴에서 배너 글자 읽어오고 저장하기

배너 메뉴에서 사용자가 변경한 메뉴 내용을 저장하기 위해 사용자가 배너 메뉴에서 변경한 배너 글자를 NV메모리에 저장하는 루틴을 추가하기로 한다. 사용자가 입력한 배너 글자를 NV메모리에 저장하기 위한 함수는 CoreUtils.c 파일에 있는 SetBanner 함수이다. SetBanner 함수에서는 ui_put_nv 함수를 통해서 배너로 설정된 글자를 ID로 구분하여 해당되는 메모리에 저장하게 된다.


```
boolean SetBanner(CCoreApp * pMe,  AECHAR * psNewVal)
{
   nv_item_type nvi;
   byte pbyBannerBuf[BANNER_BUFFER_SIZE+1];

   if (pMe == NULL) { /* error checking */
      CORE_ERR ("Null pointer", 0, 0, 0);
      return FALSE;
   }

(void) WSTRLCPY (pMe->m_pszBanner, psNewVal,
                        (BANNER_BUFFER_SIZE+1)*sizeof(AECHAR));
```

```
(void) WSTRTOSTR(psNewVal, (char *) pbyBannerBuf,
(BANNER_BUFFER_SIZE+1)*sizeof(AECHAR));

(void) MEMCPY((void *) nvi.banner.letters, pbyBannerBuf, sizeof(pbyBannerBuf));

    //NV메모리에 설정된 배너 글자를 저장한다.
    (void) ui_put_nv(NV_BANNER_I, &nvi);
    if (pMe->m_phInfo.oprt_mode != AEECM_OPRT_MODE_OFFLINE) {
      IANNUNCIATOR_SetFieldEx(pMe->m_pIAnn, ANNUN_FIELD_BANNER,
                                            pMe->m_pszBanner);
    }
    return TRUE;
```

두 번째로 메뉴에서 배너로 설정할 글자를 위한 메뉴의 Dialog의 이벤트를 처리하기 위한 함수인 CoreMenu_TextInputDlgEventHandler 함수에서 Dialog를 처음 그리기 위해서 EVT_DIALOG_START 이벤트가 호출되면 배너로 저장되어 있던 글자를 보여주기 위해 GetBanner 함수를 호출해서 기존에 저장되어 있던 글자를 불러온다. 그리고, 배너의 글자를 변경 후 확인키를 누를 경우 변경한 글자를 저장하기 위해 확인키를 의미하는 AVK_SELECT키 이벤트 발생시에 ITEXTCTL_GetText 함수로 새로 입력한 글자를 불러와서 SetBanner 함수를 호출해서 변경한 글자가 배너로 설정되고, NV메모리에 저장되도록 SetBanner 함수를 추가한다. 위의 설명을 폰소스에 적용하면 아래와 같다.

```
  boolean CoreMenu_TextInputDlgEventHandler(void *pUser, AEEEvent evt, uint16 wParam, uint32
dwParam)
  {
          AECHAR wBuf[TEXT_BUFFER_SIZE + 1];          /* Wide char buffer */

          CCoreApp * pMe = (CCoreApp*) pUser;

          if (pMe == NULL) { /* error checking */
                  CORE_ERR ("Null pointer", 0, 0, 0);
                  return FALSE;
          }

          /* Stop Timer */
            ISHELL_CancelTimer(pMe->a.m_pIShell, (PFNNOTIFY) DisplayIdleMenuDlg, pMe);
```

```
        if(pMe->m_pEDText && ITEXTCTL_IsActive(pMe->m_pEDText) )
        {
          if (ITEXTCTL_HandleEvent(pMe->m_pEDText, evt, wParam, dwParam))
          {
               return TRUE;
          }
        }

        switch (evt) {
        case EVT_DIALOG_START:
#if 1 //배너 편집 화면을 처음 그리기 전에 배너를 그리기 위한 글자를 불러온다.
             GetBanner(pMe);
#endif
      return CoreMenu_InitTextInput(pMe, (uint16)wParam, (IDialog*) dwParam);

        case EVT_KEY:
                  switch(wParam) {
                  /* digit keys */
                  case AVK_0:
                  case AVK_1:
                  case AVK_2:
                  case AVK_3:
                  case AVK_4:
                  case AVK_5:
                  case AVK_6:
                  case AVK_7:
                  case AVK_8:
                  case AVK_9:
                  case AVK_POUND:
                  case AVK_STAR:
                  /* navigation keys */
                  case AVK_UP:
                  case AVK_DOWN:
                  case AVK_LEFT:
                  case AVK_RIGHT:
                  /* send key */
                  case AVK_SEND:
                  /* clear key */
                  case AVK_MESSAGE:  /* message, menu and mute not sure..!! */
```

```
                case AVK_MENU:
                case AVK_MUTE:
                case AVK_EAR_SEND_END_K:
                        return TRUE;

                case AVK_SELECT:
                ITEXTCTL_GetText(pMe->m_pEDText, wBuf, TEXT_BUFFER_SIZE);
#if 1 //확인키 누를 때 새로 입력한 글자가 배너로 저장되도록 호출한다.
                        SetBanner(pMe, wBuf);
#endif
……………………………………………생략……………………………………………………
```

이와 같은 내용을 구현하기 위해 Contents\6장_대기화면_배너_표시\apps\core\ 폴더에서 CoreMenu.c 파일에 있는 내용을 apps\core\ 폴더에 CoreMenu.c 파일에 추가한다. 추후 5번 Setting 메뉴와 서브 메뉴를 추가한 후 배너 메뉴를 테스트하면 배너로 설정한 글자가 확인키를 누르면 저장되는 것을 확인할 수 있다.

참고 소스
Contents₩ 6장_대기화면_배너_표시

11장 다이얼링 폰트 표시 응용 프로그램

실습목적

- BREW Resource Editor에서 Dialog 추가방법을 이해한다.
- 번호 입력시 화면이 나타나는 루틴을 이해한다.

11.1 번호 입력 화면을 위한 Dialog 추가

핸드폰의 모든 기능은 각각의 애플릿으로 나눠서 각각의 기능을 구현한다. 그래서, 대기화면에서 키 패드의 숫자 키를 누를 때 LCD 화면에 입력한 번호를 보여주기 위한 애플릿도 핸드폰 소스상에서 Dialer App으로 구현되어 있다. 그리고, Dialer App에서 대기화면에서 숫자키를 입력시 LCD에 번호를 보여주기 위해서는 하나의 화면을 만들어야 하는데, BREW 구조상에서 하나의 화면을 만들기 위해서는 새로운 Dialog를 만들어야 한다. 새로운 Dialog를 만들기 위해서는 BREW Resource Editor 프로그램을 실행하고, apps\dialer\resources\en\256color 폴더 안에 dialerapp.brx 파일을 열어서, 프로그램 왼쪽에 리소스 아이콘 밑에 대화상자 아이콘을 누르면 아래 그림처럼 Dialog 목록이 보인다.

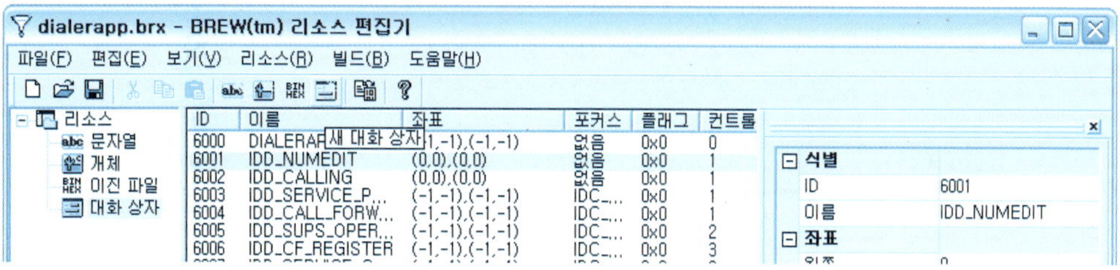

이 상태에서 프로그램 메뉴있는 아이콘 중에서 새 대화상자아이콘을 누르면 새 Dialog ID가 임의의 값으로 설정된다. 새로 생성된 Dialog ID를 더블클릭하면 Dialog에 새로운 기능을 추가할 수 있는 대화 상자 리소스메뉴가 나타난다. 이 메뉴에서 이미지 아이콘을 눌러서 이미지 컨트롤을 추가한다. 다음 그림은 추가한 상태를 나타내는 그림이다.

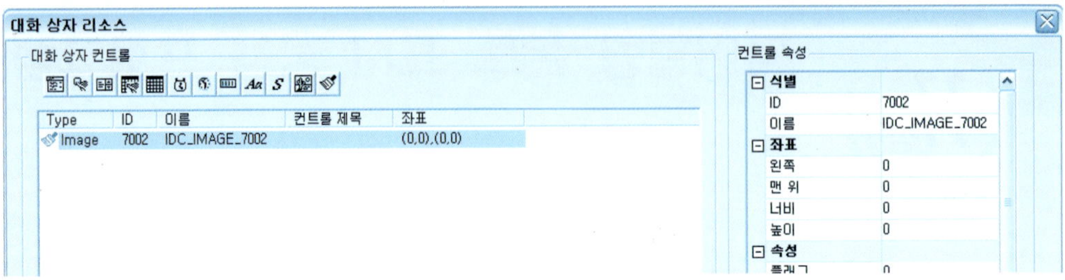

이 상태에서 보기 메뉴 아래의 스크립트 소스 메뉴 아이콘을 누르면 아래와 같은 내용을 확인할 수 있다.

```
〈Dialog Id="6001" Name="IDD_DIALOG_6001" Focus="0"〉
                〈Controls〉
                        〈Image Id="7002" Name="IDC_IMAGE_7002"〉
                                〈Items/〉〈/Image〉
                〈/Controls〉
        〈/Dialog〉
```

이 상태에서 이 내용을 아래와 같이 Name을 임의로 지정된 이름인 IDD_DIALOG_6001에서 IDD_NUMEDIT으로 변경하고, 화면 전체를 다 그리겠다는 의미로 이미지 좌표 관련 내용을 추가하고 다시 저장한다. 이 내용을 적용하면 아래와 같다.

```
〈DIALOG Id="6001" Name="IDD_NUMEDIT" Focus="0"〉
                〈Controls〉
                        〈Image Id="7002" Name="IDC_IMAGE_7002"〉
                    //화면 전체를 그리기 위해 좌표 값 세부 설정
                                〈Position PosX="0" PosW="0" PosY="0" PosH="0"/〉
                                〈Items/〉〈/Image〉
                〈/Controls〉
                〈Position PosX="0" PosW="0" PosY="0" PosH="0"/〉
        〈/DIALOG〉
```

위의 내용을 저장하고 빌드 메뉴 아래 리소스 스크립트 컴파일 메뉴를 실행하여 리소스 파일을 컴파일한다. 이렇게 컴파일을 하고 나면 새로 추가한 Dialog과 포함된 리소스 파일 dialer.bar 파일이 다시 생성되고, 추가한 Dialog가 포함된 dialer.brh 파일이 다시 생성된다. 이렇게 생성된 dialer.brh 파일을 apps\dialer 폴더 아래에 기존에 존재하는 dialer.brh를 새로 생성된 dialer.brh 파일로 교체해서 사용해야 추가한 Dialog를 소스에서 불러서 사용할 수 있다. 왜냐하면 소스에서는 apps\dialer 폴더 아래에 있는 dialer.brh 파일을 include해서 사용하기 때문이다. 그러나, 이번 Dialog 추가 작업에서 새로 생성한 dialer.brh 파일을 apps\dialer 폴더 아래에 있는 dialer.brh 파일로 교체하는 과정은 제외한다. 이후 핸드폰 소스를 컴파일 실행하면 새로 만든 Dialog를 사용할 수 있게 된다.

11.2 번호 입력시 번호를 보여주기 위한 이미지 추가

번호 입력시 번호를 보여주기 위한 이미지는 글자가 많고 적음에 따라서 큰 폰트로 보여줄지 작은 폰트로 보여줄지 정하게 된다. 그래서, 번호 입력시 보여줄 번호 이미지는 작은 번호 이미지와 큰 번호 이미지로 두 종류를 추가한다. Contents\7장_다이얼링_폰트_표시\apps\dialer\resources\en\256color 폴더에 있는 이미지를 apps\dialer\resources\en\256color 폴더에 추가한다. 그리고, 위에서 이미지 추가하는 방법을 설명한대로 새 개체 아이콘을 눌러서 임의의 이미지 ID를 추가할 이미지의 개수만큼 추가한다. 이렇게 추가해서 임의로 지정된 ID가 5026~5035번으로 지정된 ID는 작은 번호 이미지로 사용하며 이미지 이름을 아래의 표처럼 지정하도록 한다.

ID	데이터	이미지 이름
5026	idle_dail_s_00.bmp	IDI_DIAL_S_0
5027	idle_dail_s_01.bmp	IDI_DIAL_S_1
5028	idle_dail_s_02.bmp	IDI_DIAL_S_2
5029	idle_dail_s_03.bmp	IDI_DIAL_S_3
5030	idle_dail_s_04.bmp	IDI_DIAL_S_4
5031	idle_dail_s_05.bmp	IDI_DIAL_S_5
5032	idle_dail_s_06.bmp	IDI_DIAL_S_6
5033	idle_dail_s_07.bmp	IDI_DIAL_S_7
5034	idle_dail_s_08.bmp	IDI_DIAL_S_8
5035	idle_dail_s_09.bmp	IDI_DIAL_S_9

위에 이어서 임의로 지정된 ID가 5042~5051번으로 지정된 ID는 큰 번호 이미지로 사용하며 이미지 이름을 다음의 표처럼 지정하도록 한다.

ID	데이터	이미지 이름
5042	idle_dail_b_00.bmp	IDI_DIAL_B_0
5043	idle_dail_b_01.bmp	IDI_DIAL_B_1
5044	idle_dail_b_02.bmp	IDI_DIAL_B_2
5045	idle_dail_b_03.bmp	IDI_DIAL_B_3
5046	idle_dail_b_04.bmp	IDI_DIAL_B_4
5047	idle_dail_b_05.bmp	IDI_DIAL_B_5
5048	idle_dail_b_06.bmp	IDI_DIAL_B_6
5049	idle_dail_b_07.bmp	IDI_DIAL_B_7
5050	idle_dail_b_08.bmp	IDI_DIAL_B_8
5051	idle_dail_b_09.bmp	IDI_DIAL_B_9

위의 내용이 적용된Contents\7장_다이얼링_폰트_표시\apps\dialer\resources\en\256color 폴더에 있는 dialerapp.brx파일을 apps\dialer\resources\en\256color 폴더에 추가해서 위의 내용을 적용한다. 이 상태에서 저장 후 컴파일하고 나면 새로 생성된 dialerapp.brh 파일을 apps\dialer\폴더에 넣어서 추가된 이미지를 참조할 수 있도록 한다.

11.3 키 입력시 키 이벤트 처리루틴 추가

핸드폰에서 키를 입력하면 눌려진 키의 값에 따라서 키 이벤트를 처리해 주어야 한다. 이때, 하드웨어 단에서 키 이벤트를 받아서 UI단에 전달한 이벤트를 다시 BREW 애플릿으로 키 이벤트를 처리할 함수가 필요한데, 이 함수가 바로 handle_keys 함수이다. bSendEvent 변수로 키 이벤트를 BREW단으로 전달해야 할 경우 AEE_Event 함수를 통해서 키가 눌렸을 때 이벤트를 BREW 애플릿으로 전달한다. 소스의 자세한 내용은 아래와 같다.

```
void handle_keys(void)
{
..................................................생략..................................................
#if 1 // BREW단에 키 이벤트를 전달한다.
        if ( bSendEvent ) //
        {
        (void) AEE_Event(EVT_KEY_PRESS, last_vcode, dwparam);
        (void) AEE_Event(EVT_KEY, last_vcode, dwparam);
#ifdef FEATURE_APP_CATAPP
```

```
        /* Post event to CatApp */
        if ( ValidUserKey(last_vcode) )
        {
          ISHELL_PostEventEx (pShell, EVTFLG_ASYNC, AEECLSID_CATAPP,
                             EVT_CAT_USER_KEY_EVENT, last_vcode, 0L);
        }
#endif /*FEATURE_APP_CATAPP*/
        }
#endif
      }
.............................................생략..................................................
```

Contents\7장_다이얼링_폰트_표시\apps\core 폴더 안에 core_ui.c안에 있는 handle_keys 함수의 내용을 apps\core 폴더 안에 core_ui.c 파일에 추가하고, 추후 대기화면에서 키입력이 가능한지 확인한다.

11.4 번호 입력시 번호 이미지를 보여주기 위한 루틴 추가

위에서 생성된 Dialog는 DlgHandlers라는 전역 구조체 배열에서 선언해서 번호 입력화면을 보여주도록 사용한다. CDialerApp_NumEditDlg_EventHandler 함수는 IDD_NUMEDIT Dialog를 그린 후 그 화면에서 발생하는 이벤트를 처리하기 위한 함수이며, CDialerApp_NumEditDlg_DisplayRefresh 함수는 IDD_NUMEDIT Dialog의 화면을 업데이트할 때 사용되는 함수이다. 아래 그림은 위의 설명과 관련 DlgHandlers 배열의 내용이다.

```
static const CDlgHandler DlgHandlers[] =
{
  {0, NULL, NULL},
{IDD_NUMEDIT, CDialerApp_NumEditDlg_EventHandler,
CDialerApp_NumEditDlg_DisplayRefresh},
...
}
```

CDialerApp_EventHandler 함수에서는 아래처럼 번호 입력화면 화면을 만들기 위해 위해서 추가한 IDD_NUMEDIT라는 이름으로 정의한 대기화면에서 번호입력 화면을 위한 Dialog를 생성한다.

```
CDialerApp_CreateDlg(pMe, IDD_NUMEDIT, NULL, 0);
```

그리고, 위에서 추가한 이미지를 소스에서 사용하기 위해 Dialog를 생성하는 부분에서 리소스파일에서 이미지를 불러와서 전역변수에 이미지 주소값을 저장한다.

```
static boolean CDialerApp_NumEditDlg_Init(CDialerApp *pMe)
{
...
#if 1 // 번호 입력 Dialog 생성시 보여주는 이미지들을 먼저 초기화한다.
pMe->m_pDialBg = ISHELL_LoadResImage(pMe->a.m_pIShell,
                    DIALERAPP_RES_FILE, IDI_DIAL_BG);

        for(i = 0 ; i < 10 ;i ++)
        {
         pMe->m_pDialBmp_s[i] = ISHELL_LoadResBitmap (
pMe->a.m_pIShell, DIALERAPP_RES_FILE, (uint16)(IDI_DIAL_S_0+i));
}
pMe->m_pDialBmp_s[10] = ISHELL_LoadResBitmap (pMe->a.m_pIShell, DIALERAPP_RES_FILE,
IDI_DIAL_S_ST);
pMe->m_pDialBmp_s[11] = ISHELL_LoadResBitmap (pMe->a.m_pIShell, DIALERAPP_RES_FILE,
IDI_DIAL_S_SH);
pMe->m_pDialBmp_s[12] = ISHELL_LoadResBitmap (pMe->a.m_pIShell, DIALERAPP_RES_FILE,
IDI_DIAL_S_HY);

        for(i = 0 ; i < 10 ;i ++)
        {
pMe->m_pDialBmp_b[i] = ISHELL_LoadResBitmap (pMe->a.m_pIShell, DIALERAPP_RES_FILE,
(uint16)(IDI_DIAL_B_0+i));
        }
pMe->m_pDialBmp_b[10] = ISHELL_LoadResBitmap (
pMe->a.m_pIShell, DIALERAPP_RES_FILE, IDI_DIAL_B_ST);
pMe->m_pDialBmp_b[11] = ISHELL_LoadResBitmap (
pMe->a.m_pIShell, DIALERAPP_RES_FILE, IDI_DIAL_B_SH);
pMe->m_pDialBmp_b[12] = ISHELL_LoadResBitmap (
pMe->a.m_pIShell, DIALERAPP_RES_FILE, IDI_DIAL_B_HY);
#endif
...
```

그리고, CDialerApp_NumEditDlg_EventHandler 함수와 CDialerApp_NumEditDlg_ DisplayRefresh 함수에서 번호를 그리기 위한 번호 이미지 선택 및 번호 이미지의 좌표를 설정한다. 설정에 따라 번호 사이에 하이픈을 입력하고, 입력한 번호의 길이에 따라 번호 이미지의 크기를 결정하고 번호가 위치할 좌표를 설정하는 함수인 CDialerApp_DrawNum 함수를 추가 후 호출하여 실제적으로 대기화면에서 번호 입력시 번호를 화면에 그려주게 된다. CDialerApp_DrawNum 함수의 내용은 아래와 같다. 함수의 자세한 설명은 박스 내에서 주석으로 대신하기로 한다.

```
void CDialerApp_DrawNum(CDialerApp *pMe)
{
        IBitmap *pBmp = NULL;
        int chNum = 0;

        int i;
        int y;
        int x;
        int chW;
        int chH;
        int leftMargin;
        int RightMargin;
        int lineGap;
        int charGap;
        AECHAR *pszHyphen = NULL;
        boolean  bBigNumber;


        if(pMe->m_pDialBg)
        {
                IIMAGE_Start(pMe->m_pDialBg, 0, 0);
        }

        if(pMe->m_bNVAutoHyphen == TRUE)
        {
                pszHyphen = CDialerApp_HyphenateNumberString(
                                        pMe->m_pszDialString);
// pMe->m_bNVAutoHyphen 변수가 TRUE인 경우 번호 사이에 하이픈을 추가한다.
        }
        else
```

11장

```
        {
                pszHyphen = pMe->m_pszDialString;
  //화면에 그려주기 위한 번호가 저장된 버퍼
        }

        if(WSTRLEN(pszHyphen) < 25)
//번호가 25자를 넘지 않을 경우  글자가 큰 폰트로 설정하기 위해 bBigNumber 변
//를 TRUE로 설정하고 번호를 그리기 위한 좌표 설정
        {
                y = 22;
                x = 0
                chW = 19;
                chH = 32;
                leftMargin = 20;
                RightMargin = 20;
                lineGap = 12;
                charGap = 5;
                bBigNumber = TRUE;
        }
        Else
        {
//번호가 25자를 넘으면  작은 폰트로 그리기 위해 BigNumber 변수를 FALSE로 설
//하고 번호를 그리기 위한 좌표 설정
                y = 22;
                x = 0;
                chW = 13;
                chH = 21;
                leftMargin = 20;
                RightMargin = 20;
                lineGap = 8;
                charGap = 3;
                bBigNumber = FALSE;
        }

        for( i = 0 ; i < WSTRLEN(pszHyphen); i ++)
        {

                switch(pszHyphen[i])
                {
                case '0':
```

```
                chNum = 0;
                break;
        case '1':
                chNum = 1;
                break;
        case '2':
                chNum = 2;
                break;
        case '3':
                chNum = 3;
                break;
        case '4':
                chNum = 4;
                break;
        case '5':
                chNum = 5;
                break;
        case '6':
                chNum = 6;
                break;
        case '7':
                chNum = 7;
                break;
        case '8':
                chNum = 8;
                break;
        case '9':
                chNum = 9;
                break;
        case '*':
                chNum = 10;
                break;
        case '#':
                chNum = 11;
                break;
        case '-':
                chNum = 12;
                break;
        }
```

```
                pBmp = NULL;

                if(bBigNumber) // bBigNumber 변수로 숫자의 폰트 이미지를 설정
                        pBmp = (IBitmap *)pMe->m_pDialBmp_b[chNum];
                else
                        pBmp = (IBitmap *)pMe->m_pDialBmp_s[chNum];

                if( pBmp )
                {
                        IBITMAP_SetTransparencyColor(pBmp ,
IBITMAP_RGBToNative(pBmp, RGB_MASK_COLOR)); //불러온 이미지의 투명 처리
                        if( x + chW > 176 - RightMargin)
                        {
                                x = 0;
                                y = y + chH + lineGap;
                        }

               IDISPLAY_BitBlt (pMe->a.m_pIDisplay, x + leftMargin, y, chW, chH,
                         pBmp, 0, 0, AEE_RO_TRANSPARENT);//AEE_RO_COPY);

                        x = x + (chW + charGap);
                }

                //IDISPLAY_Update(pMe->a.m_pIDisplay);
        }

        if(pMe->m_bNVAutoHyphen == TRUE)
                FREEIF(pszHyphen);

        IDISPLAY_Update(pMe->a.m_pIDisplay);    //화면을 다시 그린다.
        IANNUNCIATOR_Redraw(pMe->m_pIAnn); //Annunciator 영역을 다시 그//린다.
         ISOFTKEY_SetField(pMe->m_pDialerSoftKey, SOFTKEY_MENU, SOFTKEY_NULL,
                      SOFTKEY_CLEAR); //soft Key 글자 재설정
        ISOFTKEY_Redraw(pMe->m_pDialerSoftKey);
        //soft Key 영역을 다시 그린다.
}
```

CDialerApp_NumEditDlg_EventHandler 함수를 통해서 숫자키를 누를 때마다 아래 그림처럼 CDialerApp_DrawNum 함수가 호출되도록 하기 위한 루틴을 하면 숫자를 누를 때마다 화면에 글자가 나타나는 것을 확인할 수 있다.

```
boolean CDialerApp_NumEditDlg_EventHandler(void *pUser,
                                            AEEEvent evt,
                                            uint16 w,
                                            uint32 dw)
{
    //lint -save -esym(715, dw)
    boolean bRet;
    CDialerApp* pMe = (CDialerApp*) pUser;
    IMenuCtl *pSKMenu = (IMenuCtl*)pMe->m_pDialerPopupMenu;
                            uint16 i;
    PRINT_FUNCTION_NAME();
    // error checking

    if(pMe == NULL)
    {
        DIALER_ERR("Null pointer", 0, 0, 0);
        return FALSE;
    }

#ifdef FEATURE_BREW_3_0
    // do not want to handle autorepeat key events
    if((evt == EVT_KEY) && ((dw & KB_AUTOREPEAT) != 0))
    {
            return FALSE;
     }
#endif
     if(pSKMenu)
     {
            if(IMENUCTL_IsActive(pSKMenu) == TRUE)
            {
                IMENUCTL_HandleEvent(pSKMenu, evt, w, dw);
                if(evt == EVT_KEY_PRESS)
                {
                    switch(w)
                    {
```

```
                case AVK_0:
                case AVK_1:
                case AVK_2:
                case AVK_3:
                case AVK_4:
                case AVK_5:
                case AVK_6:
                case AVK_7:
                case AVK_8:
                case AVK_9:
                case AVK_STAR:
                case AVK_POUND:
                return TRUE;
            }
        }

    if(evt == EVT_KEY_RELEASE)
    {
        switch(w)
{
                case AVK_0:
                case AVK_1:
                case AVK_2:
                case AVK_3:
                case AVK_4:
                case AVK_5:
                case AVK_6:
                case AVK_7:
                case AVK_8:
                case AVK_9:
                case AVK_STAR:
                case AVK_POUND:

                return TRUE;
            }
        }
        if(evt == EVT_KEY)
        {
            switch(w)
```

```
                                        {
                                            case AVK_SOFT2:
                                            case AVK_CLR:
                                            IMENUCTL_SetActive(pSKMenu, FALSE);
                                            pMe->m_wNextNumEditDlg = IDC_SK_NUMEDIT;
  #if 1 //화면에 번호를 그리기 위한 함수 호출
CDialerApp_DrawNum(pMe);
  #endif
                                            return TRUE;

                                          case AVK_1:
                                             CDialerApp_NumEditDlg_EventHandler(pMe,
                                                                    EVT_COMMAND, IDS_SAVE, dw);
                                             return TRUE;

                                          case AVK_2:
                                             CDialerApp_NumEditDlg_EventHandler(pMe,
                                                                    EVT_COMMAND, IDS_FIND, dw);
                                             return TRUE;

                                        }
                          }

                          if(evt == EVT_COMMAND)
                          {
                                IMENUCTL_SetActive(pSKMenu, FALSE);
  #if 1 //화면에 번호를 그리기 위한 함수 호출
                                CDialerApp_DrawNum(pMe);
  #endif
                          }
                }
  }

      switch (evt)
      {
           case EVT_DIALOG_START:
                DIALER_MSG("EVT_DIALOG_START", 0, 0, 0);
                bRet = CDialerApp_NumEditDlg_Init(pMe);
  #if 1 //화면에 번호를 그리기 위한 함수 호출
                CDialerApp_DrawNum(pMe);
```

```
#endif
                return bRet;

            case EVT_KEY_PRESS:
                switch(w)
                {

#ifdef WIN32
                    case  AVK_FUNCTION2:
#endif
                    case  AVK_EAR_SEND_END_K:
                    case AVK_SEND:
                    {
                        if(w != AVK_SEND)
                        {
                            (void) ISHELL_SetTimer(pMe->a.m_pIShell,
                        DIALERAPP_SEC_PRESS_HOLD,
                            (PFNNOTIFY) CDialerApp_NumEditDlg_Send, (void*)
                        pMe);
                        }
            else
            {
                    CDialerApp_NumEditDlg_Send(pMe);
            }

            return TRUE;
        }
                case AVK_UP:
                case AVK_DOWN:
                case AVK_LEFT:
                case AVK_RIGHT:
                case AVK_SOFT1:
                {
                // we do not want to select the number matching menu if it is empty
                    IDialog   *pActiveDlg = CDialerApp_GetActiveDlg(pMe);
                // ITextCtl *pITextCtl = NULL;
                    IMenuCtl *pIMenu = NULL;

                    if(pActiveDlg == NULL)
                    {
```

```
                DIALER_ERR("Null pointer", 0, 0, 0);
                return FALSE;
            }

            pIMenu = pMe->m_pDialerMenu;
              //(IMenuCtl*)IDIALOG_GetControl(pActiveDlg, IDC_MENU_NUMEDIT);

            if(/*(pITextCtl == NULL) || */(pIMenu == NULL) || (pSKMenu == NULL))
            {
                DIALER_ERR("Null pointer", 0, 0, 0);
                return FALSE;
             }

             if(IMENUCTL_IsActive(pSKMenu) == FALSE)
             {
                    if(w == AVK_SOFT1)
                    {
                            IMENUCTL_SetActive(pIMenu, FALSE);
                            IMENUCTL_SetActive(pSKMenu, TRUE);
                            pMe->m_wNextNumEditDlg = IDC_SK_NUMEDIT
                                        ;//IDC_TEXT_NUMEDIT;
                     }
             }

              break;
    }

    case AVK_SOFT2:
    case AVK_CLR:

    if(pSKMenu)
    {
            if(IMENUCTL_IsActive(pSKMenu) == TRUE)
            {
                    return TRUE;
            }
    }

    pMe->m_dialCnt--;
    pMe->m_pszDialString[pMe->m_dialCnt] = 0;
```

```
#if 1 //화면에 번호를 그리기 위한 함수 호출
            CDialerApp_DrawNum(pMe);
#endif
            pMe->m_wTextCtlIDToClear = IDC_SK_NUMEDIT;
            // press and hold clear timer
            (void) ISHELL_SetTimer(pMe->a.m_pIShell,
                                        DIALERAPP_CLEAR_TEXTCTL_TIMEOUT,
                              (PFNNOTIFY) CDialerApp_ClearTextCtl, (void*) pMe);
             break;

             case AVK_0:
             case AVK_1:
             case AVK_2:
             case AVK_3:
             case AVK_4:
             case AVK_5:
             case AVK_6:
             case AVK_7:
             case AVK_8:
             case AVK_9:
             case AVK_STAR:
             case AVK_POUND:

             if(DIALERAPP_NUMBER_BUFFER_SIZE - 2 > pMe->m_dialCnt)
             {
                      pMe->m_pszDialString[pMe->m_dialCnt] =
                          AVKType2ASCII((AVKType)w);//w - AVK_FIRST + 0x30 - 1
                      pMe->m_dialCnt++;
                      pMe->m_pszDialString[pMe->m_dialCnt] = 0;
             }

              if ( brewConfig_ChckEntryCode(pMe->m_pszDialString) == TRUE )
              {
                 DIALER_MSG("Go to Brew Config menu. Try Stoping Dialer App", 0, 0, 0);
if ( CDialerApp_StopApp(pMe) == TRUE )
                   {
                       int retStatus;

                     if ( (retStatus = ISHELL_StartApplet(pMe->a.m_pIShell,
                                            AEECLSID_BREWCONFIG)) != SUCCESS )
```

```
{
                    MSG_FATAL("Brew config Applet start failed. %d", retStatus, 0, 0);
}
                }
                else
                {
                    MSG_FATAL("Dialer App stop failed!!", 0, 0, 0);
                }

                return TRUE;
            }

#if 1 //화면에 번호를 그리기 위한 함수 호출
            DialerApp_DrawNum(pMe);
#endif
            break;

            default:
                break;
        }
        // let main event handler get event also
        return FALSE;

......................................................생략......................................................
```

CDialerApp_NumEditDlg_DisplayRefresh 함수에서도 CDialerApp_GetActiveDlg 함수를 통해서 현재 활성화되어 있는 Dialog를 다시 그리고 CDialerApp_DrawNum 함수를 호출하는 루틴을 추가해서화면을 다시 그릴 경우 기존의 입력했던 번호를 다시 보여주게 된다.


```
boolean CDialerApp_NumEditDlg_DisplayRefresh(void *pUser)
{
   CDialerApp* pMe = (CDialerApp*) pUser;
   IDialog          *pActiveDlg;
   PRINT_FUNCTION_NAME();
   // error checking
   if(pMe == NULL)
   {
        DIALER_ERR("Null Pointer", 0, 0, 0);
```

```
        return FALSE;
    }

    pActiveDlg = CDialerApp_GetActiveDlg(pMe);

    if (pActiveDlg == NULL)
    {
        DIALER_ERR("Null pointer", 0, 0, 0);
        return FALSE;
    }

    if(CDialerApp_GetActiveDlgID(pMe) != IDD_NUMEDIT)
    {
        DIALER_ERR("NumEdit Dialog is not active", 0, 0, 0);
        return FALSE;
    }

    IDIALOG_Redraw(pActiveDlg);
#if 1 // 화면에 번호를 그리기 위한 함수 호출
    CDialerApp_DrawNum(pMe);
#endif

#if defined(FEATURE_WCDMA) || defined(FEATURE_GSM)
#error code not present
#endif // defined (FEATURE_WCDMA) || defined (FEATURE_GSM)

    return TRUE;
}
```

마지막으로 번호를 그려주는 화면이 종료될 경우 불러왔던 이미지도 종료하고, 화면을 지우게 된다. 아래 내용은 번호 입력화면 종료시 불러온 이미지를 해제하는 내용이다.

```
boolean CDialerApp_NumEditDlg_EventHandler(void *pUser, AEEEvent evt,
                                            uint16 w, uint32 dw)
{
……………………………………………생략……………………………………………
        case EVT_DIALOG_END:
```

```
#if 1   //다이얼링 화면 종료시 불러왔던 이미지를 종료한다.
        if(pMe->m_pDialBg)
        {
                IIMAGE_Release(pMe->m_pDialBg);
                pMe->m_pDialBg = NULL;
        }

        for(i = 0 ; i < 13 ;i ++)
        {
                if(pMe->m_pDialBmp_s[i])
                {
                        IBITMAP_Release(pMe->m_pDialBmp_s[i]);
                        pMe->m_pDialBmp_s[i] = NULL;
                }
        }

        for(i = 0 ; i < 13 ;i ++)
        {
                if(pMe->m_pDialBmp_b[i])
                {
                        IBITMAP_Release(pMe->m_pDialBmp_b[i]);
                        pMe->m_pDialBmp_b[i] = NULL;
                }
        }
#endif
..................................................생략..................................................
```

이 내용을 테스트하기 위해서 Contents 폴더내에서 7장_다이얼링_폰트_표시\apps\dialer\DialerNumEdit.c 함수 내용을 apps\dialer\폴더의 DialerNumEdit.c에 추가하여 컴파일 후 결과를 확인한다.

참고 소스

Contents₩ 7장_다이얼링_폰트_표시

12장 메인/서브 메뉴 추가 응용 프로그램

실습목적

- 메인 메뉴 진입 방법에 대해 이해한다.
- 메뉴 구조에 대해 이해한다.
- 리소스 파일에 텍스트를 추가하는 방법을 이해한다.
- 서브 메뉴 추가하는 방법을 이해한다.

이번 장에서는 풀스크린 화면으로 메인 메뉴를 선택하기 위한 화면을 추가하는 방법을 설명하기로 한다. 이 기능을 구현하기 위해서 대기 상태에서 원하는 메뉴를 실행하기 위해서는 메뉴에 진입하기 위한 메뉴 화면이 필요하다. 메뉴는 각 기능에 따라서 크게 메인 메뉴로 기능을 구분하고, 크게 구분된 메인 메뉴 아래로 각각의 구분된 기능에 따라 세부적인 메뉴를 추가해서 서브 메뉴로 구성된다. 이번 장에서는 메인 메뉴에 진입하기 위한 화면을 구현하도록 한다.

12.1 메인 메뉴를 구성하는 이미지 추가

메인 메뉴를 보여주기 위하여 모든 메인 메뉴를 보여주기 위한 배경 이미지 위에 네비게이션키(좌, 우, 상, 하 방향키)로 메뉴를 이동시킬 때마다 현재 포커스가 맞춰진 메뉴는 애니메이션으로 처리해서 사용자가 선택한 메뉴를 명확하게 인식하도록 메인 메뉴 진입을 위한 UI를 구현한다. 이를 위해 메인 메뉴의 배경 이미지와 9개의 메인 메뉴 중 폰북 메뉴의 애니메이션을 위한 이미지를 추가하도록 한다. Contents\8장_메인_메뉴_추가\Contents\ 8장_메인_메뉴_추가\apps\EDmenu\resoruces\en\256Color\main 폴더에 존재하는 이미지들을 apps\EDmenu\resoruces\en\256Color\main 폴더에 추가한다. 이 폴더 안에 존재하는 bmp이미지를 brx에 추가하지 않고, BREW 압축 이미지 저작 도구(Authoring Tool) 프로그램을 사용해서 bmp이미지를 bci이미지로 변환하여 추가하도록 한다. BREW Resource Editor 프로그램에서 이미지를 추가하기 위해 새 개체 아이콘을 눌러서 이미지 개수만큼 28개의 ID를 생성하고 저장한다. 그리고, 보기 메뉴 아래에서 스크립트 소스 아이콘을 눌러서 텍스트 파일 상태에서 새로 생성된 ID의 내용을 변경한다. 임의의 값으로 새로 추가된 ID값에 이미지 이름을 아래의 표처럼 지정하도록 한다. 저장 후 이미지 파일과 이미지 이름을 지정하고, 임의로 생성된 ID값도 아래에서 지정한 값으로 변경 후 저장한다.

ID	데이터	Name
500 511 512 513	main_menu_bg.bci 1_phonebook_01.bci 1_phonebook_02.bci 1_phonebook_03.bci	IDB_ED_MAINMENUBG IDB_ED_MAIN_PHONEBOOK1 IDB_ED_MAIN_PHONEBOOK2 IDB_ED_MAIN_PHONEBOOK3

위의 내용을 적용한 리소스 파일의 내용은 아래와 같다.

```
..................................................생략..................................................
    〈Object Id="500" Name="IDB_ED_MAINMENUBG"MimeType="image/bci"〉
        〈File〉.₩main₩main_menu_bg.bci〈/File〉
..................................................생략..................................................
    〈Object Id="511" Name="IDB_ED_MAIN_PHONEBOOK1" MimeType="image/bci"〉
        〈File〉.₩main₩1_phonebook_01.bci〈/File〉
    〈/Object〉
    〈Object Id="512" Name="IDB_ED_MAIN_PHONEBOOK2" MimeType="image/bci"〉
        〈File〉.₩main₩1_phonebook_02.bci〈/File〉
    〈/Object〉
    〈Object Id="513" Name="IDB_ED_MAIN_PHONEBOOK3" MimeType="image/bci"〉
        〈File〉.₩main₩1_phonebook_03.bci〈/File〉
    〈/Object〉
..................................................생략..................................................
```

이 내용을 저장 후 빌드 메뉴 아래에 있는 리소스 스크립트 컴파일 메뉴를 실행해서 컴파일을 하여, 새로 생성된 edmenu1.brh 파일에 추가된 내용을 apps\EDmenu\edmenu1_res.h 파일과 내용을 비교하여 새로 생성된 이미지 내용을 추가한다.

```
#ifndef EDMENU1_BRH
#define EDMENU1_BRH

// WARNING: DO NOT MODIFY THIS FILE
```

12장

```
// AUTO-GENERATED BY BREW Resource Editor

#define EDMENU1_RES_FILE "fs:/shared/edmenu1.bar"
……………………………………………………생략……………………………………………………

#define IDB_ED_MAINMENUBG          500 //메인 메뉴 뒷배경 이미지
#define IDB_501_SUB_TITLE_ARROW_LEFT      501
#define IDB_502_SUB_TITLE_ARROW_RIGHT     502
#define IDB_503_SUB_TITLE_NAVI_NONE       503
#define IDB_504_SUB_TITLE_NAVI_SELECT     504
#define IDB_505_SUB_LINE                  505
#define IDB_506_SUB_SELECTBAR_ORANGE      506
#define IDB_507_SUB_SOFTKEY               507
#define IDB_508_SUB2_TITLEBG              508
#define IDB_509_SUB2_SELECTBAR            509
#define IDB_ED_MAIN_PHONEBOOK1 511 //폰북 아이콘 이미지
#define IDB_ED_MAIN_PHONEBOOK2 512
#define IDB_ED_MAIN_PHONEBOOK3 513
#define IDB_ED_MAIN_CALLHISTORY1          521
#define IDB_ED_MAIN_CALLHISTORY2          522
#define IDB_ED_MAIN_CALLHISTORY3          523
……………………………………………………생략……………………………………………………
```

이렇게 edmenu1_res.h 파일에 edmenu1.brh 파일의 새로 추가된 내용을 적용해서 저장하는 이유는 소스에서 edmenu1.brh 파일을 inculde하지 않고, edmenu1_res.h 파일을 include해서 사용하기 때문에 edmenu1_res.h 파일에 내용을 추가해야 한다. 이 작업이 끝나면 소스에서 edmenu1_res.h 파일에 추가한 이미지 이름으로 이미지를 불러올 수 있게 된다.

12.2 메인 메뉴 진입 루틴 추가

이미지를 추가한 후 메인 메뉴에 진입하기 위해 대기화면에서 소프트1키를 누르면 메인 메뉴를 선택하는 화면을 보여주도록 기능을 구현하기로 한다. 먼저 대기화면에서 소프트1키를 누르면 메인 메뉴로 진입한다는 것을 사용자에게 알려주기 위해 대기화면에서 소프트1키를 누르면 메뉴가 나타난다는 것을 아이콘을 나타내야 한다. 그래서, 대기화면에 여러 가지 아이템을 표시하는 함수인 CoreApp_OwnerDraw 함수에서 소프트키를 그리기 위한 함수인 ISOFTKEY_RedrawExt 함수를 호출하는 루틴을 아래와 같이 루틴을 추가한다.

```
static void CoreApp_OwnerDraw(void * po)
{
……………………………………………생략……………………………………………
#if 1 //소프트키를 보여주기 위한 루틴 추가
  if ( pme->m_pISoftkey ) //소프트키를 표시할 조건인지 체크한다.
  {
    ISOFTKEY_RedrawExt(pme->m_pISoftkey) ; 소프트키를 그린다.
  }
#endif
  if ( pme->m_pIAnn )
    IANNUNCIATOR_Redraw(pme->m_pIAnn);

  if ( ILABEL_HaveYouChild(pme->m_mainForm) )
    CoreIdleCtrl_DarkAnnunciate(po);
}
```

그리고, 다음에는 실질적인 동작을 구현하기위해 소프트1키를 눌렀을 때 CoreIdle_MainFrame_EventHander 함수에서 키 이벤트를 처리하는 부분에 소프트1키 관련 이벤트를 처리하는 루틴을 추가한다. 그래서, 소프트1키가 누를 경우 CoreIdleCtrl_CheckModeTransition 함수를 호출해서 메인 메뉴 선택 화면을 만들도록 소프트1키 입력시 이벤트를 추가한다. 이 내용을 소스로 설명하면 아래와 같다.

```
static boolean CoreIdle_MainFrame_EventHander(void * pUser, AEEEvent eCode, uint16 wParam, uint32 dwParam)
{
……………………………………………생략……………………………………………
        case EVT_KEY:
                switch(wParam)
                {
#ifdef WIN32
                case AVK_FUNCTION2:
#endif
                case AVK_EAR_SEND_END_K:
```

```
            (void) ISHELL_SetTimer(pCore->a.m_pIShell, 1000, (PFNNOTIFY)
                                        CoreIdleCtrl_OnEarSendEndKey, (void*) pme);
            return TRUE;
#if 1 //소프트1키를 누르면 메인 화면을 그리기 위해 화면 전환
            case AVK_SOFT1:
            return CoreIdleCtrl_CheckModeTransition( pme, IDLE_TRANSITION_MENU);
#endif
.....................................생략.....................................
```

CoreIdleCtrl_IdleModeTransition 함수에서는 IDLE_TRANSITION_MENU 이벤트를 받으면 처리할 루틴을 추가한다. CoreIdleCtrl_IdleModeTransition 함수에서는 대기화면에서 메인 메뉴화면으로 이동하기 위해 대기화면에서 활성화되었던 화면을 IIDLECTRL _SetActive 함수를 False로 만들어서, 대기화면의 내용과 관련된 동작을 종료하고, CoreIdleCtrl_IdleModeTransition 함수를 호출해서 메인 메뉴 선택 화면을 그린다. 이 내용과 관련된 내용의 소스 부분은 아래와 같다.

```
static boolean CoreIdleCtrl_IdleModeTransition(void  * po, uint16 wItem)
{
        CCoreApp  * pme = (CCoreApp  *)po;

        if(po == NULL)
                return FALSE;

        if(pme->m_pIdleCtrl == NULL)
                return FALSE;

        switch(wItem)
        {
        case IDLE_TRANSITION_MENU:
                IIDLECTRL_SetActive(pme->m_pIdleCtrl, FALSE);
                (void) CreateIdleMenuDlg(pme); // 메인 메뉴 Dialog 생성
                return TRUE;
```

CreateIdleMenuDlg 함수의 내용을 조금 더 자세히 설명하면 메뉴 화면을 새로 만들기 위해 메뉴의 depth를 저장하는 변수인 pMe→m_MenuDepth 변수에 값을 저장한다. 여기서 메뉴 Depth란 메인 메뉴에서 확인키를 눌러서 그 다음 메뉴로 넘어가는 경우 값을

증가시켜서 진입 후 그 전 메뉴로 돌아갈 메뉴를 기억하기 위해 저장해서 사용한다. 예를 들어 메인 메뉴에서 폰북 메뉴 진입시 Depth는 1이고, 폰북 메뉴 진입 후 find 메뉴 진입시 2로 증가하게 된다. pMe→m_SelDepthID 배열에 메뉴 depth별로 Dialog ID를 저장하는데, 여기서는 첫 번째 메뉴인 폰북 메뉴의 Dialog ID의 값인 1000으로 설정한다. 그리고, 첫 번째 depth 메뉴 화면을 보여주기 위한 IDD_CORE Dialog를 만들기 위해 IDD_CORE Dialog와 관련된 리소스 파일을 불러온다. 그리고 Dialog를 그리기 위해 좌표를 설정하고, 리소스 파일에서 불러온 이미지를 그려주기 위해 ResizeCoreDlg 함수를 호출한다. 이 내용과 관련된 소스 내용은 아래와 같다.

```
boolean CreateIdleMenuDlg(CCoreApp *pMe)
{
  int nReturnStatus;

  if(pMe->m_bLPM)
  {
    return TRUE; // Do not display the Idle Menu Dlg at this point.
  }

if(pMe->m_pSplashImage != NULL) { /* Create Idle Screen */
     (void) HideSplash(pMe);
  }
  /* Create idle dialog */
{
pMe->m_pShortcutmenu=FALSE;
pMe->m_MenuDepth=1;
pMe->m_SelDepthID[pMe->m_MenuDepth]=1000; //폰북 메뉴로 이동

if(pMe->m_pSubMenu[pMe->m_MenuDepth] !=NULL)
{
  IMENUCTL_Release(pMe->m_pSubMenu[pMe->m_MenuDepth]);
  pMe->m_pSubMenu[pMe->m_MenuDepth]=NULL;
}
}

nReturnStatus = ISHELL_CreateDialog(pMe->a.m_pIShell, ED_MENU_DIALOG_RESOURCE_FILE,
                                    IDD_CORE, NULL);
                                    ResizeCoreDlg(pMe);
```

```
    return   CheckAEEReturnStatus(nReturnStatus);

  } /* End CreateIdleMenuDlg */
```

첫 번째 depth 메뉴를 그리기 위한 Dialog를 생성하기 위해 CreateIdleMenuDlg 함수가 호출된 후에 위에서 언급한 IDD_CORE Dialog의 이벤트를 처리하기 위한 IdleMenuDlgEventHandler 함수에서 EVT_DIALOG_START 이벤트가 실행되어 메인 메뉴의 정보를 읽어오기 위해 CoreMenu_MainMenu_AddItem 함수가 호출된다.

```
boolean IdleMenuDlgEventHandler(void *pUser, AEEEvent evt, uint16 w, uint32 dw)
  {
  ........................................생략........................................
  case EVT_DIALOG_START:
    {
  CORE_MSG ("IdleMenuDlg: EVT_DIALOG_START", 0, 0, 0);

  #if defined (FEATURE_WCDMA) || defined (FEATURE_GSM)
  #error code not present
  #endif

      {
            ISHELL_CreateInstance(pMe->a.m_pIShell, AEECLSID_EDMAINMENUCTL, (void
          **)&pMe->m_pSubMenu[pMe->m_MenuDepth]);

          if(pMe->m_pSubMenu[pMe->m_MenuDepth])
          {
              AEEMenuColors col;
            CoreMenu_MainMenu_AddItem(pMe);
  ........................................생략........................................
```

CoreMenu_MainMenu_AddItem 함수에서는 메인 메뉴를 그리기 위해 모든 메뉴 관련 정보가 설정되어 있는 EDMenuActionTbl 배열에서 이미지를 위한 리소스 ID와 텍스트 ID를 읽어온다. EDMenuActionTbl 배열에 대한 자세한 설명은 다음 장에서 자세히 설명하기로 한다. 그리고, EDMenuActionTbl 배열에서 읽어온 내용을 메인 메뉴에서 보여주기 위해 IMENUCTL_AddItemEx 함수를 통해서 메뉴 정보를 추가한다. 자세한 설명은 주석으로 설명하기로 한다.

```
void CoreMenu_MainMenu_AddItem(CCoreApp *pMe)
/*lint -esym(715, pMe)*/
{
        IDialog *pIDialog;
        uint16 wCurrDlgID = 0;
        uint16 i;
        CtlAddItem   ai;

        pIDialog = ISHELL_GetActiveDialog(pMe->a.m_pIShell);
        if (pIDialog != NULL) {
                wCurrDlgID = IDIALOG_GetID(pIDialog);
        }
        if(pMe->m_pSubMenu[pMe->m_MenuDepth] !=NULL)
        {
                IMENUCTL_DeleteAll(pMe->m_pSubMenu[pMe->m_MenuDepth]);
                for (i = 0; i< ARR_SIZE(EDMenuActionTbl); i++)
                {
                        if(EDMenuActionTbl[i].wDialogID == wCurrDlgID)
                        {
                                ai.pText = NULL;
                                ai.pImage = NULL;
        ai.pszResImage = ED_MENU_IMAGE_RESOURCE_FILE;
                                 ai.pszResText = ED_MENU_TEXT_RESOURCE_FILE;
                                 ai.wText = EDMenuActionTbl[i].wTextID;
                                ai.wFont = AEE_FONT_BOLD; //굵은 폰트 설정
                                ai.wImage= IDB_ED_MAIN_PHONEBOOK1+(i*10);
                        ai.wItemID = EDMenuActionTbl[i].wItemID;
                                ai.dwData = NULL;

                                IMENUCTL_AddItemEx( pMe->m_pSubMenu[
                                pMe->m_MenuDepth], &ai );
                }
        }
}
```

그리고, ResizeCoreDlg 함수에서 SETAEERECT 함수로 메인 메뉴를 그리기 위한 좌표 설정 후 ICONTROL_SetRect 함수를 통해 Sub 메뉴를 그리기 위한 값으로 설정한다. IMENUCTL_Redraw 함수를 호출해서 각각의 메인 메뉴 아이콘을 그리게 된다. 자세한 내용은 아래와 같다.

```
void ResizeCoreDlg(CCoreApp *pMe)
{
  IDialog *pIDialog;
  AEERect rect;
  int y = 0;
  int h = pMe->m_cyScreen;
  int w = pMe->m_cxScreen;
  int minIconSize = 60 ;

  pIDialog = ISHELL_GetActiveDialog(pMe->a.m_pIShell);

  if(pIDialog != NULL)
  {
    if( IDD_CORE == IDIALOG_GetID(pIDialog))
    {
      SETAEERECT(&rect, 0, 15, 176, 185);
       //Main Menu 화면을 그리기 위한 좌표 설정
     ICONTROL_SetRect((IControl*)pMe->m_pSubMenu[pMe>m_MenuDepth], &rect);
     IMENUCTL_SetActive(pMe->m_pSubMenu[pMe->m_MenuDepth], TRUE);
     IMENUCTL_Redraw(pMe->m_pSubMenu[pMe->m_MenuDepth]);

     if(pMe->m_SelDepthID[pMe->m_MenuDepth])
       {
            IMENUCTL_SetSel(pMe->m_pSubMenu[pMe->m_MenuDepth],
                                   pMe->m_SelDepthID[pMe->m_MenuDepth]);
       }
    }
  }

} /* ReizeCoreDlg */
```

ResizeCoreDlg 함수에서 IMENUCTL_Redraw 함수를 호출하면 실제적으로 호출되는 함수는 EDIMenuCtl_Redraw 함수이다. 이 함수에서는 각 애플릿을 구분하는 값인 Classs ID로 화면을 그리는데, MainMenu_Draw 함수를 통해서 실제적으로 메인 메뉴 화면을 그리게 된다. 자세한 내용은 아래와 같다.

```
static boolean EDIMenuCtl_Redraw(EDIMenuCtl * po)
{
        CEDMenuCtl * pme = (CEDMenuCtl*)po;

        switch(pme->m_cls){

        case AEECLSID_EDSOFTKEYCTL:
                SK_CalcLayout(pme);
                return(SK_Draw(pme));

        case AEECLSID_EDLISTCTL:
                return(List_Draw(pme));

        case AEECLSID_EDPOPUPMENUCTL:
                {
                        AEERect rect;
                        IBitmap *pSrcBitmap;
                        IBitmap *pDstBitmap;

                        IDISPLAY_GetDeviceBitmap(pme->m_pIDisplay, &pSrcBitmap);
                      IBITMAP_CreateCompatibleBitmap(pSrcBitmap, &pDstBitmap,
                                                                176, 220);
                      IBITMAP_BltIn(pDstBitmap, 0, 0, 176, 220, pSrcBitmap, 0,
                                                               0, AEE_RO_COPY);
                      IBITMAP_Release(pSrcBitmap);
                      pSrcBitmap = NULL;

                      SETAEERECT(&rect, 0, 16, 176, 184);
                      CoreMenu_DrawShadowRect(pDstBitmap, &rect);

                      IDISPLAY_BitBlt(pme->m_pIDisplay, 0, 0, 176, 220 , pDstBitmap, 0,
                                                      0, AEE_RO_COPY);
                      IDISPLAY_Update(pme->m_pIDisplay);
                      IBITMAP_Release(pDstBitmap);
                      pDstBitmap = NULL;
                }
```

```
        case AEECLSID_EDMENUCTL:
                Menu_Draw(pme);
                Menu_ResetAutoScroll(pme);
                return(TRUE);

        case AEECLSID_EDICONVIEWCTL:
                return(Icon_Draw(pme));

        case AEECLSID_EDFULLMAINMENUCTL:
        case AEECLSID_EDMAINMENUCTL:
                return(MainMenu_Draw(pme));

        case AEECLSID_EDSUB1MENUCTL:
        case AEECLSID_EDSUB2MENUCTL:
        case AEECLSID_EDSUB2_4X20_MENUCTL:
        case AEECLSID_EDSUB2_4X30_MENUCTL:
        case AEECLSID_EDBTMAINMENUCTL:
                return(SubMenu_Draw(pme));

        }

        return(FALSE);
}
```

MainMenu_Draw 함수는 메인 메뉴를 그리기 위해서 기존에 타이머를 통해 애니메이션을 그리고 있는 경우 애니메이션을 종료하고, MainMenu_DrawBG 함수를 호출해서 메인 메뉴의 뒷배경 이미지를 그리고, MainMenu_DrawAllItems 함수로 9개의 메인 메뉴 중 애니메이션으로 실행하기 위한 메뉴의 좌표를 설정한다.

```
static boolean MainMenu_Draw(CEDMenuCtl * pme)
{
        // Stop animation
        MainMenu_StopAnimation(pme);
        MainMenu_DrawBG(pme);
        MainMenu_DrawAllItems(pme);

        return(TRUE);

}
```

MainMenu_DrawBG 함수를 조금 더 자세히 살펴보면 리소스 파일에서 메인 메뉴 화면의 뒷배경 이미지의 ID값인 IDB_ED_MAINMENUBG으로 메인 메뉴 뒷배경 이미지를 불러온다. IIMAGE_Draw 함수로 함수의 인수값으로 설정한 좌표에 메인 화면 뒷배경 이미지를 그린다. MainMenu_DrawBG 함수의 내용은 아래와 같다.

```
static boolean MainMenu_DrawBG(CEDMenuCtl * pme)
{

    pme->pMainMenu_image = ISHELL_LoadResImage(
                                    pme->m_pIShell,
                                    ED_MENU_IMAGE_RESOURCE_FILE,
                                    IDB_ED_MAINMENUBG);
                    // IIMAGE_SetParm(pme->pMainMenu_image, IPARM_ROP
                    //AEE_RO_TRANSPARENT, 0);
        IIMAGE_SetParm(pme->pMainMenu_image, IPARM_OFFSET, 0, 15) ;
        IIMAGE_Draw(pme->pMainMenu_image, 0, 15);
        IIMAGE_Release(pme->pMainMenu_image);
        pme->pMainMenu_image=NULL;
        return(TRUE);
}
```

MainMenu_DrawAllItems 함수를 통해서 메인 메뉴 뒷배경위에 활성화된 메뉴를 애니메이션으로 보여주기 위한 아이콘의 좌표 설정 및 pme→m_bHasText 변수를 통해서 메뉴에서 보여주기 위한 글자가 있는지 구분해서 글자를 표시할 경우 화면의 좌표를 재조정한다. 소스의 자세한 내용은 아래와 같다.

```
static void MainMenu_DrawAllItems(CEDMenuCtl * pme)
{
        IDisplay *      pd = pme->m_pIDisplay;
        CEDMenuItem     * pmi = NULL;
        AEERect          rc;
        int              i, xStart, xPad, yPad, nFrame, yOffset;
        RGBVAL            clrBack, clrText, clrFrame;

        Menu_InitColors(pme, &clrBack, &clrText, &clrFrame);

        rc = pme->m_rc;
```

```
if(pme->m_bHasText) //보여줄 글자가 존재할 경우 글자가 위치할 좌표 설정
{
        yOffset = MainMenu_GetImageOffset(pme);
        rc.dy -= MainMenu_GetMaxTextHeight(pme);

        if(ALIGN_TEXT_TOP(pme))
                rc.y += yOffset;

        nFrame = AEE_FRAME_SIZE;
}
else
{
        yOffset = 0;
        nFrame = 0;
}

xPad = pme->m_xImagePad;
yPad = pme->m_yImagePad;
xStart = 0;

if(pme->m_cls==AEECLSID_EDFULLMAINMENUCTL)
    SETAEERECT(&rc, xStart, 0, pme->m_cxMaxItem,
                        pme->m_cyMaxItem);
    // 처음 그려지는 아이콘의 좌표 설정
else
    SETAEERECT(&rc, xStart, pme->m_rc.y+ nFrame + yPad+40,
                        pme->m_cxMaxItem, pme->m_cyMaxItem);

if(nFrame && ALIGN_TEXT_TOP(pme)) //텍스트의 길이에 따라 좌표 재조정
        rc.y += yOffset;

if(pme->m_bIconHScroll)
{
        int nEnd, nCount;
        nCount = pme->m_nItems;
        MainMenu_CalcStartEndItemIndx(pme, &i, &nEnd);

        while(1)
        {
                pmi = GetItemByIdx(pme->m_pItemList, i);
```

```
                if (pmi)
                {
                        if (IS_ITEM_OD(pmi))
                          MainMenu_DrawODItem(pme, pmi, &rc,
                          (boolean)(pme->m_bActive && (i ==
                          pme->m_nSelect)));
                        else
                            MainMenu_DrawItem(pme, pmi, &rc,
                          (boolean)(pme->m_bActive && (i ==
                            pme->m_nSelect)));

                        rc.x += pme->m_cxMaxItem + xPad;
                }

                if(i == nEnd)
                        break;

                if(++i >= nCount)
                        i = 0;
        }
        // Restore background, text and frame colors
        ResetColors(pd, clrBack, clrText, clrFrame);
}
else
{
        int nCol, nRow;

        // Fast-forward to the right item row...
        i = pme->m_nCols* pme->m_nScrollItem;
        pmi = GetItemByIdx(pme->m_pItemList, i);

        for(nCol = nRow = 0; pmi != NULL; pmi = pmi->pNext, i++)
        {
                if (IS_ITEM_OD(pmi))
                          MainMenu_DrawODItem(pme, pmi, &rc,
                        (boolean)(pme->m_bActive && (i ==
                          pme->m_nSelect)));
                else
                  MainMenu_DrawItem(pme, pmi, &rc, (boolean)(
```

```
                    pme->m_bActive && (i == pme->m_nSelect)));
                //애니메이션으로 동작할 이미지의 좌표 설정

                rc.x += pme->m_cxMaxItem + xPad-10;
                //아이템 간격 ( x 좌표 )
                nCol++;

                // If we are falling out, reset x and update y
                if(nCol >= pme->m_nCols)
                {
                        nCol = 0;
                        rc.x = xStart;
                        rc.y += pme->m_cyMaxItem + yPad-20;
                        // 아이템 간격 (y 좌표 )

                        // we could display
                        if(++nRow >= pme->m_nRows)
                                break;
                }
            }

            // Must reset the colors before drawing the scrollbar
            ResetColors(pd, clrBack, clrText, clrFrame);

            // Draw scroll bar
            //      Menu_DrawScrollBar(pme);
        }
        IDISPLAY_Update(pd);
    }
```

MainMenu_DrawItem 함수를 통해서 9개의 메인 메뉴가 그려진 뒷배경 위에 포커스된 메뉴만 애니메이션 아이콘으로 보여주기 위해 포커스된 메뉴에 따라서 애니메이션으로 동작할 이미지 좌표를 재설정한다. MainMenu_StartAnimation 함수에서 타이머를 사용해서 위에서 설정한 좌표에 고정 이미지를 연속해서 교체해서 보여줌으로써 애니메이션으로 동작하게 만든다. 소스의 자세한 내용은 아래와 같다.

```
static void MainMenu_DrawItem(CEDMenuCtl * pme, CEDMenuItem * pmi,
                                        AEERect * prc, boolean bSel)
```

```
{
        AEERect             rc;
        boolean             bSelDraw, bSelMark, bCached;
        AEERasterOp         ro;
        AEEItemStyle *      ps = NULL;
        IImage *            pi = NULL

        if(!pmi)
                return;

        bSelMark = pme->m_bActive ? bSel : FALSE;
        if(bSelMark!=TRUE)
                pi = pmi->pImage;

        rc = *prc;
        ps = &pme->m_style[(bSelMark ? 1 : 0)];


        if(SINGLE_FRAME(pme))
        {
                bSelDraw = FALSE;

                if(!pi && pmi->pszImage)
                {
                    pi = Menu_LoadImage(pme, pmi->pszImage,
                                                pmi->wImageID, &bCached);
                        if(pi)
                                Menu_SetupImage(pme, pmi, pi);
                }
        }
        else
        {
                bSelDraw = bSelMark;
                AdjustRect(&rc, ps);
        }

        if(pi ||(bSelMark==TRUE) )
        {
                int         x, y, cx, cy;
                boolean   bLimit = FALSE;
```

```
if(pmi->cxImage > rc.dx)
{
        cx = rc.dx;
        bLimit = TRUE;
}
else
        cx = pmi->cxImage;

if(pmi->cyImage > rc.dy)
{
        cy = rc.dy;
        bLimit = TRUE;
}
else
        cy = pmi->cyImage;

x = rc.x + ((rc.dx - cx) / 2);
y = rc.y + ((rc.dy - cy) / 2);

if(pi)
{
        if(bLimit)
                IIMAGE_SetParm(pi, IPARM_SIZE, cx, cy);

        ro = ps->roImage;

        if(!bSelDraw && !pme->m_bColor)
        ro = AEE_RO_COPY;

        IIMAGE_SetParm(pi, IPARM_ROP, (int)ro, 0);
}

if(bSelMark)
{
        switch(pme->m_nSelect) //메뉴의 위치별로 좌표 설정
                {
                case 0:
                        pme->MainMenuAniX=0;
                        pme->MainMenuAniY=36;
```

```
                break;

            case 1:
                pme->MainMenuAniX=50;
                pme->MainMenuAniY=36;
                break;

            case 2:
                pme->MainMenuAniX=100;
                pme->MainMenuAniY=36;
                break;

            case 3:
                pme->MainMenuAniX=0;
                pme->MainMenuAniY=91;
                break;

            case 4:
                pme->MainMenuAniX=50;
                pme->MainMenuAniY=91;
                break;

            case 5:
                pme->MainMenuAniX=100;
                pme->MainMenuAniY=91;
                break;

            case 6:
                pme->MainMenuAniX=0;
                pme->MainMenuAniY=141;
                break;

            case 7:
                pme->MainMenuAniX=50;
                pme->MainMenuAniY=141;
                break;

            case 8:
                pme->MainMenuAniX-100;
                pme->MainMenuAniY=141;
```

```
                                        break;

                              default:
                                        break;
                              }

                    pme->MainMenuAniCount=0;
                    MainMenu_StartAnimation(pme);
          }
     }
}
```

MainMenu_StartAnimation 함수는 ISHELL_SetTimer 함수를 통해서 150밀리초마다 반복적으로 호출되고, 이 함수가 호출될 때마다 pme→MainMenuAniCount 변수를 변화시킨다. 메인 메뉴 아이콘 애니메이션을 위한 이미지가 세 장이기 때문에 이 변수를 3만큼 증가시키고 다시 변수를 초기시키는 동작을 반복해서 고정 이미지를 애니메이션으로 동작하도록 한다. MainMenu_DrawItemText 함수를 호출해서 메인 메뉴 뒷배경 이미지에 메뉴 제목을 쓰도록 한다. 자세한 내용은 아래와 같다.

```
static void MainMenu_StartAnimation(CEDMenuCtl * pme)
{
        CEDMenuItem     *   pmi;
        int16 imageID;
        pmi = GetItemByIdx(pme->m_pItemList, pme->m_nSelect);

        if(pme->MainMenuAniCount <3)
        {
                imageID=pmi->wImageID+pme->MainMenuAniCount;
                pme->pMainMenu_image = ISHELL_LoadResImage(
                pme->m_pIShell, ED_MENU_IMAGE_RESOURCE_FILE, imageID);
                IIMAGE_SetParm(pme->pMainMenu_image, IPARM_ROP,
                                        AEE_RO_TRANSPARENT, 0);
                IIMAGE_Start(pme->pMainMenu_image,
                                        pme->MainMenuAniX, pme->MainMenuAniY);
                IIMAGE_Release(pme->pMainMenu_image);
                MainMenu_DrawItemText(pme, pmi);
                //메뉴의 제목을 텍스트로 나타낸다.
```

```
                IDISPLAY_Update(pme->m_pIDisplay);//화면을 업데이트한다.
                pme->MainMenuAniCount++;
                //이미지를 바꾸기 위해 변수를 증가시킨다.
                ISHELL_SetTimer(pme->m_pIShell, 150,
                                        (PFNNOTIFY) MainMenu_StartAnimation, pme);
                //150밀리초마다 아이콘 이미지를 교체한다.
        }
        else
                pme->MainMenuAniCount=0;
}
```

MainMenu_DrawItemText 함수는 메뉴에 설정된 글자가 존재할 경우 글자를 읽어와서 글자의 길이에 따라서 화면에 글자를 그리기 위한 좌표를 설정한다. 자세한 내용은 아래와 같다.

```
static void MainMenu_DrawItemText(CEDMenuCtl * pme, CEDMenuItem * pmi)
{
        AEERect             rc;
        IDisplay     *   pd = pme->m_pIDisplay;

        pmi = GetItemByIdx(pme->m_pItemList, pme->m_nSelect);

        if(pme->m_bHasText)
        {
                uint16 cyMaxText = MainMenu_GetMaxTextHeight(pme);

                SETAEERECT(&rc, 0, 20, pme->m_rc.dx, cyMaxText);
//이미지 위에 텍스트를 보여주기 위해 화면에 글자가 위치할 좌표를 설정한다.
                if(*pmi->text && pme->m_bActive)
                {
                        uint16 adjust = (cyMaxText - MainMenu_GetTextHeight(pme))
                                                        /2;

                                if(!NO_ARROWS(pme) && pme->m_bIconHScroll)
                                {
                                        rc.x += (CXARROW + 1);
                                        rc.dx -= 2*(CXARROW + 1);
                                }
```

```
                    Menu_SetItemColor(pme, pd, TRUE, NULL);

IDISPLAY_DrawText(pd, pmi->nFont, pmi->text, -1, rc.x, rc.y+adjust, &rc,
IDF_ALIGN_CENTER|IDF_ALIGN_MIDDLE|IDF_TEXT_TRANSPARENT);
                    if(pme->m_bIconHScroll && !NO_ARROWS(pme))
                            Menu_DrawArrows(pme, pme->m_rc.x, rc.y + ((rc.dy -
                        CYARROW)/2), rc.x + rc.dx + 1);
            }
        }
}
```

위의 설명한 추가할 내용을 구현하기 위해 Contents\8장_메인_메뉴_추가\apps 폴더에 있는 CoreIdle.c, CoreMenu.c, CoreMenu.h, Edmenu.c 소스 파일에서 주석으로 위의 기능을 구현하기 위해 추가된 내용을 apps 폴더에 있는 CoreIdle.c, CoreMenu.c, CoreMenu.h, Edmenu.c 소스 파일에 추가하고 컴파일을 하면 메인 메뉴가 나타나는 것을 확인할 수 있다.

참고 소스

Contents₩ 8장_메인_메뉴_추가

12.3 메뉴 제목을 위한 텍스트 리소스 추가

앞 절에서는 메인 메뉴를 진입하기 위한 화면을 추가하는 방법에 대해서 설명했다. 이번 절에서는 리소스 파일에 문구를 추가하는 방법과 메인 메뉴에서 메뉴를 실행하면 나타나는 메뉴인 서브 메뉴를 추가하는 내용에 대해서 설명하기로 한다. 이번 장에서는 메인 메뉴 중에서 5번 메뉴를 추가하고, 5번 메뉴의 서브 메뉴를 추가하는 내용으로 설명하기로 한다.

메뉴 제목을 화면에 보여주기 위해 리소스 파일에 아래 내용처럼 문구 ID와 추가할 문구 내용, 문구를 불러오기 위해 지정할 텍스트 이름을 추가하기로 한다.

ID	데이터	텍스트 이름
5000	5. Setting	IDS_5000_SETTING

위의 내용을 추가하기 위해 먼저 BREW Resource Editor 프로그램을 실행하고, apps\text_res 폴더에서 ed_en_text.brx 파일을 실행한다. 이 상태에서 왼쪽에 리소스 아이콘 아래에 문자열 아이콘을 클릭하고, 새로운 문구를 세 개를 추가하기 위에 아래 그림처럼 아이콘 중에서 새 문자열 아이콘을 눌러서 새로운 문구 ID를 추가한다.

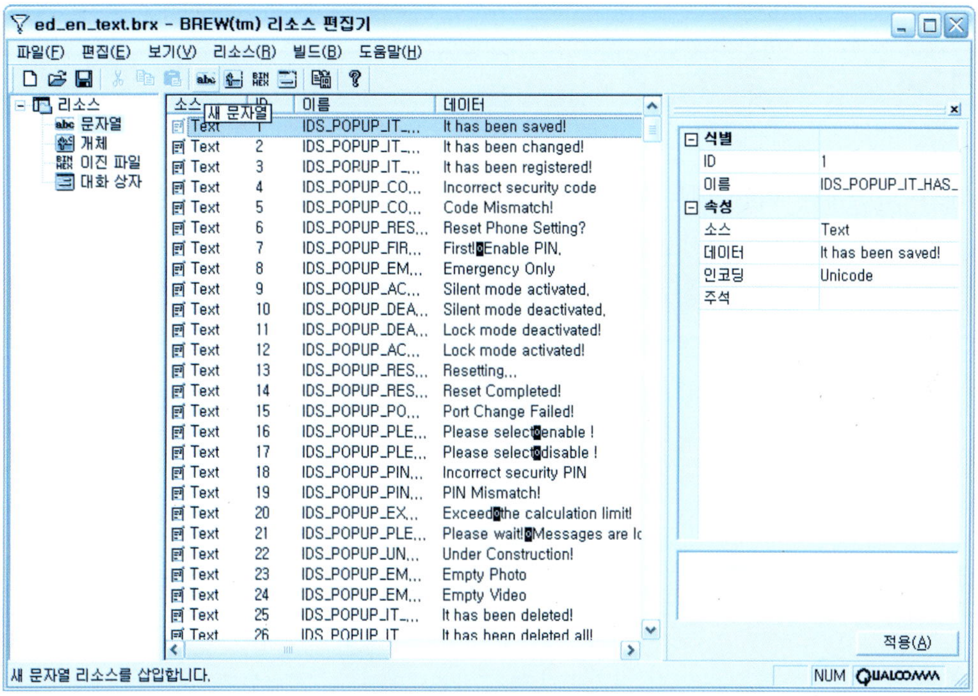

이 상태에서 저장하고 보기 메뉴에서 스크립트 소스 메뉴를 눌러서 새로 추가한 문구 내용을 수정한다. 처음 저장시 아래처럼 추가한 내용이 저장되어 있다.

```
<String Id="1025" Name="IDS_STRING_1025">
                    <Text></Text>
    </String>
```

이 상태에서 추가하기로 한 내용으로 위의 내용을 변경하면 아래와 같다.

```
<STRING Id="5000" Name="IDS_5000_SETTING">
            <Text>5. Setting</Text>
    </STRING>
```

앞의 내용으로 변경하고 저장한 후 빌드 메뉴 아래에서 리소스 스크립트 컴파일 메뉴를 눌러서 컴파일을 실행하면 위의 문구가 포함된 리소스 파일이 생성된다. 그리고, 새롭게 생성된 리소스 파일에 추가된 문구를 사용하기 위해 추가한 텍스트 이름으로 소스에서 호출하면 새로 추가한 문구를 불러올 수 있다.

12.4 서브 메뉴 추가를 위한 루틴 추가

대기 화면에서 메인 메뉴에 진입하기 위해 EDMenuActionTbl 배열에서 EDMenu DefinitionType 구조체 형식으로 하나의 멤버를 추가함으로써 메인 메뉴를 추가할 수 있다. EDMenuDefinitionType 구조체의 변수의 세부 내용은 아래와 같다.

```
typedef struct {
   uint16 wDialogID;        /* Current dialog ID */
   uint16 wIconImageID;
   uint16 wTextID;
   uint16 wItemID;          /* Item ID in the current control */
   uint16 wActionType;      /* Type of action on selection */
   uint32 nActionData;
      /* The following two parameters should be replaced by config item ID after moving to
   IConfig */
   GetFnPtrType    *getfnPtr;
   SetFnPtrType    *setfnPtr;
} EDMenuDefinitionType;
```

모든 메뉴는 메인 메뉴와 서브 메뉴에 상관없이 모든 메뉴를 추가하려면 이 구조체의 형식으로 EDMenuActionTbl 배열 안에 추가해야 한다. EDMenuActionTbl 배열에서 메인 메뉴가 있는 부분은 맨 위에 선언되어 있고, 내용을 살펴보면 아래와 같다.

```
static const EDMenuDefinitionType EDMenuActionTbl[] = {
      {IDD_CORE, IDB_1_FOLDER1, IDS_1000_PHONEBOOK,
      IDS_1000_PHONEBOOK, LAUNCH_DIALOG,          IDD_1000_PHONEBOOK,      NULL,
NULL},
      {IDD_CORE, IDB_2_FOLDER2, IDS_2000_CALLHISTORY, IDS_2000_CALLHISTORY,
         LAUNCH_DIALOG,
            IDD_2000_CALL_HISTORY  , NULL, NULL},
```

```
    {IDD_CORE, IDB_3_FOLDER3, IDS_3000_MESSAGE ,
    IDS_3000_MESSAGE, LAUNCH_DIALOG, IDD_3000_MESSAGE
    , NULL, NULL},

    {IDD_CORE IDB_4_FOLDER4, IDS_4000_MODE ,
    IDS_4000_MODE, LAUNCH_DIALOG, IDD_4000_MODE, NULL, NULL},
    {IDD_CORE, IDB_5_FOLDER5, NULL, NULL, LAUNCH_DIALOG, NULL, NULL, NULL},

    {IDD_CORE, IDB_6_FOLDER6,    IDS_6000_FUNANDUTILITY,
IDS_6000_FUNANDUTILITY, LAUNCH_DIALOG, IDD_6000_FUN_AND_UTILITY, NULL, NULL},
  #ifndef AEE_SIMULATOR
   {IDD_CORE, IDB_7_FOLDER7,        IDS_7000_BLUETOOTH,
   IDS_7000_BLUETOOTH   , LAUNCH_APPLET,
   AEECLSID_BLUETOOTH_APP, NULL, NULL},
  #else
   {IDD_CORE , IDB_7_FOLDER7,      IDS_7000_BLUETOOTH, IDS_7000_BLUETOOTH   ,
     LAUNCH_DIALOG,
       IDD_7000_BLUETOOTH, NULL, NULL},
  #endif
   {IDD_CORE, IDB_8_FOLDER8, IDS_8000_BREW, IDS_8000_BREW, LAUNCH_DIALOG,
     IDD_8000_BREW, NULL, NULL},
   {IDD_CORE, IDB_9_FOLDER9, IDS_9000_CAMERA, IDS_9000_CAMERA
   , LAUNCH_DIALOG, IDD_9000_CAMERA, NULL, NULL},
  ..........................생략..........................
```

5번 메뉴를 동작하게 위해 다른 메뉴들처럼 5번 메뉴도 wTextID, wItemID, nActionData 변수에 값을 설정한다. wTextID, wItemID 변수에는 IDS_5000_SETTING라는 이름으로 메뉴 제목을 텍스트 리소스 파일을 추가하고, nActionData 변수에는 IDD_5000_SETTING 이름으로 메뉴 화면을 보여줄 Dialog를 리소스 파일에 추가한다. 추가한 내용은 아래와 같다.

12장

```
{IDD_CORE, IDB_5_FOLDER5, IDS_5000_SETTING, IDS_5000_SETTING, LAUNCH_DIALOG,
IDD_5000_SETTING, NULL, NULL}
```

여기서 wItemID 변수는 메인 화면에서 이벤트를 처리하는 함수인 IdleMenuDlgEventHandler 함수에서 어떤 메뉴로 이동할지 선택하는 기준이 되는 변수이다. IdleMenuDlgEventHandler 함수에서 EVT_COMMAND 이벤트 발생시 위에서 wItemID 변수로 설정한 IDS_5000_SETTING를 추가해서 CoreApp_NextDlg 함수를 통해 5번 메뉴를 만들기 위한 Dialog가 선택되도록 한다.

```
boolean IdleMenuDlgEventHandler(void *pUser, AEEEvent evt, uint16 w, uint32 dw)
{
························································생략························································
case EVT_COMMAND:
     CORE_MSG ("IdleMenuDlg: EVT_COMMAND", 0, 0, 0);

     switch(w) {
         case IDS_1000_PHONEBOOK:     //menu1
         case IDS_2000_CALLHISTORY:   //menu2
         case IDS_3000_MESSAGE:       //menu3
         case IDS_4000_MODE:          //menu4
#if 1 // 메인 메뉴화면에서 5번 메뉴 선택시 CoreApp_NextDlg가 호출되도록 한다.
case IDS_5000_SETTING://menu5
#endif
case IDS_6000_FUNANDUTILITY://menu6
case IDS_8000_BREW://menu8
case IDS_9000_CAMERA://menu9
         if(CoreMenu_PrivacyLockCheckDlg(pMe, w)==TRUE)
                  return TRUE;
         CoreApp_NextDlg(pMe, w);
         return TRUE;

························································생략························································
```

5번 메뉴를 선택하면 5번 메뉴에서 보여줄 서브 메뉴를 만들어야 한다. 그래서, 5번 메뉴의 서브 메뉴를 보여주기 위해서 아래 내용처럼 서브 메뉴 추가를 위해 메뉴의 내용을 EDMenuActionTbl 배열에 추가한다.

```
ㄴㄴㅇㄹㄴㅇㄹㄴㅇㄹ{IDD_4X50_MODE_KEY,
IDB_RADIO_UNFULLED, IDS_4X54_DTMF, IDS_4X54_DTMF, LAUNCH_MODE,
3, GetKeyToneType, SetKeyToneType},
  #if 1 // 5번 메인 메뉴에서 보여주기 위한 서브 메뉴 추가
  {IDD_5000_SETTING, IDB_5100_KEY_GUARD, IDS_5100_KEY_GUARD,
IDS_5100_KEY_GUARD , LAUNCH_SETTING, IDD_5100_KEY_GUARD, NULL, NULL},
  {IDD_5000_SETTING, IDB_5300_DISPLAY, IDS_5300_DISPLAY, IDS_5300_DISPLAY ,
LAUNCH_DIALOG, IDD_5300_DISPLAY, NULL, NULL},
```

```
{IDD_5000_SETTING, IDB_5400_SECURITY, IDS_5400_SECURITY, IDS_5400_SECURITY ,
LAUNCH_DIALOG, IDD_5400_SECURITY, NULL, NULL},
{IDD_5000_SETTING, IDB_5600_ANSWER_TYPE, IDS_5600_ANSWER_TYPE,
IDS_5600_ANSWER_TYPE, LAUNCH_SETTING, IDD_5600_ANSWER_TYPE, NULL, NULL},
{IDD_5000_SETTING, IDB_5700_CALL_MANAGER, IDS_5800_CALL_MANAGER,
IDS_5800_CALL_MANAGER, LAUNCH_DIALOG, IDD_5800_CALL_MANAGER, NULL, NULL},
{IDD_5000_SETTING, IDB_SW_INFORMATION, IDS_SW_INFORMATION, IDS_SW_INFORMATION,
LAUNCH_DIALOG, IDD_5500_SW_INFORMATION, NULL, NULL},
#endif
{IDD_5100_KEY_GUARD, IDB_RADIO_UNFULLED, IDS_5150_REL_KEYGUARD_ANYLKEY,
IDS_5150_REL_KEYGUARD_ANYLKEY, MENU_SETTING, 0, GetReleaseKeyGuard,
SetReleaseKeyGuard},
{IDD_5100_KEY_GUARD,    IDB_RADIO_UNFULLED,    IDS_5160_REL_KEYGUARD_SLIDEUP,
IDS_5160_REL_KEYGUARD_SLIDEUP, MENU_SETTING, 1, GetReleaseKeyGuard,
SetReleaseKeyGuard},
```

5번 메뉴 선택시 보여주기 위한 서브 메뉴 내용을 살펴보면 5번 메뉴와 관련 서브 메뉴 배열은 모두 wDialogID 변수를 IDD_5000_SETTING로 설정해서 이 메뉴들이 5번 메뉴의 서브 메뉴라는 것이 구분된다. 이렇게 만들어진 메뉴 트리는 5번 메뉴의 서브 메뉴를 그릴 때 이벤트를 처리하는 CoreApp_SubmenuDlgEventHandler 함수에서 서브 메뉴를 그리기 위한 Dialog를 처음 그릴 때 CoreMenu_AddItem 함수를 호출해서 EDMenuAction Tbl 배열에 있는 메뉴의 내용을 불러온다.

```
boolean CoreApp_SubmenuDlgEventHandler(void *pUser, AEEEvent evt, uint16 wParam, uint32
dwParam)
{
..............................생략..............................
  switch(evt) {
  case EVT_DIALOG_START:
  bPhoneReset = FALSE;
      CoreMenu_AddItem(pMe);
      ED100_SetMenuLook(pMe->a.m_pIShell,
                        pMe->m_pSubMenu[pMe->m_MenuDepth]);

      return TRUE;
..............................생략..............................
```

CoreMenu_AddItem 함수의 자세한 내용은 아래와 같다. 함수의 자세한 설명은 주석을 참고하기 바란다.

```
Void CoreMenu_AddItem(CCoreApp *pMe)
/*lint -esym(715, pMe)*/
{
    IDialog *pIDialog;
    uint16 wCurrDlgID = 0;
    uint16 i, j, start_idx, end_idx;
    CtlAddItem  ai;
    char             psz[AEE_MAX_FILE_NAME];
    char            *temppsz;

    pIDialog = ISHELL_GetActiveDialog(pMe->a.m_pIShell);

// 메뉴 선택시 보여주기 위한 메뉴의 Dialog ID를 검색한다. 현재 그리기 위한 메뉴가 //5번 메뉴이
므로 5번 메뉴의 Dialog ID값인 50000이라는 값을 불러온다.
    if (pIDialog != NULL) {
        wCurrDlgID = IDIALOG_GetID(pIDialog);
    }

    if(pMe->m_pSubMenu[pMe->m_MenuDepth] !=NULL)
    {
        //기존에 메뉴의 내용은 지운다.
        IMENUCTL_DeleteAll(pMe->m_pSubMenu[pMe->m_MenuDepth]);

        for (i = 0; i< ARR_SIZE(EDMenuActionTbl); i++)
        {
                // EDMenuActionTbl 배열에서 5번 메뉴와 관련된 부분을 찾는다.
            if(EDMenuActionTbl[i].wDialogID == wCurrDlgID)
            {
                //검색한 Dialog가 현재 만들기 위한 Dialog와 ID가 같은 경우
                ai.pText = NULL;
                ai.pImage = NULL;

                if(EDMenuActionTbl[i].wIconImageID==NULL)
                    ai.pszResImage = NULL;
                else
                    ai.pszResImage = ED_MENU_IMAGE_RESOURCE_FILE;
                    //이미지 리소스를 불러온다.
```

```
                        ai.pszResText = ED_MENU_TEXT_RESOURCE_FILE;
                        //텍스트 리소스를 불러온다.
                        ai.wText = EDMenuActionTbl[i].wTextID;
                        //현재 보여주기 위한 메뉴의 텍스트 ID를 설정한다.
                        ai.wFont = AEE_FONT_BOLD;
                          //폰트를 BOLD로 설정
                                    ai.wImage = EDMenuActionTbl[i].wIconImageID;
                        // 현재 보여주기 위한 메뉴의 이미지 ID를 설정한다.
                        ai.wItemID = EDMenuActionTbl[i].wItemID;
                        // 현재 보여주기 위한 메뉴의 아이템 ID를 설정한다.
                        ai.dwData = NULL;
                        IMENUCTL_AddItemEx( pMe->m_pSubMenu
                                                  [pMe->m_MenuDepth], &ai );
                      //위에서 가져온 정보를 현재 보여주기 위한 메뉴 화면에 추가한다.
                  }
              }
          }
      }
  }/* End GetNextSelectedItemDlgID */
```

그리고, CoreMenu_AddItem 함수가 호출된 후 메뉴의 색상 속성을 설정하는 함수인 ED-2947_SetMenuLook 함수가 호출되어 메뉴 스타일의 속성을 설정하고, 메뉴 관련 색상을 설정한다. ED-2947_SetMenuLook 함수의 자세한 내용은 아래와 같다.

```
void ED100_SetMenuLook(IShell *ps, IMenuCtl *pm)
{
  AEEItemStyle sstyle;
  AEEItemStyle ustyle;
  AEEMenuColors col;

  ISHELL_GetItemStyle(ps, AEE_IT_MENU, &ustyle, &sstyle );

  sstyle.ft = AEE_FT_RAISED;
  sstyle.xOffset = 2;
  sstyle.yOffset = 0;
  sstyle.roImage = AEE_RO_TRANSPARENT;
  ustyle.ft = AEE_FT_NONE;
  ustyle.xOffset = 2;
```

```
    ustyle.yOffset = 0;
    ustyle.roImage = AEE_RO_TRANSPARENT; //투명처리
    IMENUCTL_SetStyle(pm, &ustyle, &sstyle); //메뉴 스타일 속성 설정

    col.cSelText= RGB_WHITE;

    col.wMask = MC_BACK | MC_SEL_BACK| MC_SEL_TEXT|MC_TITLE_TEXT;
    col.cBack = MAKE_RGB(255, 255, 204);

    col.cSelBack = MAKE_RGB(153, 204, 204);
    col.cTitleText = RGB_WHITE;

    IMENUCTL_SetColors(pm, &col); //메뉴 텍스트 색상 설정
}
```

모든 메뉴를 관리하기 위해서는 메뉴 Depth를 기억해야 한다. 메인 메뉴(1depth 메뉴)에서 서브 메뉴(2depth 메뉴) 진입시 IdleMenuDlgEventHandler 함수에서 CoreApp_NextDlg 함수가 호출되어 현재 메뉴의 Depth를 pMe→m_MenuDepth값에 저장해서 현재 메뉴 depth를 읽어오게 된다. 그리고, CoreApp_NextDlg 함수를 통해서 메뉴의 제목도 같이 설정된다. 메인 메뉴는 1000의 배수로 ID를 설정하고, 서브 메뉴는 메인 메뉴값에서 메뉴의 차례별로 100씩 증가시켜서 구현해서 현재의 ID값으로 메인 메뉴인지 서브 메뉴를 구분해서 메인 메뉴일 경우는 IMENUCTL_SetTitle 함수로 제목을 설정하고, 서브 메뉴일 경우는 EDIMenuCtl_Sub1SetTitle 함수로 제목을 설정하게 된다.

```
void CoreApp_NextDlg(CCoreApp *pMe, uint16 wItemID)
{
    IDialog *pIDialog;
    boolean nReturnStatus;
    int i;
    AEERect rect;
    uint16 wCurrType =10;
    uint16 wNextDlgID=0;
    uint16 wTitleTextID=0;
    uint16 wTitleIconID=0;

    for (i = 0; i< ARR_SIZE(EDMenuActionTbl); i++)
    {
```

```
        if (EDMenuActionTbl[i].wItemID == wItemID)
        {
            wCurrType=(uint16) EDMenuActionTbl[i].wActionType;
            wNextDlgID=(uint16) EDMenuActionTbl[i].nActionData;
            wTitleTextID=(uint16) EDMenuActionTbl[i].wTextID;
            break;
        }
    }

    if(wCurrType==LAUNCH_DIALOG || wCurrType == LAUNCH_SETTING || wCurrType ==
                        LAUNCH_MODE ||
                          wCurrType == LAUNCH_4X20 ||
                          wCurrType == LAUNCH_4X30)
    {
        if ((wCurrType == LAUNCH_MODE) || (wCurrType == LAUNCH_4X20)
            || (wCurrType == LAUNCH_4X30))
        {
            pIDialog = ISHELL_GetActiveDialog(pMe->a.m_pIShell);

            if (pIDialog != NULL) {
                switch (IDIALOG_GetID(pIDialog)){
                case IDD_4200_MEETING:
                    pMe->NaviMode = 1;
                    break;
                case IDD_4300_DRIVING:
                    pMe->NaviMode = 2;
                    break;
                case IDD_4400_OUTDOOR:
                    pMe->NaviMode = 3;
                    break;
                case IDD_4500_MY_MODE1:
                    pMe->NaviMode = 4;
                    break;
                case IDD_4600_MY_MODE2:
                    pMe->NaviMode = 5;
                    break;
                default:
                    pMe->NaviMode = 5;
                    break;
```

```
        }
    }
}

if(pMe->m_pSubMenu[pMe->m_MenuDepth]&&pMe->m_MenuDepth!=0)
{
    if(IMENUCTL_GetSel(pMe->m_pSubMenu[pMe->m_MenuDepth])==wItemID)
        pMe->m_SelDepthID[pMe->m_MenuDepth] = IMENUCTL_GetSel(
        pMe->m_pSubMenu[pMe->m_MenuDepth]);
    else
        pMe->m_SelDepthID[pMe->m_MenuDepth] =wItemID;
}

//현재 메뉴 Depth를 기준으로 메뉴 Depth값을 변화시킨다.

if(pMe->m_MenuDepth==5)
{
    pMe->m_MenuDepth=6;
}
else if(pMe->m_MenuDepth==4)
{
    pMe->m_MenuDepth=5;
}
else if(pMe->m_MenuDepth==3)
{
    pMe->m_MenuDepth=4;
}
else if(pMe->m_MenuDepth==2)
{
    pMe->m_MenuDepth=3;
}
else if(pMe->m_MenuDepth==1)
{
    pMe->m_MenuDepth=2;
}
else if(pMe->m_MenuDepth==0)
{
    pMe->m_MenuDepth=1;
}
```

```
if(pMe->m_pSubMenu[pMe->m_MenuDepth] !=NULL)
{
   IMENUCTL_Release(pMe->m_pSubMenu[pMe->m_MenuDepth]);
   pMe->m_pSubMenu[pMe->m_MenuDepth] =NULL;
}

//현재 설정할 메뉴에 따라서 화면의 좌표를 다시 설정한다.
if (wCurrType == LAUNCH_SETTING)
{
   nReturnStatus=ISHELL_CreateInstance(pMe->a.m_pIShell,
                   AEECLSID_EDSUB2MENUCTL, (void**)&pMe->m_pSubMenu
                      [pMe->m_MenuDepth]);
   SETAEERECT(&rect, 0, 45, 176, 154);
}
   else if (wCurrType == LAUNCH_MODE||wCurrType==LAUNCH_4X30)
   {
           ISHELL_CreateInstance( pMe->a.m_pIShell, AEECLSID_MEDIAMIDI,
        (void**)&pMe->m_pIMedia );

           nReturnStatus=ISHELL_CreateInstance(pMe->a.m_pIShell,
        AEECLSID_EDSUB2MENUCTL, (void**)&pMe->m_pSubMenu
           [pMe->m_MenuDepth]);
        SETAEERECT(&rect, 0, 45, 176, 154);
   }
else if(wCurrType==LAUNCH_4X20)
{
   CoreMenu_ModeMediaRelease(pMe);
     nReturnStatus=ISHELL_CreateInstance(pMe->a.m_pIShell,
   AEECLSID_EDSUB2_4X20_MENUCTL, (void**)&pMe->m_pSubMenu
     [pMe->m_MenuDepth]);

   SETAEERECT(&rect, 0, 68, 176, 148);
   CoreMenu_ModePlayRinger(pMe, 0, 0XFF);
}
else
{
   if(wCurrType == LAUNCH_DIALOG)
   {
        if(wNextDlgID%1000==0)
        {
```

```
                nReturnStatus=ISHELL_CreateInstance(pMe->a.m_pIShell,
            AEECLSID_EDSUB1MENUCTL, (void**)&pMe->m_pSubMenu
                [pMe->m_MenuDepth]);
            SETAEERECT(&rect, 0, 67, 176, 132);
        }
    else if(wNextDlgID%1000!=0)
    {
            nReturnStatus=ISHELL_CreateInstance(pMe->a.m_pIShell,
        AEECLSID_EDSUB2MENUCTL, (void**)&pMe->m_pSubMenu
            [pMe->m_MenuDepth]);
                SETAEERECT(&rect, 0, 45, 176, 154);
        }
    }
  }

  ISHELL_CreateDialog(pMe->a.m_pIShell, ED_MENU_DIALOG_RESOURCE_FILE, wNextDlgID,
NULL);              // ED-2947 SUBMENU
  {
    if (wNextDlgID == IDD_6000_FUN_AND_UTILITY)
    {
      Is_Fun_and_Utility = TRUE;
    }
     else
     {
        Is_Fun_and_Utility = FALSE;
     }

  // 메인 메뉴와 서브 메뉴의 제목을 설정한다.
    if(wNextDlgID%1000!=0 && wNextDlgID%100==0)
    {
        wTitleIconID=wTitleTextID+1;
        EDIMenuCtl_Sub1SetTitle(pMe->m_pSubMenu[pMe->m_MenuDepth],
                                            ED_MENU_TEXT_RESOURCE_FILE, wTitleTextID,
                                              NULL, wTitleIconID);
            //[ED-2947 Sub Menu] New 메뉴 제목을 리소스 파일에서 읽어온다.
     }
     else
     {
        IMENUCTL_SetTitle(pMe->m_pSubMenu[pMe->m_MenuDepth],
```

```
                        ED_MENU_TEXT_RESOURCE_FILE, wTitleTextID, NULL);
    }
    IMENUCTL_SetRect(pMe->m_pSubMenu[pMe->m_MenuDepth], &rect);
    IMENUCTL_SetActive(pMe->m_pSubMenu[pMe->m_MenuDepth], TRUE);
    CoreMenu_DisplaySoftbar(pMe);
}

    if (wNextDlgID==IDD_4X30_MODE_VOLUME){          // volume bars
        CoreMenu_ModeDrawVolumeBars(pMe, 0,
        (int)GetVolumeType(pMe, CoreMenu_FindVolumeType_Mode
        (IDS_4X31_RING)), TRUE);
    }
      if (wNextDlgID==IDS_6800_STOPWATCH){
          CoreMenu_stwc_init( pMe );
          CoreMenu_InitStopwatchMode(pMe);
          CoreMenu_DisplayStopwatchRunDlg(pMe);
      }
  }
}
```

대기 화면에서 메인 메뉴 선택 화면으로 이동 후에 방향키로 이동해서 메뉴를 선택하는 방법 이외에 메뉴 번호를 숫자키로 눌러서 메인 메뉴로 진입할 수 있다. 이 기능을 구현하기 위해 IdleMenuDlgEventHandler 함수에서 CoreMenu_NumkeyMoveToDlg 함수를 통해서 메인 메뉴 화면에서 숫자키를 눌러서 서브 메뉴로 진입할 수 있다. 소스로 내용을 설명하면 아래와 같다.

```
boolean IdleMenuDlgEventHandler(void *pUser, AEEEvent evt, uint16 w, uint32 dw)
{
.......................................................생략.......................................................

case EVT_KEY:

switch(w) {
  case AVK_0:
case AVK_1:
    case AVK_2:
    case AVK_3:
```

12장

```
      case AVK_4:
      case AVK_5:
      case AVK_6:
      case AVK_7:
      case AVK_8:
      case AVK_9:
#if 1 //숫자키를 눌러서 메인 메뉴에서 서브 메뉴로 진입
            CoreMenu_NumkeyMoveToDlg(pMe, w);
#endif
    return TRUE;
.....................................................생략.....................................................
```

서브 메뉴 리스트에서 숫자키를 누르면 번호에 해당되는 메뉴가 실행되도록 CoreMenu_NumkeyMoveToDlg 함수를 호출한다. 그리고, 하나의 메인 메뉴로 진입 후 다른 메인 메뉴로 이동하기 위해 왼쪽키와 오른쪽키를 누를 경우 메인 메뉴간의 이동이 가능하도록 구현하기 위해 CoreMenu_MoveToDlg 함수를 호출하는 루틴을 추가한다. 자세한 소스의 내용은 아래와 같다.

```
  boolean CoreApp_SubmenuDlgEventHandler(void *pUser, AEEEvent evt, uint16 wParam, uint32
dwParam)
  {
.....................................................생략.....................................................

  case EVT_KEY:
      CORE_MSG ("SimInitializingDlg: EVT_KEY", 0, 0, 0);
      switch(wParam) {

      case AVK_0:
      case AVK_1:
      case AVK_2:
      case AVK_3:
      case AVK_4:
      case AVK_5:
      case AVK_6:
      case AVK_7:
      case AVK_8:
      case AVK_9:
```

```
#if 1 // 숫자키를 눌러서 메뉴를 진입할 경우
        CoreMenu_NumkeyMoveToDlg(pMe, wParam);
#endif
return TRUE;

.....................................생략.....................................

case AVK_SELECT:
    /* send key */
    case AVK_EAR_SEND_END_K:
    case AVK_SEND:
    case AVK_MESSAGE:  /* message, menu and mute not sure..!!!! */
    case AVK_MENU:
    case AVK_MUTE:
      return TRUE;
    case AVK_LEFT:
    case AVK_RIGHT:

#if 1 // 왼쪽 키나 오른쪽 키를 누를 경우 다른 메인 메뉴로 이동
  CoreMenu_MoveToDlg(pMe, wParam);
#endif
  return TRUE;
    case EVT_USER:
      switch(wParam)
      {

.....................................생략.....................................

    Case EVT_BLUETOOTH_APP_MOVE_TO_DLG:
//블루투스 메뉴에서 왼쪽 키나 오른쪽 키를 누를 경우  발생하는 이벤트로, 왼쪽 오른쪽 키//를
누른 것 같은 동작을 하도록 구현한다.

#if 1
CoreMenu_MoveToDlg(pMe, (uint16)dwParam);
#endif
return TRUE;

.....................................생략.....................................
```

위의 내용의 함수 및 루틴을 기존의 소스에 추가해서 컴파일 후 확인하면 5번 메뉴에 진입해서 서브 메뉴로 진입이 가능하며 숫자키를 누를 경우나 왼쪽 오른쪽 키를 누를 경우메뉴가 이동되는 것을 확인할 수 있다.

참고 소스 및 리소스

Contents₩ 9장_서브_메뉴_추가

13장 폰북 아이템 추가/검색 응용 프로그램

실습목적

- 폰북 메뉴 아이템 생성 과정을 이해한다.
- 세부 다이얼로그 실행 및 키 입력에 따른 이벤트 핸들러 호출 과정을 확인한다.
- 입력 조건에 따른 전화번호 검색 과정을 이해한다.
- 특정 값을 입력했을 경우와 아무 값도 입력하지 않을 경우 검색 결과를 확인한다.

이번 장에서는 폰북 아이템을 추가하는 부분을 설명한다.

폰북 App를 실행한 후 New - HandSet 순으로 실행하면 Index, Dummy, Sound, Photo, Mobile, Home, Office, Fax, General, E-Mail의 아이템으로 구성된 메뉴를 확인할 수 있다. 이 중 아무 기능이 없는 Dummy를 삭제하고 이름을 추가로 입력하고 이 값을 이용하여 전화번호를 검색할 수 있는 No Name이라는 아이템을 추가한다.

폰북의 아이템 값을 바탕으로 원하는 전화번호를 탐색하는 기능에 대해 설명한다.

폰북 App를 실행한 후 Find를 실행하면 이름, 그룹(관계), 전화번호를 입력하여 전화번호 및 관련 정보가 입력된 폰북을 찾을 수 있는 메뉴를 확인할 수 있다. 여기에서 기본적으로 등록된 Dummy를 변경하여 폰북이 저장된 순서대로 아이템을 탐색하는 Index라는 아이템을 추가한다.

13.1 이미지 관리 파일로 메뉴 아이콘 및 문자열 추가하기

새로 추가할 메뉴 아이템에 나타날 아이콘 이미지와 메뉴를 나타낼 문자열을 추가한다.

1 아이콘 추가

BREW Resource Editor를 실행 후 contactapp_img.brx를 읽어들인다. 해당 파일은

apps\Contact\resources\en\256color의 경로에 있다.

파일을 열고 리소스 밑의 네 개의 항목 중 개체를 누르면 이미지 ID와 해당 이미지의 경로가 보인다. 이 중 폰북 추가 메뉴에서 쓰이는 ID와 경로는 IDB_1_NEW_1_HANDSET_1_INDEX~IDB_1_NEW_1_HANDSET_10_EMAIL이다. 이 사이에 ID값 IDB_1_NEW_1_HANDSET_2_DUMMY의 다음 항목을 변경한다.

이름	IDB_1_NEW_1_HANDSET_2_DUMMY	IDB_1_NEW_1_HANDSET_2_NAME
Data	phonebook_listicon_index.bmp	phonebook_listicon_name.bmp

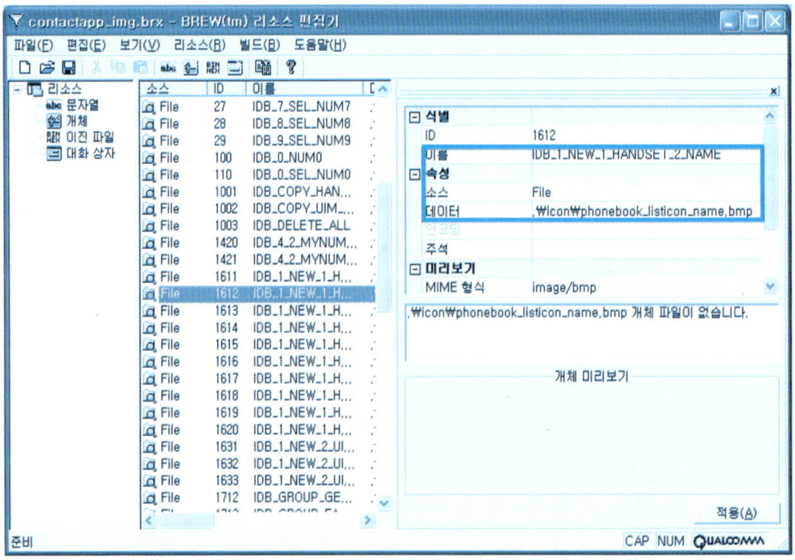

이렇게 변경 후 빌드 후 저장한다. 이후 메모장이나 워드 패드로 contactapp_img.brx 파일을 열어보면 다음과 같은 내용이 추가된 것을 확인할 수 있다.

```
〈Object Id="1611" Name="IDB_1_NEW_1_HANDSET_1_INDEX"〉
        〈File〉.₩icon₩phonebook_listicon_index.bmp〈/File〉
    〈/Object〉
    〈Object Id="1612"Name="IDB_1_NEW_1_HANDSET_2_NAME"〉
        〈File〉.₩icon₩phonebook_listicon_name.bmp〈/File〉
    〈/Object〉
    〈Object Id="1613"Name="IDB_1_NEW_1_HANDSET_3_SOUND"〉
```

```
        <File>.\icon\phonebook_listicon_sound.bmp</File>
    </Object>
```

2 문자열 추가

문자열 역시 이미지 추가와 유사하게 진행된다.

BREW Resource Editor를 실행 후 이미지와 동일 경로상에서 contactapp_txt.brx를 읽어 들인다. 파일을 열고 리소스 밑의 네 개의 항목 중 문자열을 누르면 문자열 ID와 해당 문자열이 보인다. 이 중 폰북 추가 메뉴에서 쓰이는 ID와 경로는 IDS_1_NEW_1_HANDSET_1_INDEX~IDS_1_NEW_1_HANDSET_10_EMAIL이다. 이 사이에 ID값 IDS_1_NEW_1_HANDSET_2_DUMMY의 다음 항목을 변경한다.

이름	IDS_1_NEW_1_HANDSET_2_DUMMY	IDS_1_NEW_1_HANDSET_2_NAME
Data	Dummy	No NAME

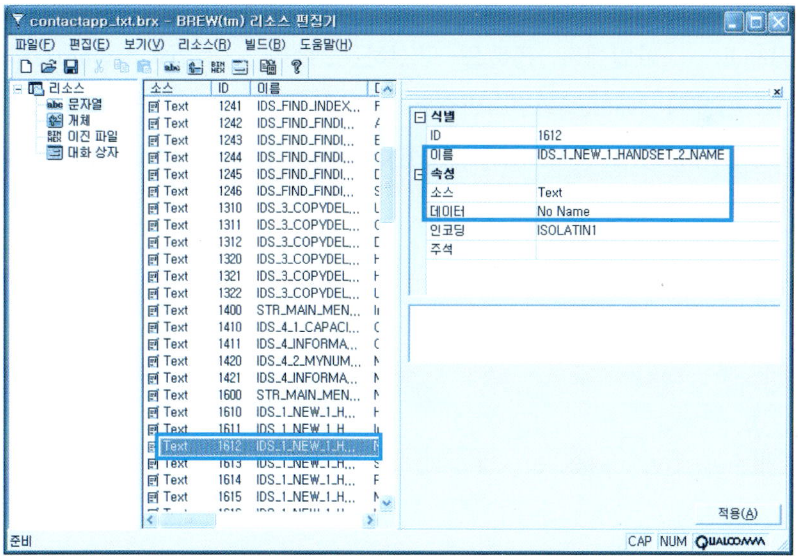

이렇게 설정 후 빌드 후 저장한다.

새로운 ID값을 생성 후 메모장이나 워드 패드로 contactapp_txt.brx 파일을 열어보면 다음과 같은 내용이 추가된 것을 확인할 수 있다.

```
</String>
        <String Id="1611" Name="IDS_1_NEW_1_HANDSET_1_INDEX">
                        <Text>Index</Text>
</String>
        <String Id="1612" Name="IDS_1_NEW_1_HANDSET_2_NAME">
                        <Text>Name</Text>
</String>
        <String Id="1611" Name="IDS_1_NEW_1_HANDSET_3_SOUND">
                        <Text>Sound</Text>
```

13.2 ID값 추가

소스에서 메뉴 아이템을 생성하고 이벤트를 정의할 변수 및 함수에 위에 정의한 ID값을 추가한다.

1 ENUM_1_NEW_1_HANDSET_2_NAME

ContDlgHandler.c 파일에서 폰북을 구성하는 메뉴를 선언한 Enum값인 ENUM_MENU_STRING에서 Name 관련 변수를 추가한다. 선언값 중 ENUM_1_NEW_1_HANDSET_2_DUMMY를 삭제하고 대신 ENUM_1_NEW_1_HANDSET_2_NAME으로 변경하여 추가하도록 한다.

```
typedef enum
{
                                        :
          ENUM_1_NEW_1_HANDSET_1_INDEX,
ENUM_1_NEW_1_HANDSET_2_NAME,
          ENUM_1_NEW_1_HANDSET_3_SOUND,
                                        :
} ENUM_MENU_STRING;
```

폰북 메뉴에 공간을 할당하는 함수 ContAddMenuItem에는 메뉴로 선언된 각 Enum값에 맞는 문자열과 아이콘을 추가하여 폰북 메뉴의 한 요소를 구성하게 된다. 이를 정의하는 switch-case문에 변수만 선언한 후 내용추가는 차후에 하도록 한다.

```
void ContAddMenuItem(CContactApp* pMe, uint16 nStartID, uint16 nEndID, boolean isicon)
{
……………………………………………………생략……………………………………………………

switch(i)
{
        case ENUM_1_NEW_1_HANDSET_1_INDEX:
        if(pMe->m_fieldInfo[ENUM_NEW_DATA_INDEX].m_name != NULL) {
                    ai.pText = pMe->m_fieldInfo[ENUM_NEW_DATA_INDEX].m_name;
                    ai.wText = 0; }
        break;
         case ENUM_1_NEW_1_HANDSET_2_DUMMY :
         //여기를 변경한 후 아이템에 채울 문자열 및 아이콘을 등록한다.

        break;
……………………………………………………생략……………………………………………………
```

2 IDB_1_NEW_1_HANDSET_2_NAME

앞서 정의한 아이콘 ID값을 contactapp_img_res.h에서 변경하여 준다. 여기 등록된 아이콘 ID값은 comtactapp_img.bar에 매칭, 호출되어 메뉴상에서 뿌려주게 된다.

```
#ifndef CONTACTAPP_IMG_BRH
#define CONTACTAPP_IMG_BRH

#define CONTACTAPP_IMG_RES_FILE "contactapp_img.bar"

#define IDB_1_NUM1        1
#define IDB_2_NUM2        2

……………………………………………………생략……………………………………………………

#define IDB_4_2_MYNUMBER_NUMBER                 1421
#define IDB_1_NEW_1_HANDSET_1_INDEX              1611
#define IDB_1_NEW_1_HANDSET_2_NAME        1612
#define IDB_1_NEW_1_HANDSET_3_SOUND             1613
```

```
#define IDB_1_NEW_1_HANDSET_4_PHOTO            1614
#define IDB_1_NEW_1_HANDSET_5_MOBILE           1615

.......................................생략.......................................
```

3 IDS_1_NEW_1_HANDSET_2_NAME

앞서 정의한 문자열 ID값을 각 함수 및 변수에 변경한다. 먼저 contactapp_txt_res.h에 해당 ID값을 등록한다.

```
#ifndef CONTACTAPP_TXT_BRH
#define CONTACTAPP_TXT_BRH
#define CONTACTAPP_TXT_RES_FILE "contactapp_txt.bar"
#define STR_MAIN_MENUITEM_FIND                  1200
#define IDS_2_FIND_1_NAME                       1210
#define IDS_FIND_NAME_TITLE                     1211

.......................................생략.......................................

#define IDS_1_NEW_1_HANDSET                     1610
#define IDS_1_NEW_1_HANDSET_1_INDEX             1611
#define IDS_1_NEW_1_HANDSET_2_NAME              1612
#define IDS_1_NEW_1_HANDSET_3_SOUND             1613
#define IDS_1_NEW_1_HANDSET_4_PHOTO             1614
```

ContDlgHandler.c에서는 CommonMenuResIDTable의 멤버로서, 그리고 ContDlgHandler_SetSel_Item_Index와 ContDlgHandler_GetSel_Item_Index 등에도 ID값을 변경한다. 존재하는 각 함수는 폰북 아이템을 선택하였을 때 이에 맞는 문자열의 ID값을 대입하거나 선택한 문자열의 ID에 대응하는 아이템의 Enum 값을 대입한다.

```
static const uint16 CommonMenuResIDTable[ENUM_MAX_MENU_STRING] =
{
  IDS_1_NEW_1_HANDSET_1_INDEX,          // 10
  IDS_1_NEW_1_HANDSET_2_NAME,       // 11
```

```
static boolean ContDlgHandler_GetSel_Item_Index(CContactApp* pMe)
{
……………………………………………………생략……………………………………………………
            switch(imsi)
                    {
        case IDS_1_NEW_1_HANDSET_1_INDEX:
        pMe->m_newHandsetSelId=ENUM_NEW_DATA_INDEX;
        break;
        case IDS_1_NEW_1_HANDSET_2_NAME:
        pMe->m_newHandsetSelId=ENUM_NEW_DATA_NAME;
        break;
……………………………………………………생략……………………………………………………
```

```
static boolean ContDlgHandler_SetSel_Item_Index(CContactApp* pMe)
{
            uint16 ims=0;
            imsi = IMENUCTL_GetSel(pMe->m_pIMenu);
        if(pMe->m_bIsHandset==TRUE)
        {
            switch(pMe->m_newHandsetSelId)
                    {
        case ENUM_NEW_DATA_INDEX:
        imsi=IDS_1_NEW_1_HANDSET_1_INDEX;
        break;
        case ENUM_NEW_DATA_NAME:
        imsi=IDS_1_NEW_1_HANDSET_2_NAME;
        break;
void ContAddMenuItem(CContactApp* pMe, uint16 nStartID, uint16 nEndID, boolean isicon){
                                :
    case ENUM_1_NEW_2_UIM_2_NAME:
        if(pMe->m_fieldInfo[ENUM_NEW_DATA_NAME].m_name != NULL) {
                                :
ISHELL_LoadResString(pMe->m_App.m_pIShell,
CONTACTAPP_TXT_RES_FILE, IDS_1_NEW_1_HANDSET_2_NAME, text, sizeof(text));
……………………………………………………생략……………………………………………………
```

13장

ENUM_NEW_DATA_NAME은 새로 추가된 폰북 아이템에 대한 ID값으로 각 항목에 대한 ENUM값은 ContApp.h의 NewHandsetData에 정의되어 있다.

```
typedef enum _NewHandsetData {
  ENUM_NEW_DATA_INDEX = 0,
  ENUM_NEW_DATA_NAME,
  ENUM_NEW_DATA_SOUND,
...
} NewHandsetData;
```

13.3 Name 기능 추가

앞서 설명한 ID값을 추가하면 폰북 메뉴상에서 No Name이라는 아이템이 추가된 것을 확인할 수 있다. 그러나 이 메뉴를 눌러도 동작이 실행되지 않는다. 때문에 입력창에 이름을 입력하여 폰북 아이템에 이름 기능을 추가하는 기능을 구현한다.

1 현재 화면 종료

No Name 아이템을 선택, Ok 버튼을 눌렀을 때, 현재 메뉴 다이얼 로그를 종료시킨다. Handet 메뉴 다이얼로그의 이벤트 핸들러 함수인 ContDlgHandler_NewHandsetDialog Event 중 Switch-case 문에서 입력받는 이벤트 중 EVT_COMMAND에서 No Name에 해당하는 아이템 선택시 처리하는 다음 코드를 추가한다.

```
case EVT_COMMAND:
   ContDlgHandler_GetSel_Item_Index(pMe);
   {
  switch(pMe->m_newHandsetSelId)
  {
        case ENUM_NEW_DATA_INDEX:    // Index
        case ENUM_NEW_DATA_MOBILE:   // Mobile
        case ENUM_NEW_DATA_HOME:     // Home

..................................................생략..................................................
```

```
    case ENUM_NEW_DATA_NAME:
    //현재 선택 여부를 나타내는 값을 False 처리 후 메뉴 트리 상태를 저장한다.
   pMe->m_bcurrSelected = !pMe->m_bcurrSelected;

   if(STATE_FIND_RESULT == pMe->m_nprevstate2) {
   pMe->m_nprevstate3 = STATE_NEW_HANDSET;
}
   else {
   pMe->m_nprevstate2 = STATE_NEW_HANDSET;
            pMe->m_nprevstate3 = NULL;
         }

         CLOSE_DIALOG(DLGRET_INPUT_TEXT); //현재 다이얼로그를 닫는다.
         break;
........................................................생략........................................................
```

2 검색 결과 출력

현재 메뉴 다이얼로그 종료 후 이름 입력을 받기 위한 텍스트 입력창을 생성한다. 다이얼로그는 ContDlgHandler_InputTextDialogEvent에서 생성한 후 문자열을 입력받은 후 Ok 버튼을 눌러 입력창을 종료시키고 검색결과를 출력한다. 이 때, 입력한 이름과 폰북에 저장된 아이템 중 일치하는 이름이 있다면 해당 이름과 전화번호가 기록된 아이템을 반환하지만 아무 값도 입력하지 않고 Ok를 누른다면 등록된 아이템이 전부 출력된다. 이러한 아이템의 출력은 함수 ContAddMenuItem에서 수행하게 되는데 switch-case문에서 case ENUM_1_NEW_1_HANDSET_2_DUMMY를 ENUM_1_NEW_1_HANDSET_2_NAME으로 변경 후 다음과 같이 추가한다.

```
switch(i)
{
........................................................생략........................................................

case ENUM_1_NEW_1_HANDSET_2_NAME:
 //인자로 들어온 CContactApp 객체의 필드 데이터이름이 Null이 아니면 CtlAddItem의
 //멤버 pText에 추가한다.

if(pMe->m_fieldInfo[ENUM_NEW_DATA_NAME].m_name != NULL)
```

```
{
        ai.pText = pMe->m_fieldInfo[ENUM_NEW_DATA_NAME].m_name;
        ai.wText = 0; }

// 인자로 들어온 CContactApp 객체의 필드 데이터이름이 Null인, 즉 폰북에 이름을
// 입력하지 않았다면 ID값 IDS_1_NEW_1_HANDSET_2_NAME에 메모리를 할
  // 당하여 텍스트 "Name"을 생성한 후 CtlAddItem의 멤버 pText에 추가한다.

else if(pMe->m_fieldInfo[ENUM_NEW_DATA_NAME].m_name == NULL)
  {
   AECHAR text[32];
 ISHELL_LoadResString(pMem_App.m_pIShell, CONTACTAPP_TXT_RES_FILE,
                                   IDS_1_NEW_1_HANDSET_2_NAME,
                                   text, sizeof(text));
pMe->m_fieldInfo[ENUM_NEW_DATA_NAME].m_type
     = ENUM_NEW_DATA_NAME;
     pMe->m_fieldInfo[ENUM_NEW_DATA_NAME].m
```

```
WSTRCPY( (AECHAR*)
    pMe->m_fieldInfo[ENUM_NEW_DATA_NAME].m_name, text);
     ai.pText = pMe->m_fieldInfo[ENUM_NEW_DATA_NAME].m_name;
     ai.wText = 0;
 }
break;
```

Contents 폴더내에 10장_폰북 아이템_추가\apps\Contact 폴더에서 ContDlgHandler.c에 있는 함수 추가루틴과 ID값을 \apps\Contact 폴더에 있는 ContDlgHandler.c, contactapp_txt_res.h, contactapp_img_res.h 파일에 추가한다.

이후 컴파일 후 결과는 다음과 같다. 폰북 App를 실행한 후 1. Phonebook - New - HandSet 순으로 실행하면 Index, Sound, Photo, Mobile, Home, Office, Fax, General, E-Mail의 폰북 아이템 중 No Name으로 명명된 아이템이 추가된 것을 확인할 수 있다.

참고 소스

Contapp.c, ContDlgHandler.c, contactapp_txt_res.h, contactapp_img_res.h, contactapp_txt.brx, contactapp_img.brx

13.4 메뉴 문자열 추가

이번 절에서는 앞장서 설명한 폰북의 아이템 값을 바탕으로 원하는 전화번호를 탐색하는 기능에 대해 설명한다. 폰북 App를 실행한 후 Find를 실행하면 이름, 그룹(관계), 전화번호를 입력하여 전화번호 및 관련 정보가 입력된 폰북을 찾을 수 있는 메뉴를 확인할 수 있다. 여기에서 기본적으로 등록된 Dummy를 변경하여 폰북이 저장된 순서대로 아이템을 탐색하는 문자열(Index)이라는 아이템을 추가한다.

BREW Resource Editor를 실행 후 이미지와 동일 경로상에서 contactapp_txt.brx를 읽어들인다. 파일을 열고 리소스 밑의 네 개의 항목 중 문자열을 누르면 문자열 ID와 해당 문자열이 보인다. 이 중 검색 관련 메뉴는 IDS_2_FIND_1_NAME과 같은 식으로 명명되어 있다. 여기에 아이템 Dummy에 해당하는 IDS_2_FIND_1_DUMMY를 다음과 같이 변경한다.

이름	IDS_2_FIND_1_DUMMY	IDS_2_FIND_1_INDEX
Data	Dummy	Index

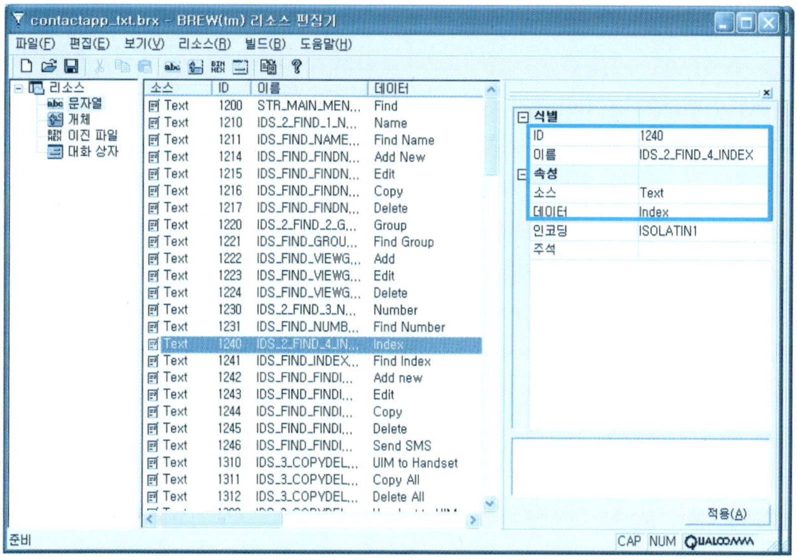

13.5 ID값 추가

위에서 추가한 문자열의 ID를 변수에 추가한다. 먼저 contactapp_txt_res.h에 해당 ID값을 등록한다. contactapp_txt_res.h는 contactapp에서 사용하는 메뉴상의 모든 문자열값의 변수와 고유값이 등록되어 있다. 이 값은 리소스 에디터에서 추가한 값과 동일하여야 한다.

```
#ifndef CONTACTAPP_TXT_BRH
#define CONTACTAPP_TXT_BRH

#define CONTACTAPP_TXT_RES_FILE "contactapp_txt.bar"
#define STR_MAIN_MENUITEM_FIND  1200
#define IDS_2_FIND_1_NAME       1210
#define IDS_FIND_NAME_TITLE     1211
                                   :
#define IDS_FIND_VIEWGROUP_POPUP_3_DELETE       1224
#define IDS_2_FIND_3_NUMBER     1230
#define IDS_FIND_NUMBER_TITLE   1231
#define IDS_2_FIND_4_INDEX      1240
……………………………………………생략……………………………………………
```

15장에서와 동일하게 폰북을 구성하는 메뉴를 선언한 Enum값인 ENUM_MENU_STRING에서 Index 관련 변수를 추가한다. 선언값 중 ENUM_2_FIND_4_DUMMY를 삭제하고 ENUM_2_FIND_4_INDEX으로 변경하여 추가하도록 한다.

```
typedef enum
{
                         :
        ENUM_2_FIND_2_GROUP,       // 3
        ENUM_2_FIND_3_NUMBER,      // 4
        ENUM_2_FIND_4_INDEX,       // 5
……………………………………………생략……………………………………………
} ENUM_MENU_STRING
```

ContactApp에서 사용되는 다이얼로그 내에서 보여지는 문자열에 대한 고유 정보를 가진 CommonMenuResIDTable에도 기존 ID값을 INDEX로 변경한다. ContDlgHandler.c에서는 이 값을 이용하여 메뉴 생성시 필요한 문자열값을 읽어들여 화면에 뿌려주는 역할을 한다.

```
static const uint16 CommonMenuResIDTable[ENUM_MAX_MENU_STRING] =
{
        IDS_1_NEW_1_HANDSET,
        IDS_1_NEW_2_UIM,
                                             :
         IDS_2_FIND_3_NUMBER,
        IDS_2_FIND_4_INDEX,
```

ID값은 검색조건을 나타내는 다이얼로그의 타이틀에도 사용되어야 한다.

이벤트 핸들러 static boolean ContDlgHandler_FindDialogEvent의 switch-case 문에서 EVT_Command에서 다음과 같이 추가한다.

```
static boolean ContDlgHandler_FindDialogEvent(struct _CContactApp *pMe,
                                              AEEEvent     eCode,
                                              uint16       wParam,
                                              uint32       dwParam)
{
                                             :
  case EVT_COMMAND:
  {
        int i=0;
         boolean return_cache_status = TRUE;
..................................................생략....................................................

         for(i=0;i<ARR_SIZE(CommonMenuResIDTable);i++)
        {
             if(wParam == CommonMenuResIDTable[i])
             {

..................................................생략....................................................

                  if(wParam == IDS_2_FIND_3_NUMBER)
                    pMe->m_nTitle = IDS_INPUT_NUMBER_TITLE;
                       //입력된 아이템 wParam값이 IDS_2_FIND_4_INDEX일 경우 입력창의 //타
                    이틀로 IDS_INPUT_INDEX_TITLE에 등록된 값 "Input Index"를 입//력창에 뿌
                    려준다.
               else if(wParam == IDS_2_FIND_4_INDEX)
```

13장

```
pMe->m_nTitle = IDS_INPUT_INDEX_TITLE;
CLOSE_DIALOG(CommonDlgRetTable[i]);
return TRUE;

………………………………………………생략………………………………………………
```

ContDlgHandler_FindDialogEvent에서 FIND 관련 항목을 생성할 때 기존의 Dummy값을 Index로 바꾸어야 한다. EVT_DIALOG_INIT에서 호출한 함수 ContAddItem의 인자값(ID값)을 다음과 같이 변경한다.

```
static boolean ContDlgHandler_FindDialogEvent(struct _CContactApp *pMe,
                                              AEEEvent    eCode,
                                              uint16      wParam,
                                              uint32      dwParam)
{
    PARAM_NOT_REF(dwParam)

    switch (eCode) {
        case EVT_DIALOG_INIT:

        ISHELL_CreateInstance(pMe->m_App.m_pIShell,
              AEECLSID_EDSUB2MENUCTL, (void**)&pMe->m_pIMenu);
          IMENUCTL_SetTitle(pMe->m_pIMenu, CONTACTAPP_TXT_RES_FILE,
        STR_MAIN_MENUITEM_FIND, NULL);
          //ContAddMenuItem의 인자를 변경한다. 변경한 ID의 텍스트값이 메뉴에//서
        뿌려진다.
        ContAddMenuItem(pMe, ENUM_2_FIND_1_NAME, ENUM_2_FIND_4_INDEX,
                        FALSE);
        ISOFTKEY_SetField(pMe->m_pISoftkey, NULL, SOFTKEY_OK,
                          SOFTKEY_BACK);
        return TRUE;
```

13.6 Index 기능 추가

앞서 설명한 ID값을 추가하면 폰북 메뉴상에서 Index이라는 아이템이 추가된 것을 확인할 수 있다. 이 아이템을 누르면 Index를 입력하는 입력창이 생성된다. 이 창은 검색창뿐만 아니라 폰북에서 Index 입력, 등록시에도 동일하게 사용된다. 여기서는 입력창이 생성된 후 Index를 입력하였을 때 검색결과를 도출하는 부분을 구현한다. 문자열 입력창에 대한 이벤트를 다루는 함수 ContDlgHandler_InputLineTextDialogEvent의 switch- case 문에서 키입력 후 Ok 버튼을 눌렀을 때의 이벤트 처리부에 다음과 같이 추가한다.

```
case EVT_KEY:
{
   switch(wParam)
   {
                                    :
   case AVK_SELECT:                                                    {
   //입력창 전화번호를 넣어 찾았을 때. pMe->m_nTitle값으로 입력창 종류를 확인한다.
   if(IDS_INPUT_NUMBER_TITLE == pMe->m_nTitle) {

   //입력창에 Index를 넣어 찾았을 때
   else if(IDS_INPUT_INDEX_TITLE == pMe->m_nTitle){
       CtlAddItem cai;

       ContDlgHandler_GetItem(pMe, &cai);

//////////////////////////////////여기에서부터 추가한다. /////////////////////////////////////////
       pMe->m_contactInfo.m_name = NULL;
       // 내용입력을 했을 경우에만 값을 할당한다.

       if(cai.pText != NULL && WSTRLEN(cai.pText) != 0)
       {
           int len=WSTRSIZE(cai.pText);
           pMe->m_contactInfo.m_id =
           AEE_ADDRFIELD_SPEED_DIAL;
           pMe->m_contactInfo.m_name = MALLOC(len);
           ASSERT(pMe->m_contactInfo.m_name != NULL);
           WSTRCPY(pMe->m_contactInfo.m_name, cai.pText);
           pMe->m_contactInfo.m_len = len;
```

13장

```
        }

  // 아무것도 입력하지 않으면 전체검색
        else
        {
          pMe->m_contactInfo.m_id = AEE_ADDRFIELD_NONE;
                  pMe->m_contactInfo.m_name = NULL;
                  pMe->m_contactInfo.m_len = 0;
        }
  // 검색결과가 없으면 경고창 생성 후 종료
  // 검색결과 일치되는 항목이 없으면 메시지 출력 후 원래 화면으로 돌아간다.
        if (FALSE == ContDlgHandler_LoadFindResultList ( pMe,
           pMe->m_contactInfo.m_class, pMe->m_contactInfo.m_id,
           pMe->m_contactInfo.m_name))
        {
            pMe->m_byPopupType = PB_POPUP_EXCLAIM;
pMe->m_nPopupMessage = IDS_MSG_NO_MATCH;
            pMe->m_nprevstate = STATE_FIND;
pMe->m_nprevstate2 = NULL;
pMe->m_nprevstate3 = NULL;
             CLOSE_DIALOG(DLGRET_3_ALERT);
        }
        else{
                        CLOSE_DIALOG(DLGRET_FIND_RESULT);
          }
    }
  }
  break;
```

Contents 폴더내에 11장_폰북 검색_기능\apps\Contact 폴더에서 ContDlgHandler.c에 있는 함수 추가루틴과 ID값을 \apps\Contact 폴더에 있는 ContDlgHandler.c, contactapp_txt_res.h 파일에 추가한다.

이후 컴파일 후 결과는 다음과 같다. 폰북 App를 실행한 후 1. Phonebook - Find 순으로 실행하면 Index를 이용해 전화번호를 찾는 항목이 추가된 것을 확인할 수 있다.

참고 소스

Contapp.c, ContDlgHandler.c, contactapp_txt_res.h, , contactapp_txt.brx

14장 카메라의 프리뷰/촬영/저장/앨범보기 응용 프로그램

실습목적

- 카메라 App에서 프리뷰까지 진입 과정을 이해한다.
- 프리뷰 직전 화면 설정을 조절하는 과정을 이해한다.
- 촬영 및 저장 관련 이벤트 핸들러 호출 과정을 파악한다.
- 사진 촬영 후 저장까지의 흐름을 파악한다.
- NormalShot외에 MultiShot, Movie 촬영이 이루어지는 시점을 이해한다.
- 앨범 메뉴에서 각 세부 메뉴의 접근 과정을 이해한다.
- Full View, Multi View, List의 차이를 확인한다.
- Multi View 항목에서 이미지 확대 과정을 이해한다.

이번 장은 카메라 App의 실행 과정 및 촬영된 이미지 파일을 보관한 Album 메뉴의 진입에 대하여 알아본다.

카메라로 사진을 촬영하는 경우 다음과 같은 과정을 거치게 된다.

[그림 14-1] 카메라 촬영 과정

- PreView : 카메라 센서로 읽어 들인 정보를 LCD로 출력한다.
- Capture : 카메라 App 중 스냅샷 모드에서 카메라 작동을 시작하여 스냅샷(사진) 촬영을 한다.
- Save : Capture에서 촬영한 스냅샷의 이름을 지정하고 jpg 파일 포맷으로 저장한다.

이번 장에서는 이 중 카메라 App을 실행 후 Preview로 진입하는 경로를 확인하고 Preview 직전 화면설정(모드, 크기, 화질, Flash, Frame)을 하는 과정을 알아본다.

14.1 메뉴상에서의 실행

메인 메뉴에서 9번 키를 누르거나 대기 화면에서 카메라 키를 누르면 카메라 App이 실행되고 사진을 찍을 수 있는 Photo Shop, 찍은 사진을 볼 수 있는 Photo Album, 설정을 변경하는 Setting의 메뉴를 볼 수 있다. 이 중 사진을 찍기 위해서는 Photo Shot 메뉴를 실행하여 프리뷰 모드로 전환, 카메라 센서로 영상정보를 읽어들여 단말기 LCD에 출력하여야 한다.

14.2 실행과정

소스 상에서 프리뷰 모드의 흐름은 다음과 같은 도표로 나타낼 수 있다.

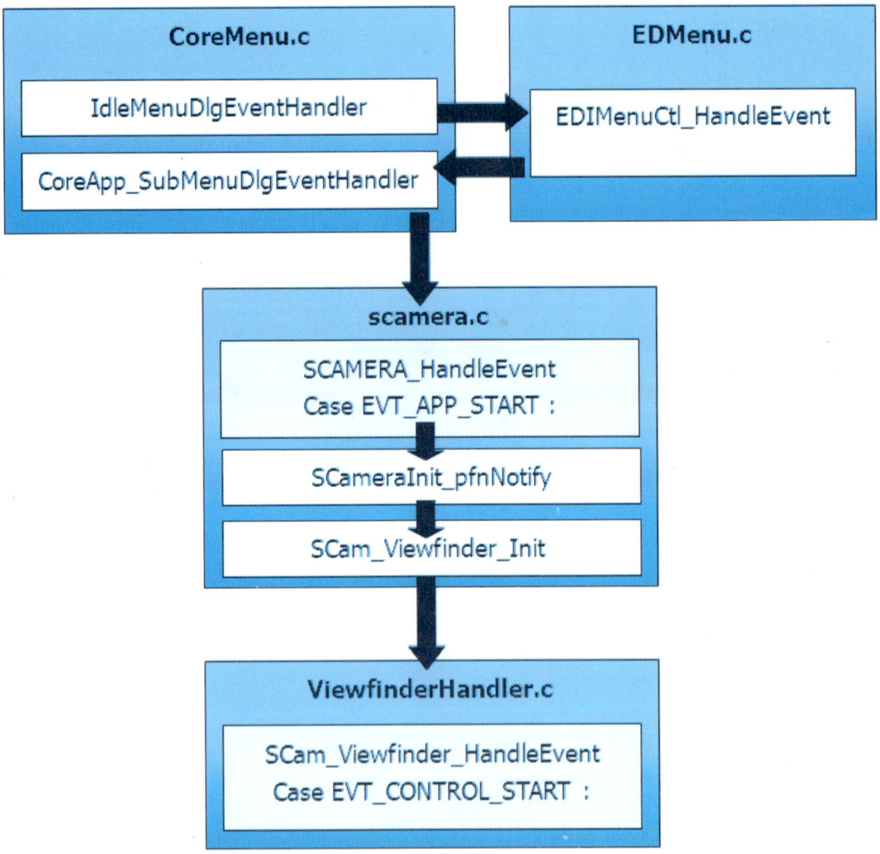

[그림 14-2] 프리뷰 모드의 흐름도

각 파일의 역할은 다음과 같다.

- CoreMenu.c : Idle 화면에서 카메라 모드로 진입한다.
- EDMenu.c : 카메라 모드에서 하부 메뉴(Photo Shot, PhotoAlbum, Setting)를 구성하고 입력받은 MenuID값에 따라 해당 하부 메뉴의 이벤트 핸들러(CoreApp_SubMenuDlgEventHandler)를 실행한다.
- Scamera.c : 카메라 App을 실행한다.
- ViewfinderHandler.c : 카메라 App에서 프리뷰 모드에서 발생되는 모든 이벤트를 다룬다.(프리뷰 모드 시작, 메뉴 설정, 촬영.. 등)

현재 카메라 메뉴에 진입하여 Photo Shot 실행시 프리뷰 모드로 진입되지 않는다. 위의 도표에서 노란색으로 처리된 부분의 이벤트 처리가 되어 있지 않기 때문이다. 도표의 흐름대로 코드를 분석하여 보자.

14.3 메인 메뉴 진입

카메라 메뉴는 메인 메뉴에서 9번을 누르면 진입할 수 있다. 이는 Idle 메뉴상태에서 각각의 메뉴에 해당되는 문자열 ID값(IDS_X000_XXXX)을 선택한 것과 같다. CoreMenu.c의 함수 IdleMenuDlgEventHandler에서 이 부분을 다루고 있다.

```
boolean IdleMenuDlgEventHandler(void *pUser, AEEEvent evt, uint16 w, uint32 dw)
{
case EVT_COMMAND:
    CORE_MSG ("IdleMenuDlg: EVT_COMMAND", 0, 0, 0);
    switch(w) {
case IDS_1000_PHONEBOOK://menu1
case IDS_2000_CALLHISTORY://menu2
case IDS_3000_MESSAGE://menu3
case IDS_4000_MODE://menu4
case IDS_5000_SETTING://menu5
case IDS_6000_FUNANDUTILITY://menu6
case IDS_8000_BREW://menu8
case IDS_9000_CAMERA://menu9
        if(CoreMenu_PrivacyLockCheckDlg(pMe, w)==TRUE)
```

```
            return TRUE;
        CoreApp_NextDlg(pMe, w);
        return TRUE;
```

카메라 메뉴에 해당되는 ID값 IDS_9000_CAMERA를 실행하면, 해당 메뉴에 암호가 걸려있는지를 CoreMenu_PrivacyLockCheckDlg(pMe, w)로 확인 후 CoreApp_NextDlg를 호출함으로 카메라 메뉴 하의 세부 메뉴를 목록으로 보여주게 된다. CoreApp_NextDlg 내부에서는 주로 다음과 같은 역할을 한다.

- 메뉴액션테이블(EDMenuActionTbl)로부터의 속성을 저장한다.
  메뉴액션테이블은 각 메뉴의 고유 ID값, 속성(Applet, Dialog..), 아이콘 ID 값 등 메인 메뉴와 하위 메뉴의 속성을 보관하고 있다.

```
void CoreApp_NextDlg(CCoreApp *pMe, uint16 wItemID)
{
...
...
        for (i = 0; i< ARR_SIZE(EDMenuActionTbl); i++)
        {
                if (EDMenuActionTbl[i].wItemID == wItemID)
                {
                        wCurrType=(uint16) EDMenuActionTbl[i].wActionType;
                        wNextDlgID=(uint16) EDMenuActionTbl[i].nActionData;
                        wTitleTextID=(uint16) EDMenuActionTbl[i].wTextID;
                        break;
                }
...
...
```

- 각 메뉴의 depth를 저장한다. 즉, 최초 메뉴로부터 얼마나 하위로 들어 왔는지를 저장한다. 이는 하위 메뉴의 사용을 끝내고 상위 메뉴로 복귀하기 위해 필요하다.

```
...
...
if(pMe->m_pSubMenu[pMe->m_MenuDepth]&&pMe->m_MenuDepth!=0)
```

```
{
 if(IMENUCTL_GetSel(pMe->m_pSubMenu[pMe->m_MenuDepth])==wItemID)
pMe->m_SelDepthID[pMe->m_MenuDepth] =
IMENUCTL_GetSel(pMe->m_pSubMenu[pMe->m_MenuDepth]);
 else
  pMe->m_SelDepthID[pMe->m_MenuDepth] =wItemID;
}
if(pMe->m_MenuDepth==5)
 {
  pMe->m_MenuDepth=6;
 }
```

- 메뉴 속성에 따른 메뉴객체를 실행한다. 여기선 메뉴 속성 중 wCurrType이 LAUNCH_DIALOG므로 이에 따라 메뉴 객체 EDMenu를 실행하게 된다.

```
if(wCurrType == LAUNCH_DIALOG)
 {
   if(wNextDlgID%1000==0)
    {
        nReturnStatus=ISHELL_CreateInstance
      (pMe->a.m_pIShell, AEECLSID_EDSUB1MENUCTL,
      (void**)&pMe->m_pSubMenu[pMe->m_MenuDepth]);
       SETAEERECT(&rect, 0, 67, 176, 132);
    }
```

EDMenu.c에서는 이렇게 세부 메뉴로 넘어간 후 해당 항목을 선택하였을 때(AVK_SELECT) 이벤트 처리를 한다. 이 경우 함수 Menu_HandleSelection을 실행한다. 이 때 선택된 메뉴의 ID값((uint16)pItem->nItemID)에 따라 현재 활성화된 App(즉, CoreMenu.c)에서 CoreApp_SubMenuDlgEventHandler를 호출, 세부 메뉴 실행에 대한 이벤트를 처리한다.

```
 static boolean EDIMenuCtl_HandleEvent(EDIMenuCtl * po, AEEEvent eCode, uint16 wParam,
uint32 dwParam)
 {
 case EVT_KEY:
                          :
```

14장

```
switch (wParam) {
            case AVK_SELECT:
                return Menu_HandleSelection(pme, pme->m_nSelect);
...
```

```
static boolean Menu_HandleSelection(CEDMenuCtl * pme, int nSelect)
{
    if (pme->m_bSendCmd) {
        CEDMenuItem    * pItem;
:
    return
    (ISHELL_HandleEvent(pme->m_pIShell, EVT_COMMAND,
(uint16)pItem->nItemID, (uint32)pme));
```

CoreMenu.c의 CoreApp_SubMenuDlgEventHandler에서는 PhotoShot 관련 항목을 선택시(EVT_COMMAND) 사진 촬영을 위한 Camera App을 시작한다.

```
boolean CoreApp_SubmenuDlgEventHandler(void *pUser, AEEEvent evt, uint16 wParam, uint32
dwParam)
{
...
...
case EVT_COMMAND :
...
...
case IDS_9100_PHOTO_SHOT:
 ISHELL_CancelTimer(pMe->a.m_pIShell, (PFNNOTIFY)DisplayIdleMenuDlg, pMe);
#ifndef AEE_SIMULATOR
 ISHELL_StartApplet(pMe->a.m_pIShell, AEECLSID_SCAMERA);
#endif
return TRUE;
```

14.4 프리뷰 진입

메인 메뉴로부터 카메라 모드를 진입하여 카메라 App를 실행하였다. 그러나 App 시작시 처리가 되어 있지 않아 아직 프리뷰 모드로 진입할 수 없다. Scamera.c의 이벤트 핸들러 SCAMERA_HandlerEvent에서 App 시작시 다음과 같이 화면 설정을 하는 구문을 추가하여야 한다.

```
  static boolean SCAMERA_HandleEvent(IApplet * pi, AEEEvent eCode, uint16 wParam, uint32
dwParam)
  {
      SCamera* pme = (SCamera*)pi;
      AEERect              rc;
                                  :
      switch (eCode)
      {
        case EVT_APP_START:
       SCAMERA_PreparePage(pme);
     IANNUNCIATOR_EnableAnnunciatorBar(pme->m_pIAnn, AEECLSID_DISPLAY1, FALSE);
    if(pme->m_pICam) {

  //화면크기, 화질, 축소 및 확대 비율을 설정한다.
      ICAMERA_SetSize(pme->m_pICam, SCAMERA_GetCaptureSize
      (pme->m_size));
      ICAMERA_SetQuality(pme->m_pICam, SCAMERA_GetQuality
      (pme->m_quality));
      ICAMERA_SetZoom(pme->m_pICam, pme->m_bZooom);

      //플래시를 설정한다.
      if(pme->m_flash==SCAMERA_FLASH_ON)
        ICAMERA_SetFlash(pme->m_pICam, TRUE);
      else
        ICAMERA_SetFlash(pme->m_pICam, FALSE);

      //프레임 겹침여부(배경화면)을 설정한다.
      if(pme->m_frame == SCAMERA_FRAME_ON)
        ICAMERA_SetSuperimpose(pme->m_pICam,
        SCAMERA_GetSuperimpose(pme->m_bOSD));
```

```
        //카메라 모듈로 입력받은 프레임(영상정보)을 단말기로 보낸다.
          ICAMERA_Preview(pme->m_pICam);
        }
    ISHELL_SetTimer(pme->a.m_pIShell, 100, SCameraInit_pfnNotiyfy, pi);
    return(TRUE);
```

위와 같이 코드를 추가 및 컴파일을 한 후, 카메라 모드를 실행하면 Photo Shot에서 프리뷰 모드로 진입이 가능하다. 그러나 프리뷰 모드만 실행되고 화면 설정이나 촬영에 쓰이는 소프트키를 화면에서 찾아볼 수 없다. 이러한 메뉴나 소프트키는 사진 촬영 및 저장을 위해서 꼭 필요하다. 프리뷰 모드상에서 키 생성을 위해서는 프리뷰 모드가 진행되는 동안 발생하는 이벤트를 처리하는 이벤트 핸들러 SCam_Viewfinder_HandleEvent에서 시작시에 생성을 해준 후, 메뉴가 생성된 영역을 제외한 부분의 화면 설정을 한 후 다시 프리뷰 모드로 진입하여야 한다. 카메라 App에서 Preview 이벤트 핸들러 처리까지의 과정을 추적하면 다음과 같다.

```
  static boolean SCAMERA_HandleEvent(IApplet * pi, AEEEvent eCode, uint16 wParam, uint32
dwParam)
  {
                                        :
      switch (eCode)
      {
        case EVT_APP_START:
                                        :
    //0.1초 단위로 SCameraInit_pfnNotify 함수를 호출한다.
    ISHELL_SetTimer(pme->a.m_pIShell, 100, SCameraInit_pfnNotiyfy, pi);
    return(TRUE);
```

```
  static void SCameraInit_pfnNotiyfy(void * po)
  {
          SCamera *pme = (SCamera *) po;
           // 프리뷰 상태를 초기화한다.
          SCam_Viewfinder_Init (pme)
           //화면을 다시 그린다.
          SCAMERA_Redraw(pme);
  }
```

```
boolean  SCam_Viewfinder_Init (void *po)
{
        SCamera * pme = (SCamera *)po;
        IGen_Ctrl            *           pGeneric=NULL;

        if(CLS_CTRL_PREVIEW !=
         ICAM_CTRLS_GetActiveID(pme->m_pControler))
        {
             if(ICAM_CTRLS_Create(pme->m_pControler, CLS_CTRL_PREVIEW,
             &pGeneric) != SUCCESS)
           return FALSE;
        }
        else
        {
          pGeneric = ICAM_CTRLS_GetActiveControl(pme->m_pControler);
        }
         //ViewfinderHandler.c 내의 이벤트 핸들러 SCam_Viewfinder_HandleEvent
         //를 호출한다.
        if(pGeneric)
        {
          ICAM_CTRLS_SetHandler
            (pme->m_pControler, pme, SCam_Viewfinder_HandleEvent);
          return TRUE;
        }
        return FALSE;
```

ViewfinderHandler.c의 SCam_Viewfinder_HandlerEvent는 프리뷰내에서 발생하는 이벤트를 처리한다. 지금 언급할 프리뷰 모드 진입시 메뉴나 소프트키의 생성 외에도 촬영, 기능(명암, 축소확대), 저장키에 대한 이벤트 처리도 이루어진다. EVT_CONTROL_START에서 다음과 같이 내용을 추가하면 프리뷰 화면 하단에서 소프트키가 생성되는 것을 확인할 수 있다.

```
  static boolean SCam_Viewfinder_HandleEvent (void *po, AEEEvent eCode, uint16 wParam,
uint32 dwParam)
  {
        SCamera *pme = (SCamera *) po;
        static IGen_Ctrl             *          pGeneric=NULL;
```

```
        switch (eCode)
        {
        case EVT_CONTROL_START:
        case EVT_CONTROL_RESUME:
...
...
    pGeneric = (IGen_Ctrl *)dwParam;
    // 프리뷰 하단의 소프트키 설정을 한다. 단일촬영, 멀티촬영, 무비촬영일 때(m_mode값
    // 에 따라 구성)키 구성이 각각 틀리다.
      if(pme->m_mode == SCAMERA_MODE_NORMAL)
        ISOFTKEY_SetField(pme->m_pISoftkey, SOFTKEY_MENU,
        SOFTKEY_TAKE_PHOTO,  SOFTKEY_BACK);
      else if(pme->m_mode == SCAMERA_MODE_MULTI)
         ISOFTKEY_SetField(pme->m_pISoftkey, SOFTKEY_MENU,
         SOFTKEY_TAKE_MULTI, SOFTKEY_BACK);
      else
        ISOFTKEY_SetField(pme->m_pISoftkey, SOFTKEY_MENU,
        SOFTKEY_TAKE_MOVIE, SOFTKEY_BACK);
        //소프트키가 차지하는 영역을 제외한 화면을 재설정한다.
         ICAM_ VIEWFINDER _SetMode(pGeneric, pme->m_mode);
         ICAM_ VIEWFINDER _SetSize(pGeneric, pme->m_size);
         ICAM_ VIEWFINDER _SetQuality(pGeneric, pme->m_quality);
         ICAM_ VIEWFINDER _SetFlash(pGeneric, pme->m_flash);
         ICAM_ VIEWFINDER _SetFrame(pGeneric, pme->m_frame);
         ICAMERA_Preview(pme->m_pICam);
           //화면설정이 진행되는 동안 키잠금을 해제한다.
         pme->m_keyLock = FALSE;
         return TRUE;
```

Contents 폴더내에 12장_카메라_프리뷰\apps\SCamera 폴더에서 EDCamra.c와 ED Handler_Preview.c에 있는 함수 추가루틴을 \apps\SCamera 폴더에 EDCamra.c와 ED Handler_Preview.c 파일에 추가해서 컴파일 후 결과를 확인하면 프리뷰 모드 진입이 가능하고 프리뷰 화면 하단에 메뉴 소프트키가 생성되는 것을 확인할 수 있다.

참고 소스

CoreMenu.c, EDMenu.c, Scamera.c, ViewfinderHandler.c

14.5 메뉴상에서의 실행

앞 절의 카메라 모드에서 프리뷰 모드로 진입시 하단을 보면 Menu, 카메라 아이콘, Back으로 구성되는 소프트키를 볼 수 있다. 이 중 촬영키(OK키)를 누르면 카메라 센서에 입력된 프레임 정보를 저장, 이미지 파일이 생성된다. 이 때 하단의 소프트키가 Save, Back으로 바뀌는데 Save를 누르면 파일의 이름을 변경할 수 있는 팝업창이 생성된다. 파일 이름을 설정한 후 OK버튼을 누르면 촬영한 이미지를 저장하게 된다. 현재 단말기에서는 촬영키만 존재하고 기능은 정의되어 있지 않다. 경로를 확인하면서 촬영 및 저장 기능을 추가하도록 한다.

14.6 실행과정

사진 촬영 직후에 저장 여부를 묻는 과정이 연속적으로 이어 진다. 각 과정은 이벤트 발생에 따른 이벤트 핸들러별로 처리 되는데 주요 이벤트 핸들러의 역할은 다음과 같다.

- SCam_Viewfinder_HandleEvent : 프리뷰 모드일 때 입력되는 이벤트를 처리한다. 사진촬영, 화면 설정 관련키 입력시 이에 따른 결과를 반환한다.
- SCam_NormalShot_HandleEvent : 사진이 촬영될 때 이벤트를 처리한다.
  왼쪽 소프트키를 눌러 사진 저장 여부를 확인한다.
- SCam_NormalShotSave_HandleEvent : 촬영한 사진이 저장될 때 이벤트를 처리한다.
  Ok 버튼을 눌러 저장 여부를 확정한다.
- SCam_NormalShotMsg_HandleEvent : 촬영한 사진이 저장되었음을 알게 호출된다.
  함수가 호출되어 촬영 완료 이벤트가 전달되면 SCam_Viewfinder_Init를 호출, 프리뷰 상태로 되돌아간다.

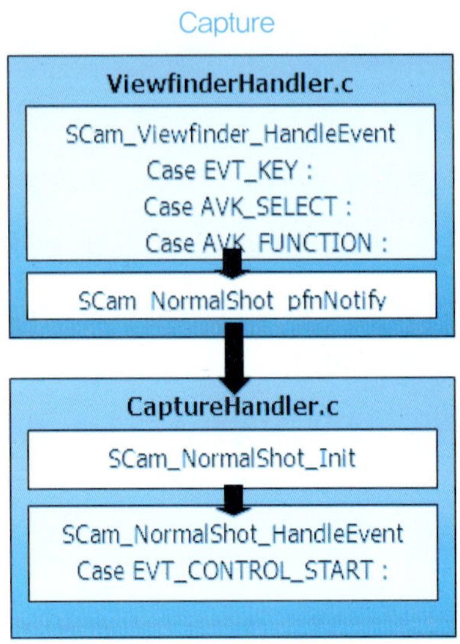

[그림 14-3] 카메라 실행과정(캡쳐부문)

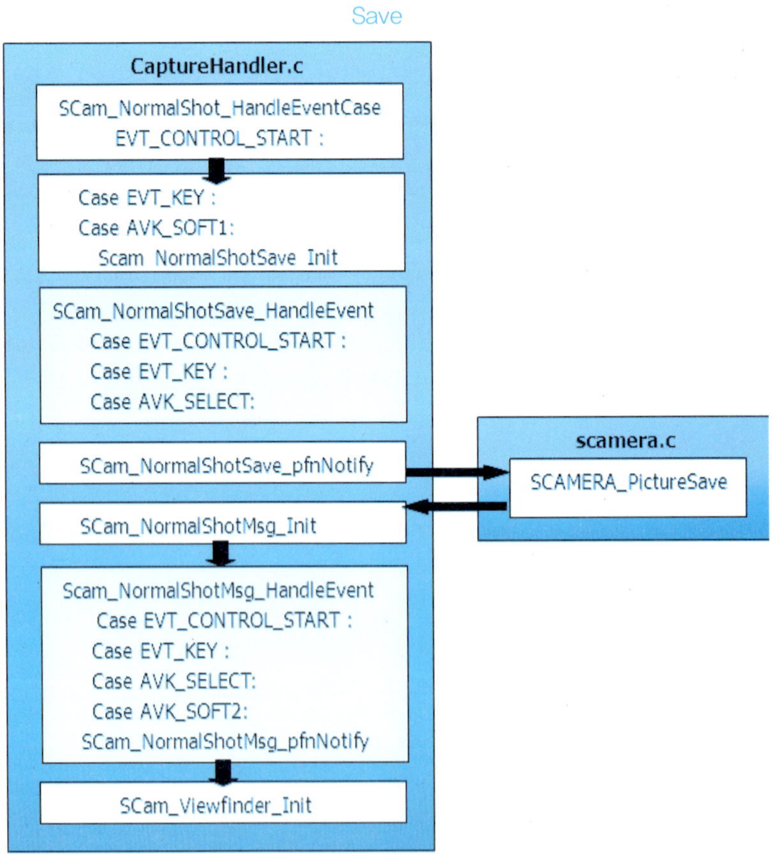

[그림 14-4] 카메라 실행과정(저장부문)

14.7 촬 영

사진 촬영 이벤트는 앞 절에서 설명한 프리뷰 화면으로부터 시작된다.

Normal Shot 상태에서 셔터역할을 하는 Ok키나 단말기 오른쪽의 촬영키를 누르면 Normal Shot이 찍혔음을 알리는 SCam_NormalShot_pfnNotiyfy를 호출 후 내부에서 SCam_NormalShot_Init를 호출하게 된다.

```
 static boolean SCam_Viewfinder_HandleEvent(void *po, AEEEvent eCode, uint16 wParam,
uint32 dwParam)
 {
 ...
 ...
   case EVT_KEY:
       switch(wParam)
       {
       case AVK_SELECT:
       case AVK_FUNCTION://Ok키나 촬영키를 눌렀을 경우
           if(pme->m_mode == EDCAMERA_MODE_NORMAL)
           {
               switch(pme->m_bSound)
               {
 // 촬영음 (pme->m_bSound)재생 후 SCam_NormalShot_pfnNotiyfy 호출.
               case 0:
               SCAMERA_PlayMedia(po, &pme->m_Media1);
               ISHELL_SetTimer(pme->a.m_pIShell, 2800,
               SCam_NormalShot_pfnNotiyfy, (void*)po);
               break;
               ...
               ...
               default:
               SCam_NormalShot_pfnNotiyfy(po);
               break;
```

CamNormalShot_Init에서는 해당 이벤트를 처리하는 이벤트 핸들러 함수 CamNormalShot_HandleEvent를 호출한다.

```
boolean     SCam_NormalShot_Init(void *po)
{
        SCamera *pme = (SCamera *) po;
        IGen_Ctrl* pGeneric;
        pGeneric = ICAM_CTRLS_GetActiveControl(pme->m_pControler);
        ICAM_CTRLS _SetHandler(pme->m_pControler, pme,
         SCam_NormalShot_HandleEvent);
        return TRUE;
}
```

이벤트 핸들러 SCam_NormalShot_HandleEvent는 실질적으로 사진이 찍혔을 때 처리를 해야 하는 부분으로 키를 눌러 사진이 찍힌 상태일 때의 이벤트를 처리한다. 컨트롤이 시작될 때 카메라 모듈에 의해 입력된 정보를 함수 ICAMERA_RecordSnapshot를 호출하여 기록하고, 이에 알맞은 소프트키를 새로 그리게 된다. 이 이벤트 핸들러에서 연속적으로 촬영한 사진 파일의 저장에 대한 이벤트 처리가 이루어진다.

```
 static boolean SCam_NormalShot_HandleEvent(void *po, AEEEvent eCode, uint16 wParam,
uint32 dwParam)
 {      SCamera *pme = (SCamera *) po;
        switch (eCode)
        {
        case EVT_CONTROL_START:
        //카메라 모듈에 입력된 화면정보를 기록한다.
                ICAMERA_RecordSnapshot(pme->m_pICam);
                if(pme->m_pISoftkey)
          //저장, 되돌아갈 때 입력할 소프트키를 다시 생성한다.
                ISOFTKEY_SetField(pme->m_pISoftkey, SOFTKEY_SAVE,
                 SOFTKEY_NULL, SOFTKEY_BACK);
                return TRUE;
```

14.8 저 장

촬영한 이미지의 저장은 SCam_NormalShot_HandleEvent에서 왼쪽 소프트키를 눌러 저장 여부를 확인함으로써 시작된다. 소프트키를 누르면 SCam_NormalShotSave_Init를 호출함으로서 파일 저장시 사용할 팝업창의 생성과 관련 이벤트 핸들러를 호출할 준비를 하게 된다.

```
static boolean SCam_NormalShot_HandleEvent(void *po, AEEEvent eCode, uint16 wParam,
uint32 dwParam)
{
        SCamera *pme = (SCamera *) po;
        switch (eCode)
        {
                                        :
        case EVT_KEY:
                switch(wParam)
                {
                case AVK_SOFT1:
                        return SCam_NormalShotSave_Init(po);
...
...
```

```
boolean     SCam_NormalShotSave_Init(void *po)
{
        SCamera *pme = (SCamera *) po;
        IGen_Ctrl*pGeneric;
         //이미지 파일 저장시 사용할 팝업창을 생성한다.
        if(ICAM_CTRLS_Create(pme->m_pControler,
         CLS_CTRL_POPUP, &pGeneric) != SUCCESS)
                return FALSE;
        if(pGeneric)
        ICAM_CTRLS_SetHandler(pme->m_pControler, pme,
         SCam_NormalShotSave_HandleEvent);
        return TRUE;
}
```

이벤트 핸들러 SCam_NormalShotSave_HandleEvent에서는 파일 저장 결정시 파일 이름 결정 및 촬영 가능한 이미지수 및 용량을 보여주는 팝업창의 속성 결정과 저장여부를 결정할 소프트키를 생성한다. 이 기능은 EVT_CONTROL_START에 다음과 같이 코드를 추가한다.

```
static boolean  SCam_NormalShotSave_HandleEvent(void *po, AEEEvent eCode, uint16
wParam, uint32 dwParam)
{
        SCamera *pme = (SCamera *) po;
        AECHAR *pTitle;
        IGen_Ctrl *pGeneric;
        switch (eCode)
        {
        case EVT_CONTROL_START:
                pGeneric = (IGen_Ctrl *)dwParam;
                //사진을 찍은 날짜로 구성된 파일명을 생성, 저장한다.
                pTitle = GenerateDateName();
                //팝업창의 속성을 결정한다.
                IGEN_CTRL_SetProperties(pGeneric,
                PROP_CAM_MSGBOX_INSERT_TITLE);
                //팝업창의 타이틀을 결정한다.
                ICAM_ MSGBOX _SetTitle(pGeneric, pTitle);
                //남은 용량을  표시한다.
              ICAM_ MSGBOX _SetPercent(pGeneric, pme-> m_sizeAlbum*
                CAM_ MSGBOX_MEM_BAR_SIZE/ALBUM_MEMORY_SIZE);
                //현재 촬영된 이미지수를 표시한다.
             ICAM_ MSGBOX _SetCount(pGeneric, pme->m_countPicture);
                //촬영 가능한 총이미지수를 표시한다.
                ICAM_ MSGBOX _SetFullCount(pGeneric,
                 ALBUM_PHOTO_MAX_CNT);
               //소프트키를 생성한다.
                if(pme->m_pISoftkey)
                ISOFTKEY_SetField(pme->m_pISoftkey, SOFTKEY_MODE,
```

EVT_CONTROL_START에서 속성이 결정된 팝업에 파일명을 입력한 후 Ok키를 누르면 "Saving..."이라는 메시지의 팝업창이 생성되고 0.1초 후에 SCam_NormalShotSave_pfnNotiyfy를 호출한다.

```
static boolean    SCam_NormalShotSave_HandleEvent(void *po, AEEEvent eCode, uint16 wParam, uint32 dwParam)
{
        SCamera *pme = (SCamera *) po;
        AECHAR *pTitle;
        IGen_Ctrl*pGeneric;
        switch (eCode)
        {
...
...
            case EVT_KEY:
                if(pme->m_keyLock)
                    return FALSE;
                switch(wParam)
                {
                case AVK_SELECT:
                 pGeneric=ICAM_CTRLS_GetActiveControl(pme- >
                   m_pControler);
                   //팝업창의 속성을 결정한다.
                 IGEN_ CTRLS _SetProperties(pGeneric,
                   PROP_CAM_MSGBOX_MSG_SAVE);
                   //팝업창 내의 메시지를 설정한다.
                 ICAM_MSGBOX_SetMessageID(pGeneric,
                   IDS_STRING_SAVING);
                    // 0.1초 후에 Scam_NormalShotSave_pfnNotiyfy를 호출한다.
                 ISHELL_SetTimer(pme->a.m_pIShell, 100,
                   SCam_NormalShotSave_pfnNotiyfy, po);
                 pme->m_keyLock = FALSE;
                 return TRUE;
```

Scam_NormalShotSave_pfnNotiyfy는 카메라 모듈로 읽어들인 버퍼 내용(촬영한 사진)을 파일로 저장하고 Scam_NormalShotMessage_Init를 호출한다.

```
static void SCam_NormalShotSave_pfnNotiyfy(void * po)
{
        SCamera *pme = (SCamera *) po;
        MV3_JPEG_STRUCT            JepgInfo;
        AECHAR *pTitle;
```

```
        Save_Result_Type   retSave;
        IGen_Ctrl *pGeneric;

        pGeneric = ICAM_CTRLS_GetActiveControl(pme->m_pControler);
        //촬영한 사진 정보가 기록된 버퍼를 얻어온다.
        ICAMERA_GetCaptureBuffer(pme->m_plCam, 0, &JepgInfo);
        pTitle = GenerateDateName();
        ICAM_MSGBOX_GetTitle(pGeneric, pTitle);
         //프레임(배경화면)이 있는지 확인 후 얻어온 버퍼를 파일로 저장한다.
        if(pme->m_frame == SCAMERA_FRAME_ON)
            retSave = SCameraPictureSave(pme, &JepgInfo, pTitle,
             SCAMERA_GetCaptureSize(0) , 0);
        else
            retSave = SCameraPictureSave(pme, &JepgInfo, pTitle,
             SCAMERA_GetCaptureSize(pme->m_size) , 0);

        //파일이 저장되었음을 알리는 팝업창을 생성하는 함수를 초기화한다.
        SCam_NormalShotMessage_Init(pme,
         SCAMERA_GetSaveResultMessage(retSave));
        SCAMERA_Redraw(po);
}
```

SCam_NormalShotSave_pfnNotiyfy내에서 호출된 함수 SCapturePictureSave는 scamera.c에 정의되어 있다. 촬영한 사진의 버퍼 내용을 파일로 저장한다. 그 과정은 다음과 같다.

① 조건을 확인한다.(파일 길이, 촬영이미지 개수, 필요한 메모리 용량)
② 파일 명칭에 파일이 저장될 경로와 파일 포맷(.jpg)을 붙인다.
③ 파일을 열거나 생성한 후 저장한다.
④ SAlbum_db에 레코드를 추가한다.

```
Save_Result_Type SCamera_PictureSave( void *po, MV3_JPEG_STRUCT *p_jpeg, AECHAR
        * pTitle, const AEESize *p_size, int index)
{
        SCamera * pme = (SCamera *)po;
        IFile          *pIFile = NULL;
        IFileMgr   *pIFileMgr;
        album_info_type albumInfo;
```

```
JulianType julian;
int n;
uint16     wRet;

GETJULIANDATE(0, &julian);
 //저장 전 파일 길이, 이미지 개수, 메모리 용량을 확인한다.
if (p_jpeg->jpegLength <= 100.)
          return SAVE_INVALID_FILE_SIZE;

if (pme->m_countPicture >= ALBUM_PHOTO_MAX_CNT)
          return SAVE_OVER_CNT;

if ( ALBUM_MEMORY_SIZE < pme->m_sizeAlbum+
                              (p_jpeg->jpegLength * sizeof(uint16)))
          return SAVE_NOT_SUFFICIENT_MEM;
//파일 명칭에 저장 경로 및 파일 포맷을 추가한다.
STRCPY(albumInfo.pszfilename, "fs:/album/photo/");
n = STRLEN(albumInfo.pszfilename);
SCAMERA_GenerateFileName(albumInfo.pszfilename+n, &julian, index);
STRCAT(albumInfo.pszfilename, ".jpg");

if (ISHELL_CreateInstance(pme->a.m_pIShell, AEECLSID_FILEMGR,
                                   (void **)&pIFileMgr) != SUCCESS)
  return SAVE_FILE_MGR_ERROR;
 //파일, 파일 매니저 생성후 파일에 내용을 저장한다.

if (IFILEMGR_Test(pIFileMgr, albumInfo.pszfilename) != SUCCESS)
        pIFile = IFILEMGR_OpenFile(pIFileMgr, albumInfo.pszfilename, _OFM_CREATE)
else
        pIFile = IFILEMGR_OpenFile(pIFileMgr, albumInfo.pszfilename,
                        _OFM_READWRITE);
if (pIFile == NULL)
          return SAVE_FILE_OPEN_ERROR;

IFILE_Seek(pIFile, _SEEK_START, 0);

if (IFILE_Write(pIFile, p_jpeg->jpegImage,
     p_jpeg->jpegLength*sizeof(uint16)) !=
     p_jpeg->jpegLength*sizeof(uint16))
          return SAVE_FILE_WRITE_ERROR;
```

```
        IFILE_Release( pIFile );
        IFILEMGR_Release( pIFileMgr );
        //파일에 관련정보(파일크기, 시간, 이미지 높이, 폭)을 저장한다.
        MEMCPY(albumInfo.pszfiletitle, pTitle,
        (MAX_ALBUM_TITLE_NAME + 1) * sizeof(AECHAR));
        albumInfo.file_size = p_jpeg->jpegLength*sizeof(uint16);
        albumInfo.time = GETTIMESECONDS();
        albumInfo.width = (uint16)p_size->cx;
        albumInfo.height = (uint16)p_size->cy;
        //SAlbum_db에 생성된 이미지 파일을 레코드로서 추가한다.
        wRet = SCAM_AlbumDB_SetInfo
         (pme->a.m_pIShell, ALBUM_TYPE_VIDEO, AEE_DB_ENULLREC,
          &albumInfo);
        if(wRet == AEE_DB_ENULLREC)
                return SAVE_INFO_OPEN_ERROR;

        pme->m_countMovie++;
        pme->m_sizeAlbum += p_jpeg->jpegLength*sizeof(uint16);
        return SAVE_SUCCESS;
}
```

이 과정이 무사히 진행되었을 때 SCam_NormalShotSave_pfnNotiyfy 내에서 이미지 저장이 성공하였다는 것을 알리기 위해 SCam_NormalShotMsg_Init을 호출하게 된다.

SCam_NormalShotMsg_Init에서는 이미지 파일 저장의 성공을 알리는 팝업 생성하고 SCam_NormalShotMsg_HandleEvent를 호출하여 팝업 메시지 생성 이후의 이벤트를 처리하게 된다.

```
static boolean    SCam_NormalShotMessage_Init(void *po, uint16 msgID)
{
        SCamera *pme = (SCamera *) po;
        IGen_Ctrl*pGeneric;

        //이미지 파일 저장 성공을 알리는 팝업창을 생성한다.
        if(ICAM_CTRLS_Create(pme->m_pControler,
          CLS_CTRL_POPUP, &pGeneric) != SUCCESS)
```

```
                return FALSE;
        if(pGeneric)
        {
          //이벤트 핸들러 호출
        ICAM_CTRLS_SetHandler(pme->m_pControler, pme,
          SCam_NormalShotMsg_HandleEvent);
        ICAM_MSGBOX_SetMessageID(pGeneric, msgID);
```

SCam_NormalShotMsg_HandleEvent는 이미지 파일 저장을 알리는 팝업 생성 후 프리뷰 화면으로 돌아가는 과정을 다룬다. EVT_CONTROL_START에서 프리뷰 모드로 되돌아갈 버튼 생성을 하고 소프트키나 OK키를 눌렀을 경우 화면내 콘트롤을 제거하고 프리뷰 모드를 초기화하는 SCam_Viewfinder_Init를 호출하는 SCam_NormalShotMsg_pfnNotify를 호출한다.

```
  static boolean   SCam_NormalShotMsg_HandleEvent(void  *po,  AEEEvent  eCode,  uint16
wParam, uint32 dwParam)
  {
        SCamera *pme = (SCamera *) po;
        IGen_Ctrl *pGeneric;
        switch (eCode)
        {
        case EVT_CONTROL_START:
                pGeneric = (IGen_Ctrl *)dwParam;
                //팝업 속성을 결정한다.
                IGEN_CTRL_SetProperties(pGeneric,
                 PROP_CAM_MSGBOX_MSG_EXCLAMATION);

          if(pme->m_pISoftkey)
                //소프트키를 생성한다.
                ISOFTKEY_SetField(pme->m_pISoftkey, SOFTKEY_NULL,
                 SOFTKEY_OK, SOFTKEY_NULL);
                ISHELL_SetTimer(pme->a.m_pIShell,
                 SCAMERA_MESSAGE_TIMEOUT,
                 SCam_NormalShotMsg_pfnNotiyfy, (void*)pme);
                return TRUE;
                                        :
          case EVT_KEY:
```

```
                switch(wParam)
                {
                case AVK_SELECT:
                case AVK_SOFT2:
// SCam_NormalShotMsg_pfnNotiyfy에 설정된 타이머를 해제하고,
// SCam_NormalShotMsg_pfnNotiyfy를 호출한다.
                        ISHELL_CancelTimer(pme->a.m_pIShell,
                        SCam_NormalShotMsg_pfnNotiyfy, (void*)pme);
                        SCam_NormalShotMsg_pfnNotiyfy(po);
                        return TRUE;
```

```
static void SCam_NormalShotMsg_pfnNotiyfy(void * po)
{
        SCamera *pme = (SCamera *) po;
         //관련 컨트롤을 소멸한다.
        ICAM_CTRLS_Destroy(pme->m_pControler);
        //프리뷰 모드로 되돌아간다.
        SCam_Viewfinder_Init(po);
        SCAMERA_Redraw(po);
}
```

Contents 폴더내에 13장_카메라_촬영 및 저장\apps\scamera 폴더에서 CaptureHandler.c 와 ViewfinderHandler.c에 있는 함수 추가루틴을 \apps\scamera 폴더에 CaptureHandler.c 와 ViewfinderHandler.c 파일에 추가해서 컴파일 후 결과를 확인하면 프리뷰 모드에서 Ok를 눌러 촬영을 이 가능하고, 이후 생성되는 팝업창에서 이름을 입력한 후 촬영한 파일을 저장할 수 있다.

참고 소스

scamera.c   ViewfinderHandler.c   CaptureHandler.c

14.9 실행과정

이번 절에서는 프리뷰 모드에서 촬영한 이미지를 확인하는 앨범 메뉴의 진입에 대하여 알아본다. 앨범 메뉴에서는 촬영한 이미지를 다음과 같은 세 가지 방법으로 확인할 수 있다.

- Full View : 촬영한 이미지를 한 장씩 확인한다.
- Multi View : 촬영한 이미지를 4개 단위의 작은 이미지로 변환, 화면내에서 확인한다.
- List : 촬영한 이미지의 이름을 목록화하여 보여준다.

이 중 소스를 통하여 앨범 메뉴에서 Multi View까지의 접근 과정과 Multi View로 보여진 목록 중 하나를 확대하여 보는 과정에 대해 알아본다.

소스 상에서 앨범 모드의 흐름은 다음과 같은 도표로 나타낼 수 있다.

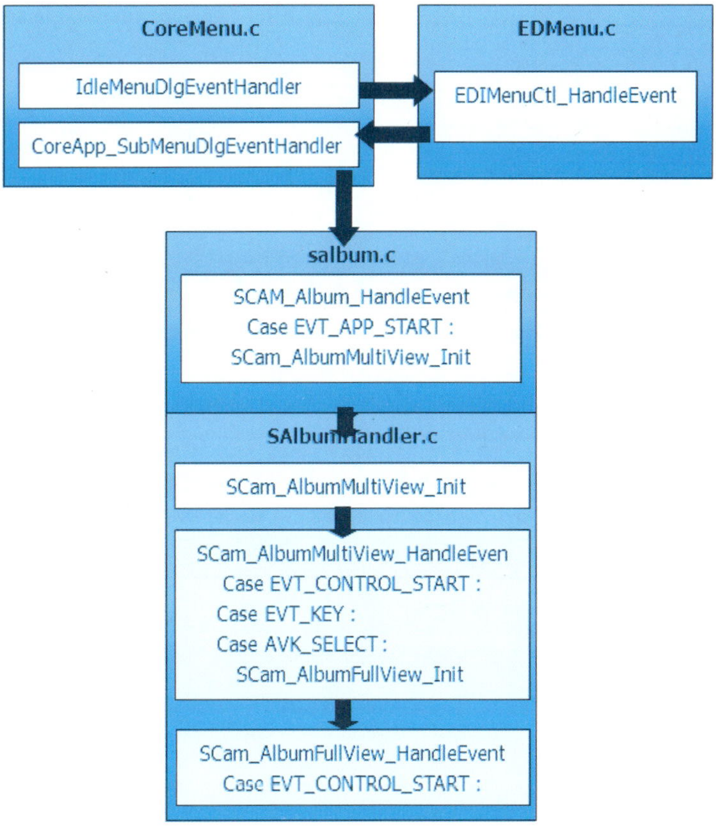

[그림 14-5] 앨범 모드의 흐름도

앨범 메뉴는 메인 메뉴에서 9번 카메라 모드 - 2. Photo Album을 통해 접근한다. 여기서는 동영상이 아닌 이미지를 모은 앨범으로 접근할 것이므로 Photo Album 이후에 My Album - Multi View 순으로 메뉴에 접근하게 된다.

14.10 메뉴 진입

메뉴 진입의 초반(9번 카메라로부터의 진입)은 앞 절에서 설명한 프리뷰 모드 진입시와 유사하다. 다만 프리뷰와는 달리 이미지로 이루어진 앨범과 동영상을 저장하는 Video Album이 있기 때문에 바로 앨범으로 진입하는 것이 아니라, CoreApp_SubMenuDlgEventHandler에서 IDS_9200_PHOTO_ALBUM을 거쳐서 CoreApp_NextDlg-> ISHELL_CreateInstance를 경유한 후 IDS_ALBUM_MULTI_VIEW를 거쳐서 앨범 App를 실행하게 되는, 즉 CoreApp_SubMenuDlgEventHandler를 두 번 거쳐서 Album에 진입하게 된다.

```
boolean CoreApp_SubmenuDlgEventHandler(void *pUser, AEEEvent evt, uint16 wParam, uint32
dwParam)
  {
  …
  …
  case EVT_COMMAND :
  …
  …
  case IDS_9200_PHOTO_ALBUM:
  if(GetCameraLockOption(pMe))
     {
        //카메라 암호 설정시 처리.
                          :
        else
        {
   //이 부분을 통해 My Album 다이얼로그를 호출하게 된다.
             CoreApp_NextDlg(pMe, wParam);
        }
                         return TRUE;return TRUE;
```

```
case EVT_COMMAND :
...
...
// IDS_9200_PHOTO_ALBUM 에서 UBMenu.c를 거쳐서 CoreMenu.c로 되돌아온다.
  case IDS_ALBUM_MULTI_VIEW:
      pMe->m_SelDepthID[pMe->m_MenuDepth] = wParam;
      IMENUCTL_SetSel(pMe->m_pSubMenu[pMe->m_MenuDepth], wParam);
      ISHELL_StartAppletArgs(pMe->a.m_pIShell, AEECLSID_SALBUM,
      PHOTO_MULTI_VIEW);
   return TRUE;
```

Album.c의 이벤트 핸들러 EDCAM_Album_HandleEvent에서는 App 시작시 인자로 들어온 변수에 따라 각자 다른 항목(Full View, Multi View, List)을 선택하게 되고 이에 따른 보기창과 이벤트 핸들러를 선택하게 된다.

```
static boolean SCAM_Album_HandleEvent(IApplet * pi, AEEEvent eCode, uint16 wParam, uint32
dwParam)
  {
                                        :
  switch ( eCode )
         {
         case EVT_APP_START:
                pas = (AEEAppStart *)dwParam;
  ...
  ...
  if (pas->pszArgs)
                {
                            if (STRCMP(pas->pszArgs, PHOTO_FULL_VIEW) == 0)
                            {
                                      pme->albumType = ALBUM_TYPE_PHOTO;
                                      EDAlbumFullView_Init(pme);
                            }
                            else if
                          (STRCMP(pas->pszArgs, PHOTO_MULTI_VIEW) == 0)
                            {
                                      pme->albumType = ALBUM_TYPE_PHOTO;
                                      SCam_AlbumMultiView_Init (pme);
                            }
```

SCam_AlbumMultiView_Init에서는 촬영한 이미지를 4장 단위로 보여주는 속성을 가지는 (PROP_CAM_REVIEW_MULTI)컨트롤을 생성하고 이에 대한 이벤트를 처리할 이벤트 핸들러 Scam_AlbumMultiView_HandleEvent를 호출한다.

```
boolean    SCam_AlbumMultiView_Init(void *po)
{
        SAlbum *pme = (SAlbum *) po;
        IGen_Ctrl* pGeneric=NULL;
        if(CLS_CTRL_REVIEW != ICAM_CTRLS_GetActiveID
          (pme->m_pControler))
        {
          //이미지를표시할 컨트롤을 생성한다.
            if(ICAM_CTRLS_Create(pme->m_pControler,
                CLS_CTRL_REVIEW, &pGeneric) != SUCCESS)
                  return FALSE;
        }
        else
        {
           pGeneric = ICAM_CTRLS_GetActiveControl
             (pme->m_pControler);
           CAM_ASSERT(pGeneric);    //멀티뷰 속성을 설정한다.
           IGEN_CTRL_SetProperties(pGeneric,
          PROP_CAM_REVIEW_MULTI);
//MultiView 모드일 때의 이벤트 핸들러를 호출한다.
           ICAM_CTRLS_SetHandler(pme->m_pControler, pme,
          SCam_AlbumMultiView_HandleEvent);
        return TRUE;
}
```

SCam_AlbumMultiView_HandleEvent에서는 CONTROL 시작시에 MultiView 모드로 보여지는 이미지의 순서(Index)설정 및 ID값을 얻어온다. 그리고 세부 메뉴나 확대를 실행할 소프트키를 생성한다. 확대하여 보려는 이미지에서는 키이벤트 중 Ok키를 눌렀을 때 이미지를 확대하는 기능을 정의한 함수 SCam_AlbumFullView_Init를 처리하게 된다.

```
static boolean SCam_AlbumMultiView_HandleEvent(void *po, AEEEvent eCode, uint16 wParam,
uint32 dwParam)
  {
        SAlbum *pme = (SAlbum *) po;
```

```
        IGen_Ctrl* pGeneric;
        boolean     bReturnStatus;
        switch (eCode)
        {
        case EVT_CONTROL_START:
        case EVT_CONTROL_RESUME:
            pGeneric = (IGen_Ctrl*)dwParam;
            IGen_CTRL_Reset(pGeneric);//이미지 파일의 Index를 설정한다.
            ICAM_VIEWFINDER_SetIndex(pGeneric, pme->m_selectIndex);
            ICAM_ VIEWFINDER _GetID(pGeneric, &pme->m_selectID);
        if(pme->m_selectID==AEE_DB_ENULLREC)
        {
          SCam_AlbumPopupExit_Init(po, IDS_STRING_EMPTY_PHOTO,
           2000);
        }
        else
        { //소프트키를 생성한다.
        ISOFTKEY_SetField(pme->m_pISoftkey, SOFTKEY_MENU,
          SOFTKEY_OK,  SOFTKEY_BACK);
        }

        CAM_ASSERT(pGeneric);
//Full View 속성 부여
        IGEN_CTRLS_SetProperties(pGeneric, PROP_CAM_REVIEW_FULL);
        ICAM_CTRLS_SetHandler(pme->m_pControler, pme,
         SCam_AlbumFullView_HandleEvent);
        return TRUE;
}
```

```
static boolean SCam_AlbumFulliView_HandleEvent(void *po, AEEEvent eCode, uint16 wParam,
uint32 dwParam)
{
        SAlbum *pme = (SAlbum *) po;
        IGen_Ctrl* pGeneric;
        boolean     bReturnStatus;
        switch (eCode)
        {
        case EVT_CONTROL_START:
```

```
case EVT_CONTROL_RESUME:
    pGeneric = (IGen_Ctrl*)dwParam;
    IGEN_CTRL_Reset(pGeneric);//이미지 파일의 Index를 설정한다.
    ICAM_VIEWFINDER_SetIndex(pGeneric,
      pme->m_selectIndex);
    ICAM_ VIEWFINDER_GetID(pGeneric, &pme->m_selectID);
if(pme->m_selectID==AEE_DB_ENULLREC)
{
 SCam_AlbumPopupExit_Init(po, IDS_STRING_EMPTY_PHOTO,
   2000);
}
else
{ //소프트키를 생성한다.
ISOFTKEY_SetField(pme->m_pISoftkey, SOFTKEY_MENU,
 SOFTKEY_NULL, SOFTKEY_BACK);
case EVT_KEY:
     switch(wParam)
   {
    case AVK_SOFT1://메뉴키를 눌렀을 때
:
    case AVK_SELECT://Ok 키를 눌렀을 때
                pGeneric = ICAM_CTRLS_GetActiveControl(pme-
                >m_pControler);
               //Ok키를 누른 이미지의 Index를 얻어 온다.
                ICAM_VIEWFINDER_GetIndex(pGeneric, &pme->
                 m_selectIndex);
                SCam_AlbumFullView_Init(po);
                return TRUE;
 }
```

SCam_AlbumFullView_Init에서는 확대된 이미지가 보여질 컨트롤 생성 및 속성(PROP_CAM_REVIEW_FULL)이 부여되고 또한 이 때 발생한 이벤트를 처리하는 이벤트 핸들러 SCam_AlbumFullView_HandleEvent를 호출한다.

```
boolean SCam_AlbumFullView_Init(void *po)
{
        SAlbum *pme = (SAlbum *) po;
        IGen_Ctrl* pGeneric=NULL;
```

```
if(CLS_CTRL_REVIEW != ICAM_CTRLS_GetActiveID
  (pme->m_pControler))
{ //컨트롤 생성
  if(ICAM_CTRLS_Create(pme->m_pControler,
    CLS_CTRL_REVIEW, &pGeneric) != SUCCESS)
  return FALSE;
}
else
{
    pGeneric = ICAM_CTRLS_GetActiveControl(pme->m_pControler);
}
```

Contents 폴더내에 14장_카메라_앨범보기\apps\scamera 폴더에서 SAlbumHandler.c에 있는 함수 추가루틴을 \apps\scamera 폴더에 SAlbumHandler.c 파일에 추가해서 컴파일 후 결과를 확인하면 앨범 모드(멀티뷰)진입 및 멀티뷰→풀뷰 상태에서 촬영한 파일을 볼 수 있다.

참고 소스

CoreMenu.c, EDMenu.c, salbum.c, SAlbumHandler.c

15장 Media Player 응용 프로그램

실습목적

- Media Player에서의 QCP 파일 처리 과정을 이해한다.
- Media Player의 각 기능 버튼의 작동 원리를 이해한다.

CDMA 핸드폰시스템(ED-2947)에 내장된 Media Player는 음성녹음용으로 사용된다. 이는 플레이어가 시작되면서 QCP 파일이 생성되고 이 파일에 입력한 음성이 녹음된다. Media Player에서는 파일의 녹음 외에 재생, 일시정지, 건너뛰기, 되돌리기 등의 기능으로 QCP 파일을 실행할 수 있다. 이번 장에서는 이러한 기능 버튼과 Media Player 내에서 QCP 파일의 실행과정에 대하여 알아보도록 한다.

15.1 실행과정

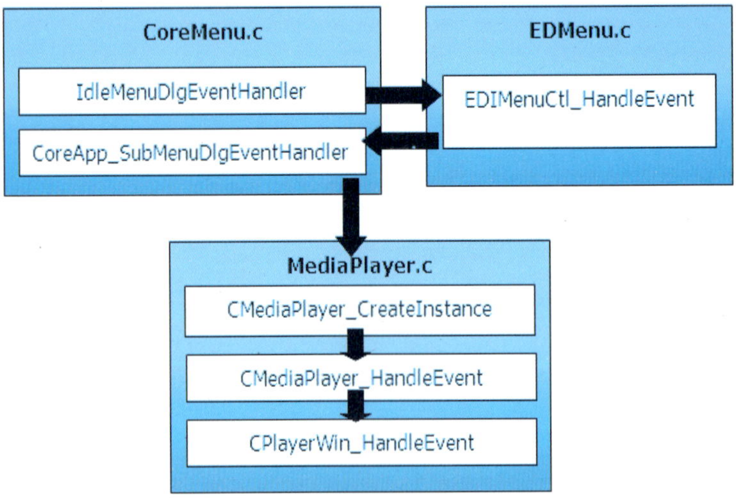

[그림 15-1] Media Player 진입

MediaPlayer까지의 접근 과정은 기존 메뉴에서 App 실행과정과 동일하다. 다만 MediaPlayer App내에서 생성되는 (실질적인 음원의 재생, 녹음을 하는) CPlayerWin의 경우 별도의 이벤트 핸들러를 호출하여 이벤트를 처리한다.

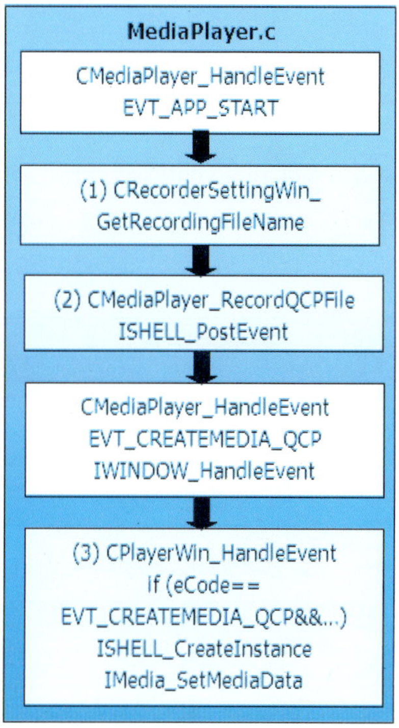

[그림 15-2] QCP 파일 포맷 생성

QCP는 퀄컴(Qualcomm)에서 개발한 사운드 압축 포맷으로 타 사운드 압축 포맷에 비해 적은 용량이 특징(동일 음원의 경우 Wav : 1Mb, QCP : 100kb)이다.

Media Player App에는 음성을 녹음, 보관할 파일 매체로서 도표와 같은 과정을 통해 생성된다. QCP 파일 생성은 다음과 같은 과정을 거친다.

① **파일명 생성** : 파일 확장자(qcp), 용도(memo), 파열 문자열 등을 저장한다.

② **파일 경로 지정** : 파일이 저장될 경로와 확장자명 문자열을 strcat 함수로 (1)에서 생성한 파일명에 이어 붙인다.

③ **파일 속성 지정 및 파일 객체 생성** : 속성(QCP)값을 부여한 후 (2)에서 생성된 파일 문자열을 이름으로 하는 파일 객체를 생성한다.

CDMA 핸드폰시스템(ED-2947)에 내장된 Media Player는 실행시 초기 화면에서 QCP 파일 녹음을 실행하도록 구성되어 있다. 따라서 내장된 파일을 재생하기 위해서는 다음과 같이 메뉴 실행을 하여야 한다.

6. Fun&Utility - 1. Voice Memo - List(왼쪽 소프트키) - 내장 파일에 Ok키

[그림 15-3]은 소스상에서 흐름을 나타낸 것으로 메뉴상에서 저장된 QCP 파일을 읽어들여 재생할 때는 CFileListWin_HandleEvent에서 파일 정보를 읽어들인 후 CPlayerWin_HandleEvent에 파일 정보를 넘겨서 파일 재생을 수행하게 된다.

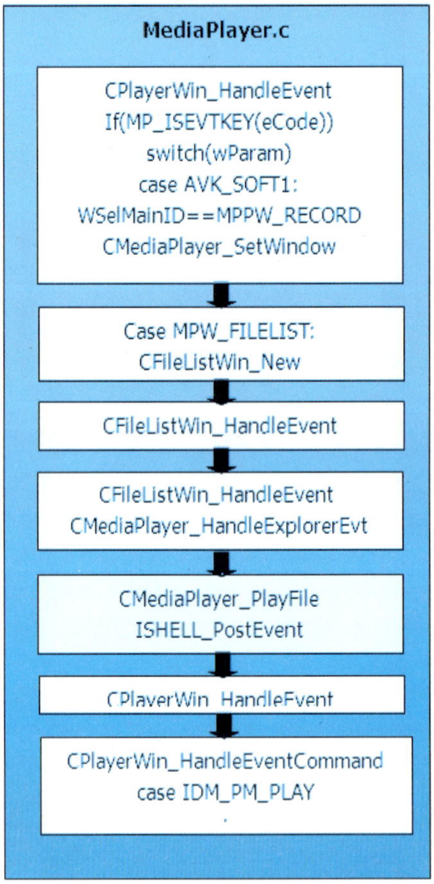

[그림 15-3] QCP 파일 재생

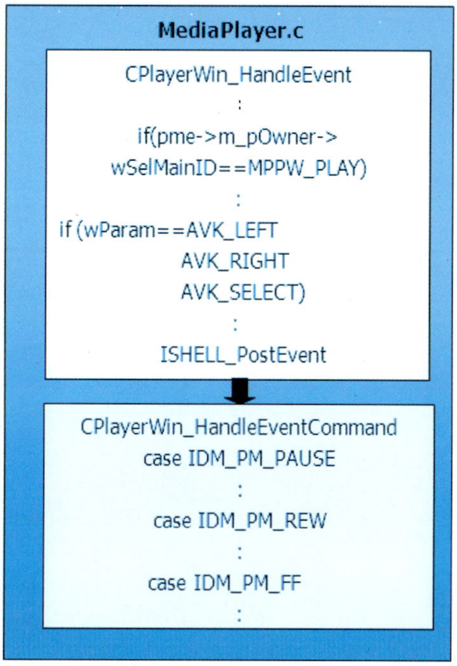

[그림 15-4] Media Player 기능 수행(Pause, Rew, Ff)

[그림 15-4]는 MediaPlayer내에서 기능키의 동작 수행을 나타낸다. 함수 CMedia Player_SetWindow에서 생성된 대화 상자의 wSelMainID값을 확인, MPPW_PLAY일 경우 그 때 들어오는 키이벤트값에 확인하여 EVT_COMMAND를 처리하는 함수 CPlayer Win_HandleEventCommand에서 키이벤트값에 대응되는 기능(IDM_PM_XXX)을 수행하게 된다.

15.2 QCP 파일 처리

MediaPlayer App 기동시 음성 녹음을 하기 위해 이벤트 핸들러 초기 부분에 파일 생성하게 된다. 우선 시스템으로부터 시간을 읽어들여 이를 특정 형식에 따라 문자열에 기록, char* strNewFile에 대입한다.

```
static boolean CMediaPlayer_HandleEvent(IApplet * pi, AEEEvent eCode, uint16 wParam, uint32 dwParam)
{
```

```
...
...
    switch ( eCode )
    {
        case EVT_APP_START:    // Process Start event
        {
...
...
            //해당 App를 Voice Memo로서 열었을 경우
            else if (STRCMP(pme->pszMP_StartAppArgs,
            MP_START_APP_ARG_VOICE_MEMO) == 0)
            {
...
...
{
        //파일 명칭의 생성
        char* strNewFile
         = CRecorderSettingsWin_GetRecordingFileName(pme);
        if(!strNewFile)        return FALSE;
        {// 파일 경로 지정 & 이벤트 전송!!
        CMediaPlayer_RecordQCPFile(pme, strNewFile); FREEIF(strNewFile);
```

```
static char* CRecorderSettingsWin_GetRecordingFileName(CMediaPlayer* pmp)
{
  IFileMgr *   pIFileMgr;
  int suffix1 = 0;
  char * pszFinalAudioFileName;
  char strFiletype[16];
  char strFileExt[8];
  //문자열 버퍼에 쓸 오디오 포맷 문자열을 얻어온다.(_13k_, _evrc_, _arm_, _pcm_...)
  if(!GetRecorderFileTypeString(pmp->m_AudioFormat, strFiletype)) return NULL;
STRCPY(strFileExt, "qcp"); //확장자명으로 qcp를 저장

  //저장 위치가 MMC일 때
if(pmp->m_SaveLocation == SAVELOC_MMC)
...
...
  else
```

```
{
 //파일을 저장한 디렉토리 이름을 얻어온다.("media")
    if(!MP_MakeDir(pIFileMgr, MP_MEDIA_DIR))
    {
      DBGPRINTF("MP: failed to create root directory.");
      MP_RELEASEIF(pIFileMgr);
      return NULL;
    }
  //주어진 파일 종류에 대응하는 정수값을 반환한다.
suffix1 = CRecorderSettingsWin_GetFileNameSuffix
    (pmp, "memo", MP_MEDIA_DIR, 4, strFileExt);
  }

  pszFinalAudioFileName = MALLOC(MAX_FILE_NAME);

if (!pszFinalAudioFileName)
  {
    DBGPRINTF("MP: failed to allocate memory.");
    MP_RELEASEIF(pIFileMgr);
  return NULL;
}

//용도, 오디오 포맷(13k, evrc, amr..), 파일확장자 정수값, 확장자명(qcp)로 조합된
//파일 이름을 생성한다.
SPRINTF(pszFinalAudioFileName, "%s%s%05d%c%s", "memo",
             strFiletype, suffix1, DOT_CHAR, strFileExt);

  MP_RELEASEIF(pIFileMgr);
  return pszFinalAudioFileName;
}
```

CMediaPlayer_RecordQCPFile에서는 파일이 생성될 경로를 지정한 후 파일 생성 이벤트(EVT_CREATEMERIA_QCP)를 이벤트 핸들러로 보낸다.

```
static void CMediaPlayer_RecordQCPFile(CMediaPlayer * pme, const char * pszFile)
{
  IFileMgr * pIFileMgr;
  AEEMediaData    md;
  char *          pszBuf;
```

```
  char sz[2] =   { DIRECTORY_CHAR, 0 };
  boolean        bMMC = FALSE;

ISHELL_CreateInstance(pme->a.m_pIShell, AEECLSID_FILEMGR,
(void **)&pIFileMgr);//파일 매니저 객체 생성
if (pIFileMgr)
  {
  if(pme->m_SaveLocation == SAVELOC_FLASH)
  {
        // 플래시에 파일 기록
        if(!MP_MakeDir(pIFileMgr, MP_MEDIA_DIR))
        {
          DBGPRINTF("MP: Recorder failed to create root directory on flash.");
          MP_RELEASEIF(pIFileMgr);
          return;
        }
  }
#ifdef FEATURE_MP_RECORDER_SETTINGS
  else if(pme->m_SaveLocation == SAVELOC_MMC)//MMC 기록
  {
       if(MP_MakeDir(pIFileMgr, MP_MMC_MEDIA_DIR)) bMMC = TRUE;
  }
#endif
    MP_RELEASEIF(pIFileMgr);
  }
pszBuf = MALLOC(MAX_FILE_NAME);
   if (!pszBuf)
       return;
#ifdef FEATURE_MP_RECORDER_SETTINGS
   if(pme->m_SaveLocation == SAVELOC_MMC && bMMC)
     STRCPY(pszBuf, MP_MMC_MEDIA_DIR);
   else
#endif
   STRCPY(pszBuf, MP_MEDIA_DIR); //버퍼에 경로 문자열("fs:/~/media")복사
   STRCAT(pszBuf, sz);
   //앞서 생성한 QCP 파일명에 경로를 생성한다.
   STRCAT(pszBuf, pszFile);
   md.clsData = MMD_FILE_NAME;
   md.pData = (void *)pszBuf;
```

```
    md.dwSize = 0;
    //레코딩 이벤트를수행한 Window를 생성한다.
    if (!CMediaPlayer_SetWindow(pme, MPW_PLAYER, (uint32)MPPW_RECORD))
    {
        FREE(pszBuf);       return;
    }
    if (CPlayerWin_SetMediaData((CPlayerWin *)pme->m_pWin, &md))
//, EVT_CREATEMEDIA_QCP를 이벤트 핸들러로 보낸다.
ISHELL_PostEvent(pme->a.m_pIShell,
```

이벤트 핸들러 CMediaPlayer_HandleEvent에서 EVT_CREATEMEDIA_QCP를 IWINDOW_HandleEvent로 보낸다. 이에 대응하여 해당 이벤트는 실질적인 플레이를 하는 윈도우의 이벤트 핸들러 CPlayerWin_HandleEvent에서 처리한다.

```
case EVT_CREATEMEDIA_QCP:               // 레코딩을 할 QCP 파일 생성
          case EVT_COPYRIGHT_END:       // Copyright dialog ended
          case EVT_CTL_TAB:
          case EVT_USER_DIALOG_END:
          case EVT_NOTIFY:
          if (pme->m_pWin)
        return
        //CPlayerWin_HandleEvent로 이벤트 발송
        IWINDOW_HandleEvent(pme->m_pWin, eCode, wParam, dwParam);
          static boolean CPlayerWin_HandleEvent(IWindow * po, AEEEvent eCode,
                                                 uint16 wParam, uint32 dwParam)
{
  CPlayerWin *    pme = (CPlayerWin *)po;
  boolean         bRet = TRUE;
...
...
#endif
#ifdef FEATURE_MP_RECORDER_SETTINGS
    else
    {
      if(eCode == EVT_CREATEMEDIA_QCP &&
        (int32)pme->m_pOwner->m_AudioFormat !=MP_8K_PCM_RECORDING)
      {
       //QCP 속성을 가지는 객체 생성
```

```
        nRet = ISHELL_CreateInstance
        (pme->m_pIShell, AEECLSID_MEDIAQCP, (void **)&pme->m_pMedia);

          if (nRet == SUCCESS)
           //위 객체를 매체데이터(MediaData)로 설정
           nRet = IMEDIA_SetMediaData(pme->m_pMedia, &pme->m_md);
       }
```

15.3 QCP 파일 재생

Media Player에서 QCP 파일을 재생하기 위해서는 먼저 QCP 파일의 목록을 실행시켜야 한다. 해당 목록은 MediaPlayer App 실행 후 왼쪽 소프트키를 눌러 진입한다. 목록을 진입하기 위한 키이벤트는 이벤트 코드 값이 존재하는지를 확인한 후에 이벤트 핸들러인 CPlayerWin_HandleEvent에서 왼쪽 소프트키에 해당하는 키코드 값인 AVK_SOFT1을 읽어들임에 따라 QCP 파일 목록을 실은 Window를 생성하면서 이루어진다.

```
  static boolean CPlayerWin_HandleEvent(IWindow * po, AEEEvent eCode, uint16 wParam, uint32
dwParam)
  {
  …
  …
  if (MP_ISEVTKEY(eCode))
    {
    int ret = -1;
  switch (wParam)
      {
       // MediaPlayer에서 팝업 메뉴 생성
      case AVK_SOFT1://왼쪽 소프트키를 눌렀을 때
        if (pme->m_bIsPlaying || pme->m_bIsRecording)
          if (CPlayerWin_IsPlaying(pme) || CPlayerWin_IsRecording(pme))
          {
            return TRUE;
          }
        //음원 재생중일 때는 왼쪽 소프트키를 사용하지 않는다.
        if (pme->m_pOwner->wSelMainID == MPPW_PLAY)
        {
```

```
            return TRUE;
        }
        else if (pme->m_pOwner->wSelMainID == MPPW_RECORD)
        {
         //파일리스트 속성(MPW_FILELIST)을 가지는 Window를 생성한다.
          return CMediaPlayer_SetWindow(pme->m_pOwner,
          MPW_FILELIST,
          (uint32) FILE_LIST_EXTENSION_FILTER_AUDIO_VOICE_MEMO
           | ₩ FILE_LIST_FIRST_SELECTED_TYPE_FIRST |₩IDS_VOICE_MEMO));
        }
```

CMediaPlayer_SetWindow에서는 MPW_FILELIST 속성을 가진 window를 생성한 후 QCP 파일을 관리하는 객체 CFileListWin을 새로 생성한다. 객체 생성 후 관련 이벤트는 CFileListWin_HandleEvent에서 처리하게 된다.

```
  static boolean CMediaPlayer_SetWindow(CMediaPlayer * pme, MPWindow eWin, uint32
dwParam)
  {
     if (pme->m_pWin && pme->m_eActiveWin == eWin && eWin != MPW_NONE)
     {
        CMediaPlayer_Redraw(pme, TRUE);
        return TRUE;
     }
     if(pme->m_pWin)
     MP_RELEASEWIN(pme->m_pWin);
     switch (eWin)
     {
        case MPW_MAIN:
           pme->m_pWin = CMainWin_New(pme);
           break;
        case MPW_FILELIST:
  #ifdef FEATURE_MULTISEQUENCER
  #error code not present
  #endif
          if (dwParam)
          {
            pme->m_dwFileListWinParam = dwParam;
          } //CFileListWin 객체 생성, QCP 파일을 처리한다.
```

```
        pme->m_pWin = CFileListWin_New(pme);
        break;
```

CFileList 객체의 이벤트 핸들러 CFileListWin_HandleEvent에서는 파일 탐색시 함수 CMediaPlayer_HandleExplorerEvt를 호출한다. 함수 내에서 입력된 인자 wParam(메뉴내 QCP 항목의 ItemID)값이 QCP 파일 리스트에 허용된 범위(EVT_START_FILELIST ~ EVT_END_FILELIST)내를 확인한 후, 객체에 해당 ID값을 저장한 후에 CMediaPlayer_PlayFile로 파일 재생을 시도한다.

```
static boolean CFileListWin_HandleEvent(IWindow * po, AEEEvent eCode, uint16 wParam, uint32 dwParam)
{
  if (pme->m_pOwner->m_bIsFileListMenu)
  {
    IDialog    *pActiveDialog = NULL;
    uint16     wActiveDialogID = 0;
                        :
                        :
  //재생할 파일을 탐색한다.
  if( CMediaPlayer_HandleExplorerEvt(pme->m_pOwner, eCode, wParam) )
      return TRUE;
```

```
static boolean CMediaPlayer_HandleExplorerEvt(CMediaPlayer * pme, AEEEvent eCode, uint16 wParam)
{
   char szPath[AEE_MAX_FILE_NAME];
   if (MP_ISCLR(eCode) || MP_IS_SOFT2(eCode))
   {
      if (pme->m_FileExplorer.m_nCurDepth == 1)
      {
         return FALSE;
      }
                        :
  if( MP_ISEVTCMD(eCode) && (wParam>=EVT_START_FILELIST)
   && (wParam<EVT_END_FILELIST) )//wParam값이 파일리스트 범위에 드는지 확인
    {
```

```
uint16 nIndex = (uint16)(wParam - EVT_START_FILELIST);// 현재인덱스 계산
//인덱스의 파일명 저장
STRCPY(szPath, pme->m_FileExplorer.m_FileArray[nIndex].m_szName);
pme->m_CurFileIndex = nIndex;//인덱스 저장
if(pme->m_FileExplorer.m_FileArray[nIndex].m_bIsFile)
{//파일 Array의 주소값에 nIndex값이 존재한다면 해당 파일을 재생한다.
                                :
 CMediaPlayer_PlayFile(pme, szPath);
 }
```

CMediaPlayer_PlayFile에서는 재생 관련 기능을 수행한 window를 생성하는 동시에 파일리스트내의 선택파일의 이름 , 확장자를 AEEMediaData 객체에 저장 후 이벤트 핸들러로 재생 이벤트(IDM_DM_PLAY와 보내어 해당 객체에 대한 파일 재생을 실행하게 된다.

```
static boolean CMediaPlayer_PlayFile(CMediaPlayer * pme, const char * pszFile)
{
   AEEMediaData    md;
   char *          pszBuf;
   char * fiName, * extName;
#if defined(FEATURE_APP_MPEG4)
#error code not present
#endif
   pszBuf = STRDUP(pszFile);
   if (!pszBuf)
      return FALSE;
   DBGPRINTF("PlayFile: %s", pszFile);
   if (!pme->m_bPlugin){
   if (!CMediaPlayer_FindFileInFileList(pme, pszBuf)
   {//파일 리스트내에 파일명 pszBuf가 존재하는지 확인한다.
     FREE(pszBuf);
     return FALSE;}
  if (CMediaPlayer_PlayImage(pme, pszBuf))//플레이어에 쓸 이미지를 불러온다.
      return TRUE;
  fiName = MP_GetFileName(pszBuf);//파일이름을 얻어 온다.
  if (fiName == NULL)
  {
    FREE(pszBuf);
    return FALSE;
```

```
}
  extName = MP_GetFileNameExtension(fiName); //확장자를 얻어 온다.
  if (extName == NULL)
  {
     FREE(pszBuf);
     return FALSE;
  }
 if(!(STRICMP(extName, "url")))
{
   IFileMgr *pIFileMgr;
   IFile *pIFile = NULL;
   FileInfo fi;
   unsigned int size = 0;
   char pUrl[PS_MAX_URL_LEN];
   ISHELL_CreateInstance(pme->a.m_pIShell, //파일 매니저를 생성한다.
                         AEECLSID_FILEMGR,
                         (void **)&pIFileMgr);
 if ( NULL == pIFileMgr)
 {
    FREE(pszBuf);
    return FALSE;
 } // MP_GetFileName에서 불러온 파일을 연다.
 if((pIFile = IFILEMGR_OpenFile(pIFileMgr, pszBuf, _OFM_READ)) == NULL)
 {
   FREE(pszBuf);
   MP_RELEASEIF(pIFileMgr);
   pIFileMgr = NULL;
   return FALSE;
 }
 if (IFILEMGR_GetInfo(pIFileMgr, pszBuf, &fi) == SUCCESS)
 {
   int rSize = 0;
   size = fi.dwSize;
   if (size <= PS_MAX_URL_LEN)
   {
      rSize = IFILE_Read(pIFile, pUrl, size);
      pUrl[rSize] = '₩0';
   }
 if (!(STRNICMP( pUrl, "http://", 7 )))//경로가 인터넷인 파일의 처리
```

```
  {
   #if defined (FEATURE_QTV_PSEUDO_STREAM) || defined
  (FEATURE_QTV_3GPP_PROGRESSIVE_DNLD)
          boolean retval = TRUE;
IFILE_Release(pIFile);
            pIFile = NULL;
            MP_RELEASEIF(pIFileMgr);
            pIFileMgr = NULL;
            bEnablePSSimulation = TRUE;
            retval = CMediaPlayer_PseudoPlayFile(pme, pszFile);
            FREE(pszBuf);
            return retval;
#endif
  }
#if defined(FEATURE_APP_MPEG4) && defined(FEATURE_QTV_STREAM_RECORD)
#error code not present
#endif
  }
      IFILE_Release(pIFile);
      pIFile = NULL;
      MP_RELEASEIF(pIFileMgr);
      pIFileMgr = NULL;
  }
if (!CMediaPlayer_SetWindow(pme, MPW_PLAYER, MPPW_PLAY))
 {//QCP 파일 재생 용도의 window를 생성한다.
            FREE(pszBuf);
            return FALSE;
}
#ifdef FEATURE_APP_MPEG4
#error code not present
#endif

#if defined(FEATURE_APP_MPEG4)
#error code not present
#endif
{//파일 리스트내의 선택한 파일 정보를 구조체 AEEMediaData 객체에 저장
     md.clsData = MMD_FILE_NAME;
     md.pData = (void *)pszBuf;
     md.dwSize = 0;
```

```
if (CPlayerWin_SetMediaData((CPlayerWin *)pme->m_pWin, &md))
    {//파일 리스트내의 파일 정보를 담은 미디어 매체를 생성한다.
      ISHELL_PostEvent(pme->a.m_pIShell, AEECLSID_MEDIAPLAYER,
      EVT_CREATEMEDIA, 0, 0);
      if (pme->m_bPlugin)//이벤트 핸들러에 생성된 파일의 재생 이벤트를 보낸다.
        ISHELL_PostEvent(pme->a.m_pIShell, AEECLSID_MEDIAPLAYER,
       EVT_COMMAND, IDM_PM_PLAY, 0);
    }
  }
  return TRUE;
}
```

파일의 재생이 이루어지는 객체 CPlayerWin에서 파일 선택 이벤트(EVT_COMMAND)는 CPlayerWin_HandleEventCommand에서 처리된다. CMediaPlayer_PlayFile에서 보낸 이벤트 ID값 IDM_PM_PLAY를 여기서 받아 재생동작을 수행한다.

```
 static boolean CPlayerWin_HandleEventCommand(CPlayerWin *pme, uint16 wParam, uint32
dwParam)
 {
   if (CPlayerWin_IsMedia(pme) && !pme->m_pMedia)
   {
     return TRUE;
 }
       if (CPlayerWin_IsImage(pme))
       {
       return CPlayerWin_HandleImageEventCommand(pme, wParam, dwParam);
       }
 #ifdef FEATURE_APP_MPEG4
 #error code not present
 #endif
 switch (wParam)
     {
        case IDM_PM_PLAY://재생관련 이벤트를 처리한다.
```

15.4 재생 및 그 외 기능

전 장에서 리스트로부터 QCP 파일을 읽어들인 후 재생하는 과정에 대하여 알아보았다. CPlayerWin에서는 재생외에도 일시 정지(재생키를 다시 누름), 건너뛰기, 되돌리기의 기능을 수행할 수 있다. 해당 기능의 수행방법은 다음과 같다.

① CPlayerWin에서 특정키를 누른다. (AVK_SELECT, AVK_LEFT…)

② CPlayerWin_HandleEvent에서 해당 키값에 대한 이벤트 ID를 설정한다.

AVK_SELECT → IDM_PM_PAUSE, IDM_PM_PLAY

AVK_LEFT → IDM_PM_REWIND

AVK_RIGHT → IDM_PM_FF

③ 이벤트 ID값을 CPlayerWin_HandleEvent로 보낸다.

```
static boolean CPlayerWin_HandleEvent(IWindow * po, AEEEvent eCode, uint16 wParam, uint32
dwParam)
{
   CPlayerWin *    pme = (CPlayerWin *)po;
   boolean         bRet = TRUE;
                                  :
   if (MP_ISEVTKEY(eCode))//EVT_KEY 발생시
   {
      if (pme->m_pOwner->wSelMainID == MPPW_PLAY)//매체가 재생상태일 때
      {
         if (wParam == AVK_LEFT)//왼쪽 소프트키를 눌렀을 때
         {
            if (CPlayerWin_IsPlaying(pme))
            { //해당 키값은 IDM_PM_REWIND에 해당된다.
               IMENUCTL_SetSel(pme->m_pPlayerMenu, IDM_PM_REWIND);
               //버튼을 그린다.
               CPlayerWin_DrawButton(pme);
               //CPlayerWin_HandleEventCommand로 이벤트를 보낸다.
               ISHELL_PostEvent(pme->m_pIShell, AEECLSID_MEDIAPLAYER
               , EVT_COMMAND, IDM_PM_REWIND, 0);
            }
            return TRUE;
         } //REW키 처리, FF도 IDM_PM_FF 이벤트값 생성 후 동일한 경로로 처리됨
   //OK키(AVK_SELECT)를 한 번 누르면 재생되는 매체가 일시 정지된다.
```

```
//한번 더 누르면 매체가 다시 재생되는데 이는 CPlayerWin_HandleEventCommand
//에서 처리된다.
...
...
else if (wParam == AVK_SELECT)
        {
          IMENUCTL_SetSel(pme->m_pPlayerMenu, IDM_PM_PAUSE);
          ISHELL_PostEvent(pme->m_pIShell, AEECLSID_MEDIAPLAYER,
          EVT_COMMAND, IDM_PM_PAUSE, 0);
          return TRUE;
        }
      }
```

다음 코드는 CPlayerWin_HandleEventCommand에서의 실행 기능에 대한 ID값 처리다. IDM_PM_PLAY(Play)는 3장에서 리스트에서 특정 파일을 선택, OK를 눌렀을 때나 파일을 일시 정지후 다시 작동할 때 사용할 수 있다. 재생시에는 다음과 같은 과정을 거친다.

① 플레이중 소프트키(OK, MUTE) 구성

② 볼륨값 설정

③ 플레이 중 Head(재생 시작~끝까지 재생정도를 나타내는 값) 구성

④ CPlayerWin_SendMediaNotify를 호출, 재생이 끝났음을 시스템에 알린다.
(IDM_PM_PLAY 마지막에 호출)

```
  static boolean CPlayerWin_HandleEventCommand(CPlayerWin *pme, uint16 wParam, uint32
dwParam)
  {
  ...
  ...
  switch (wParam)
  {
    case IDM_PM_PLAY:
  pme->m_bIsSoft2Back = FALSE;
      ISOFTKEY_SetField(pme->m_pOwner->m_pISoftkey, //소프트키 생성
      SOFTKEY_NULL, SOFTKEY_OK, SOFTKEY_MUTE);//OK, MUTE키
      ISOFTKEY_Redraw(pme->m_pOwner->m_pISoftkey);//소프트키를 그림
      pme->m_bStopPressed = FALSE;
```

```
    if (CPlayerWin_IsPause(pme))//일시 정지시 다시 재생
     {
       IMEDIA_Resume(pme->m_pMedia);
       CMediaPlayer_Redraw(pme->m_pOwner, FALSE);
     }
    else
     {
       //현재 볼륨값을 설정한다.
       uint16    wVol = (uint16) (((pme->m_pOwner->m_bVolumeLevel *
       AEE_MAX_VOLUME) + (ED100_MIDI_VOLUME_LEVEL - 1)) /
       ED100_MIDI_VOLUME_LEVEL);
       //현재 볼륨값이 최대 볼륨값을 넘었다면 최대 볼륨값으로 고정한다.
       wVol = (wVol > AEE_MAX_VOLUME) ? AEE_MAX_VOLUME : wVol;

      if( pme->m_bGotMediaInfo ||
          (SUCCESS!=IMEDIA_GetTotalTime(pme->m_pMedia)) )
       {
          if (pme->m_bNoTextOrHeader)
          { //아직 총 재생 시간을 얻어오지 못했다면 Head값을 지운다.
            CPlayerWin_EraseHeaderAndText(pme);
          }
#if defined (FEATURE_APP_MPEG4) && defined(FEATURE_QTV_STREAM_RECORD)
&& ₩ defined(FEATURE_QTV_DIAG_CMD)
#error code not present
#endif          //매체 파일이 재생되었다면 재생바를 진행시킨다.
          if (AEE_SUCCESS == IMEDIA_Play(pme->m_pMedia))
              pme->m_bPlayRec = TRUE;
       }
       else
       {
          pme->m_bPlayPending = TRUE;
       }
       //OK키를 눌렀을 때 일시 정지 기능을 수행한다.
       IMENUCTL_SetSel(pme->m_pPlayerMenu, IDM_PM_PAUSE);
       pme->m_wVolume = (uint16)
       (pme->m_pOwner->m_bVolumeLevel * AEE_MAX_VOLUME
        / ED100_MIDI_VOLUME_LEVEL);
```

IDM_PM_PAUSE(Pause)는 정지 상태 중 일어난 이벤트를 다루는데 크게 다음과 같다.

① MUTE/UNMUTE, PAUSE/PLAY 상태에 대응한 소프트키 재구성

② OK키 누를시 Play 상태로 진행하기 위한 준비 상태

③ MediaPlayer App에 대한 현재 상태 알림

```
case IDM_PM_PAUSE:
   if (CPlayerWin_IsPause(pme))
     {
        pme->m_bIsSoft2Back = FALSE;

       if (pme->m_bIsMuteState)
       {//재생시 Mute키 활성화되었다면 OK, Unmute키를 설정한다.
            ISOFTKEY_SetField(pme->m_pOwner->m_pISoftkey,
            SOFTKEY_NULL, SOFTKEY_OK, SOFTKEY_UNMUTE);
          }
          else
          {//그 외에는 OK, Unmute키 설정
             ISOFTKEY_SetField(pme->m_pOwner->m_pISoftkey,
             SOFTKEY_NULL, SOFTKEY_OK, SOFTKEY_MUTE);
          }
//소프트키 및 플레이어 윈도우를 다시 그림
          ISOFTKEY_Redraw(pme->m_pOwner->m_pISoftkey);
          IMEDIA_Resume(pme->m_pMedia);
          CMediaPlayer_Redraw(pme->m_pOwner, FALSE);
#ifdef FEATURE_MP4_3GPP_TIMED_TEXT
#error code not present
#endif   /* FEATURE_MP4_3GPP_TIMED_TEXT */
       }
       else
       {//OK, Back으로 소프트키를 다시 그린다.
            pme->m_bIsSoft2Back = TRUE;
            ISOFTKEY_SetField(pme->m_pOwner->m_pISoftkey,
            SOFTKEY_NULL, SOFTKEY_OK, SOFTKEY_BACK);
            ISOFTKEY_Redraw(pme->m_pOwner->m_pISoftkey);
if (CPlayerWin_IsPlaying(pme))
{
   IMEDIA_Pause(pme->m_pMedia);
}
else
```

```
{//일시정지시 IDM_PM_PLAY이벤트를 보내 다시 재생할 준비를 한다.
  ISHELL_PostEvent(pme->m_pIShell,
AEECLSID_MEDIAPLAYER, EVT_COMMAND, IDM_PM_PLAY, 0); }
#ifdef FEATURE_MP4_3GPP_TIMED_TEXT
#error code not present
#endif  /* FEATURE_MP4_3GPP_TIMED_TEXT */
  if(pme->m_pOwner->wSelMainID==MPPW_PLAY)
  {
       CMediaPlayer_Redraw(pme->m_pOwner, FALSE);
    }
}
#ifdef FEATURE_APP_TEST_AUTOMATION
//현재 상태를 MediaPlayer 객체에 보낸다.
            MediaPlayer_DiagNotifyStatus(pme->m_pOwner,
            EVT_MEDIAPLAYER_DIAG_PAUSE,
            (uint32) MEDIAPLAYER_DIAG_STATUS_OK);
#endif //FEATURE_APP_TEST_AUTOMATION
            break;
```

FF와 REW는 기본적으로 동일한 루틴으로 실행된다. 다만 초반에 진행/후퇴를 결정할 값 direction에 따라 그 차이(1, −1)가 있다. 이에 따라 파일 재생 정도(위치)를 나타내고 MediaPlayer 객체에 상태를 알린 후에 재생시간을 다시 표시하게 된다.

```
case IDM_PM_REWIND:
case IDM_PM_FF:
  if (!CPlayerWin_IsRecording(pme))
  {  //FF, REW 명령 실행 여부를 결정한다.
       int direction = (wParam == IDM_PM_FF) ? 1 : -1;
#ifdef FEATURE_APP_MPEG4
#error code not present
#endif
      { //direction x SeekTime 값에 따라 현재 재생바 위치를 결정한다.
        IMEDIA_Seek(pme->m_pMedia, MM_SEEK_CURRENT,
        direction * pme->m_pOwner->m_nSeekTime);
      }
#ifdef FEATURE_APP_TEST_AUTOMATION//현재 상태를 MediaPlayer 객체에 알린다.
     if(!MediaPlayer_DiagNotifyStatus(pme->m_pOwner,
                                      EVT_MEDIAPLAYER_DIAG_REWIND,
```

```
                                      (uint32) MEDIAPLAYER_DIAG_STATUS_OK))
        {
          MediaPlayer_DiagNotifyStatus(pme->m_pOwner,
          EVT_MEDIAPLAYER_DIAG_FF, (uint32) MEDIAPLAYER_DIAG_STATUS_OK);
        }
  #endif //FEATURE_APP_TEST_AUTOMATION
          // 재생 시간을 다시 출력한다.
          CPlayerWin_DrawPlayTime(pme);
      }
      break;
```

Contents 폴더내에 15장_MediaPlayer\apps\MediaPlayer 폴더에서 MediaPlayer.c에 있는 함수 추가루틴을 \apps\ MediaPlayer 폴더에 MediaPlayer.c 파일에 추가해서 컴파일 후 결과를 확인하면 6. Fun&Utility -1. Voice Memo 메뉴로 Media Player로 진입할 수 있고(최초에는 qcp 파일생성루틴이 제거되어 있어서 진입이 불가능하다.) 이후 저장된 qcp 파일을 항목으로 하는 메뉴에 진입(왼쪽 소프트키) 특정 파일을 선택하여 재생할 수 있고 재생 중 건너뛰기, 되감기, 일시 정지의 키 동작이 가능하다.

참고 소스

CoreMenu.c, EDMenu.c, MediaPlayer.c

찾아보기

ㄱ

ㄷ

ㄹ

ㅁ

ㅂ

ㅅ

ㅇ

J

L

M

N

O

P

Q

R

S

T

U

V

W

1

저자 약력

남 상 엽
- 공학박사
- 삼성종합기술원 정보시스템연구소 근무
- 모토로라 반도체통신(주) 기술연구소 근무
- (현) 국제대학 IT학부 교수

강 민 구
- 공학박사(연세대)
- 삼성전자통신연구소 근무
- 가온미디어 신규사업팀 근무
- (현) 한신대학교 정보통신학과 교수

고 일 한
- (현) (주)ED기술연구소 유비쿼터스팀 실장

류 범 석
- 맥슨, 한화정보통신연구소 근무
- (현) 래디오웨이브 기술이사

홍 인 표
- 공학석사(숭실대)
- (현) SCD정보통신연구소 근무

CDMA 모바일 시스템

2009년 2월 10일 1판 1쇄 발행

저 자 남상엽 · 강민구 · 고일한
류범석 · 홍인표
발행인 남 승 우

발행처 도서출판 상尙 학學 당堂

서울특별시 동작구 사당3동 220-43
TEL : 02) 595-1692~4
FAX : 02) 595-1394
E-mail : namdoo6@unitel.co.kr
신고 : 2-155호 (1968. 11. 29)

(CD 포함) **정가 28,000원**

ISBN 978-89-93383-24-9 93560

EMBEDDED SYSTEM

임베디드 시스템 구성도 EMBEDDED SYSTEM

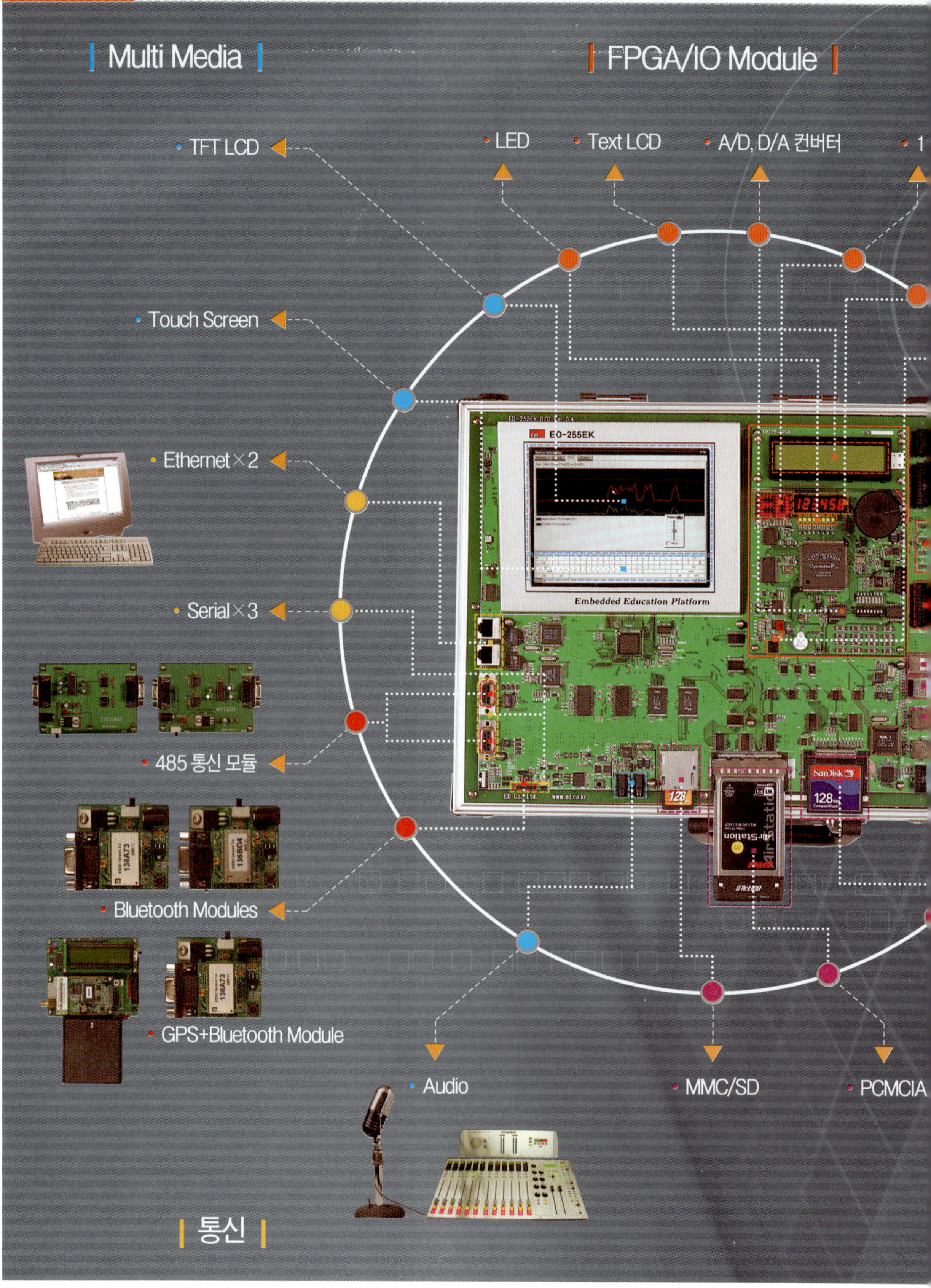

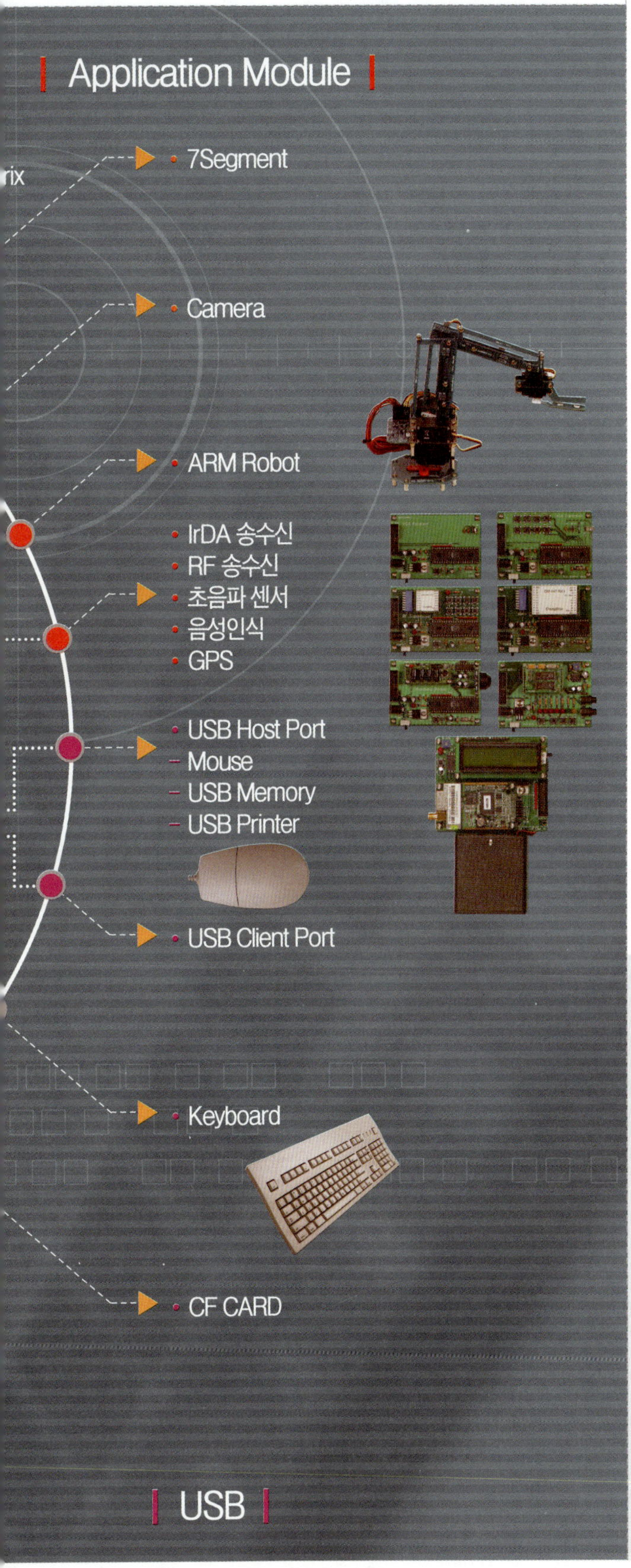

임베디드 응용 시스템 활용 구성 (Embedded System)

ED-255EK

Intel XScale PXA255 400MHz의 저전력 고성능의 프로세서를 채택하였으며 이 실습 장비를 이용하여 네비게이션, Bluetooth, PDA, 라우터, 웹 패드 등 보다 빠른 IT장비들을 개발하기 위한 임베디드 실습 및 개발 솔루션을 제공합니다.

풍부한 시스템 제원

Flash 32Mbyte, SDRAM 128Mbyte, 10Mbps Ethernet 포트와 10/100 Ethernet 포트, Wireless LAN을 지원하여 다양한 네트워크 디바이스를 경험할 수 있으며 USB 1.1/2.0Host/Client, UART, 6.4˝ TFT LCD, AC' 97 Codec, RTC와 Multi Media Card들인 PCMCIA, CF, MMC/SD Card를 지원하여 시스템 활용을 극대화 시켰습니다.

12만 Gate FPGA 지원

임베디드 시스템과 독립적으로 또는 병행하여 시스템을 운용할 수 있으며 직접 VHDL코드로 설계하여 LED, Text LCD, A/D, D/A 컨버터, 7-Segment, Dot Matrix, Step Motor, Buzzer, CMOS Image Sensor 등을 설계하고 응용할 수 있습니다.

확장 어플리케이션 시스템 지원

ED-255EK장비의 활용을 극대화하기 위해 다양한 어플리케이션 모듈과 이 모듈들을 설명하는 교재도 같이 제공하고 있습니다. 모듈은 GPS, 초음파, IrDA, RF, 485통신, Bluetooth, 음성인식, ARM Robot 등이 있으며 현재 필드에서 많이 사용되는 것들로 구성을 하였습니다.

임베디드 시스템 응용 모드

▶ Application Module
- 음성인식 • Robot • ARM로봇 • IrDA
- RF • GPS • Bluetooth • 초음파

▶ FPGA/IO(Option) Module
- FPGA/IO • 20X2 Text LCD • Key Pad
- AD/DA • Motor • Camera • LED • Buzzer

▶ 통 신
- 네트워크 장비 • 인터넷 • 홈 네트워크 • Webserver

▶ Multi Media
- Audio • Display • MP3 • 동영상 플레이

▶ USB
- 입력/저장/출력 • Multi Media • Webcam • Printer

임베디드 토탈솔루션

Embedded Training System

Model : ED-255EK, ED-27x MULTI

특징

- Embedded Linux의 기초에서 고급과정까지 다양하게 실험 실습
- 인텔 PXA255 (400MHz) 고성능 마이크로프로세서 사용
- PXA255/PXA270/PXA272를 이용한 시스템 설계 (ED-27x MULTI)
- 6.4″ TFT LCD, Ethernet 2Port, Serial 3Port, PCMCIA/CF/MMC등 다양한 인터페이스 지원
- FPGA Chip인 Altera Cyclone 120,000Gates를 탑재하여 SoC 과정까지 연동하여 교육
- 안정적인 하드웨어, 풍부한 실습 프로그램 및 이해가 쉽도록 구성된 실습 교재 제공

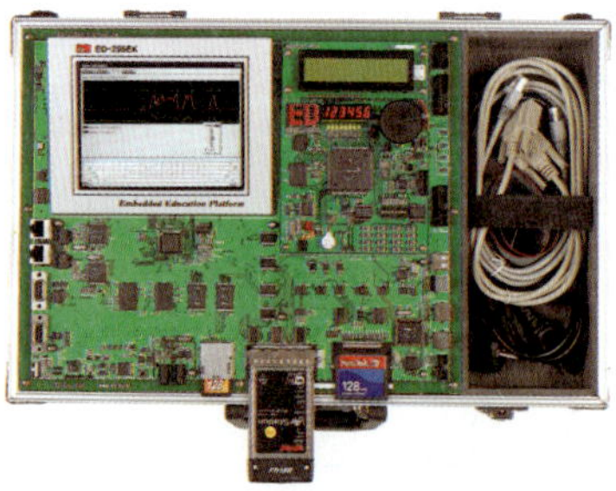

ED-255EK

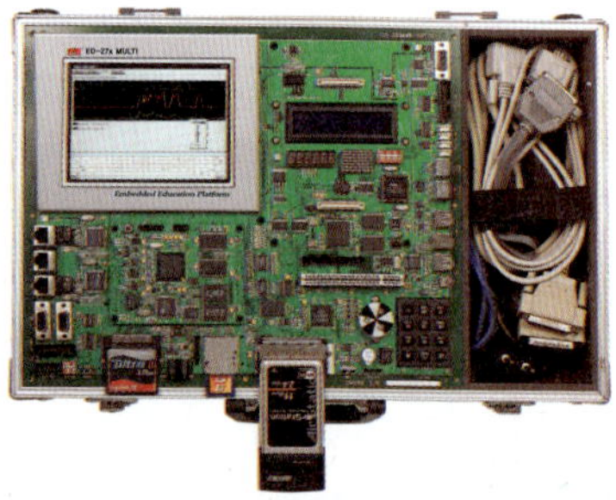

ED-27x MULTI

실험실습내용

- 개발환경 구축 실습, 부트로더 · 커널포팅 실습
- WinCE, Embedded Linux 등의 OS 포팅 실습
- Ramdisk 제작 및 파일시스템 구축 실습
- 다양한 입출력 Device Driver 제작 실습
- 멀티미디어, 네트워크 등 다양한 응용프로그램 개발 실습
- GUI 응용프로그램 제작 실습

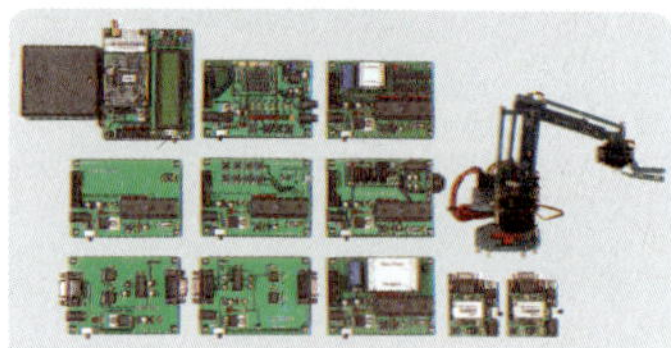

■ Options

ED-255EK 규격

CPU	Intel XScale P×A 255
Memory	FLASH (32Mbyte)
	SDRAM (128Mbyte)
	SRAM (1Mbyte)
Display	TFT LCD / Touch-Screen (6.4inch, 16bits Color, 640×480)
Interface	Ethernet (2port), Serial (3port), USB (Host, Client), PS/2 Port
	PCMCIA, CF, MMC/SD, RTC, IrDA, I²C
Control	Status LED
Audio	Stereo I/O (Cirrus CS4202)
확장 핀	Ext. I/O, App. I/O, Bluetooth I/O, Servo Motor, I2C I/O
Debug	Multi-ICE, JTAG
일반사양	외형크기 : 490(W)×160(H)×320(D)mm
Software	Boot Loader (uboot-1.0.0), Kernel (Linux-2.4.19)
	File System (Ramdisk : Image, Source)
	Application : Network Application Source, Qt/Embedded Image, Graphic & Text Display Control
	Device Driver : AC97 Audio Codec, ADS7846 Touch-Screen, PCMCIA, MMC/SD, CF Card, Ethernet
FPGA Module (기본) I/O Module (Option)	Altera FPGA Cyclone 120,000Gates (FPGA Module)
	CMOS Camera (FPGA Module), AD/DA 컨버터, Dot Matrix (10×7)
	8-Status LED, 4×4 Key Switch, 8P DIP Switch, 20×2 Line Text LCD
	Stepping Motor, Buzzer
Option Modules	Bluetooth Module, GPS, 음성 인식, Robot Arm, IrDA 송수신,
	초음파, RF 송수신, 485 송수신

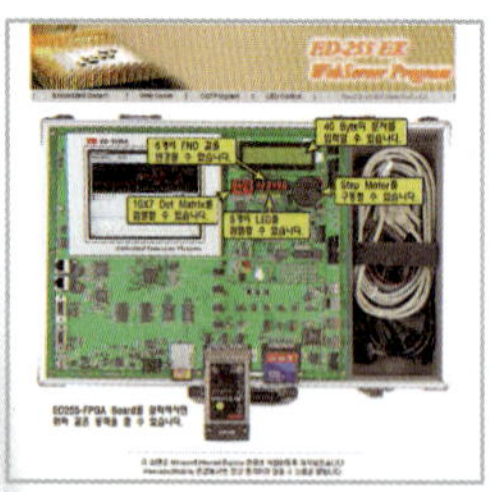

Web Server 프로그램

-Web Server를 통한 원격 제어
-Dot Matrix, LED, Text / Graphics LCD, 7Segment, 스텝 모터 제어

SoC 토탈솔루션

System on a Chip Training System

Model : ED-SoCwinner

특징

- 10만, 40만, 100만 Gates 모두 사용 가능한 통합 Platform으로 구성
- 마이크로 프로세서인 ARM922T를 내장, 쉽고 빠른 OS 탑재가 가능
- Ethernet, UART, IDE, VGA Port, USB, PCMAIA 등의 주변 장치들을 다양한 IP 검증 및 OS를 이용한 디바이스 제어가 가능
- PCI Master / Slave 설계 구현 및 테스트
- 640×480 6.4" TFT LCD와 CMOS Image Sensor를 이용하여 멀티미디어 장비 구현 가능
- Xilinx Vertex II 3,000,000 ~ 8,000,000 Gate 디바이스가 장착된 확장 모듈을 지원

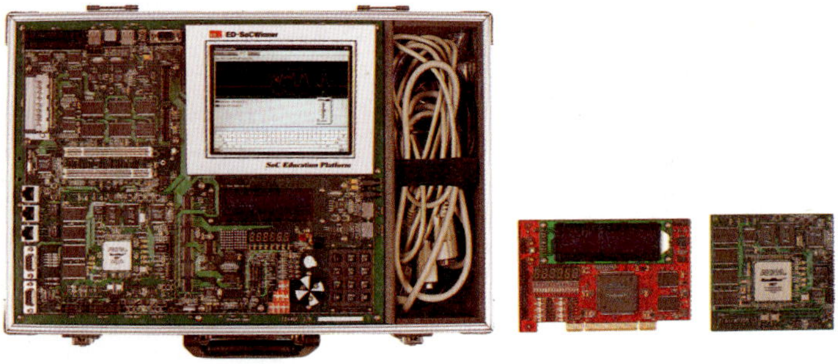

실험실습내용

- H/W와 S/W Co-Verification 및 알고리즘
- ARM 프로세서 구조 및 개념
- AMBA AHB Bus 설계 및 검증
- SDRAM Controller 설계 및 실습
- DMA 설계 및 실습
- TFT LCD / VGA 포트를 통한 이미지 처리 실습
- CMOS Image Sensor를 통한 영상 처리 실습
- Dual Ethernet 을 통한 네트워크 실습
- IDE를 이용한 대용량 HDD 제어 실습
- AD/DA 컨버터 제어 실습
- AC97 Codec을 이용한 MP3
- 다양한 주변기기를 활용한 IP 설계 및 제어
- 리눅스 디바이스 드라이버를 설계하여 주변 기기 제어
- 리눅스 OS 포팅

규격

Excalibur	Device (EPXA4F672C3, EPXA10F1020C2, EPXA1F672C3) CPU (ARM922T) FPGA 10만/40만/100만 Gates SRAM (128kbytes) / DPRAM (64kbytes)
Memory	Flash : 32Mbytes (Max. 64Mbytes), SDRAM : 256Mbytes (Max. 512Mbytes)
TFT-LCD	6.4" TFT Color LCD
VGA	VGA Port
Serial	UART Port (2ea)
Ethernet	10/100Mbps Ethernet Port (2ea)
PS/2	PS/2 Port 2ea for Keyboard / Mouse
USB	USB 2.0 Host / Client Port (2ea)
RTC	Real Time Clock
Audio	AC97 Audio Codec
CMOS Camera	Hynix CMOS Image Sensor
Character LCD	20×2 Character LCD
ADC / DAC	12bit A/D Converter / 14bit D/A Converter
Dot Matrix	5×7 Dot Matrix (2ea)
7-Segment	6×7-Segment
Keypad	4×4 Keypad / DIP S/W (8 Input DIP Switch)
Step Motor	Step Motor
Buzzer	Buzzer
Expansion	Ubiquitous Sensor Network Board (Option) FPGA Daughter Board (Option) Application Module Port
Debug	JTAG Port, Multi-ICE Port

RFID 토탈솔루션

RFID Application Trainer

Model : ED-3100

특징

- RFID 리더기에 대한 F/W 프로그램 실습
- Air-interface 등의 실험이 가능하도록 다수의 Test Point 제공
- Anti-Collision 기능 지원
- Application Engineer를 위한 OCX Library 제공
- 범용으로 사용되는 13.56MHz I-CODE Type
- Tag에 Data를 Read / Write 가능
- 컨베이어와 연동되는 미니 플랜트 제공 (창고관리, 공정관리, 주차관리 등)
- 탈부착이 가능한 응용 모듈 (출입통제, 물류관리, 자판기 등)

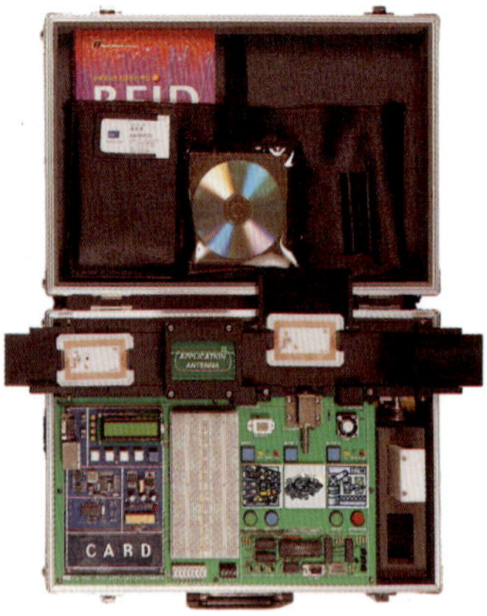

실험실습내용

- 개발환경 익히기 (AVR, JTAG, 컴파일러)
- ED-3100 구성 및 구동법
- 예제를 통한 AVR 장치 학습
- I-CODE1 라벨 IC 학습
- SLRC400 Reader IC 학습
- Unselected 명령어 학습
- Anticollision and Selected 명령
- Write, Selected, Addressed 명령
- 기타명령 (Selected Read, Halt, EAS/Quiet)
- OCX (예제)

규격

RFID Reader	Reader Control CPU	ATMEG128
	Carrier Frequency	13.56MHz ± 1kHz
	Protocol	I-CODE1
	Reading Distance	100mm 내외
	Display	4 Line Character LCD
	입력장치	모드설정용 입력 스위치 4ea
	Interface	RS-232, RS-422
RFID Antenna	2종 (PCB패턴, 플랜트 실습부)	
RFID Tag	13.56MHz I-CODE1 (R/W) : 10ea	
응용모듈	창고관리, 공정관리, I/O확장모드	

유비쿼터스 센서네트워크 토탈솔루션

Ubiquitous Sensor Network Trainer

Model : ED-3120, ED-3160

ED-3120 특징

- 유비쿼터스 센서네트워크 ZigBee (IEEE 802.15.4) 방식 원리 및 개념이해 가능
- 다양한 센서의 장착 및 확장성 확보 (조도센서, 온도센서, 습도센서, 가스센서, 초음파센서)
- 센서네트워크 시스템 교육 및 개발에 필요한 토탈 솔루션을 제공
- 다양한 적응 분야 (운영체제, 네트워크, Security, 로봇, H/W 개발, 센서 응용 등)
- PAN Coordinator에 접수된 화재, 가스누출 등의 경보상황을 PC를 통해 모바일 SMS로 수신 가능

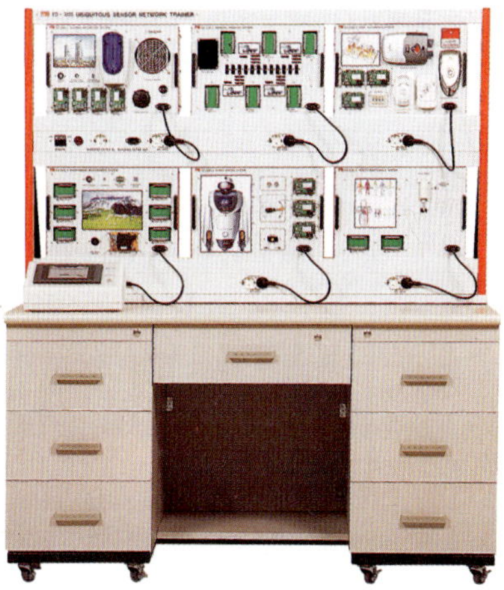

ED-3120

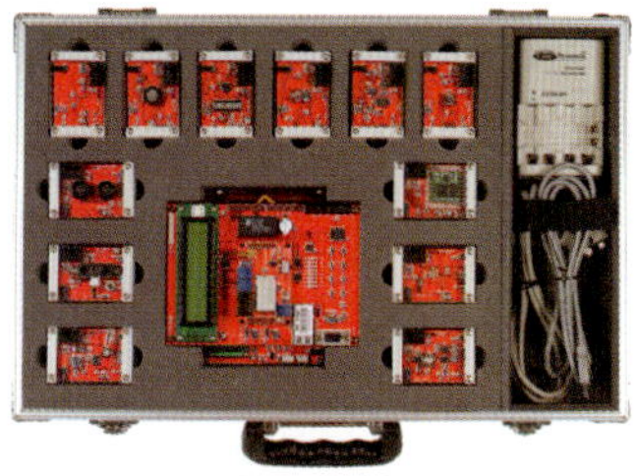

ED-3160

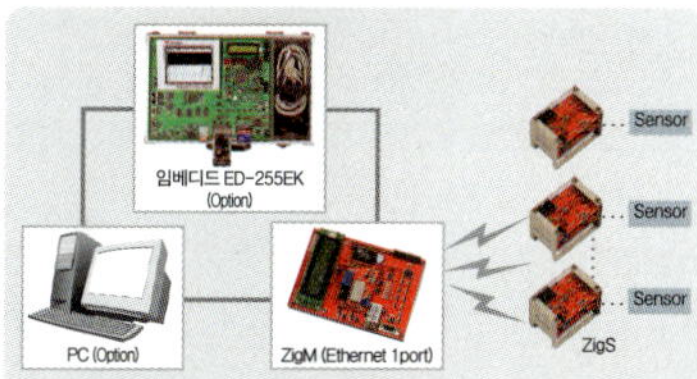

■ ED-3160 구성도

ED-3120 실험실습내용

- 센서 네트워크의 개요
- 센서 네트워크 모듈 하드웨어 이해
- 센서 네트워크 OS의 이해
- 센서 네트워크 환경 구축
- UART를 이용한 통신 프로그램
- 센서 기초 프로그램 (가스, 습도, 온도, 조도)
- 센서 기초 프로그램 (맥박, 체온, 기울기, 방위센서 등)
- RF 응용실습
- 센싱 및 제어 프로그램 및 Multi-hop Routing 프로그램
- Multi-hop을 이용한 제어 프로그램
- 센서네트워크 모니터링
- SMS 전송장치 연동 모니터링
- 센서 네트워크 구축 텀 프로젝트 제안서 작성
- 센서 네드워크 구축 텀 프로젝트 중긴보고 및 프로젝트 수정
- 센서 네트워크 구축 텀 프로젝트 최종 보고 및 자료정리
- 텀 프로젝트 결과평가 및 보고회

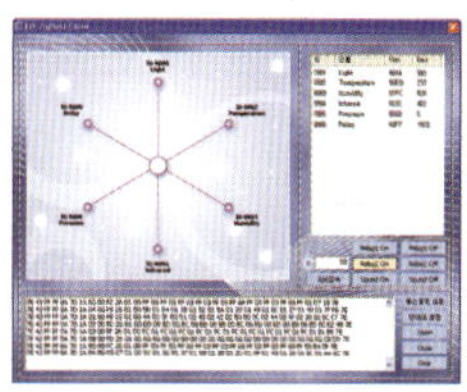

지능형 로봇 토탈솔루션

Intelligent Robot Trainer

Model : ED-7270, 7271, 7272

ED-7270 특징

- 유비쿼터스 및 홈네트워크 기반 실험실습에 적합
- 차세대 2차 전지(리튬이온)을 사양한 배터리 소형화 및 사용시간 증가
- 대화형 언어(프로그램)을 통한 다양한 콘텐츠 로봇 실험실습
- 지능형 로봇에 대한 전반적인 이해와 단계별 실습 가능
- Pan/Tilt USB 카메라를 이용한 영상처리 학습 기능
- 경사도 15 ° 에서 안정된 자세 제어를 통한 주행 알고리즘 적용
- 무인 방범 기능을 활용한 홈 시큐리티 실험실습
- 인간과 교감할 수 있는 인간 친화형 디자인

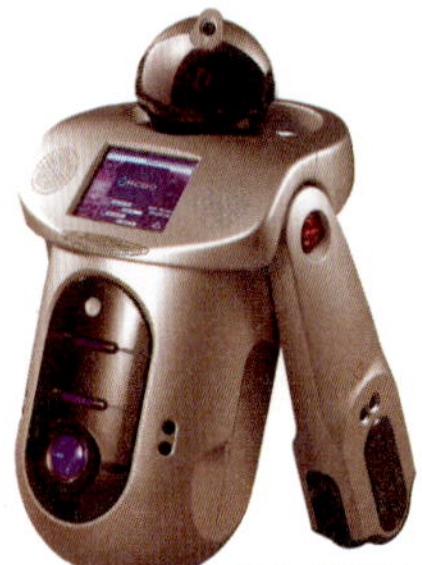

ED-7270

ED-7271 특징

- 지능형 로봇에 꼭 필요한 센서 9종 및 구동기 3종, 응용모듈 4종으로 구성
- 지능형 로봇 구조를 쉽게 파악할 수 있는 시스템
- 초기 로봇 입문 및 활용 교육까지 가능한 풍부한 실습예제 제공
- 창의적인 실험실습이 가능한 탈부착 모듈형 타입
- 유비쿼터스 및 홈 네트워크에서 사용되는 센서 응용 학습 가능
- 센서 결과 데이터를 Visual한 그래픽 형태로 표현하여 센서의 특성 파악 용이
- USB 카메라를 이용한 영상처리 학습 기능
- USB High Speed(480Mbps) 인터페이스 방식 채용

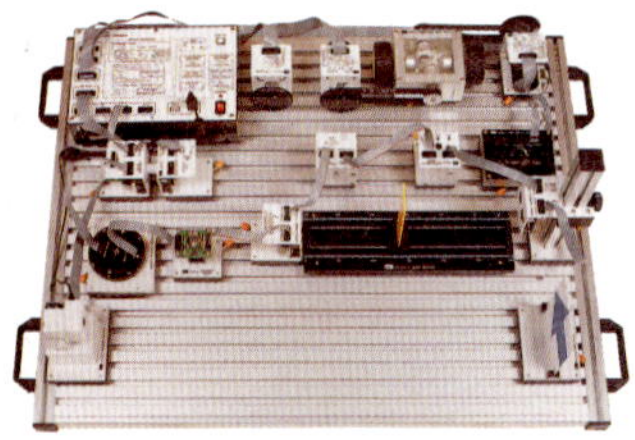

ED-7271

ED-7272 특징

- 무선 네트워크를 통한 실시간 원격제어 가능
- 지능형 로봇 센서 9종에 대한 요소 기술 및 응용 학습 기능
- 화상통신 및 영상처리를 이용한 로봇 응용 실험실습
- 초음파 및 적외선 거리 감지 센서를 이용한 장애물 감지 기능 제공
- USB 카메라를 이용한 영상처리 학습 기능
- USB High Speed(480Mbps) 인터페이스 방식 채용
- 무인 방범 기능을 활용한 홈 시큐리티 실험실습
- 5-Joint ARM을 부착한 통합 로봇 시스템(Option)

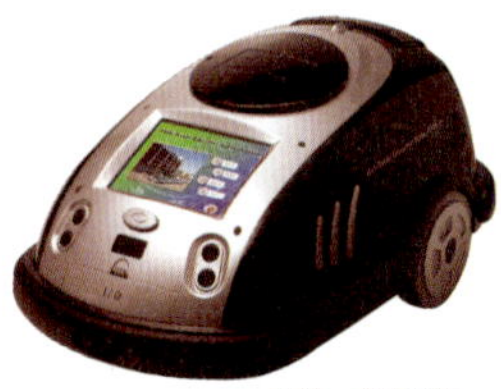

ED-7272

실험실습내용

- 지능형 로봇의 이해
- 지능형 로봇의 요소기술 분류
- 로봇의 기본 구조, 메커니즘 종류 및 장단점 실험실습
- 센서 모듈의 기본 원리 이해 및 실험실습
- Actuator 종류, 특성에 대한 기본 이해와 실험실습 (DC Servo motor, Step motor, RC motor)
- CCD Image Sensor을 이용한 영상처리 실험실습 (디지털 영상처리 기초이론, 패턴, 색채 인식에 대한 원리 및 실험실습)

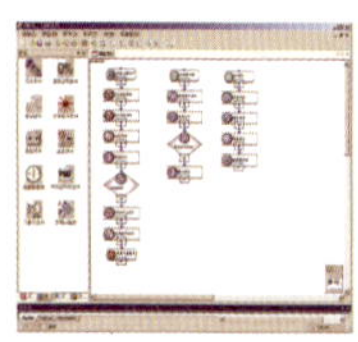

제품문의 : 031-730-7362 www.ed.co.kr